"十三五"国家重点图书出版规划项目

中国兽医诊疗图鉴丛书

兔病图鉴

丛书主编　李金祥　陈焕春　沈建忠
本书主编　王　芳　范志宇　薛家宾

中国农业科学技术出版社

图书在版编目（CIP）数据

兔病图鉴 / 王芳，范志宇，薛家宾主编. — 北京：中国农业科学技术出版社，2019.9
（中国兽医诊疗图鉴 / 李金祥，沈建忠，陈焕春主编）
ISBN 978-7-5116-4083-3

Ⅰ. ①兔… Ⅱ. ①王… ②范… ③薛… Ⅲ. ①兔病－诊疗－图谱 Ⅳ. ① S858.291-64

中国版本图书馆 CIP 数据核字（2019）第 052578 号

责任编辑　闫庆健　王思文　马维玲

责任校对　马广洋

出 版 者　中国农业科学技术出版社

北京市中关村南大街 12 号　邮编：100081

电　　话　（010）82106632（编辑室）　（010）82109702（发行部）

（010）82109703（读者服务部）

传　　真　（010）82106625

网　　址　http://www.castp.cn

经 销 者　各地新华书店

印 刷 者　北京科信印刷有限公司

开　　本　880mm × 1 230mm　1/16

印　　张　22.5

字　　数　592 千字

版　　次　2019 年 9 月第 1 版　2019 年 9 月第 1 次印刷

定　　价　268.00 元

《中国兽医诊疗图鉴》丛书

编委会

《兔病图鉴》编委会

主　编　王　芳　范志宇　薛家宾

副主编　仇汝龙　韦　强　刘贤勇　索　勋　鲍国连

编　者　王　芳　仇汝龙　韦　强　刘　燕　刘贤勇　朱伟峰　闫文朝　肖琛闻　季权安　宋艳华　陈萌萌　范志宇　周春雪　杨光友　林矫矫　胡　波　索　勋　黄维义　鲍国连　潘保良　薛家宾　魏后军

序

目前，我国养殖业正由千家万户的分散粗放型经营向高科技、规模化、现代化、商品化生产转变，生产水平获得了空前的提高，出现了许多优质、高产的生产企业。畜禽集约化养殖规模大、密度高，这就为动物疫病的发生和流行创造了有利条件。因此，降低动物疫病的发病率和死亡率，使一些普遍发生、危害性大的疫病得到有效控制，是保证养殖业继续稳步发展，再上新台阶的重要保证。

“十二五”时期，我国兽医卫生事业取得了良好的成绩，但动物疫病防控形势并不乐观。重大动物疫病在部分地区呈点状散发态势，一些人畜共患病仍呈地方性流行特点。为贯彻落实农业农村部发布的《全国兽医卫生事业发展规划（2016—2020年）》，做好“十三五”时期兽医卫生工作，更好地保障养殖业生产安全、动物产品质量安全、公共卫生安全和生态安全，提高全国兽医工作者业务水平，编撰这套《中国兽医诊疗图鉴》丛书恰逢其时。

“权新全易”是该套丛书的主要特色。

“权”即权威性，该套丛书由我国兽医界教学、科研和技术推广领域最具代表性的作者团队编写。业界知名度高，专业知识精深，行业地位权威，工作经历丰富，工作业绩突出。同时，邀请了7位兽医界的院士作为出版顾问，从专业知识的准确角度保驾护航。

“新”即新颖性，该套丛书从内容和形式上做了大量创新，其中类症鉴别是兽医行业图书首见，填补市场空白，既能增加兽医疾病诊断准确率，又能降低疾病鉴别难度；书中采用富媒体形式，不仅图文并茂，同时制作了常见疾病、重要知识与技术的视频和动漫，与文字和图片形成良好的互补。让读者通过扫码看视频的方式，轻而易举地理解技术重点和难点，同时增强了可读性和趣味性。

“全”即全面性，该套丛书涵盖了猪、牛、羊、鸡、鸭、鹅、犬、猫、兔等我国主要畜种，及各畜种主要疾病内容，疾病诊疗专业知识介绍全面、系统。

“易”即通俗易懂，该套丛书图文并茂，并采用融合出版形式，制作了大量视频和动漫，能大大降低读者对内容理解与掌握的难度。

该套丛书汇集了一大批国内一流专家团队，经过5年时间，针对时弊，厚积薄发，采集相关彩色图片20 000多张，其中包括较为重要的市面未见的图片，且针对个别拍摄实在有困难的和未拍摄到的典型症状图片，制作了视频和动漫2 500分钟。其内容深度和富媒体出版模式已超越国内外现有兽医类出版物水准，代表了我国兽医行业高端水平，具有专著水准和实用读物效果。

《中国兽医诊疗图鉴》丛书的出版，有利于提高动物疫病防控水平，降低公共卫生安全风险，保障人民群众生命财产安全；也有利于兽医科学知识的积累与传播，留存高质量文献资料，推动兽医学科科技创新。相信该套丛书必将为推动畜牧产业健康发展，提高我国养殖业的国际竞争力，提供有力支撑。

至此丛书出版之际，郑重推荐给广大读者！

中国工程院院士
军事科学院军事医学研究院　研究员　夏咸柱

2018年12月

前 言

我国是世界上养兔最多的国家，高峰时，年出栏量7亿只左右。兔毛及兔皮国际贸易量占世界总量的90%左右。兔产业已成为国家出口创汇和农民增加收入的重要支柱产业。近年来，随着家兔养殖现代化、集约化和规模化形式的出现以及国际上对兔肉、兔毛等家兔产品质量要求的提高，家兔疫病控制面临着新的困难与挑战。为适应当前我国兔产业的发展需要，保护和促进我国兔产业持续、健康、稳定发展，我们编写了《兔病图鉴》一书。

本书收集了国内外兔病防控的最新资料，在总结教学、科研和生产实践的基础上，全面系统介绍了兔的生理特点与生物学特性、兔场的生物安全措施、兔病诊断技术、兔病毒性疾病、细菌性疾病、寄生虫病、代谢病、中毒病和普通病的病原、病因、流行特点、症状、病理变化、诊断及预防和控制措施等。具有内容翔实，图文并茂，图像清晰，系统性、科学性、实用性和可操作性强等特点，是广大从事家兔疫病研究、防控和家兔养殖人员重要的参考书。

本书在编写过程中，得到了国家兔产业技术体系的大力帮助，书中一些图片由作者和其他人提供，在编写过程中参考了已发表的资料，因篇幅有限，在参考文献中不能一一列出，在此一并致谢。由于我们水平有限，书中错误在所难免，恳请广大读者批评指正。

编 者

2019年1月

目 录

第一章　兔的解剖生理特点与行为特征

第一节　兔解剖生理学特点 2
第二节　兔的行为特点 16
第三节　兔的生理常数 20

第二章　兔场防疫规划与生物安全

第一节　场区设计与布局 22
第二节　引　种 24
第三节　隔　离 27
第四节　运　输 28
第五节　兔舍设施设备 30
第六节　全场消毒计划 32
第七节　疫苗接种计划 38
第八节　疫病净化计划 39

第三章　兔病诊断技术

第一节　临床诊断 42
第二节　流行病学诊断 48
第三节　病理学诊断 48
第四节　实验室诊断 60

第四章　兔病毒病

第一节　兔病毒性出血症 68
第二节　兔纤维瘤病 85
第三节　兔黏液瘤病 88
第四节　兔传染性口炎 95
第五节　兔　痘 98
第六节　兔轮状病毒病 100

第五章　兔细菌病

第一节　兔多杀性巴氏杆菌病 104
第二节　兔波氏杆菌病 109
第三节　兔产气荚膜梭菌病 115
第四节　兔流行性腹胀病 121
第五节　兔大肠杆菌病 127
第六节　兔沙门氏菌病 132
第七节　兔葡萄球菌病 138
第八节　兔破伤风 142
第九节　兔附红细胞体病 146
第十节　野兔热（土拉杆菌病） 150
第十一节　兔李氏杆菌病 155
第十二节　兔伪结核病 159

第十三节　免坏死杆菌病 164
第十四节　免绿脓假单孢杆菌病 167
第十五节　免链球菌病 171
第十六节　免肺炎克雷伯氏菌病 175
第十七节　免泰泽氏病 179
第十八节　免棒状杆菌病 184
第十九节　免肺炎球菌病 186
第二十节　免皮肤真菌病 188
第二十一节　免支原体病 199
第二十二节　免衣原体病 202
第二十三节　免放线菌病 206
第二十四节　免曲霉菌病 208
第二十五节　免密螺旋体病 210

第六章　免寄生虫病

第一节　免原虫病 216
第二节　免球虫病 219
第三节　免豆状囊尾蚴病 229
第四节　免肝片吸虫病 234
第五节　免弓形虫病 237
第六节　免肝毛细线虫病 243
第七节　免日本血吸虫病 245
第八节　免栓尾线虫病 250
第九节　免螨病 252
第十节　免虱病 262
第十一节　免蜱虫病 263

第七章　免内科病

第一节　免臌胀病（胃扩张） 267
第二节　免便秘 268
第三节　免感冒 268
第四节　免脱毛症 270
第五节　免胃肠炎 272
第六节　免毛球病 274

第八章　免营养缺乏症

第一节　免维生素缺乏症 277
第二节　免矿物质缺乏症 287

第九章　免中毒病

第一节　免土霉素中毒 296
第二节　免亚硝酸盐中毒 298
第三节　免敌鼠钠盐中毒 301
第四节　有机磷中毒 306
第五节　免棉籽饼中毒 310
第六节　免菜籽饼中毒 311
第七节　免喹乙醇中毒 313
第八节　免食盐中毒 314
第九节　免黄曲霉毒素中毒 318
第十节　免氰化物中毒 326
第十一节　免氟苯尼考中毒 330
第十二节　免阿莫西林中毒 331

第十章　免混合感染疾病

第一节　免波氏杆菌和巴氏杆菌混合感染 333
第二节　免多杀性巴氏杆菌和病毒性出血症混合感染 336
第三节　免大肠杆菌与球虫混合感染 338
第四节　免皮肤真菌病和螨病混合感染 343

参考文献

第一章

兔的解剖生理特点与行为特征

第一节　兔解剖生理学特点

与其他哺乳动物相比较，兔具有独特的解剖生理学特点与行为特征，这些特点和特征与兔的饲养管理、疾病和用药等密切相关。

一、兔的解剖特点

1. 骨

骨是构成兔体的坚硬支架和运动杠杆，骨连结是运动的枢纽，肌肉是运动的动力器官，这三者在神经和体液的调节下，通过肌肉的收缩和舒张，牵引了骨和骨连结（关节）而产生运动。骨指的是一块骨；骨骼是指全身骨之间借韧带、软骨和骨组织相互连结在一起的整体。由于骨骼排列的原因，兔的胸廓呈截顶的圆锥形，胸前口小，胸后口大，被膈封闭。以胸廓为骨质支架，外覆肌肉、筋膜和皮肤，内衬胸膜，后被膈封闭，共同围成的腔叫胸腔。兔的胸廓比例小，不及其他家畜的大，占躯干 1/4，其他家畜约占 1/2 以上，这与兔肺不发达有关系（图 1-1-1）。

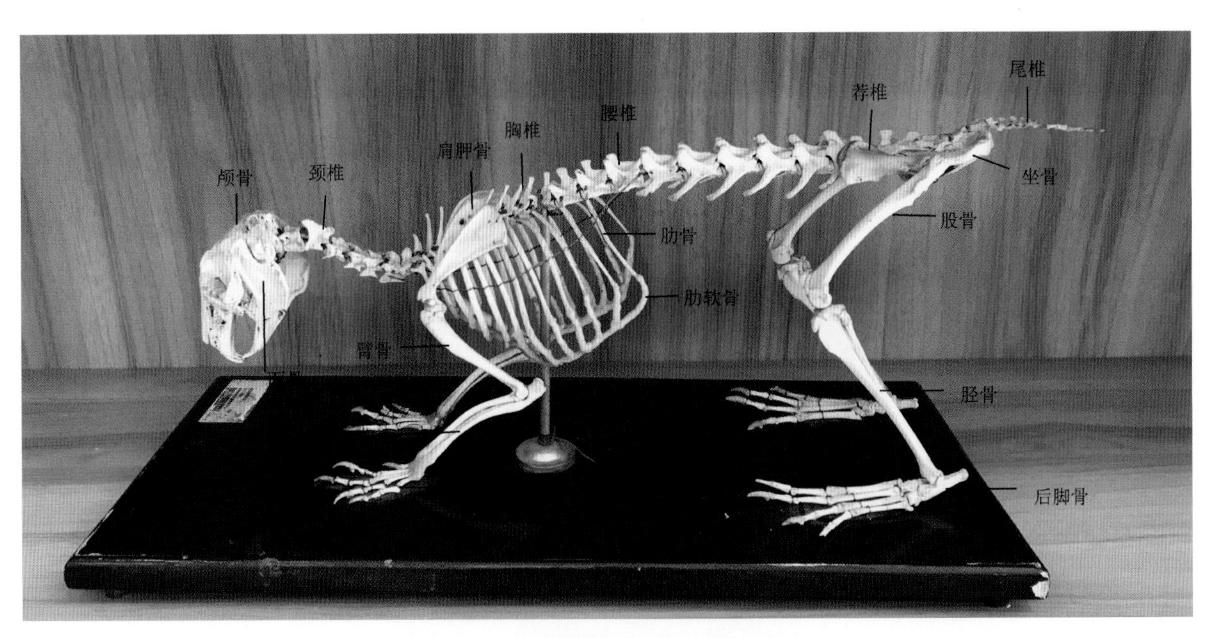

图 1-1-1　兔的骨骼（薛帮群 提供模型）

2. 肌肉

兔肌肉的特点：肌肉的颜色有红、白之分，较其他家畜明显。兔颈部肌肉、胸廓部肌肉、前肢肌肉不发达，而腰部肌肉、后肢肌肉特别发达。这与兔的生活方式以后肢跳跃、后脚蹬土、平时蹲坐有关。兔肉的营养价值具有“三高、三低”特点（高蛋白、高磷脂、高消化率；低脂肪、低胆固醇、低能量），比牛、猪、鸡的肌肉营养价值高，是当今人们对肉食品的理想选择。

3. 消化系统

消化系统的机能：摄取食物、消化食物、吸收养分、排出粪便。由于家兔消化系统的特殊性，家兔消化道疾病的发生率也非常高。

食物及糟粕通过的管道，称为消化道。包括口腔、咽、食管、胃、小肠、大肠和肛门（图 1-1-2）。

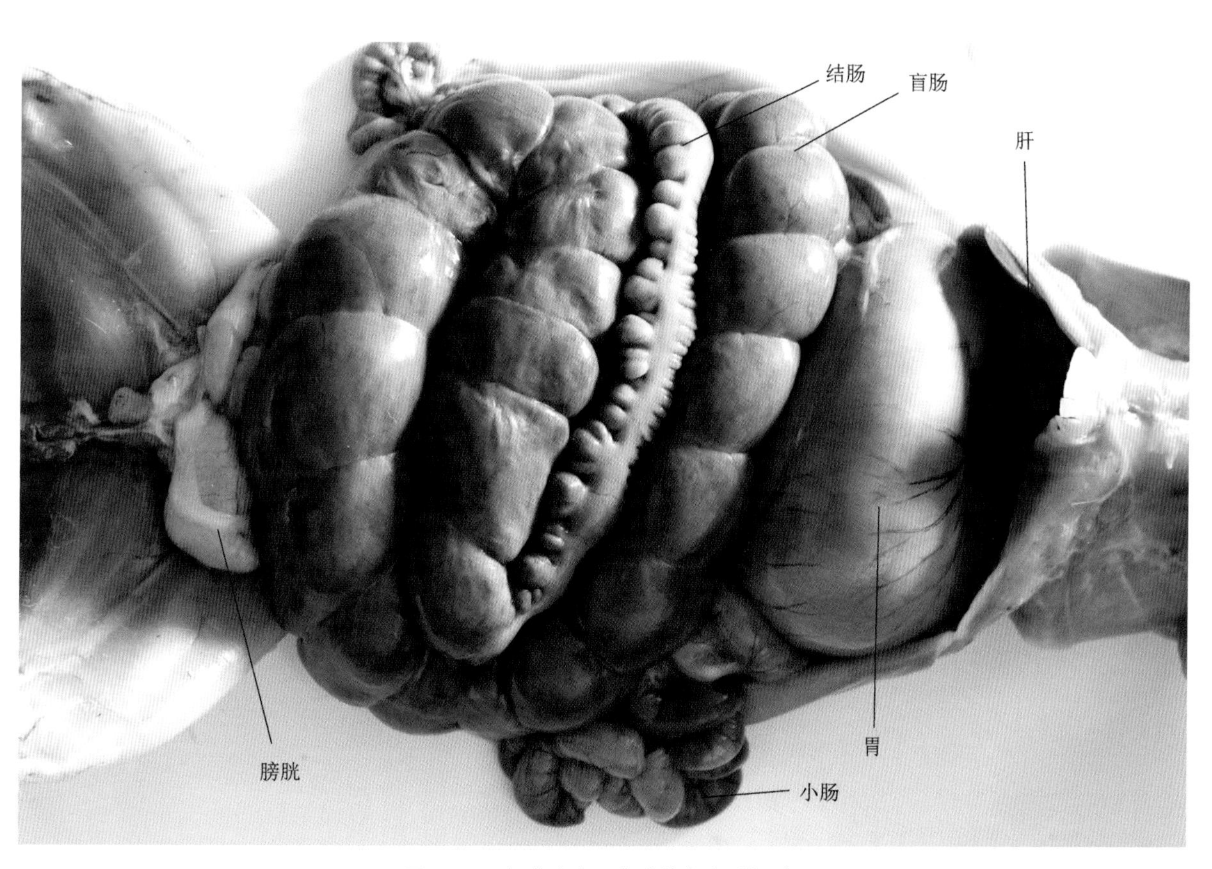

图 1-1-2 兔腹腔内器官（范志宇 供图）

胃横位于腹前部。入口为贲门，与食管相接，出口为幽门，与十二指肠相接（图 1-1-3）。前缘凹，为胃小弯；后缘凸，为胃大弯，沿胃大弯有一狭长形暗红色的脾。

肠起于幽门，止于肛门，可分为小肠和大肠两部分。小肠长 3m 左右，分十二指肠、空肠和回肠三段；大肠包括盲肠、结肠和直肠三部分（图 1-1-4）。

（1）十二指肠。从幽门至十二指肠空肠曲的一段肠管，为十二指肠，全长约 50cm，呈“U”形袢。袢内的十二指肠系膜内有散漫状的胰腺。

（2）空肠。从十二指肠空肠曲至回盲韧带游离缘的一段肠管，是小肠中最长的一段，长约 230cm，以空肠系膜悬吊于腹腔左侧，有许多弯曲，肠壁较厚，富有血管，略呈淡红色，是营养物质消化吸收的主要部位。

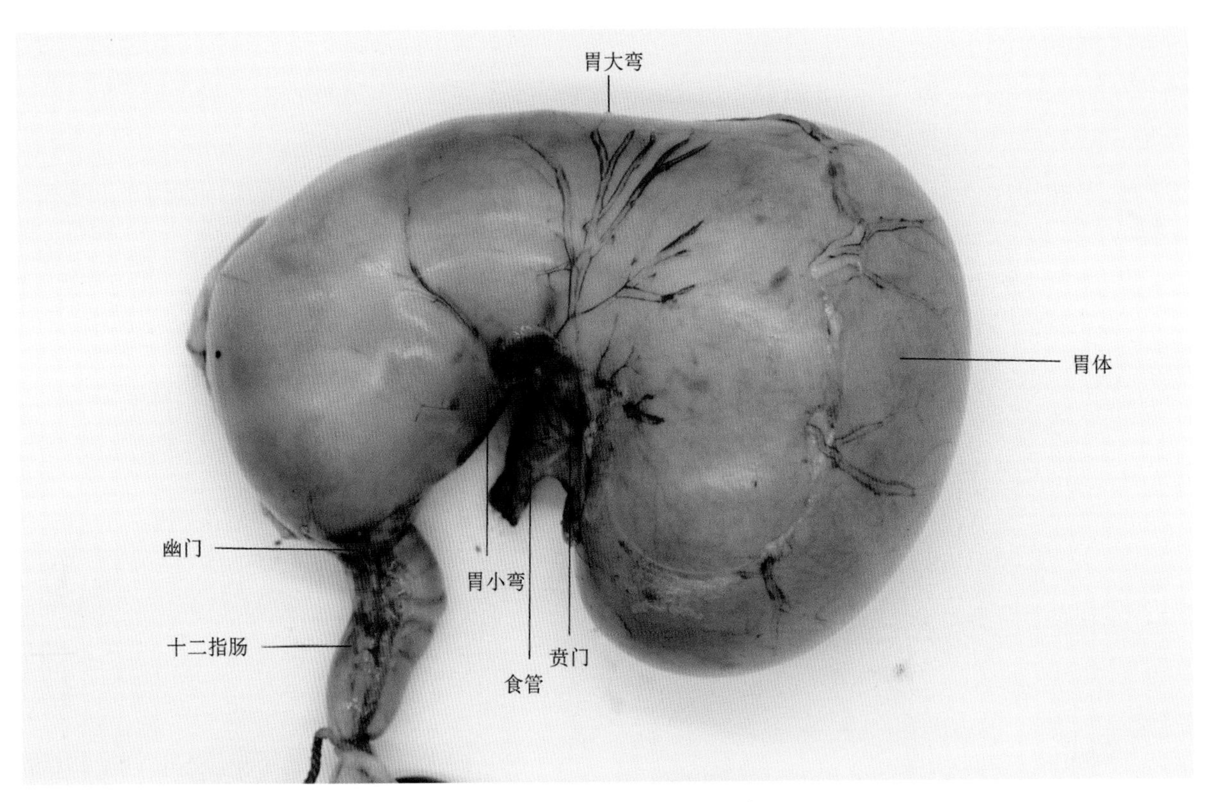

图1-1-3　兔胃（范志宇 供图）

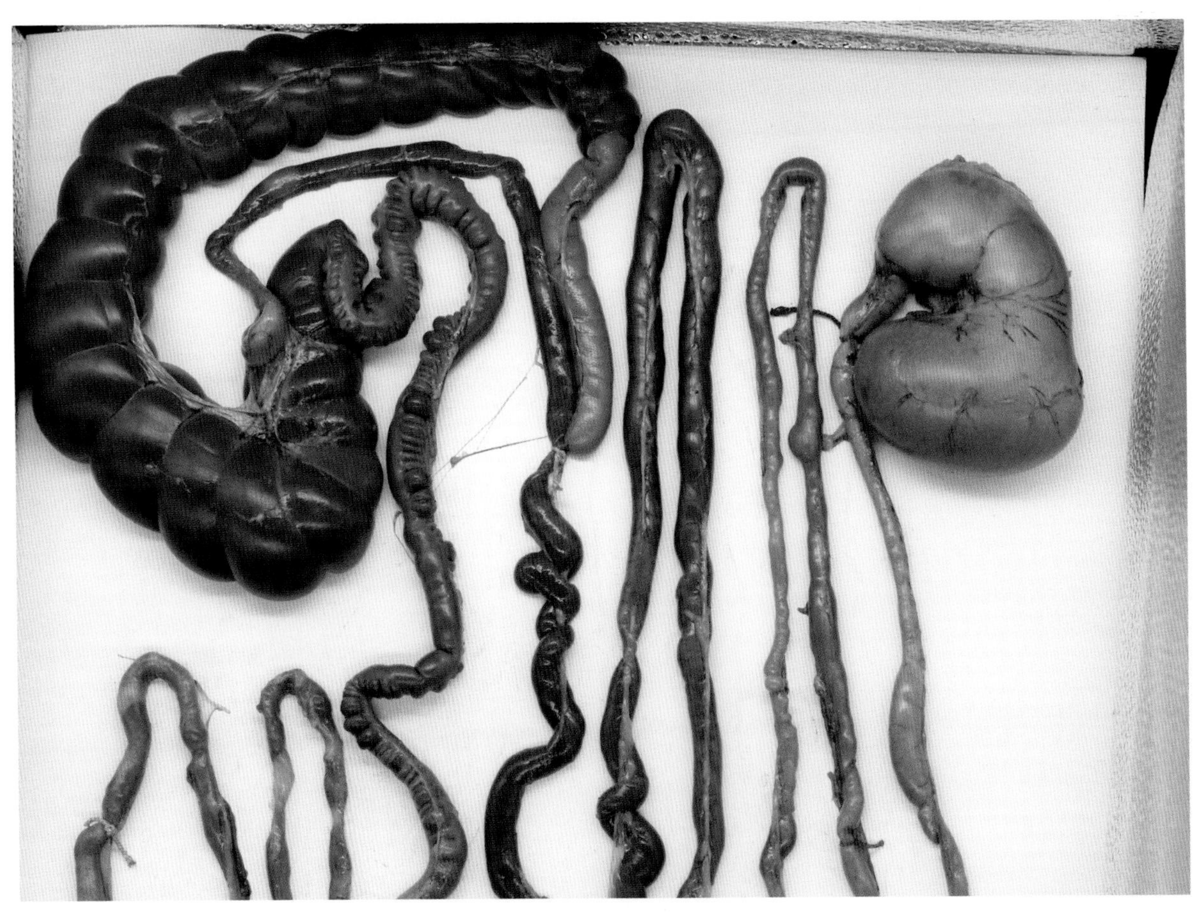

图1-1-4　兔胃和肠（范志宇 供图）

（3）回肠。从回盲韧带游离缘至回盲口的一段肠管，为回肠，是小肠的最后一部分，长约40cm，弯曲少，其末端形成一厚壁的圆小囊（图 1-1-5，图 1-1-6）。

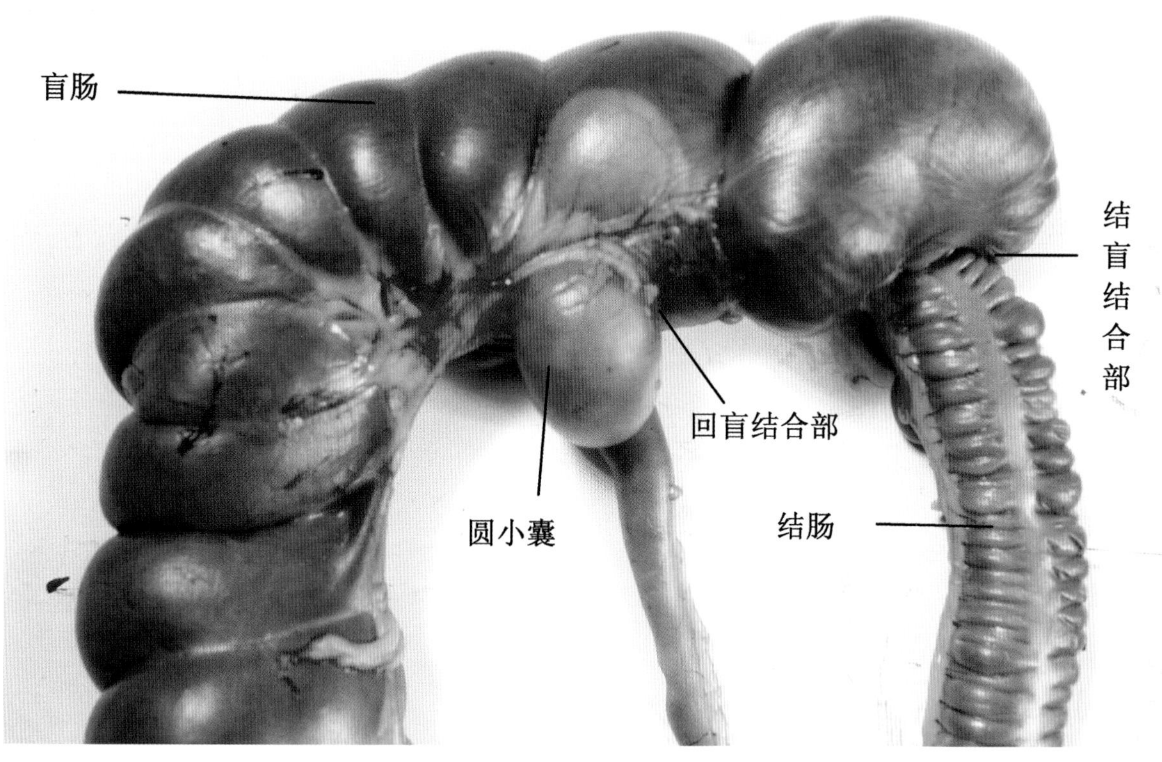

图 1-1-5　回肠、盲肠、结肠交界处结构（范志宇 供图）

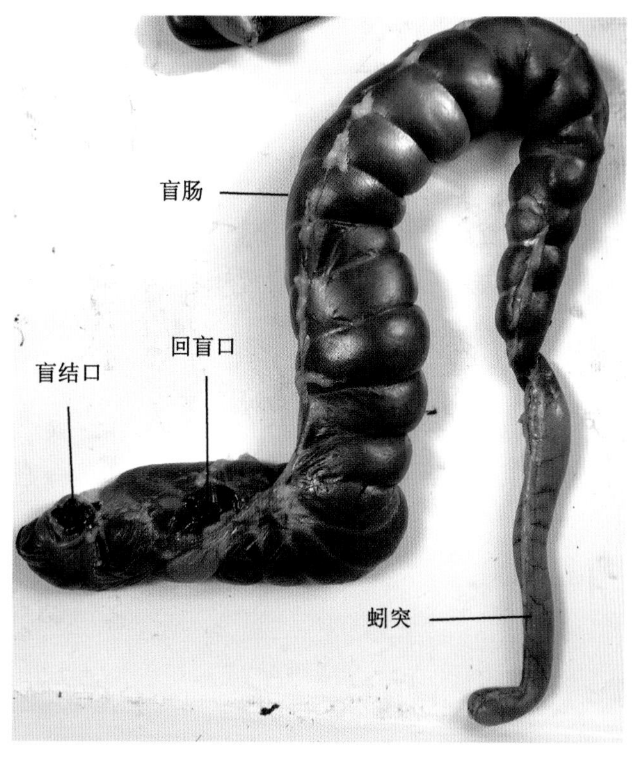

图 1-1-6　回盲口和盲结口（范志宇 供图）

（4）盲肠。从盲结口至盲肠盲端的一段肠管，为盲肠。兔的盲肠特别发达，在家畜中所占比例最大，长约 50cm，与兔体长相近，呈长而粗的袋状，占消化道总容积的 49%，壁薄，外表面可见一系列沟纹，与沟纹相对应的壁内面形成 25 个螺旋状皱襞，称为螺旋瓣。盲肠的游离端变细，且壁厚，8 ~ 10cm 的似蚯蚓状结构，称为蚓突。兔的回肠与盲肠相通的口叫回盲口，盲肠与结肠相通的口叫盲结口，两口间相隔 2 ~ 4cm（图 1-1-7）。

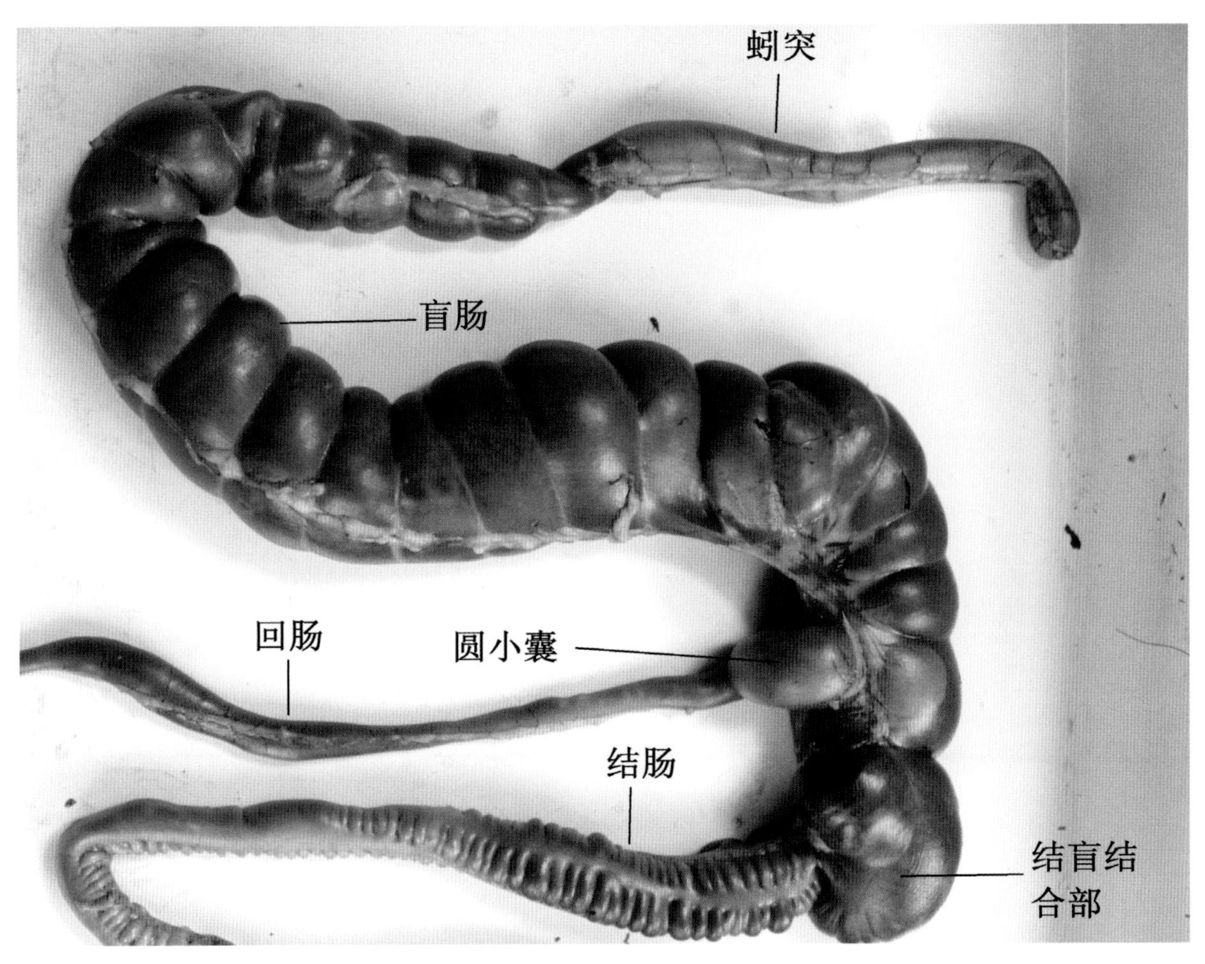

图 1-1-7　兔盲肠（范志宇 供图）

（5）结肠。从盲结口至骨盆腔前口的一段肠管为结肠。以结肠系膜连到腹腔背侧壁，长约 100cm，分升结肠、横结肠和降结肠。升结肠较长，沿腹腔右侧前行，反复盘曲达胃幽门部的腹侧，从右侧横过体正中线到左侧的一段肠管为横结肠。后行至骨盆腔前口的一段肠管为降结肠，升结肠前部管径较粗，有 3 条纵肌带和 3 列肠袋。距盲结口约 32cm 处有 3 ~ 4cm 长的管壁甚厚，管腔较窄，可命名为结肠狭窄部（图 1-1-8），新鲜标本呈粉红色，内壁形成许多纵行皱褶（图 1-1-9），以结肠狭窄部为界，前部是软内容物（软粪），后部是球状内容物（粪球）。这一结构作用类似于挤干机和制粒机，使肠内容物由糊状变成颗粒状，也使肠内容物后行延缓，有利于食糜在结肠和盲肠间反复移动，进一步对纤维素的消化和营养物质的吸收，也是易发生便秘的部位。

（6）直肠。从骨盆腔前口至肛门的一段肠管为直肠，位于骨盆腔内，长约 6cm。与降结肠交界处有一“S”状弯曲。直肠末端侧壁上有一对细长形暗灰的直肠腺，长 1 ~ 1.5cm，分泌油脂，带有特异臭味。直肠末端以肛门开口于体外。

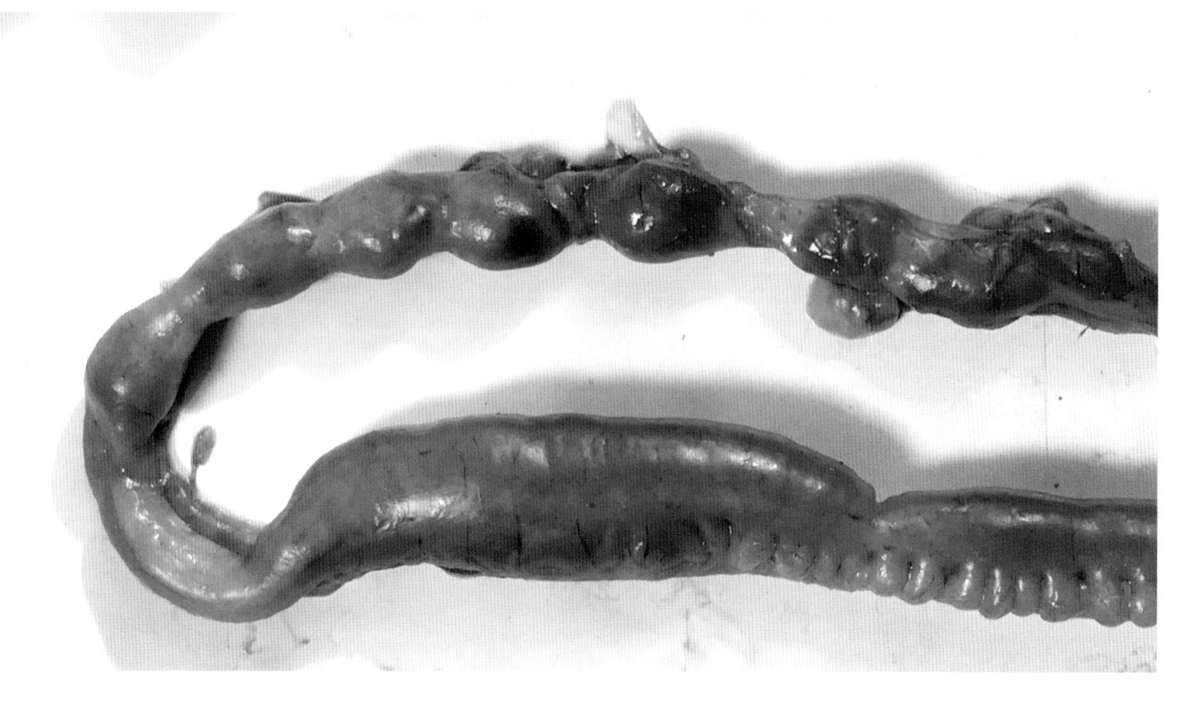

图 1-1-8　结肠狭窄部外形（范志宇 供图）

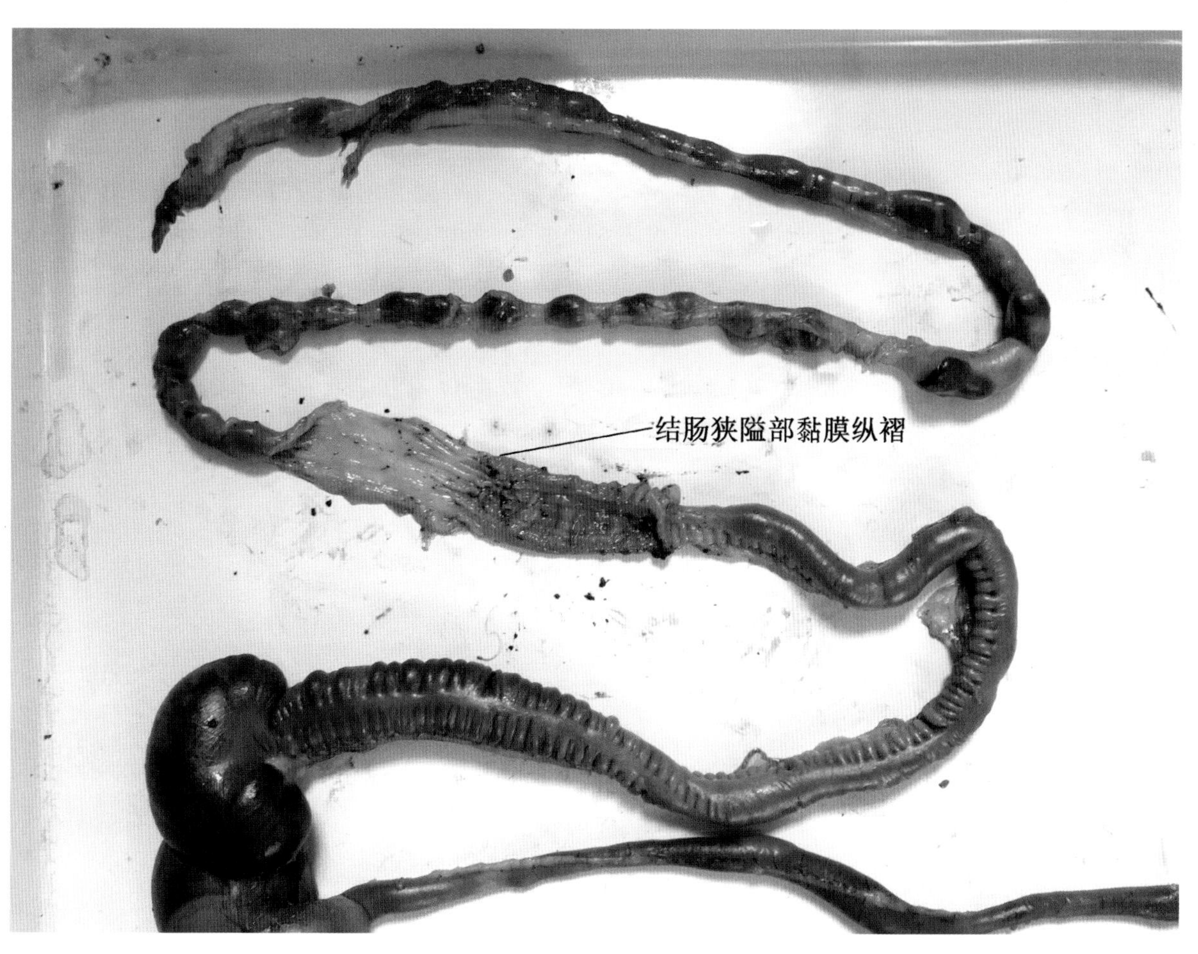

图 1-1-9　结肠狭窄部，剖面显示黏膜纵褶（范志宇 供图）

4. 肝

能分泌消化液的腺体，称为消化腺。肝是体内最大的消化腺，重约100g，占体重3.7%左右，呈红褐色，位于腹前部，前面隆凸与膈接触，称为膈面，后面凹与胃肠等相接触，称为脏面。兔肝分叶明显，共分6叶，即左外叶、左内叶、右内叶、右外叶、尾叶和方叶（图1-1-10和图1-1-11）。右内叶的脏面有胆囊，自胆囊发出胆囊管伸延到肝门，与来自各肝叶的肝管汇合共同形成胆总管，后行开口于紧挨着幽门处的十二指肠。

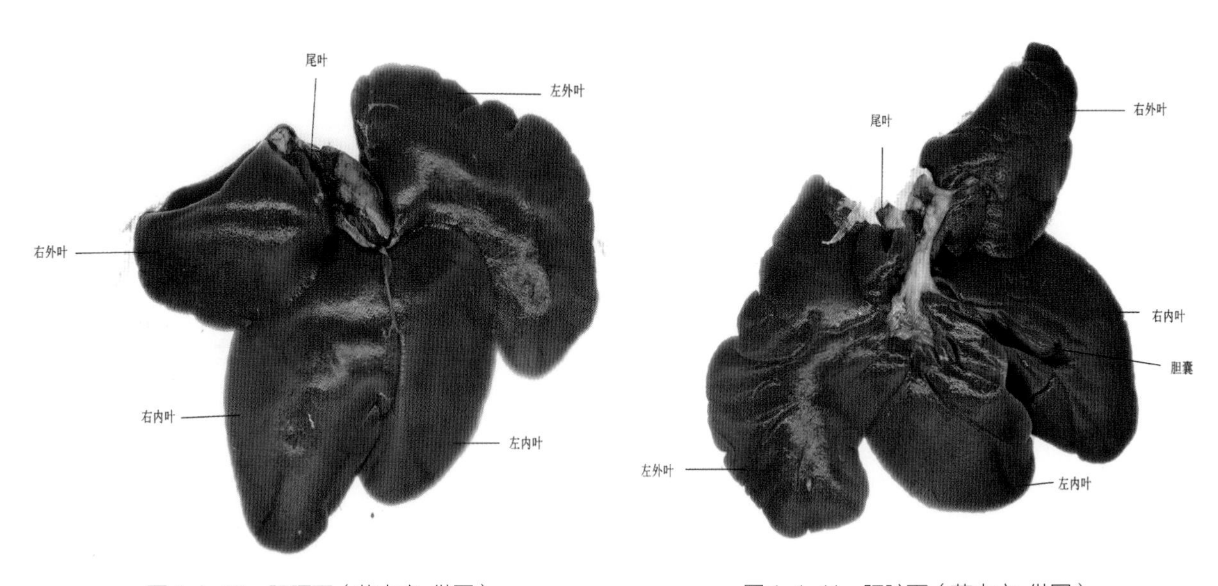

图1-1-10　肝膈面（范志宇 供图）　　图1-1-11　肝脏面（范志宇 供图）

5. 胰腺

胰腺也是消化腺，弥散于十二指肠系膜内，兔胰腺仅有一条胰管开口于十二指肠升支起始5～7cm处（与十二指肠结肠韧带游离缘相对的黏膜处附近），与胆总管开口处相距很远，这一结构特点是兔所特有的。

6. 肺

家兔肺不发达，位于胸腔内，纵膈两侧，左右各一（图1-1-12）。通常右肺比左肺大，分叶多。左肺分2叶，分别为尖叶和心膈叶；右肺分4叶，分别为尖叶、心叶、膈叶和副叶。

7. 肠系膜淋巴结

兔肠系膜淋巴结不及其他家畜的发达，体积小，色泽淡（图1-1-13）。

8. 脾

脾是兔体较大的淋巴器官，位于胃大弯左侧面，以胃脾韧带与胃壁相连。呈带状，长4～5cm，宽1～2cm（仔幼兔的小）。脾具有滤血、贮血、破血和参与免疫的作用（图1-1-14，图1-1-15）。

9. 胸腺

胸腺位于心脏腹侧面，胸前口的结缔组织内，心脏前方呈粉红色，幼兔发达，随年龄的增长而逐渐变小。胸腺是T淋巴细胞的发源地，对其他淋巴器官的生长发育和免疫功能的建立起着重要作用（图1-1-16）。

10. 淋巴组织

兔体内淋巴组织分布很广，存在形式多种多样。其中一部分没有特定结构，淋巴细胞弥散性分

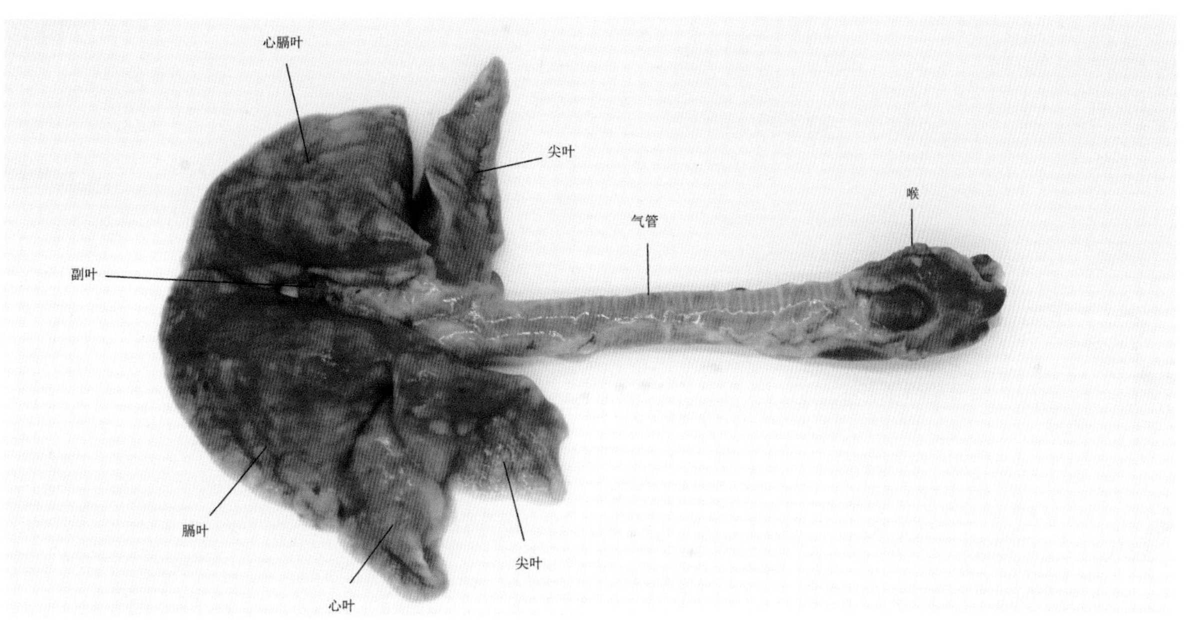

图 1-1-12　肺（范志宇 供图）

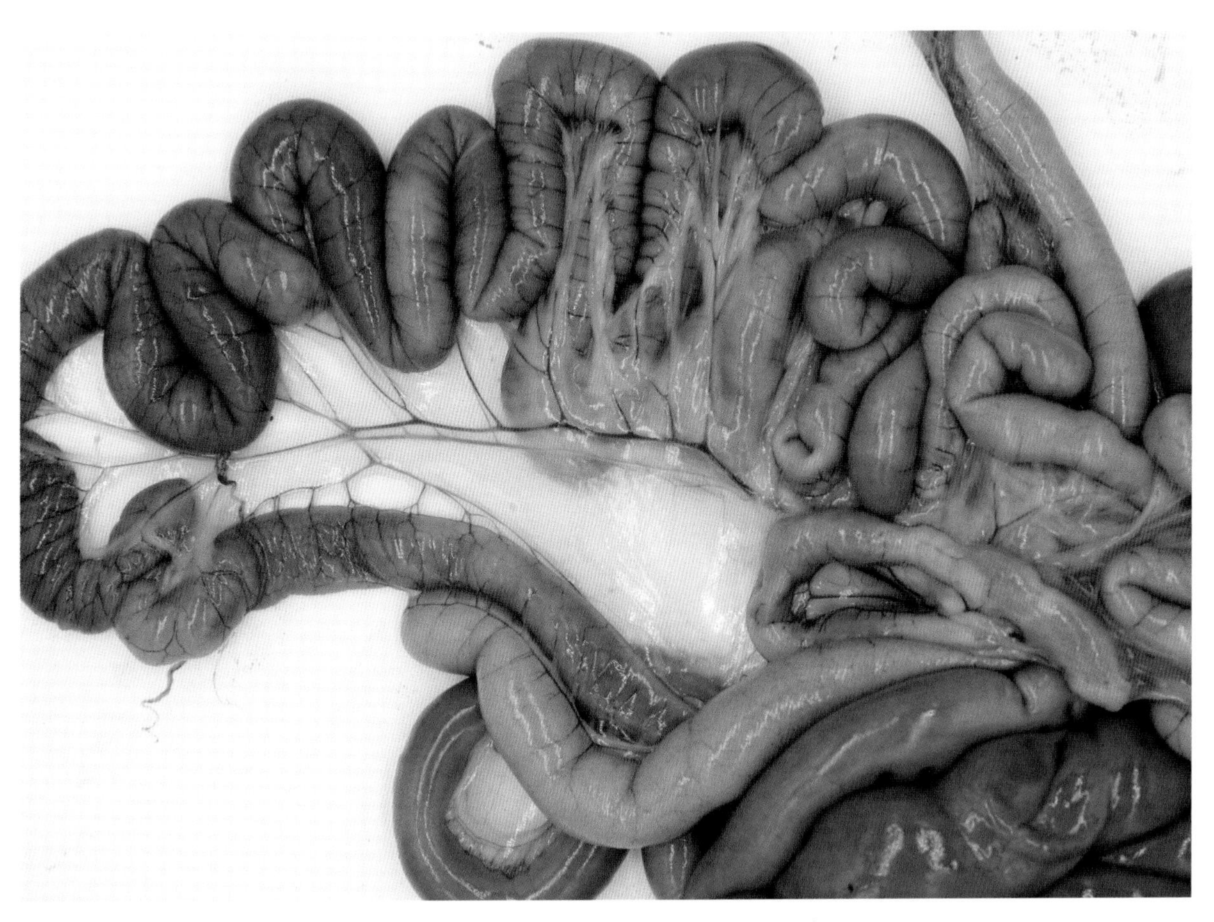

图 1-1-13　肠系膜及淋巴结（范志宇 供图）

布，与周围组织无明显界限，称为弥散性淋巴组织。有的密集成球形或卵圆形，轮廓清晰，称为淋巴小结。单独存在的称为淋巴孤结，成群存在的称为淋巴集结。弥散性淋巴组织、淋巴孤结、淋巴集结常分布于消化道、呼吸道和泌尿生殖道的黏膜中，兔小肠壁内的淋巴集结，圆小囊和蚓突壁内

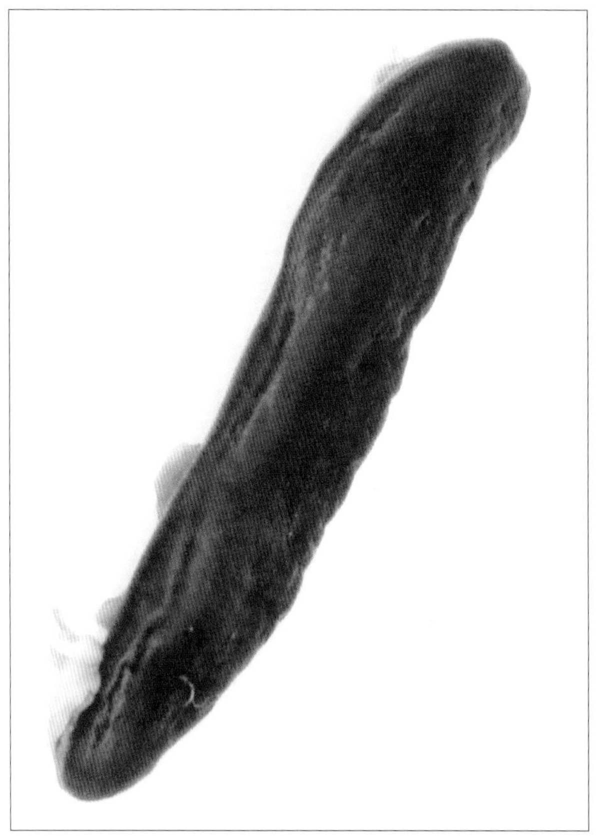

图1-1-14　脾（范志宇　供图）

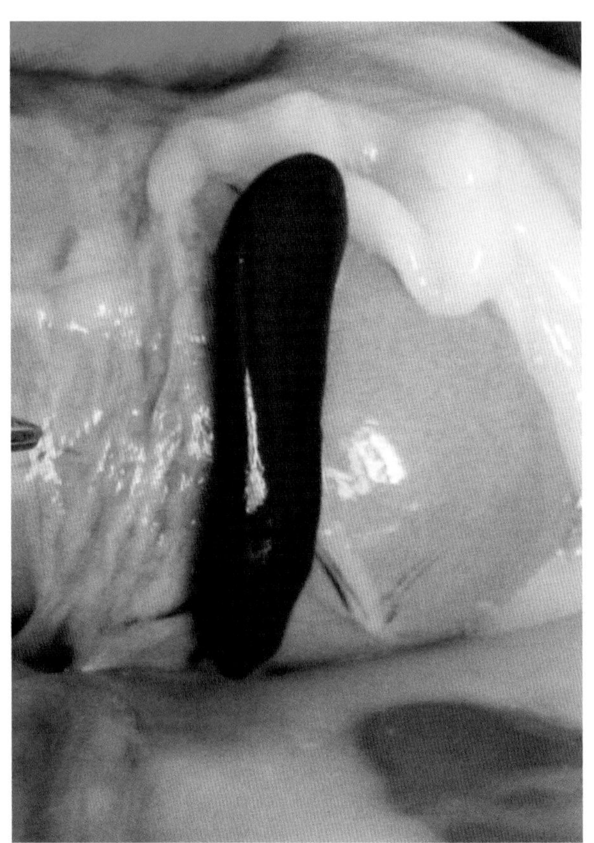

图1-1-15　脾（范志宇　供图）

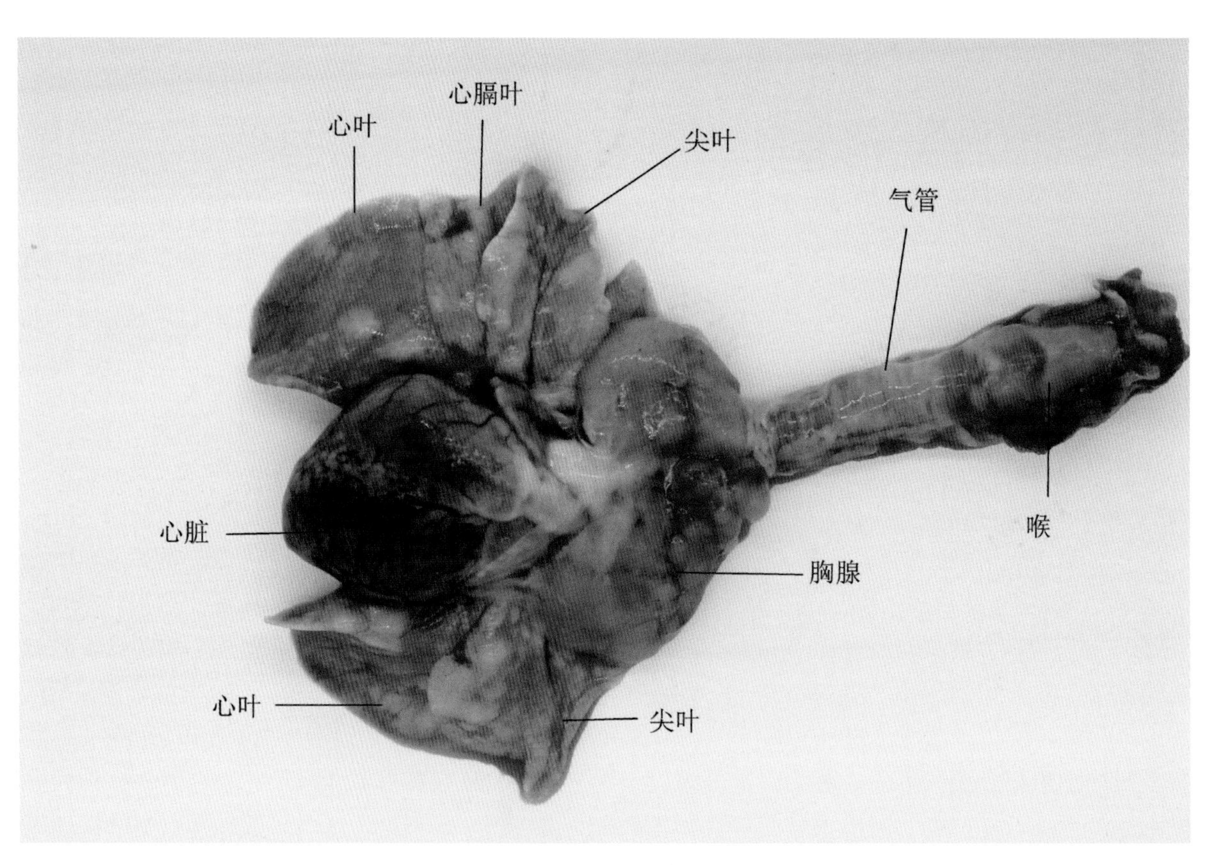

图1-1-16　肺、心脏和胸腺（范志宇　供图）

就是由淋巴组织构成。

11. 耳

为兔的听觉和平衡感受器，分外耳、中耳和内耳。包括耳廓、外耳道和鼓膜3部分。家兔耳廓较大，容易发生疾病（图1-1-17）。

12. 雄性（公兔）生殖器官

雄性生殖器官由睾丸、附睾、输精管、尿生殖道、副性腺、阴茎、阴囊、精索和包皮构成。睾丸是产生精子和分泌雄性激素的器官。左右各一，呈卵圆形，成年兔基本上位于阴囊内。胚胎时期睾丸位于腹腔内，出生后2月龄左右睾丸下降到腹股沟管内，3月龄后下降到阴囊内。兔的腹股沟管宽而短，终生不封闭（区别于其他家畜），因此，睾丸可自由地下降到阴囊或缩回到腹腔内（图1-1-18）。

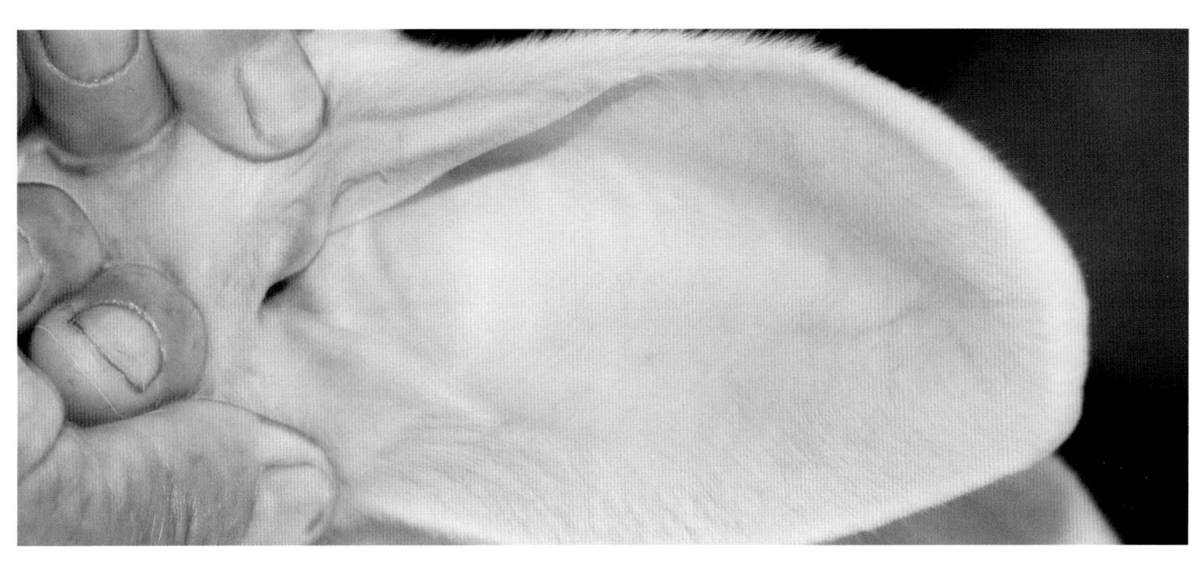

图1-1-17　兔耳朵（范志宇 供图）

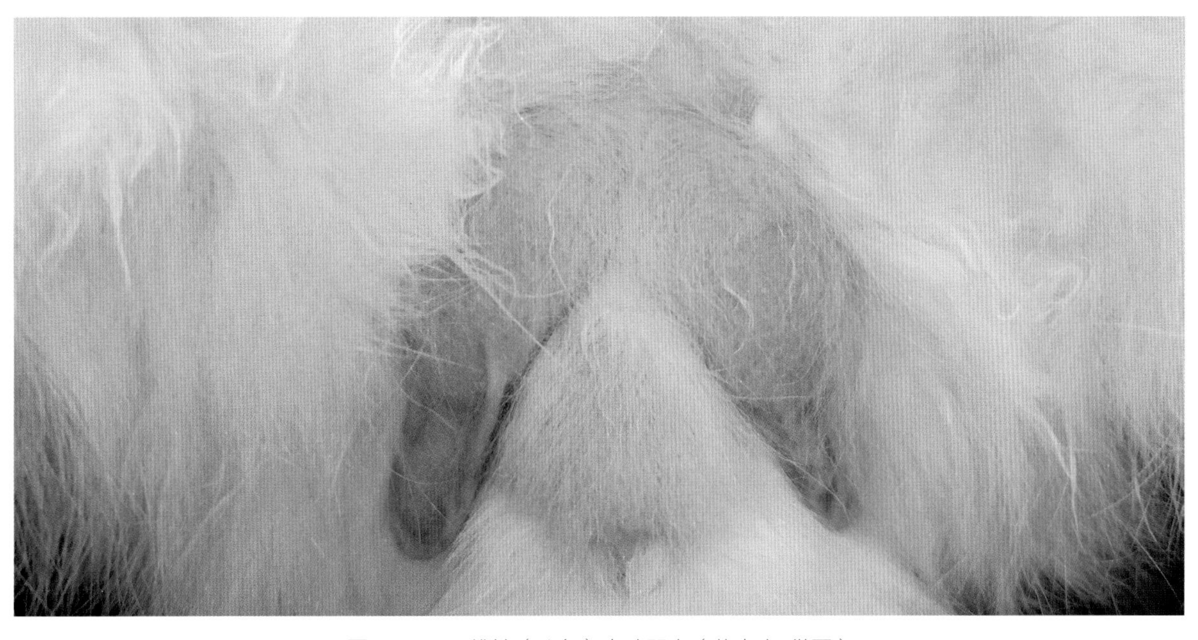

图1-1-18　雄性（公兔）生殖器官（范志宇 供图）

13. 雌性（母兔）生殖器官

雌性生殖器官由卵巢、输卵管、子宫、阴道、尿生殖前庭和阴门组成。兔为双子宫，借子宫阔韧带悬挂于腰下部，大部分位于腹腔内，小部分位于骨盆腔内，后端以两个子宫颈口分别开口于阴道前部，突出于阴道内的子宫颈部分称为子宫颈阴道部，两个子宫颈阴道部较为明显。阴道是交配器官，也是产道，位于骨盆腔内，背侧为直肠，腹侧是膀胱。兔阴道较长，7 ~ 12cm，前接子宫颈，可见有两个子宫颈口开口于阴道（图 1-1-19 和图 1-1-20），子宫颈阴道部周围的凹陷为阴道穹隆，人工授精时就是把精液输入此处，有利于受精。尿生殖前庭是交配器官和产道，也是尿液排出体外的通道，故称尿生殖前庭。前接阴道，于阴道交界处可见一开口，为尿道外口，尿道外口前背侧有一不很明显的黏膜褶，称为阴瓣。后达阴门与外界相通。阴门是尿生殖前庭的外口，也是母兔泌尿和生殖系统与外界相通的天然孔，位于肛门下方，以短的会阴部与肛门隔开。阴门由左右两片阴唇构成，两阴唇间的裂缝称为阴门裂（图 1-1-21 和图 1-1-22）。在腹结合处有一小突起，称为阴蒂。

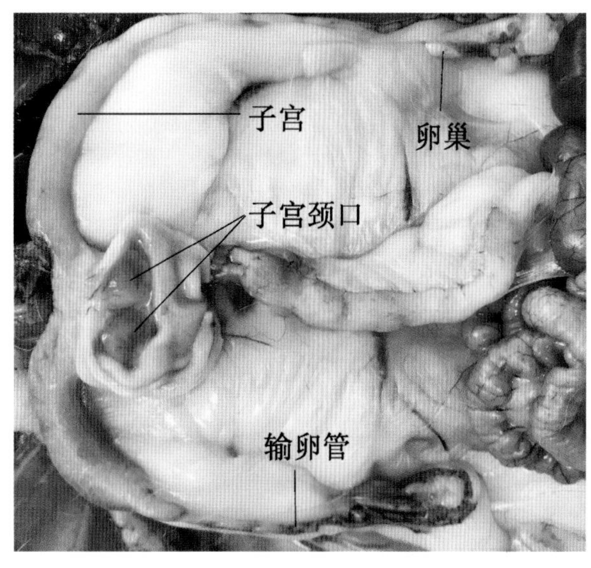

图 1-1-19　母兔子宫颈口等（范志宇 供图）

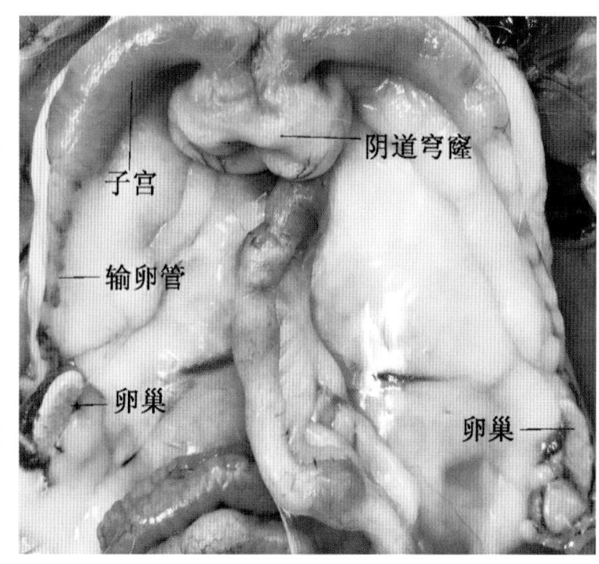

图 1-1-20　母兔子宫等（范志宇 供图）

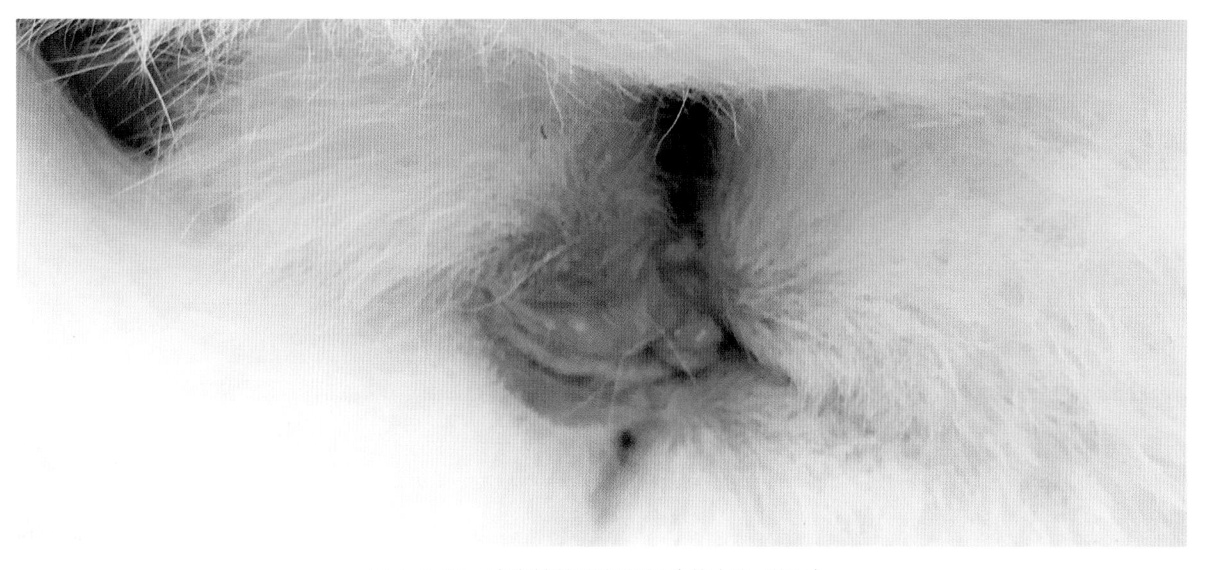

图 1-1-21　未发情的母兔阴门（范志宇 供图）

图 1-1-22　发情期的母兔阴门（范志宇 供图）

二、家兔的生理特性

（一）食草性

兔从小就会吃草，这种采食饲草的行为，称为食草性。兔喜欢采食的野草有蒲公英、泽漆、抱茎苦荬菜，剪刀股、苦菜、苦苣菜、续断菊、山苦荬、铁苋菜、葎草、车前草等；种植牧草有苜蓿、菊苣、黑麦草等；农作物秸秆有花生秧、红薯秧、豆叶等；树叶有洋槐树叶、榆树叶、桑树叶等；蔬菜有白菜、大青菜、香菜、芹菜、胡萝卜、空心菜、莴苣、生菜等。兔用饲草中的牛尾蒿、臭蒿、野塘蒿、狗尾草、猪毛菜、杠柳、马塘、白草、杨树叶、桐树叶、果树叶、麦秸、玉米秸、谷秸、豆秸、稻草等，鲜喂适口性较差，但把它们晒干或烘干，加工成草粉，按 40% ~ 50% 的比例，生产成颗粒饲料，喂兔效果较好。兔的日粮中，粗纤维饲料必须占有适当的比例，这与兔的消化机能有很大关系，若日粮中粗纤维的含量过低或过高，很容易发生消化道疾病。

（二）食粪性

家兔有吃自己粪便的生物学特性，这是兔在长期进化过程中形成的有利于生存的行为。据观察，一昼夜出现两个明显的食粪高峰，第一个食粪高峰出现在白天 11 点，以吃硬粪（粪球）为主，经咀嚼后吞咽；第二个食粪高峰出现在夜间 2 点，以吃软粪（软粪较小，以多个圆球连在一起，圆球表面有黏液包裹，内容物呈半流体状态）为主，不咀嚼直接吞咽。家兔食粪是正常现象，不必阻止。通过食粪很多营养得到补偿（如微生物蛋白、B 族维生素、生理活性物质、微量元素等）；通过食粪营养物质得到循环利用，预防和缓解一些营养缺乏症；通过食硬粪，可保持肠道内适量粗纤维，对预防腹泻有一定作用。健康家兔，把所排出的软粪几乎全部吃光，故一般情况下看不见软粪，只有当患病时，才停止食粪。饲养技术人员根据这一特点要经常观察家兔粪便的变化，以判断家兔是否健康。

（三）扒食性

家兔利用前爪扒刨寻找食物的特性，称为扒食性。这是野生穴兔为了生存而形成的一种特性。在人工饲养条件下，家兔扒料现象经常发生，造成饲料浪费较多。在生产实践中发现扒料的主要原因有：怀孕后、突然更换饲料、饲料有异味、更换饲养员和饲喂不定时定量。饲喂粉料的兔场扒料现象严重，约在 50% 以上。饲喂颗粒饲料的兔场，扒料现象比粉料的少，在 10% ~ 30%。

（四）消化特点

家兔消化特点分别从胃、小肠、大肠的消化特点加以描述。

1. 胃的消化特点

在单室胃动物中，兔胃容积占消化道总容积的比例最大，约为 35.5%。由于兔有食粪习性，胃内容物的排空速度很慢。试验证明，饥饿 2d 的家兔胃中还有 50% 内容物，这说明家兔具有相当耐饥饿的能力。根据这一特点，在仔幼兔饲养管理过程中，隔几天停喂 1 ~ 2 顿料，有助于预防消化道疾病。14 日龄内的仔兔胃内缺乏盐酸，16 日龄以后胃内才有少量盐酸，28 日龄盐酸达到一定水平，42 日龄基本达到成年兔胃内 pH 值的水平。胃内盐酸激活胃蛋白酶原变成胃蛋白酶，才能对饲料中的蛋白质进行消化。此后胃内酸度的变化与年龄增长无关，主要受饲料和饮水等因素的影响。14 日龄仔兔胃内虽缺乏盐酸，但有抗微生物因子，对这一阶段的仔兔具有很强的保护作用。16 日龄以后仔兔胃内的抗微生物因子的作用逐渐被盐酸的抗微生物作用所代替。仔兔胃内的酸度要到 42 日龄后才能达到成年兔胃内酸度水平。因此，42 日龄之前兔胃内酸度抗微生物的关卡作用还不够强，所以，对有活力的细菌和病毒特别敏感，饲养管理稍有疏忽就会出现消化不良、腹泻和肚胀。根据兔胃的消化特点，16 日龄前主要靠母乳发育，只要把母兔喂好，保证母兔有足够的高质量乳汁，这一阶段仔兔就不会出现问题。16 ~ 22 日龄为仔兔试吃饲料阶段，这几天仍然是以母乳为主，少量供给易消化的饲料，注意千万不可多喂，因为此时胃内盐酸含量少，对饲料的消化力极弱。22 ~ 40 日龄为补料阶段，这一阶段以补料为主，母乳为辅。40 ~ 70 日龄为适应过渡阶段，这一阶段是养兔的关键阶段，要保证饲料质量，达到一定营养水平，饲养管理要到位，环境条件要适宜。70 日龄以后的兔子，机体各种功能健全，抵抗力增强，饲养管理就容易得多，只要保证饲料质量，供足饲料和饮水，做好防病工作，能基本保证兔体健康。

2. 小肠的消化特点

十二指肠黏膜内除含有肠腺外，尚有一种特殊的腺体叫十二指肠腺，分泌碱性液体（pH 值在 8 ~ 8.5）具有中和胃酸、保护肠黏膜免受胃内酸性食糜的破坏。整个小肠黏膜内含有丰富的肠腺，分泌的肠液中含有多种消化酶（淀粉酶、肠激酶、肠酞酶、蔗糖酶、麦芽糖酶、乳糖酶、核苷酸酶等，加上从胆管和胰管来的胆汁、胰液内的脂肪酶和胰蛋白酶），对胃排入小肠的食糜进行充分的消化吸收。由此可知，吃进的食物经口腔咀嚼与唾液混合变成食团，吞咽入胃，在胃液的作用下进行初步消化，并与胃液充分混合变成食糜进入小肠，在肠液的作用下，把食糜中的糖、蛋白质、脂肪、维生素、矿物质、水等可消化的营养物质几乎消化吸收。一旦发生肠炎，就会严重影响营养物质的吸收，引起拉稀。

3. 大肠的消化特点

盲肠是微生物的发酵场所，胃和小肠没有消化的营养物质，在盲肠内通过微生物的作用，进一步分解和发酵，产生挥发性脂肪酸或氨等。一部分被盲肠壁吸收入血，另一部分被微生物利用，合成自身物质。蚓突壁厚，内含丰富的淋巴组织，经常向肠腔内排放大量的淋巴细胞，参与肠道防御机能，同时也不断分泌高浓度的重碳酸盐类的碱性液体，对维持盲肠内适宜的环境起到重要作用。结肠和直肠的主要功能是吸收水分及无机盐，同时形成粪球。

初生仔兔胃肠道内无细菌，开眼前仔兔肠道内细菌很少，开眼后盲肠内出现大量微生物。90日龄后的肉兔每克盲肠食糜中含有细菌总数为 $2.5\times10^9\sim21.9\times10^{10}$ 亿个。盲肠内环境具备以下4个条件：一是温度高而稳定，温度平均为40.1℃（39.6～40.4℃）；二是酸碱度稳定，pH值为6.79（6.6～7.0）；三是厌氧条件，适宜厌氧菌生存；四是适宜的水分，水分含量为80%（75%～86%）。家兔盲肠的内环境有利于微生物的生存与活动，从而有利于对粗纤维的消化与吸收。

（五）繁殖特性

家兔的繁殖力很强，不仅表现为孕期短（30～31d）、年怀孕次数多（6～8次）、每胎产仔数也多（6～10只），而且表现为性成熟早（5～6月龄就可配种）、一年四季都可以繁殖。母兔发情不像其他家畜那样明显，排卵的发生不是自发的，而需要某种条件刺激（如公兔交配或注射性激素等）的诱导才能排卵，这种需要某种刺激而排卵的现象，称为刺激性排卵。母兔接受交配后10～12h排卵，一次排卵17～18个。母兔所排的卵子是目前知道的哺乳动物中最大的卵子，直径约160 μm。母兔的子宫为双子宫，以两个子宫颈口分别开口于阴道，因此，不发生像其他家畜的受精卵（合子）由一个子宫角移动到另一个子宫角的现象。

公兔阴茎呈圆柱状，前端细而弯曲（也有直的，选种公兔时，要选阴茎前端是弯曲的）无龟头，静息时阴茎向后方伸至肛门附近，勃起时伸向前方。兔的副性腺是4对，即精囊腺、前列腺、前列旁腺和尿道球腺，其他家畜无前列旁腺。公兔交配时射精极快，大约几秒钟，每次的射精量为0.5～1.5mL，每毫升精液内含精子为1 000万～20 000万个，精子在母兔生殖道内保持受精能力的时间约为20h。

（六）生长发育规律

根据家兔生长发育的特点，大致可分为仔兔、幼兔、青年兔和成年兔4个阶段。

1. 仔兔

从出生到断奶期间的小兔，称为仔兔。仔兔出生时双目紧闭，全身无毛，耳廓闭合，各系统发育都不健全。但是，在母兔泌乳正常情况下，只要初生仔兔吃到初乳，3d之内都能吃饱奶，仔兔就能很好的生长发育。仔兔出生重一般为50～60g，低于50g的仔兔很难养活（小型兔除外）。出生后第4d长出绒绒细毛，第7d耳廓张开，第12d睁眼，第15d出巢，第16d开食，第35～40d断奶（肉兔、獭兔35d、毛兔40d断奶）。

2. 幼兔

从断奶至3月龄（90日龄）期间的小兔，称为幼兔。这一阶段的兔子由吃奶转变为吃料，生活环境变化大，自身的防御系统和消化系统机能尚未健全，致使这一阶段的幼兔易发生腹泻，死亡率高。因此，要给幼兔舒适的环境条件，供给适合幼兔的全价饲料，同时，要做好疾病预防工作。

3. 青年兔

3～6月龄的兔称为青年兔。对肉兔来说，大多数商品兔已出售，留作种用的后备兔按常规饲养管理，一般不出问题，只是生长速度比幼兔慢得多。对獭兔和毛兔来说，还应加强饲养管理，供给有利于皮毛生长的饲料，注意预防疾病，提高出栏率和产毛量。

4. 成年兔

6月龄以后的兔子称为成年兔。6月龄的公兔开始配种，体重还可增加，7月龄后公兔体重趋

于稳定，可连续配种。6月龄母兔即可配种繁殖。

（七）毛的分化与换毛特性

1. 毛的分化

家兔胚胎时期毛囊就开始分化，胚胎第18d时，头部初级毛囊原基开始分化。胚胎第20d时，背、臀、体侧和腹部初级毛囊原基开始分化。胚胎第22d时，全身各部的初级毛囊原基数量增多。胚胎第24d时，初级毛囊向真皮伸展，形成管状鞘囊，与此同时，全身各部的次级毛囊开始出现。胚胎第26d时，初级毛囊的毛根形成毛球，其基底的凹陷内出现毛乳头。胚胎第28d时，初级毛囊的毛根进一步分化，次级毛囊的毛乳头出现，毛纤维开始生长。研究表明，胚胎第26d至仔兔出生这一段时间，毛囊生长速度最快，伸入真皮的深度每天可增加50 μm左右。但仔兔出生后，毛囊的生长速度较慢，每天仅有几微米。此外，仔兔各部位的毛囊生长速度有差异，背部快，腹部慢，各部位毛囊密度也有差异，背部和臀部毛囊密度大，体侧部次之，腹部最小。由此可见，饲养獭兔和毛兔，胚胎时期毛囊的发育影响一生的生产性能，所以，一定要加强孕兔的饲养管理，保证胚胎健康发育，促进毛囊分化。

2. 换毛

当兔毛长到一定时期就会衰老脱落被新毛所代替，这一过程称为换毛。换毛时，毛乳头的血管萎缩，血流停止，毛球细胞停止增生，逐渐角化，最后与毛乳头分离，毛根脱离毛囊，向皮肤表面移动。同时，毛乳头周围的细胞分裂增殖形成新毛，新毛推着旧毛而脱落。家兔的换毛有两种形式：一是年龄性换毛，二是季节性换毛。

（1）年龄性换毛。是指仔兔生长到一定时期被毛脱落，被新毛所代替的一种现象。家兔一生有两次，第一次换毛在生后60日龄开始到100日龄结束；第二次换毛在130日龄开始到180日龄结束。掌握这一特性，对养獭兔宰兔取皮意义重大。獭兔的第一次年龄性换毛于100日龄左右结束，这时的獭兔毛的密度及平整度均好，可以出售商品兔了，这就是一些收购商在这时期收购商品獭兔的原因所在。虽然这时被毛完美，但皮板厚度薄，韧性差，鞣制过程中容易破损，制品不耐摩擦，影响使用价值。獭兔的第二次换毛结束，这时的皮板及被毛均符合要求，是屠宰取皮的最佳时期。

（2）季节性换毛。是指完成两次年龄性换毛之后的后备兔和成年兔，每年进行春秋两次季节性换毛。春季换毛期在3—4月，秋季换毛期在8—9月。长毛兔只有年龄性换毛，而没有季节性换毛。家兔换毛期间对外界气温条件变化适应能力差，配种受孕率低，体力消耗大，抵抗力弱，容易患病。掌握这一特性，在家兔季节性换毛期间应加强饲养管理，供给营养丰富的全价饲料，注意预防疾病。

第二节　兔的行为特点

一、昼伏夜行

家兔白天十分安静，除喂食和饮水时间外，常常俯卧笼中，眼睛半睁半闭地睡眠或休息。当太阳落山之后，家兔开始兴奋，活动增加，采食和饮水欲望增强。据测定，家兔在晚上所采食和饮水的量占全天的70%左右。根据家兔的这一习性，应当合理地安排饲养管理日程，白天除正常喂食外，尽量不要妨碍其休息；晚上喂给足够的饲草和饲料，供足饮水，尤其是炎热的夏季和夜长昼短的冬季，更应注意投放夜料或饲草。夜间给母兔配种受胎率比白天高，晚上24点左右配种，大都在白天产仔，以便接产管理，提高仔兔成活率。

二、胆小怕吓

家兔是一种胆小易惊的小动物，它的听觉非常灵敏，常常竖起两耳来听周围环境的声响。如遇突如其来的响声，或猫、狗、老鼠、黄鼠狼等有害动物的侵袭，都会引起家兔惊群。一旦兔群受到惊吓，兔在笼中表现精神高度紧张，昂首四顾，坐卧不安，到处奔跑乱撞，同时尖叫跺脚。严重时兔群有部分兔死亡，怀孕兔流产、难产，哺乳兔停止哺乳或发生吊乳现象，幼兔出现消化不良、腹泻、肚胀和生长迟缓等不良状况，也容易诱发其他疾病。因此，应尽可能保持兔舍安静，行动要轻，避免陌生人和猫、狗等有害动物进入兔舍。

三、喜干厌湿

家兔喜欢干燥，厌恶潮湿。干燥有利于家兔健康，潮湿容易诱发多种疾病（如螨病、真菌病、肠炎、球虫病、脚皮炎等）。根据这一习性，建造兔舍时应选择地势高燥的地方，禁止在低洼处建兔场。平时一定要保持兔舍干燥，使兔舍的湿度维持在60%左右（图1-2-1）。

图1-2-1　干燥卫生的兔舍（范志宇 供图）

四、爱净怕脏

家兔喜欢干净，厌恶污浊。干净的环境有利于兔的健康，污浊的条件下兔子容易发生疾病。环境污浊包括空气污浊、笼具污浊、饲料和饮水污染等。空气污浊是指兔舍内通风不良，有害气体（氨气、硫化氢和二氧化碳等）显著增加，使家兔黏膜上皮发炎（结膜炎、传染性鼻炎、气管炎和肺炎），给兔场造成一定危害。笼具污浊主要是指笼底板被粪便污染和产仔箱内潮湿、积存粪尿。笼底板沾上粪便后，容易导致污毛、脚皮炎和肠炎。饲料和饮水污染是指饲料和饮水被杂质（沙土、虫卵、霉菌毒素、农药、水垢等）污染。饲料和饮水的污染是造成家兔消化道疾病的主要因素之一。

五、耐寒怕热

家兔的被毛厚，汗腺少，机体的散热能力差，当外界温度上升到30℃以上，主要靠呼吸、大小便和口腔调节体温，但兔的胸腔小，肺不发达，仅靠呼吸很难维持体温恒定，所以，兔最怕热。家兔最适宜在15～25℃下生活，家兔感到最为舒适，生产性能最高，其临界温度为5～30℃。如果外界温度上升到30℃以上或下降到5℃以下，兔就容易发生中暑或冻伤。温度突然升高至30℃以上，怀孕后期母兔易发生流产或死亡。兔不怕寒冷，主要是指3月龄以上的青年兔、成年兔。初生仔兔窝内温度应达到32℃左右，随着日龄的增加，产仔箱内温度可适当降低（图1-2-2、图1-2-3）。断奶兔在低温情况下，易发生腹泻、腹胀等现象。

图1-2-2　专用兔产仔箱（外挂式），加上垫料、盖兔毛保暖（范志宇 供图）

图1-2-3 专用兔产仔箱（托盘式）（范志宇 供图）

六、啃咬习性

家兔的颌前骨齿槽内镶嵌着前后两排门齿（各一对），前排门齿叫大门齿，后排门齿叫小门齿。前排的一对大门齿与下颌齿槽内镶嵌的一对门齿相对应。除小门齿外，上、下门齿出生时就有，不再脱落，而且终生生长。上门齿每年生长 10cm，下门齿每年生长 12.5cm。由于门齿不断生长，家兔就必须借助采食和啃咬硬物以保持上下门齿适当长度，才能正常咬合，这就形成了家兔的啃咬习性。生产中上下门齿长出口外现象时有发生，有的是下门齿长出口外钩住上颌，有的是上门齿长出口外钩住下颌，由此而影响采食。在饲养管理中在笼内投放一根木棍，让兔自由啃咬，这样可以满足兔子的啃咬习性。

七、穴居性强、群居性差

野生穴兔体形小，敌害多，自身防御能力差，为了生存，就形成了在地下打洞生活和繁衍后代的能力，从而躲避敌害的侵袭。尽管家兔经长期的人工选育和培育，实行了笼养，但家兔一旦接触地面，打洞的习性就立即恢复，尤其是怀孕后期母兔。地下洞穴具有光线暗淡、温度稳定、安静无干扰等优点。母兔在地下洞穴内产仔，有安全感，且母性好，仔兔成活率高。

60 日龄前的仔幼兔喜欢群居，这是由于小兔更胆小，群居状况下有壮胆作用。但随着年龄的增长，群居性越来越差，特别是性成熟以后的公兔，在群居条件下常发生咬斗现象，甚至咬得遍体鳞伤。因此，2 月龄以上的兔子应考虑分笼饲养，最好一笼一兔。

八、三敏一钝

家兔的嗅觉、味觉和听觉发达灵敏，而视觉较差，故称之为“三敏一钝”。

家兔鼻黏膜的嗅觉感受器发达，故嗅觉灵敏。在寄养仔兔时，应将寄养兔与本窝兔混合后，将产仔箱门关上，次日喂奶时再打开门，防止母兔咬伤或咬死被寄养仔兔。

家兔舌黏膜布满着味觉感受器，故味觉灵敏。兔对饲料和饲草味道的辨别能力很强。兔喜欢吃带甜味的饲料和带苦味的饲草，不喜欢吃带有腥味（如鱼粉、血粉等）和带有不良气味（霉变、酸臭）的饲料。

家兔耳廓大，呈喇叭状，运动灵活，常竖立，倾听周围声响，如遇突然响声，易发生惊群，会给兔场造成一定损失。

家兔的两个眼球外凸，视野较广，单眼视区达180℃。对色泽的辨别力较差，距离判断不明。

第三节　兔的生理常数

家兔的常规生理指标包括体温、呼吸、心率、血压、血细胞数量等，如下表所示。

表　家兔的常规生理指标

项目		平均值	范围
体温（℃）		39	38.5 ~ 39.5
呼吸频率（次/min）		50	20 ~ 60（成年兔 20 ~ 40；幼兔 40 ~ 60）
心率（次/min）		115	80 ~ 160（成年兔 80 ~ 100；幼兔 100 ~ 160）
血量（mL/100g）		5.4	4.5 ~ 8.1
血压	收缩压（mmHg*）	110	95 ~ 130
	舒张压（mmHg）	80	60 ~ 90
血红蛋白（g/mL）		11.9	8 ~ 15
血球压积容量（%）		41.5	33 ~ 50
红血球（10^7 个/mm^3）		5.4	4.5 ~ 7.0
血沉降率（mm/h）		2	1 ~ 3
白血球（10^3/mm^3）		8.9	5.2 ~ 12.0
嗜中性		4.1	2.5 ~ 6.0
嗜酸性		0.18	0.1 ~ 0.4
嗜碱性		0.45	0.15 ~ 0.75
淋巴细胞		3.5	2.0 ~ 5.6
单核细胞		0.72	0.3 ~ 1.3
血小板（10^4/mm^3）		533	170 ~ 1120
血液 pH 值		7.35	7.24 ~ 7.57

*1mmHg=133.3224Pa，全书同。（引自《兔场多发疾病防控手册》,2010）

第二章

兔场防疫规划与生物安全

第一节　场区设计与布局

兔场的设计与布局是否合理，对兔场尤其是规模化兔场的疫病防控起着极其重要的作用。

一、选址

兔场场址应选择周围环境安静，离公路、铁路干线、集贸市场和居民区等500m以外（至少500m）的地势高燥，地形开阔，通风透光，背风向阳，水源优质充足，电源通达、交通便利，排水除污方便的地方。以保证兔场相对安静、清洁干燥、利于防病（图2-1-1）。

图2-1-1　兔场场址应地势高燥、地形开阔、通风透光、背风向阳（范志宇 供图）

二、兔场规划与布局

兔场地址选定后，根据饲养规模和自然条件作出总体规划，一般设生活区、管理区、生产区和排污区。各个功能区之间的间距应大于 50m，并用防疫隔离带或墙隔开。生活区是指所有工作人员生活的区域。在离生产区不远的地方单独建院，严禁与兔舍混建，既要考虑工作人员的生活方便，又要考虑便于养兔生产。管理区应设在生产区的前方，单独成院，其内设有饲料加工车间、饲料原料库、成品饲料库、配电室、供水设备和化验室，以便于生产管理。生产区应设在管理区后方，单独成院。在生产区入口处应设消毒间（内设挂衣钩，备用工作服，对入场人员消毒、更衣）和消毒池（对入场车辆及物品消毒），以防止疫病传入场内。生产区设母兔产仔与仔幼兔育成舍、后备兔舍和商品兔育肥舍。母兔产仔与仔幼兔育成舍建在生产区最后方，保持环境安静，除饲养员、技术员和场长经常进出外，禁止陌生人和其他动物进入。后备兔舍建在中间，主要饲养选育的种兔。商品兔育肥舍建在生产区最前方，便于出售。各种兔舍设排污沟（粪尿沟），都必须有一定坡度，使污水能够流走，以便冲洗排污。污水最好自动流入排污池。排污区在生产区的后方或旁边的墙外 50m 以外的地方设排污池（或建造沼气池）和粪污处理场（图 2-1-2、图 2-1-3）。

图 2-1-2　兔场选址应水源充足、交通便利、排水排污方便（范志宇　供图）

图 2-1-3　场区设计（范志宇　供图）

图 2-1-4　自动喂料料塔（范志宇　供图）

兔舍是家兔生活的地方，兔舍建造的目的，一是满足家兔对环境的要求，保证其健康生长和繁殖，提高兔产品的数量和质量；二是便于饲养人员和管理人员饲养管理及疫病防治的操作，提高工作效率。所以兔舍建造是否合理，将直接影响兔的健康、生产力的发挥和饲养员的工作效率。兔舍建造要求最大限度地适应家兔的生物学特性，有利于提高劳动生产率，满足家兔生产流程需要，经济适用（图 2-1-4）。

第二节　引　种

种兔是兔场的核心，种兔是否优良和健康是决定兔场效益的关键，因此，兔场在引种前都要做好详细的计划。

一、品种引进计划

目前，世界上大约有 60 个家兔品种。

按照家兔体型大小可分为大型品种、中型品种、小型品种和微型品种。一般将成年体重在 5kg 以上的家兔称为大型品种，如弗朗德巨兔、德国花巨兔等；成年体重 3.5~4.5kg 的家兔称为中型品种，如新西兰白兔、加利福尼亚兔等；而成年体重在 2~3kg 的家兔称为小型品种，如标准型青紫蓝兔等；而成年体重在 2kg 以下的家兔称为微型品种，如小型荷兰兔、宠物兔等。

按照家兔的经济用途分为肉用兔、皮用兔、毛用兔、实验用兔、观赏兔、兼用型兔。肉用兔主要用来产肉，该类型兔具有前期生长速度快、饲料利用率高、屠宰率高和肉质好等优点。目前，较理想的肉兔品种有伊拉、伊普吕、伊高乐和齐卡配套系以及新西兰白兔、加利福尼亚兔等。皮用兔主要用来产皮，该类型兔被毛具有短、平、美、密、牢和皮板质量优等特点。目前，皮用兔多饲养的是力克斯兔，我国俗称之獭兔。毛用兔主要用来产毛，该类型兔的毛生长速度快，一年可采 4~5 次。实验用兔主要用于科学研究，该类型兔具有体型中等、被毛白色、两耳长大、血管清晰等特点，利于采血和注射，新西兰白兔和日本大耳白兔是常用的实验用兔。观赏用兔是满足消费者观赏需要的一类家兔，该类型兔外观特殊、体型特别、毛色毛长异样。目前饲养的有小型荷兰兔、熊猫兔、狮子头兔、彩色长毛兔、垂耳兔等。

二、引种技术

1. 引种基础知识

（1）种兔的选购。优良的种兔是经过专家精心培育，在生产性能、生长速度等各方面都占有一定的优势，因而好的种兔生产的后代一般都具有抗病力强、成活率高、品种特征明显的特点，在市场上有极强的竞争力。而劣质种兔往往是未经选育的退化品种，所产后代遗传性能和抗病力差，仔兔、幼兔成活率低。

（2）引种场的选择。由于家兔的选种、育种需要一定的规模和技术条件，所以，如果条件允许，最好到那些管理科学、技术雄厚、信誉好的专业育种场去选购。引种前，要对以下情况进行咨询和调研：①要了解对方是否经过国家有关部门的认证，有无国家畜牧主管部门核发的“种畜禽生产经营许可证”；②要了解该兔场有无专业的育种技术人员，兔场的管理是否严格有序。没有专业育种技术人员，即使有“种畜禽生产经营许可证”，其提供的种兔的质量也无法保证，引种时宜慎重；③要询问种兔来源和生产性能，并亲自到兔场考察，比如种兔的体形外貌一致性、品种特征、兔群年龄结构、兔群大小等。如果兔群很大，特征明显，各年龄结构的兔都有，而且，管理有序，证明具有育种能力。如果兔场只有待售的种兔和少量的成兔，没有或仅有少量的仔兔，种兔很可能是从外场购买来的，不应在此引种；④要注意对方有无炒种行为（图 2-2-1）。

（3）引种季节。兔怕热，且热应激反应严重。所以，引种季节一般以气温适宜的春秋两季为佳。冬季也可引种，但要注意防寒。切忌夏季引种，特别是刚断奶的仔兔，由于饲养管理条件的突然改变，又受炎热环境的刺激，极易造成病害，甚至死亡，带来不必要的经济损失。

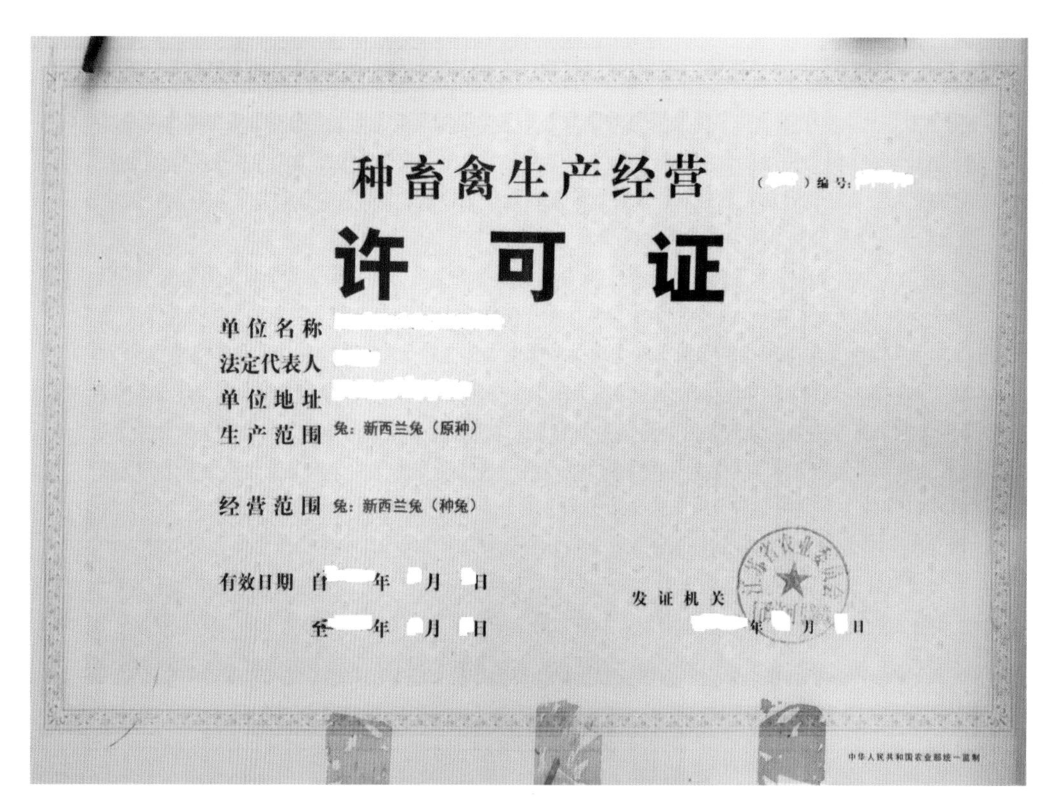

种畜禽生产经营　（　）编号：

许可证

单位名称

法定代表人

单位地址

生产范围　兔：新西兰兔（原种）

经营范围　兔：新西兰兔（种兔）

有效日期　自　年　月　日

至　年　月　日

发证机关

年　月　日

中华人民共和国农业部统一监制

图 2-2-1　种畜禽经营许可证（范志宇 供图）

（4）引种数量。从多年的养殖实践来看，引种数量必须与技术条件相适应，开始时宜少不宜多。

（5）引种年龄。种兔年龄与生产性能、繁殖性能有密切关系，因种兔的使用年限一般只有 1 ~ 3 年，所以，老年种兔的经济价值、生产价值较低。未断奶和刚断奶的仔兔因适应性和抗病力较差，引种时也要慎重。引种一般以 3 ~ 4 月龄的青年兔为最好。但是，有些种兔场提供的公兔比母兔日龄小，使壮年公兔配青年母兔的要求无法实现。所以引种时，母兔以青年兔为好，公兔以壮年兔为佳。

（6）公母比例。种兔一般按公母比例搭配销售，自然交配以（1∶8）~（1∶10）为宜，人工授精的以（1∶30）~（1∶50）为宜。所以，引种时公母配比一定要合理，否则易造成浪费。

（7）“多点”引种原则。如果一次引种超过 400 只，建议不要在 1 个地方引种，最好到 2 ~ 3 个种兔场去引种，因为在 1 个种兔场引种，质量不易保证。从不同种兔场引进种兔，不同群的公兔可相互调剂，避免近亲繁殖。

2. 引种前的准备工作

（1）消毒笼舍。根据引种多少，将笼舍进行 2~3 次消毒、封闭待用。

（2）准备兔用优质全价饲料。引种时购买一些原种兔场饲料，前 3~5d 用原种兔场饲料，以后与准备的饲料混合饲喂，使引入种兔逐渐适应新更换饲料。否则，易引起消化道疾病。

（3）运输准备。准备运输笼具及车辆，笼具一定要平整、无钉尖，以防刺伤兔腿。起运时运输笼一定要固定，不应活动，以防压伤兔，两层之间垫一层硬纸片，防止伤及兔腿。运输前两天要求原兔场给兔饮用 1~2d 抗应激药（葡萄糖 1 000g，电解多维 30g，对水 50kg），所调运的兔吃半饱或空腹，每笼 1 只，堆放时注意通风。

（4）办理检疫证。到当地检疫部门办好检疫证，防止途中被罚款误事。调运前车辆及笼具务必严格消毒，起运后途中尽可能不要停留，以缩短运输时间。

（5）运抵目的地。运输到目的地后，及时把兔放入事先准备好的笼内，不要急于喂料，先让兔充分休息，供给抗应激水。之后喂给少量草料，第一天少吃一点即可，待 2d 或者 3d 后逐渐加大至正常喂量。

（6）兔舍保持安静。兔舍内注意清洁卫生，保持干燥安静，除喂兔外，兔舍门紧锁，不要经常进出兔舍观看，更不能让陌生人进入兔舍，这样会影响兔的休息或导致惊群。30d 内对新引进种兔加强饲养管理，做好消毒防病工作。

（7）确定免疫时间。新引入的种兔不要急于注射疫苗，要等兔正常吃食，精神状态好转后 10d 左右注射疫苗。

（8）注意防病。为了预防消化道疾病。种兔引入的 1 周内，应饮用抗应激水。

第三节 隔 离

家兔疫病发生条件包括传染源、传播途径、易感动物 3 个环节。在家兔防疫工作中，只要切断其中一个环节，传染病就失去了传播的条件，即可以避免某些传染病在一定范围内发生，甚至可以扑灭疫情，最终消灭传染病。但对兔场来说，消灭传染源、保护易感动物只是防疫工作的两个重要方面，只有做好隔离工作，切断传播途径才是防止家兔重大疫情发生的关键措施。

在目前条件下无法彻底消灭传染源，而消灭传染源只是控制动物传染病的社会性措施，对防控全社会的重大动物疫情的暴发具有重要意义，但对兔场的动物防疫作用有限。受细菌的致病力、病毒毒力、动物的抗体水平、动物本身的营养、饲养环境、健康状况、免疫程序等因素的影响，往往导致疫苗免疫注射后保护率高低不等。兔瘟疫苗保护率较高，可达到 95%~100%。而细菌性疫苗的免疫保护率一般只能达到 70%~80%。严格隔离是防止病原传入规模化兔场的有效途径。在无法彻底消灭传染源或疫苗的免疫保护率达不到 100% 的情况下，做好家兔隔离工作更加重要，这也是在生产实践中被证明是切实有效的方法。

兔场选址应避开交通要道、居民点、医院、屠宰场、垃圾处理场等有可能影响动物防疫因素的地方，兔场到附近公路的出口应该是封闭的 500m 以上的专用道路，场地周围要建隔离沟、隔离墙和绿化带，场门口建立消毒池和消毒室，场区的生产区和生活区要隔开，在远离生产区的地方建立隔离圈舍，兔舍要防鼠、防虫、防兽、防鸟，生产场要有完善的垃圾排泄系统和无害化处理设施等。山区、岛屿等具有自然隔离条件的地方是较理想的场址。

兔场要建立独立的隔离区，用于对本场患病动物和从外界新采购动物的隔离。但现今的隔离场达不到预期效果，因为这些隔离区都建在生产区的范围内，与兔场的人员、道路、用具、饲料等方面存在各种联系，因此，形同虚设。建议重新认识隔离区的涵义，重新建立各方面都独立运作的隔离区，重点对新进场家兔、外出归场的人员、购买的各种原料、周转物品、交通工具等进行全面的消毒和隔离，规模化养兔场要贯彻“自繁自养、全进全出”的方针，避免引进患病和带毒兔，避免将患病和带毒兔混入大群。引进种用兔要慎重，绝对不能从有疫情隐患的单位引进种兔。新引进的兔要执行严格检疫和隔离操作，确属健康的才能混群饲养。禁止养兔场的从业人员接触未经高温加工的相关兔产品。

做好人员隔离，对防控重大动物疫病具有十分重要的意义。生产人员进入生产区时，应仔细洗手消毒，穿工作服和胶靴、戴工作帽，或淋浴后更换衣鞋。工作服应保持清洁，定期消毒。严禁饲养员相互串栋。在外界有疫情发生的情况下，严禁生产人员外出。若必须外出者，应经过批准。人员一旦外出，要待疫情全部扑灭后，或经过严格的隔离和消毒后才能进场。生产人员和非生产人员也要进行隔离。非生产人员原则上不能外出。严禁所有人员接触可能携带病原体的家兔和产品加工、贩运等人员。

饲料、用具和交通工具应隔离，禁止饲喂不清洁、发霉或变质的饲料。饲养员须认真执行饲养管理制度，细致观察饲料有无变质、注意观察家兔采食和健康状态，排粪有无异常。若发现不正常现象，应及时向兽医报告。养兔场必须定期开展采购饲料、出售产品等工作，这些环节是传入疫情的关键环节，不能出现任何漏洞。采购饲料原料要在非疫区进行，参与原料运输工具和人员必须是近期没有接触相关动物及产品的，原料进场后在专用的隔离区进行熏蒸消毒。杜绝同外界业务人员近距离接触，杜绝使用经销商送上门的原料，杜绝运输相关动物及产品的交通工具接近场区，禁止外来、未消毒的物品送入场内。

在临床检疫中，病兔和健康兔区分开来，对病兔或可疑病兔，进行隔离观察或治疗，当发现烈性传染病时，可将病兔划分为以下3类，分别进行处理。第一类为病兔，主要包括有典型的临床症状、类似症状，或经其他特殊检查呈阳性的病兔，这些病兔是重要的传染源。若是烈性传染病，则应按国家有关的规定处理；如果是一般传染病，只需隔离即行。隔离舍应选择不易散播病原、便于消毒和尸体处理的地方，若病兔的数量较多，可留在原地隔离。对于隔离舍要注意消毒，禁止闲人进出，加强对病兔的护理，对于危害严重或没有治疗价值的兔，要及早淘汰。第二类为可疑感染兔，主要为曾与病兔及其污染环境有过明显接触而又未表现出症状的兔，如同群、同舍的兔。这类兔可能正处于潜伏期，故应另选地方隔离观察，要限制人员随意进出，密切注视其病情的发展，必要时可进行紧急接种或药物防治，至于隔离的期限，应根据该传染病的潜伏期长短而定。若在隔离期间出现典型的症状，则应按病兔处理；如果被隔离的兔只安康无恙，则可取消限制。第三类为假定健康兔，主要包括除上述两类外，在疫区或在同一兔场内不同兔舍的健康兔，都属于此类。假定健康兔应留在原兔舍饲养，不准这些兔舍的饲养人员随意进入岗位以外的兔舍，同时对假定健康兔进行被动或主动免疫接种。

第四节 运 输

家兔运输是地区间家兔及家兔产品贸易的重要环节，家兔运输防疫是防疫监督检查的关键，是防止家兔在流通过程中疫情传播的重要环节。家兔运输防疫检疫可概括为如下四个重要环节。

一、进行家兔运输前的产地疫情的调查研究

通过疫情调查，能及时、准确地把握产地兔病的发生规律，迅速查出兔病原因，及时采取妥善措施，防止或减少集中后的感染。重点调查了解兔的来源及产地兔发生疫病的历史和现状，调查了解兔预防接种及当地易发兔传染病的免疫情况，剔除染病的群体或个体，控制和防止染病兔运出产地。

二、做好进入中转库兔的验收、预防接种和消毒工作

进入中转库后，兔密度高，疫病传播机率大，一旦发病，疫情发展迅速。因此，在这个环节上，要求做好以下几项工作：首先，产地运输兔的工具要经过严格的消毒，方可入库，验证产地兽医机关出具的产地检疫、消毒证明，要求车、证、物（所有兔）相符。防止染病兔和疫情不明兔进入中转库。其次，坚持中转仓库内兔常年预防接种免疫制度，做好各种易感兔传染病的免疫工作。做到不经预防接种的兔严禁运出的规定。最后，在中转兔仓库内，建立健全严格的、科学的预防消毒实施办法、做到车辆不经消毒不准装运兔的制度。

三、做好中转仓库兔的临床检疫

要求在较短时间内对库兔群体和个体以兽医临床诊断学方法，结合流行病学进行有针对性的检查。具体做法：一是群体检查：观察兔静态、动态、饮食是否正常。剔除异常（病态）者如流鼻涕、磨牙、嗜睡、怪叫，行走困难、跛行、后肢麻痹；停食、咽下困难等病兔，并进行详细的个体检查。二是个体检查：检查可视黏膜，剔除有病理变化的兔；查体温，剔除体温升高的兔；检查排泄物，剔除大小便严重异常的兔；检查被毛和皮肤，剔除有寄生虫或皮肤有病变的兔；检查体表淋巴结，剔除淋巴结肿大或呈索状结节的兔；检查呼吸状况，剔除呼吸紧迫、呼吸困难的兔。

四、做好运输过程中的饲养管理工作

兔由舍养或收养转入运输，是一个很大的环境变化，极易发生生理不适。因此，加强运输中的饲养管理、做好防疫防病工作特别重要。为此：一是带足途中饲料和饮水，防止途中断料断水事故。二是带好常用的治疗和消毒药品。一旦发病做到能及时救治和消毒。三是押运员要带好工作服装（包括鞋、帽）、车上车下分别穿着，防止人为造成疫病传播，保证运输安全。

实践证明，抓好上述四个环节的工作，对于保障运输安全，提高种兔运输的经济效益，有着非常重要的意义。

第五节　兔舍设施设备

兔舍设施设备是否符合兔的生活习性，保证家兔处于较舒适的环境，才能提高母兔繁殖力和仔兔成活率，有效控制呼吸道疾病和皮肤病，提高养殖效益。

兔舍的类型有三种，即母兔产仔与仔幼兔育成舍、后备兔舍和商品兔育肥舍。

一、母兔产仔与幼仔兔育成舍

这种兔舍是饲养配种公兔、繁殖母兔和育成仔幼兔的兔舍（60~70日龄前的仔幼兔在其内育成）。具体要求如下：

空间及设备要求：建造的房舍两侧安装合适数量的窗户，最好是双层带纱窗；两头的适当位置安装排风扇（抽风机）和进气口；房顶设隔热层；地面适当位置设排粪沟和出水口，以便排污。房舍的建造要保证光线充足、通风速度快、保暖效果好、清洁便利以及劳动效率高（图2-5-1、图2-5-2、图2-5-3）。

温度及气味要求：采取相应措施维持室温在15~25℃，相对湿度在60%左右，无氨味存在。

图2-5-1　安装风机及排粪沟的兔舍（范志宇 供图）

图 2-5-2　两边有大窗户的兔舍（范志宇　供图）

图 2-5-3　房顶有隔热层的兔舍（范志宇　供图）

只要能保证此环境条件，母兔可四季繁殖，仔幼兔的育成率可达 90% 以上。

二、商品兔育肥舍

该兔舍是饲养 60~70 日龄以后的幼兔和青年兔的兔舍，具体要求如下：

（一）空间及设备要求

与母兔产仔与仔幼兔育成舍相同。

（二）温度及气味要求

温度 5~30℃，相对湿度 60% 左右，无氨味存在。

三、后备兔舍

后备兔舍设计，一兔一笼。也可用于獭兔商品兔后期饲养，但必须用铁皮作笼间隔，以避免相互咬毛。

第六节　全场消毒计划

消毒的目的是消灭环境中的病原体，杜绝一切传染来源，阻止疫病继续蔓延的一项重要的综合性预防措施。生产者应该有正确和积极的消毒观念。

一、消毒设施设备

门口消毒设施：场门口要建有宽同大门、长是机动车车轮 1.5 倍周长消毒池，消毒池应为防渗硬质水泥结构，深度为 15cm 左右，池顶可修盖遮雨棚，池四周地面应低于池沿，消毒池内的消毒液要保持有效浓度（图 2-6-1）。

生产区门口消毒设施：生产区门口设置消毒池、消毒间，消毒池长、宽、深与本厂运输工具车辆相匹配。兔舍门口设有更衣室、消毒室，消毒间必须具有喷雾消毒设备或紫外线灯，室内有更衣柜、洗手池（盆），地面有消毒垫、更衣换鞋等设施，有条件时可设淋浴室。

兔舍门口消毒设施：每栋兔舍门口设置消毒池、消毒垫及消毒盆（图 2-6-2、图 2-6-3）。

二、消毒剂的选择

（一）季铵盐类消毒剂

包括癸甲溴铵（百毒杀）等，无毒性、无刺激性、气味小、无腐蚀性、性质稳定。适用于皮肤、

图 2-6-1　兔场门口消毒设施（范志宇　供图）

图 2-6-2　生产区消毒间应配备喷雾消毒或紫外消毒设施（范志宇　供图）

图 2-6-3　生产区消毒间紧邻更衣间，进入生产区换衣服（范志宇　供图）

黏膜、兔体、兔舍、用具、环境的消毒。

（二）卤素类消毒剂

包括碘伏（金碘、拜净）、聚维酮碘、碘化钾、次氯酸钠、次氯酸钙、氯化磷酸三钠、二氯异氰尿酸钠（优氯净）、三氯异氰尿酸等，具有广谱性，可杀灭所有类型的病原微生物。适用于环境、兔舍、用具、车辆、污水、粪便的消毒。

（三）醛类消毒剂

包括甲醛、戊二醛等，性质稳定、较低温时仍有效。适用于空兔舍、饲料间、仓库及兔舍设备的熏蒸消毒。

（四）过氧化物类消毒剂

包括过氧乙酸、高锰酸钾、过氧化氢等，具有广谱、高效、无残留的特点，能杀灭细菌、真菌、病毒等。适用于兔舍带兔喷雾消毒、环境消毒等。

（五）醇类消毒剂

最常用为乙醇（75% 酒精），它可凝固蛋白质，导致微生物死亡，属于中效消毒剂，可杀灭细菌繁殖体，破坏多数亲脂性病毒。适用于皮肤、容器、工具的消毒，也可作为其他消毒剂的溶剂，发挥增效作用。

（六）酚类消毒剂

包括苯酚、甲酚（来苏儿）及酚的衍生物等。该类药物性质稳定，适用于空的兔舍、车辆、排泄物的消毒。

（七）碱类消毒剂

包括苛性钠、苛性钾、生石灰、草木灰、小苏打等，对病毒、细菌的杀灭作用均较强，高浓度溶液可杀灭芽孢。适用于墙面、消毒池、贮粪场、污水池、潮湿和无阳光照射环境的消毒。有一定的刺激性及腐蚀性。

（八）酸类消毒剂

包括醋酸、硼酸等，毒性较低，杀菌力弱，适用于对空气消毒。

（九）表面活性剂类消毒剂

包括阳离子表面活性剂类，苯扎溴铵（新洁而灭）和醋酸氯已定（洗必泰）等；阴离子表面活性剂类，如肥皂等，无毒性、无刺激性、气味小、无腐蚀性、性质稳定。适用于皮肤、黏膜、兔体等的消毒。

（十）氨水

市售氨水浓度为 25% ~ 28%。本品对杀灭球虫卵囊有很好的效果（注：其他消毒剂均不能有效杀灭球虫卵囊）。使用本品需兔舍能密闭。使用时将市售氨水直接倒入塑料盘中，用量为 5 ~ 10mL/m^3，密闭消毒 24 ~ 48h 后通风，无氨味后方可进入。

三、消毒方法

（一）喷雾消毒

采用规定浓度的化学消毒剂用喷雾装置进行消毒，适用于舍内消毒、带兔消毒、环境消毒、车辆消毒。

（二）浸泡消毒

用有效浓度的消毒剂浸泡消毒，适用于器具消毒、洗手、浸泡工作服、胶靴等。

（三）熏蒸消毒

紧闭门窗，在容器内加入福尔马林、高锰酸钾或乳酸等，加热蒸发，产生气体杀死病原微生物，适用于兔舍的消毒。

（四）紫外线消毒

用紫外线灯照射杀灭病原微生物，适用于消毒间、更衣室的空气消毒及工作服、鞋帽等物体表面的消毒。

（五）喷洒消毒

喷洒消毒剂杀死病原微生物，适用于在兔舍周围环境、门口的消毒。

（六）火焰消毒

用酒精、汽油、柴油、液化气喷灯进行瞬间灼烧灭菌，适用于兔笼、产仔箱及耐高温器物的消毒（图 2-6-4）。

（七）煮沸消毒

在容器中加水或消毒剂，使被消毒物体浸没液体中，煮沸半小时以上。适用于金属器械、玻璃器具、工作服等煮沸消毒。

四、消毒制度

（一）日常卫生

每天坚持清扫兔舍、场内道路，经常清洗料槽、水槽，保证日常用具的清洁、干净。

图 2-6-4　火焰消毒（范志宇 供图）

（二）环境消毒

消毒池的消毒液保持有效浓度，场区入口、生产区入口处的消毒池每周更换 2 ~ 3 次消毒液，兔舍入口处消毒池（垫）的消毒液每天更换 1 次。可选用碱类消毒剂、过氧化物类消毒剂等轮换使用。

场区道路、地面清扫干净，用 3% 来苏尔或 10% 石灰乳洒在地面上。

排污沟、下水道出口、污水池定期清除干净，并用高压水枪冲洗，每 1 ~ 2 周至少消毒 1 次。

兔舍周围环境可用 10% 漂白粉或 0.5% 过氧乙酸等消毒剂，每半月喷洒消毒至少 1 次。春秋季节，兔舍墙壁上涂刷 10% ~ 20% 的新鲜石灰乳。

（三）人员消毒

工作人员进入生产区须经“踩、淋、洗、换”消毒程序（踩踏消毒垫，喷淋消毒液，消毒液洗手或洗澡，更换生产区工作服、胶鞋或其他专用鞋等）经过消毒通道，方可进入。进出兔舍时，双脚踏入消毒垫，并注意洗手消毒，可选用季胺盐类消毒剂（0.5%新洁尔灭）等。工作服等要经 1% ~ 2% 的来苏尔洗涤后，高压或煮沸消毒 20 ~ 30min 后备用。

禁止外来人员进入生产区，若必须进生产区时，经批准后按消毒程序严格消毒。

检查巡视兔舍的工作人员、生产区的工作人员、负责免疫工作的人员，每次工作前、后，用消毒剂洗手。

出售家兔应设专用通道，门口设置消毒隔离带，家兔出售过程在生产场区外完成。出生产区的兔不得再回生产区。

（四）兔舍消毒

（1）新建圈舍消毒。清扫干净、自上而下喷雾消毒。饲喂用具清洗消毒。消毒药可选用碱类、酸类或季胺盐类。

（2）空兔舍消毒。

①先用清水或消毒药液喷洒撤空后的兔舍，然后对兔舍的地面、墙壁、兔舍内的器具进行彻底清理，清除兔舍内的污物、粪便、灰尘等。

②用高压水枪冲洗舍内的顶棚、墙壁、门窗、地面、过道；搬出可拆卸用具及设备，洗净、晾干，于阳光下暴晒或干燥后用消毒剂从上到下喷雾消毒，必要时用 20% 新鲜石灰乳涂刷墙壁。

③将已消毒好的设备及用具搬进舍内安装调试，密闭门窗后用甲醛熏蒸消毒。35% ~ 40% 甲醛 28mL/m^3、14g 高锰酸钾即可，进行熏蒸，温度应保持在 24℃左右，湿度控制在 75% 左右。操作人员要避免甲醛与皮肤接触，操作时先将高锰酸钾加入陶瓷容器，再倒入少量的水，搅拌均匀，再加入甲醛后人即离开，密闭兔舍，关闭门窗熏蒸 24h 后通风。

（五）带兔消毒

家兔带兔喷雾消毒时，先将笼中的粪便清理掉，尽量清除兔笼上的兔毛、尘埃和杂物，然后用消毒药进行喷雾消毒。

喷雾时按照从上到下，从左到右，从里到外的原则进行消毒。喷雾时切忌直接对兔头喷雾，应使喷头向上喷出雾粒，喷至笼中挂小水珠方可。带兔喷洒消毒时，为了减少兔的应激反应，要和兔体保持 50cm 以上的距离喷洒，消毒液水温也不要太低。为了增强消毒效果，喷雾时应关闭门窗。

幼兔、青年兔每星期消毒 1 次；兔群发生疫病时可采取紧急消毒措施。

带兔消毒宜在中午前后进行。冬春季节要选择天气好、气温较高的中午进行。

（六）用具消毒

水槽、料槽。将水槽、料槽从笼中拆下，对耐高温材质的水槽、料槽可以用火焰喷灯灼烧，再用清水清洗干净，对耐腐蚀性材质的（如陶瓷）可先用清水清洗干净，再放在消毒池内用一定浓度的消毒药物（如 5% 来苏尔、0.1% 新洁尔灭、1：200 杀特灵或 1：2 000 百毒杀、0.1% 高锰酸钾水溶液）浸泡 2h 左右，然后用自来水刷洗干净，备用。

笼底板。将笼底板从笼中拆下，用清水清洗干净，再浸泡在 5% 来苏尔溶液中消毒，放在阳光下暴晒 2 ~ 4h 后备用。

产仔箱。将箱内垫草等杂物清理干净，清洗、晒干后用 2% 苛性碱喷洒，或用喷灯进行火焰消毒。

兔舍设备、工具。各栋兔舍的设备、工具应固定，不得互相借用；兔笼和料槽、饮水器和草架也应固定；刮粪耙子、扫帚、锨、推粪车等用具，用完后及时清洗消毒，晴天放在阳光下暴晒；运输笼用完后应冲刷干净，放在阳光下暴晒 2 ~ 4h 后备用。

（七）发生疫病后的消毒

兔场发生传染病时，应迅速隔离病兔，由专人饲养和治疗。对受到污染的地方和用具要进行紧急消毒：清除剩料、垫草及墙壁上的污物，采用 10% ~ 20% 的石灰乳、1% ~ 3% 苛性钠溶液、5% ~ 20% 漂白粉等消毒。消毒次序为：墙壁、门窗、兔笼、食槽、地面及用具和门口地面。每天带兔消毒 1~2 次。

（八）粪便的消毒

每天清理兔粪，并及时运往粪便处理间堆积。粪便堆积后，利用粪便中的微生物发酵产热，可使温度高达 70℃以上，夏季 1 个月，冬季 2 个月时间，可以杀死病毒、病菌、寄生虫卵囊等病原体，达到消毒目的，同时又能保持粪便的肥效（图 2-6-5）。稀薄粪便可注入发酵池或沼气池。

图 2-6-5　粪便堆积发酵（范志宇 供图）

（九）病死兔处理及消毒

病死兔应进行焚烧或加消毒药后深埋，或集中进行无害化处理；对发病死亡兔笼具、粪便等进行及时消毒。发生疫情时，每天消毒 1 ~ 2 次。

五、消毒注意事项

消毒主要有以下注意事项：

消毒时，药物的浓度要准确，消毒方法要得当、药物用量要充足，药物作用时间要充分，污物清除要彻底。

稀释消毒药时，一般应使用自来水，药物现用现配，混合均匀，稀释好的药液不宜长时间贮藏，现用现稀释。

消毒药定期更换，轮换使用。下列几种消毒剂不能同时混合使用。酚类、酸类消毒药不宜与碱性、脂类和皂类物质接触；酚类消毒药不宜与碘、溴、高锰酸钾、过氧化物等配伍；阳离子和阴离子表面活性剂类消毒药不可同时使用；表面活性剂不宜与碘、碘化钾和过氧化物等配伍使用。

使用强酸类、强碱类及强氧化剂类消毒药消毒兔笼、地面、墙壁时要在用清水冲刷后再进兔。

带兔消毒不可选择紫外线长时间照射。带兔消毒时不可选择熏蒸消毒；带异味的消毒剂不宜作兔体消毒或带兔消毒。

挥发性的消毒药（如含氯制剂）注意保存方法、保存期。使用苛性钠、石炭酸、过氧乙酸等腐蚀性强的消毒药消毒时，注意做好人员防护。圈舍用苛性钠消毒后 6 ~ 12h 用水清洗干净。

六、消毒记录

消毒记录应包括消毒日期、消毒场所、消毒剂名称、消毒浓度、消毒方法、消毒人员签字等内容。并将消毒记录保留 2 年以上。

第七节　疫苗接种计划

兔是啮齿类草食小动物，抗病力弱，对环境条件、饲料质量、饲养管理水平要求严格，稍不注意，就会发病。发病后较难治愈，多数患兔来不及治疗就出现死亡现象。故应以预防为主，治疗为辅的原则，特别是规模兔场。建立科学的防病计划在兔病防治中占有重要的地位，是保证养兔成功的关键之一。具体免疫程序建议如下：

商品肉兔（90 日龄以下出栏）

免疫日龄	疫苗名称	剂量	免疫途径
35~40 日龄	兔病毒性出血症、多杀性巴氏杆菌病二联灭活疫苗或兔病毒性出血症（兔瘟）灭活疫苗	2mL	皮下注射

商品肉兔（90 日龄以上出栏）、獭兔、毛兔

免疫日龄	疫苗名称	剂量	免疫途径
35~40 日龄	兔病毒性出血症、多杀性巴氏杆菌病二联灭活疫苗	2mL	皮下注射
60~65 日龄	兔病毒性出血症、多杀性巴氏杆菌病二联灭活疫苗或兔病毒性出血症（兔瘟）灭活疫苗	1mL	皮下注射

繁殖母兔、公兔、产毛兔（每年 2 次定期免疫，间隔 6 个月）

定期免疫	疫苗名称	剂量	免疫途径
第 1 次	兔病毒性出血症、多杀性巴氏杆菌病二联灭活疫苗	2mL	皮下注射
	家兔产气荚膜梭菌病（魏氏梭菌病）A 型灭活疫苗	2mL	皮下注射
第 2 次	兔病毒性出血症、多杀性巴氏杆菌病二联灭活疫苗	2mL	皮下注射
	家兔产气荚膜梭菌病（魏氏梭菌病）A 型灭活疫苗	2mL	皮下注射

注：定期免疫时，各种疫苗注射间隔 5～7d

第八节　疫病净化计划

动物疫病净化是指在某一限定地区或养殖场内，根据特定疫病的流行病学调查结果和疫病监测结果，及时发现并淘汰各种形式的感染动物，使限定动物群中某种疫病逐渐被清除的疫病控制方法。因此，疫病净化可以实现疫病控制的 4 个水平，分别是控制（Control）、扑灭（Stamp out）、消除（Eliminate）和消灭（Eradicate）。其中，消除指采取有效预防策略和措施使一定区域内某种疫病不再出现新发病例，但仍有病原存在；消灭也称根除，指在限定地区内根除一种或几种病原微生物而采取多种措施的统称。而净化措施包含于根除措施，有助于根除某种动物疫病。根除目的即没有病原存在，但该区域根除的病原微生物仍有可能再次从外界环境入侵。

疫病净化计划如下：

一是严格的防疫体系。必须确保兔得到有效的防疫和隔离，避免接触到传染源而发生再次感染，同时，种兔场（站）要对兔舍定期消毒。

二是实施早期断奶技术，降低或控制其他病原的早期感染，建立健康兔群。

实施全进全出制度，家兔调入调出前后用不同的消毒药物彻底清洗消毒栏舍。

三是对家兔实施部分清群。首先，对能出售的兔销售清空，其次，对疫病多而复杂的兔进行清群或分场管理，对濒临淘汰的兔及早淘汰。对于上述清群后的兔舍进行清洗、消毒、空舍等处理。

四是禁止在种兔场、人工授精站内饲养其他动物，实施灭鼠措施。

五是加强兔的保健工作。净化措施会涉及频繁而且数量较多的转群，对转群前后兔和产前产后母兔进行药物预防保健。

六是疫苗免疫措施。种兔在疫苗免疫后测定抗体，不合格者淘汰或隔离出兔场（站）；仔兔疫苗免疫后按兔群 5% 的比例抽血清测定抗体水平，评价免疫的效果。对于抗体水平较低且生长不良的仔兔尽量能追溯到生产它的种兔，进一步核查是否种兔感染病毒或细菌。

七是监测淘汰法。以种兔场（站）为单位，对检测阳性兔进行扑杀或淘汰处理；后备兔群混群前应严格检测，阴性后备兔才可进入兔场；引进的种兔必需隔离词养 30~60d 经检测合格后才可混群饲养；母兔所生产的弱仔兔、死胎、流产胎儿应及时收集，取其扁桃体、脾脏、肾脏和淋巴结等病毒侵害器官组织，检测阳性结果淘汰种兔。

第三章

兔病诊断技术

及时且正确地诊断是预防、控制和治疗兔病的前提。没有正确的诊断作依据，就不可能有效地组织和实施对兔病的防控工作，盲目治疗，无效用药，导致疫情扩大，反而会造成更大的损失。

疾病的发生和发展受多种因素的影响和制约，要达到正确地诊断，需具备全面而丰富的疾病防治和饲养管理方面的知识，全面考虑，运用各种诊断方法，进行综合分析。兔病的诊断方法有很多，但在生产中常用的有：现场诊断、流行病学诊断、病理学诊断和实验室诊断，实验室诊断又包括微生物学诊断和免疫学诊断。各种疾病的发生都有其特点，只要抓住这些特点，采用一二种诊断方法，就可以做出正确的诊断，而对很少或新发生的疾病，需采用多种诊断方法才能得出正确的结论。了解兔病诊断技术，掌握兔病诊断方法，才能快速准确无误的做出确诊，及时采取相应措施，制定合理、有效的防治方案，减少兔场损失。

第一节 临床诊断

亲临发病兔场进行实地检查是诊断兔病最基本的方法之一。这种诊断方法是通过对兔的精神状态、饮食情况、粪便、呼吸情况等观察，对某些疾病作出初步诊断。临场诊断时可采取群体检查和个体检查相结合的方法，首先对发病兔场的家兔进行群体检查，然后再对发病兔只进行详细的个体检查。

一、群体检查

视检：观察兔群，注意观察兔只的静态、动态和粪便情况。健康体质良好的家兔，体躯各部发育匀称，肌肉结实丰满，富有弹性，被毛光亮，不显骨突。姿势自然，动作灵活而协调。蹲伏时前肢伸直平行，后肢合适地置于体下。走动时轻快敏捷。休息时完全觉醒，呼吸动作明显。假眠时眼睛半闭，呼吸动作轻微，稍有动静，马上睁眼。完全睡眠时双眼全闭，呼吸微弱（图 3-1-1，图 3-1-2）。

患病兔采食减少，被毛粗乱，精神萎顿，肛门周围经常潮湿不洁或沾有粪便，鼻腔、口腔有分泌物，呼吸困难。有上述症状的兔均应立即剔出，进行个体检查。

图 3-1-1　健康兔群（范志宇 供图）

图 3-1-2　健康兔群（范志宇 供图）

二、个体检查

对在群体检查中发现的可疑病兔，应立即进行个体检查。临场诊断时，需将群体检查和个体检查的结果综合分析，不要单凭个别或少数病例的症状就轻易下结论，以免误诊。

个体检查是诊断兔病的最基本、最重要的方法，分为一般检查和系统检查。

（一）一般检查

一般检查是指通过问诊、视诊、触诊、听诊、叩诊和嗅诊的方法，对兔病有一个初步认识和判断，再结合其他诊断方法，尽快做出确诊。一般检查包括外貌检查、进食与排粪状况检查和生理指标的检查。

1. 外貌检查

外貌是家兔体质的外在表现，可以反映家兔生长发育、健康状况及生产性能（图 3-1-3）。外貌检查是管理人员一眼就能看到家兔所处的健康状况，检查内容有：

（1）查体质，看膘情。体质良好的家兔，体躯各部发育匀称，肌肉结实丰满，富有弹性，被毛光亮，不显骨突。发育不良的家兔则表现躯体矮小，结构不匀称，幼兔发育迟缓，被毛粗乱无光，骨突外露消瘦，棘突突出似算盘珠。可能患有寄生虫或慢性消耗性疾病，如球虫病、豆状囊尾蚴病、肝片吸虫病、结核病和慢性多杀性巴氏杆菌病等。

（2）查姿态，看神情。健康兔姿势自然，动作灵活而协调（图 3-1-4）。蹲伏时前肢伸直平行，后肢合适地置于体下。走动时轻快敏捷。休息时完全觉醒，呼吸动作明显。假眠时眼睛半闭，呼吸动作轻微，稍有动静，马上睁眼。完全睡眠时双眼全闭，呼吸微弱。如出现异常姿势，则反映了骨骼、肌肉、内脏和神经系统的疾患或机能障碍。如歪头可能是中耳炎，或是李氏杆菌病，如行走蹲卧异常，可能是骨折，如回头顾腹，可能是腹痛、便秘、肠套叠、肠痉挛等。

（3）查毛色，看光泽。健康兔被毛光亮洁净，不粘结，不脱毛。若被毛粗糙蓬乱，暗淡无光，污浊不洁，脱毛掉毛，均为病态。可能是慢性消耗性疾病、腹泻、寄生虫病和体表真菌病等。

（4）查眼睛，看精神。健康兔双眼圆瞪明亮，活泼有神，结膜红润，眼角洁净。患病兔眼裂变小，眼睑干燥，半张半闭，反应迟钝。如结膜潮红，有脓性分泌物，精神萎靡，多为急性传染病、结膜炎等；如结膜苍白，多为营养不良或贫血；如结膜发黄，多为肝炎或黄疸。

（5）查耳温，看耳色。健康兔耳色红润，耳温正常。如耳色呈灰白色说明体虚血亏；如耳色过红，手感发烫，说明发烧；如耳色青紫，耳温过低，则有重症可疑；如耳廓内有皮屑、结痂，可能是耳螨。

（6）查口鼻，看干湿。健康兔的口、鼻干燥洁净。如流鼻涕、打喷嚏，可能是鼻炎、咽炎、多杀性巴氏杆菌病、波氏杆菌病、气管炎和肺炎等；口腔黏膜潮红，流口水，下颌及胸前被毛湿脏，可能是口腔炎、传染性口炎或是中毒性疾病等。

（7）查肛门，看外阴。健康兔的肛门和外阴部洁净无污物。如肛门附有粪便、泥土或被毛潮湿，可能是肠炎；公兔阴囊皮肤有糠麸样皮屑，肛门周围及外生殖器皮肤有结痂，可能是梅毒病；母兔外阴除发情和分娩前是湿润外，大都是洁净的，如有湿润、皮屑、肿胀等均为病态。

（8）查腹形，看臌瘪。除大量采食和妊娠外，如腹部容积增大，可能是胃膨胀、肠臌气、大肠便秘、小肠套叠、大肠杆菌病、产气荚膜梭菌病和流行性腹胀病等。当患营养不良性、慢性消耗性疾病及长期处于饥饿状态，则腹部塌陷。

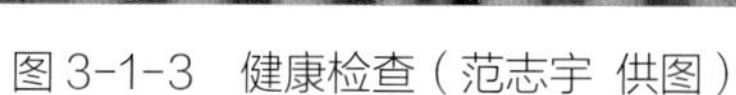
图 3-1-3　健康检查（范志宇 供图）

图 3-1-4　静态检查（范志宇 供图）

2. 进食与排粪状况检查

观察兔的采食、饮水、粪便情况，可以判断家兔所处的健康状况。这方面所检查的内容有：

（1）查吃食，看食欲。家兔对经常采食的饲料，嗅后立即采食，如果变换一种新的料或草时，先要嗅一阵子，若没恶味，便开始少量采食，并逐渐加大采食量。健康兔食欲旺盛，咀嚼食物有清脆声。对正常喂量的饲料，在 15 ~ 30min 吃完。食欲不振、食欲减退、食欲废绝是许多疾病的共同症状，也是疾病最早出现的特征之一。

（2）查饮水，看增减。在以青绿饲料为主的家兔，饮水量较少，但以颗粒饲料为主的家兔，饮水量较大。兔患传染病、毛球病和喂过量食盐，往往饮水量增加。还要查看饮水管道是否畅通、饮水器是否水量充足。

（3）查排尿，看颜色。一般来说，每日排尿量为 50 ~ 75mL，比重为 1.003 ~ 1.036，幼兔尿液无色和无沉淀物。青年兔尿液多呈柠檬、稻草、琥珀色或红棕色，呈碱性，pH 值为 8.2 左右。成年兔的尿液呈蛋白尿阳性反应。

（4）查粪便，看形状。正常兔粪呈豌豆大小的圆球形或椭圆形，内含草纤维，表面光滑匀整，色泽多呈褐色、黑色或草黄色。如粪便干硬细小，排量减少或停止排粪，可能是便秘或毛球病；如粪便呈长条形、堆状或水样，是消化道炎症；若粪球呈两头尖且有纤维串连，为胃肠炎、兔瘟的初期表现；粪便湿烂、味臭为伤食；粪便稀薄带透明胶状物，且有臭味为大肠杆菌病；粪便水样或呈牛粪堆状，且臭味较大可能是魏氏梭菌病。

3. 生理指标检查

体温、呼吸、脉搏数是兔生命活动的重要生理指标，临床上测定这些指标，为分析病情提供重要依据。

（1）查体温，看高低。将兔保定好，将体温表水银柱甩至 35℃以下，再涂上润滑油，缓慢插入肛门内 5 ~ 8cm，停 3 ~ 5min 取出，读数后，用酒精棉球消毒。家兔的正常体温为 38.5 ~ 39.5℃，一般相差 0.5℃左右。兔患传染病时，体温均升高。体温降低，多见于贫血，体温急剧下降，为死前征兆。

（2）查呼吸，看快慢。家兔正常呼吸频率为 36 ~ 56 次 /min。当患有心、肺、胃、肠、肝、脑病时，呼吸频率可能减少或增加；当患有肺炎、传染病、中毒病时，呼吸困难。兔发生鼻炎、喉炎、气管炎、肺炎时，除有鼻液（黏液性或黏液脓性）外，还会有打喷嚏的症状。患支气管炎、肺炎时，肺部听诊常有杂音。

（3）查脉搏，看强弱。脉搏检查位置在兔左前肢腋下，用食指和中指稍微触摸即可体会到，查每分跳动次数。健康成年兔的脉搏为 80 ~ 100 次 /min，强弱中等；幼兔的脉搏为 100 ~ 160 次 /min，脉力较强；老年兔的脉搏为 70 ~ 90 次 /min，脉力较弱。患急性传染病时，脉搏次数增加；患慢性疾病时，脉搏次数减少；热天比冷天稍快，运动及捕捉时增快。

（二）系统检查

在一般检查的基础上，找出重点进行系统检查。系统检查包括以下内容。

1. 消化系统检查

家兔消化系统疾病在养兔生产中占疾病发生率的 60% 左右，严重制约养兔生产的发展，特别是新建的养兔场（户），所以，消化道疾病检查显得特别重要。检查的内容有口腔黏膜是否有炎症、有无流口水、唇周围颜面部是否洁净、采食姿势和食欲是否正常、腹围是否增大、俯卧姿势是否异常、粪便性状和颜色是否正常等。健康家兔口腔黏膜粉红色，唇周围颜面部洁净，粪便形状呈球形或椭圆形。若有流口水，可能是口炎、传染性口炎、中暑和中毒等疾病；若腹围增大，呼吸困难，可能是胃肠臌气、流行性腹胀病、毛球病、便秘等疾病；若粪便有时大，有时小，有时破碎，被毛粗乱，体况消瘦，可能是球虫病、豆状囊尾蚴病或其他寄生虫病；若粪便干小发黏，有时呈串珠状，可能是热性病或饲料粗纤维质量有问题；若粪便中加有黏液，可能是大肠杆菌病；若粪便呈水样，盲肠无内容物，可能是急性胃肠炎、产气荚膜梭菌病、沙门氏杆菌病等；若粪便内有消化不全的物质，与饲料颜色一样，可能是消化不良或伤食。总之，凡是消化道疾病主要表现在粪便上，只要发现粪便不正常首先考虑的是消化道疾病。

2. 呼吸系统检查

家兔呼吸系统的疾病在养兔生产中占疾病发生率的 30% 左右，除导致生产力降低外还常常引起死亡，所以呼吸系统检查十分重要。检查的内容有鼻孔周围是否洁净、呼吸次数和呼吸方式是否正常、胸部有无异常等。健康家兔鼻孔周围洁净，呼吸有规律，用力均匀平稳，50 ~ 60 次 /min，呼吸方式是胸腹式的，即呼吸时，胸部和腹部都有明显的起伏动作。如鼻孔周围不洁，被分泌物污染，肯定患有呼吸道疾病。若分泌物清亮（清鼻涕），可能是感冒；若分泌物发黄浓稠，可能是肺炎；当腹部有病时，如腹膜炎、胃膨胀等，常会出现胸式呼吸；当胸部有病时，如胸膜炎、肺水肿等，常会出现腹式呼吸。当家兔出现慢性鼻炎时，可引起上呼吸道狭窄而出现吸气性困难；当患肺气肿时，可见呼气性困难；当患胸膜炎时，吸气和呼气都会发生困难，称为混合性呼吸困难。如果胸部一侧患病，如肋骨骨折时，患侧的胸部起伏运动就会显著减弱或停止，而造成呼吸不匀称。

3. 泌尿生殖系统检查

（1）尿液检查。是诊断泌尿器官的有效方法，正常尿液为淡黄色，外观稍混浊，一旦出现异常就要考虑是否泌尿系统的疾患。如频频排少量尿液，可能是膀胱炎和阴道炎；在急性肾炎、下痢、热性病或饮水减少时，则排尿次数减少。有时服用某些药物也能影响尿色，如口服黄连素后尿液呈黄色。

（2）生殖器官检查。公兔检查睾丸、阴茎及包皮；母兔检查外阴部。如果发现外生殖器的皮肤和黏膜发生水疱性炎症、结节和粉红色溃疡，可能是密螺旋体病；如阴囊水肿，包皮、尿道、阴唇出现丘疹，可能是兔痘；患李氏杆菌病时可见母兔流产，并从阴道内流出红褐色的分泌物；患葡萄球菌病和多杀性巴氏杆菌病时，也会有生殖器官感染炎症或流产。

4. 神经系统的检查

（1）精神状态的检查。家兔中枢神经系统机能紊乱，会使兴奋与抑制的动态平衡遭到破坏，表现兴奋不安或沉郁、昏迷。兴奋表现为狂燥、不安、惊恐、蹦跳或作圆圈运动，偏颈痉挛：如中耳炎（斜颈）、急性病毒性出血症（兔瘟）、中毒病和寄生虫病等，都可以出现神经症状。精神抑制是指家兔对外界刺激的反应性减弱或消失，按其表现程度不同分为沉郁（眼半闭，反应迟钝，见于传染病、中毒病）、昏睡（陷入睡眠状态、躺卧）和昏迷（卧地不起，角膜与瞳孔反射消失，肢体松弛，呼吸、心跳节律不齐，见于严重中毒濒死期）等（图 3-1-5）。

（2）运动机能检查。健康家兔应经常保持运动的协调性。一旦中枢神经受损，即可出现共济失调（见于小脑疾病），运动麻痹（见于脊髓损伤造成的截瘫或偏瘫），痉挛，肌肉不能随意收缩（见于中毒），痉挛涉及广大肌肉群时称为抽搐；全身阵发性痉挛伴有意识消失称为癫痫。

图 3-1-5　部位检查（范志宇 供图）

第二节　流行病学诊断

流行病学诊断常与现场诊断结合起来进行，在现场诊断的同时，对疫病流行的各个环节进行仔细的调查和观察，最后作出初步判断。因为不同的疾病，具有各自不同的流行特点和规律。如兔瘟多发生于40日龄以上幼兔、育成兔和成年兔，40日龄以下幼兔不易感，哺乳仔兔不发病。所以，即使是症状相似的疾病，根据其流行特点再结合现场诊断，也不难作出诊断。

进行流行病学诊断时，一般应查清下列问题：

一是发病兔的品种、数量、日龄、发病时间、季节、发病率、死亡率、致死率、传播速度和范围、饲养管理、免疫情况及用药情况、饲料配制情况、近期天气变化情况。

二是传播途径和方式。为查清疫情是如何传播的，一般可从下列各方面进行了解和检查：兔群的卫生防疫措施、粪便处理、病死兔处理情况，兔的来源、收购、流动情况，兔场的地理位置、气候等。

三是疫情来源的调查。本地区或附近地区其他兔场是否有类似疫病发生，过去是否有类似疫病发生，发病时间、地点、流行情况如何，是否经过确诊，采取何种防治措施，效果如何，发病前是否从其他兔场引进种兔，来源地是否有类似疫病，与场外来往的人员、运输车船、装载用具是否有受污染的可能等。

第三节　病理学诊断

患各种疾病死亡的兔，一般都有一定的病理变化，而且多数疾病具有示病性病理变化。所以，通过病理学检查从中发现具有代表性的有诊断意义的特征性病变，依据这些病变即可作出初步诊断。但对缺乏特征性病变或急性死亡的病例，需配合其他诊断方法，进行综合分析。病理学诊断包括病理剖检和病理组织学检查。

一、病理剖检

病兔死后，应立即进行剖检，以便更清楚地了解病情，查找死因，做出正确诊断，采取积极的防治措施，避免损失的扩大。

（一）剖检方法

取仰卧式，腹部向上，置于搪瓷盘内或解剖台上，四足分开固定，用消毒液涂擦胸部和腹部的被毛。

（二）剖检程序

1. 剥皮

在骨盆联合前方不远处切开腹壁皮肤，沿腹、胸正中线至颈部切开皮肤，然后仔细分离皮肤，检查皮下有无出血及其他病变（图 3-3-1）。

2. 腹壁切开

在骨盆联合前方不远处切开腹壁，切口大小以可插进中指和食指或镊子为宜，中指和食指或镊子撑起腹壁，沿腹白线至剑状软骨处切开腹壁（防止伤及肠管），即暴露腹腔器官（图 3-3-2）。

3. 检查腹腔器官

打开腹腔后，顺次检查腹膜、肝、胆囊、胃、脾、肠、胰、肠系膜淋巴结、肾、肾上腺、膀胱和生殖器官等。

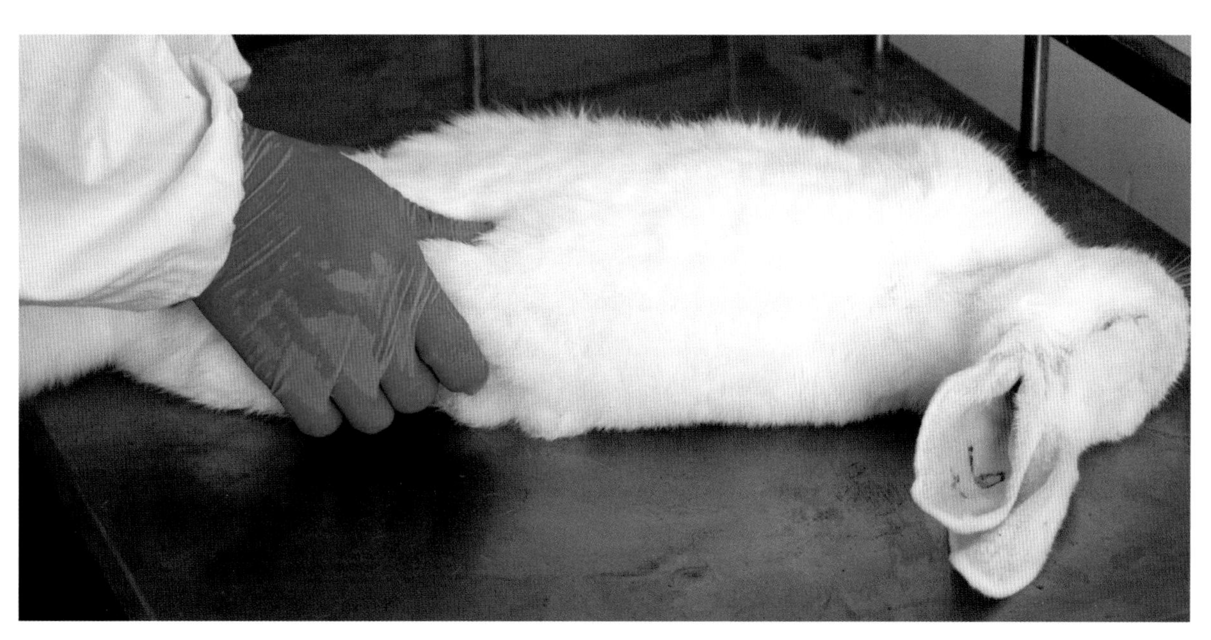

图 3-3-1　皮肤表面检查（范志宇、仇汝龙 供图）

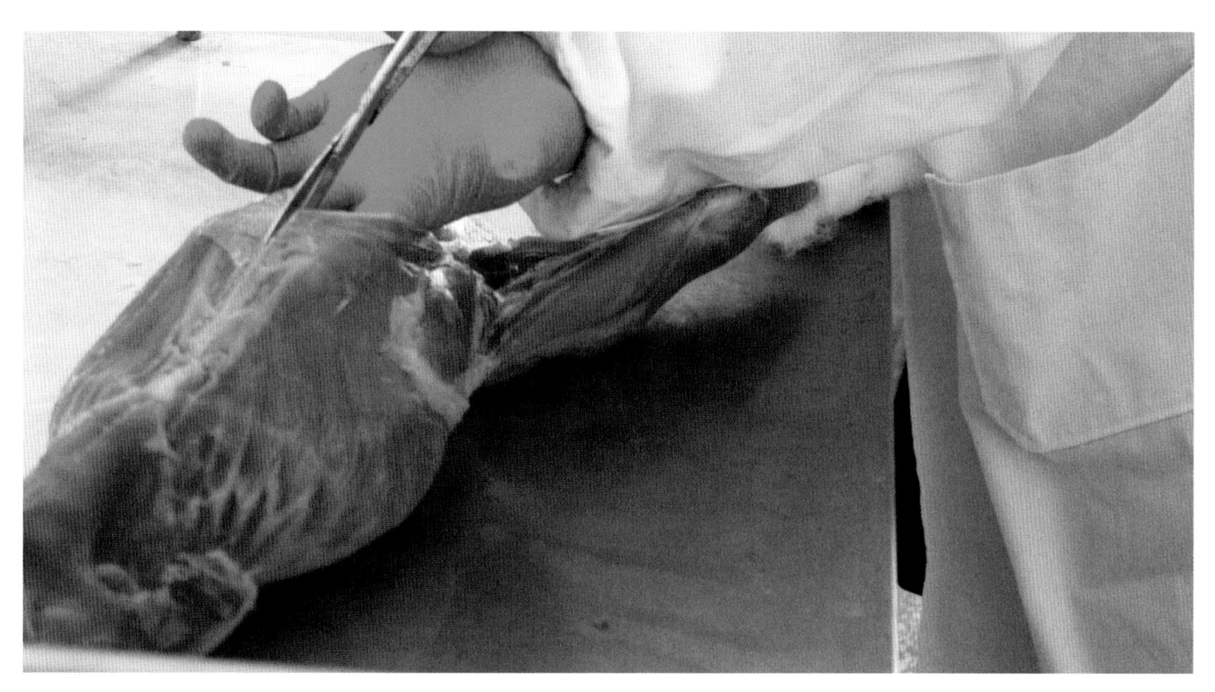

图 3-3-2　腹壁切开（范志宇、仇汝龙 供图）

4. 胸壁切开

用骨剪剪断两侧肋骨，拿掉前胸廓，即暴露胸腔器官，依次检查心、肺、胸膜、肋骨、胸腺等。

5. 气管

从咽部至胸前找出气管剪开，检查气管有无出血、有无黏液。

6. 检查口腔、鼻腔和脑

打开口腔、鼻腔及颅腔，检查口腔黏膜、鼻腔黏膜和脑膜及实质的病变。

（三）检查内容

按照病理剖检要求进行解剖，认真检查。按由外向内、由头至尾的顺序检查。剖检所见的内容提示相应疾病。

1. 体表和皮下检查（图 3-3-3）

主要检查有无脱毛、污染、创伤、出血、水肿、化脓、炎症和色泽等。体表脱毛、结痂，提示螨病、皮肤真菌病；体毛污染可能是球虫病、大肠杆菌病等引起的拉稀。皮下出血，可能是兔病毒性出血症，皮下水肿可能是黏液瘤病，颈前淋巴结肿大或水肿可能是李氏杆菌病。

图 3-3-3　体表检查（范志宇、仇汝龙 供图）

2. 上呼吸道检查（图 3-3-4、图 3-3-5）

主要检查鼻腔、喉头黏膜及气管环间是否有炎性分泌物、充血及出血。鼻腔内有白色黏稠的分泌物：提示多杀性巴氏杆菌病、波氏杆菌病等，鼻腔出血提示中毒、中暑和兔病毒性出血症等。鼻腔内流浆液性或脓性分泌物，可能是多杀性巴氏杆菌病、波氏杆菌病、李氏杆菌病、兔痘、黏液瘤病和绿脓杆菌病等。

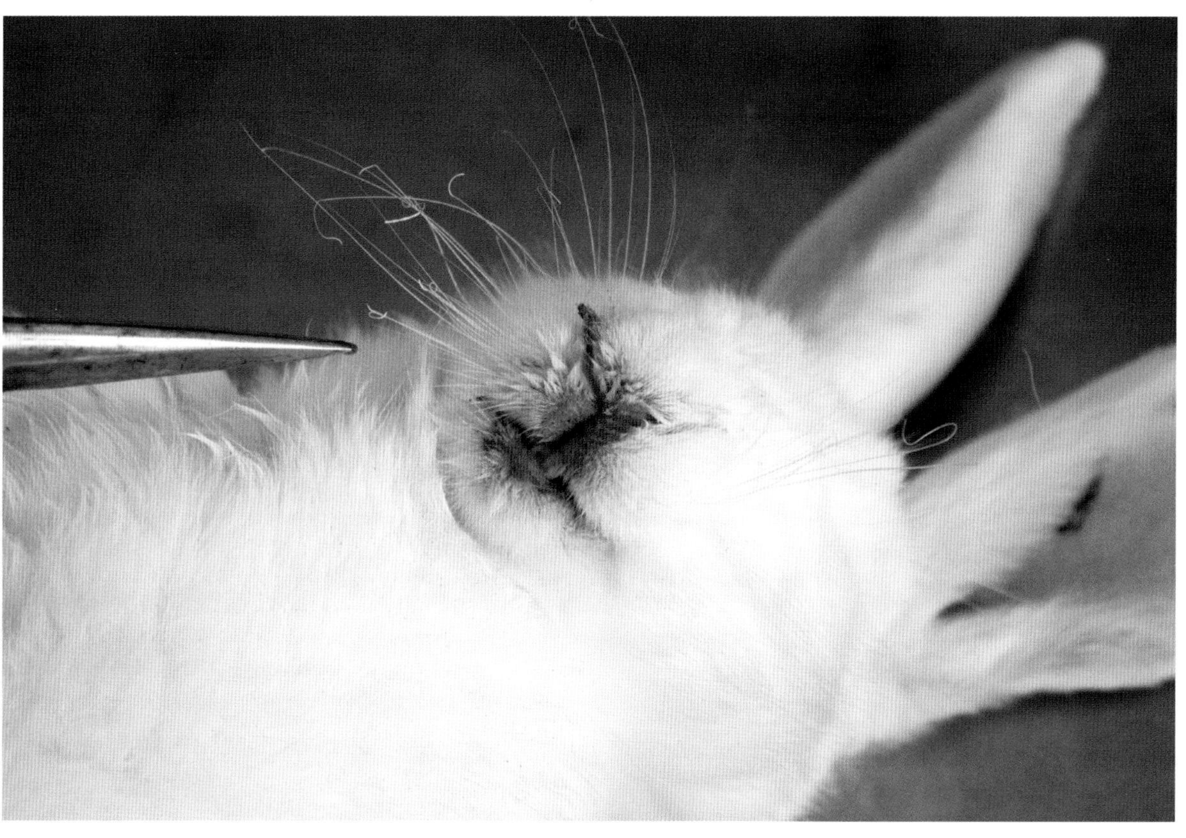

图 3-3-4　上呼吸道检查（范志宇、仇汝龙 供图）

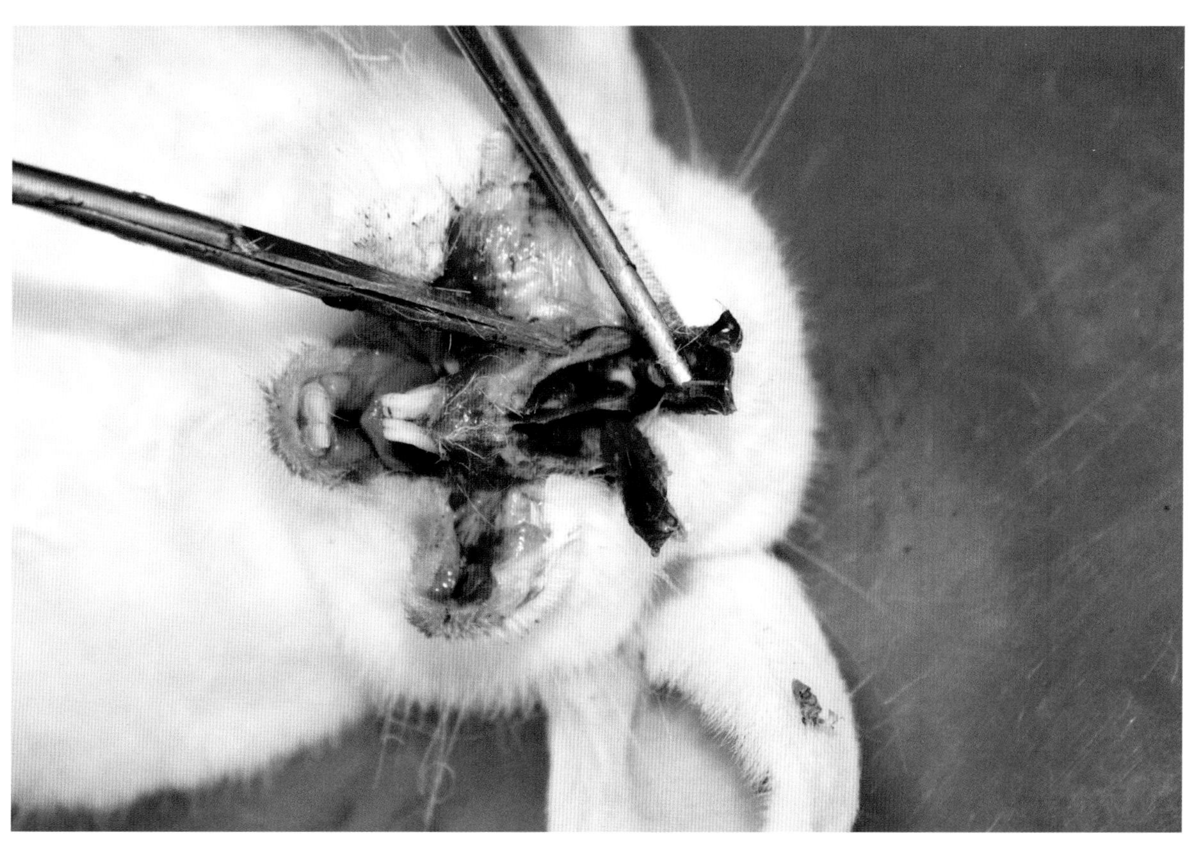

图 3-3-5　鼻腔检查（范志宇、仇汝龙 供图）

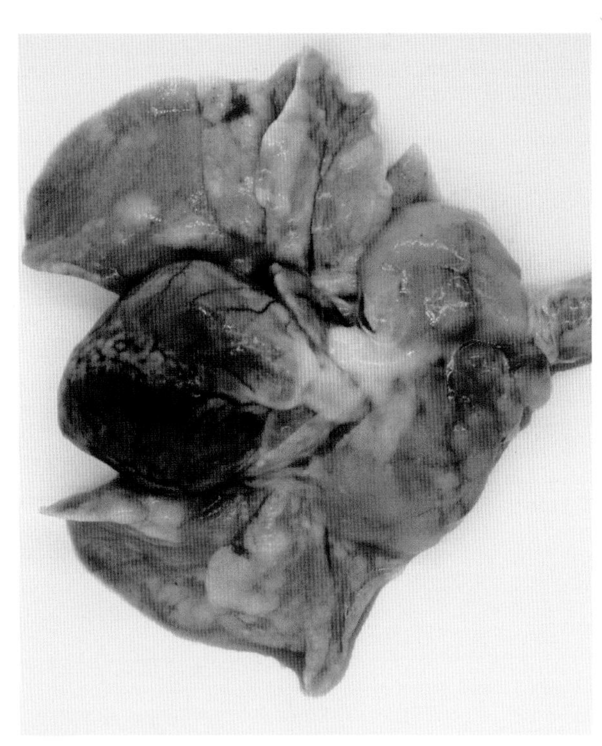
图 3-3-6　肺脏、心脏、胸腺检查（范志宇、仇汝龙 供图）

3. 胸腔内器官检查（图 3-3-6、图 3-3-7）

主要检查胸腔积液色泽，胸膜、心包、心肌、肺和胸腺是否有充血、出血、变性、坏死等。

（1）肺的检查。正常的肺是淡粉红色，海绵状。放入水中立即漂浮起来。注意检查肺有无炎症、水肿、出血、化脓和结节等。如肺有较多的出血点和出血斑，多为兔病毒性出血症；若肺充血或肝变，可能是多杀性巴氏杆菌病；肺脓肿可能是支气管败血波氏杆菌病、多杀性巴氏杆菌病；胸膜与肺、心包粘连、化脓或纤维素性渗出可能是兔多杀性巴氏杆菌病、葡萄球菌病、波氏杆菌病等。

（2）心脏的检查。重点检查心肌、心包病变情况。如胸腔积脓，心包粘连并有纤维素性附着物，可能是支气管败血波氏杆菌病、多杀性巴氏杆菌病、葡萄球菌病和绿脓假单孢菌病；心肌有白色条纹，可能是泰泽氏病。

4. 腹腔脏器检查

腹腔内要检查是否有腹水、腹水量、颜色，寄生虫结节，各器官色泽、质地，是否肿胀、充血、

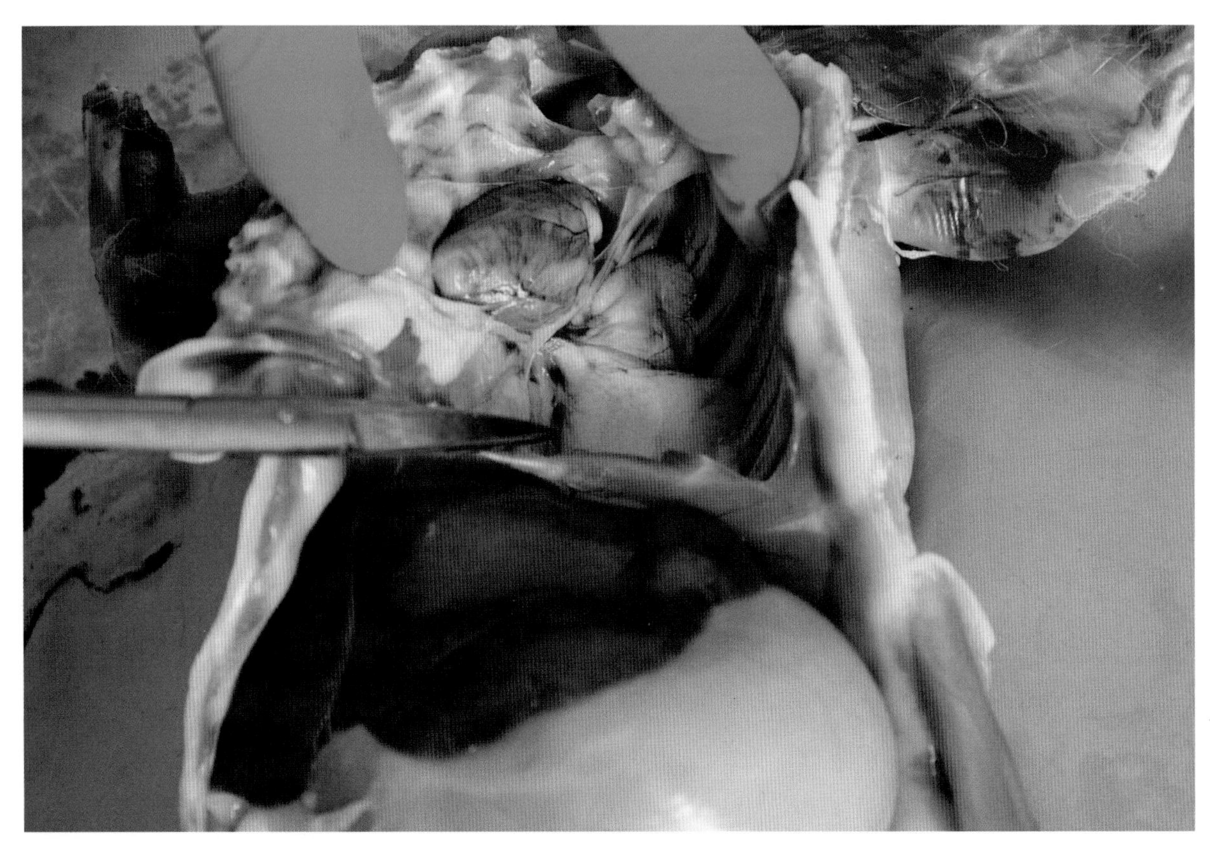
图 3-3-7　胸腔及胸腔积液检查（范志宇、仇汝龙 供图）

出血、化脓、坏死、粘连和纤维素性渗出等。

（1）腹水、腹腔。有腹水，且透明增多，可能是中毒、球虫病及其他寄生虫病；有葡萄串状包囊附着于大网膜上，可能是兔豆状囊尾蚴病；腹腔有纤维素渗出物，可能是葡萄球菌病、杀性巴氏杆菌病等；腹腔有化脓，可能是化脓性腹膜炎（图 3-3-8）。

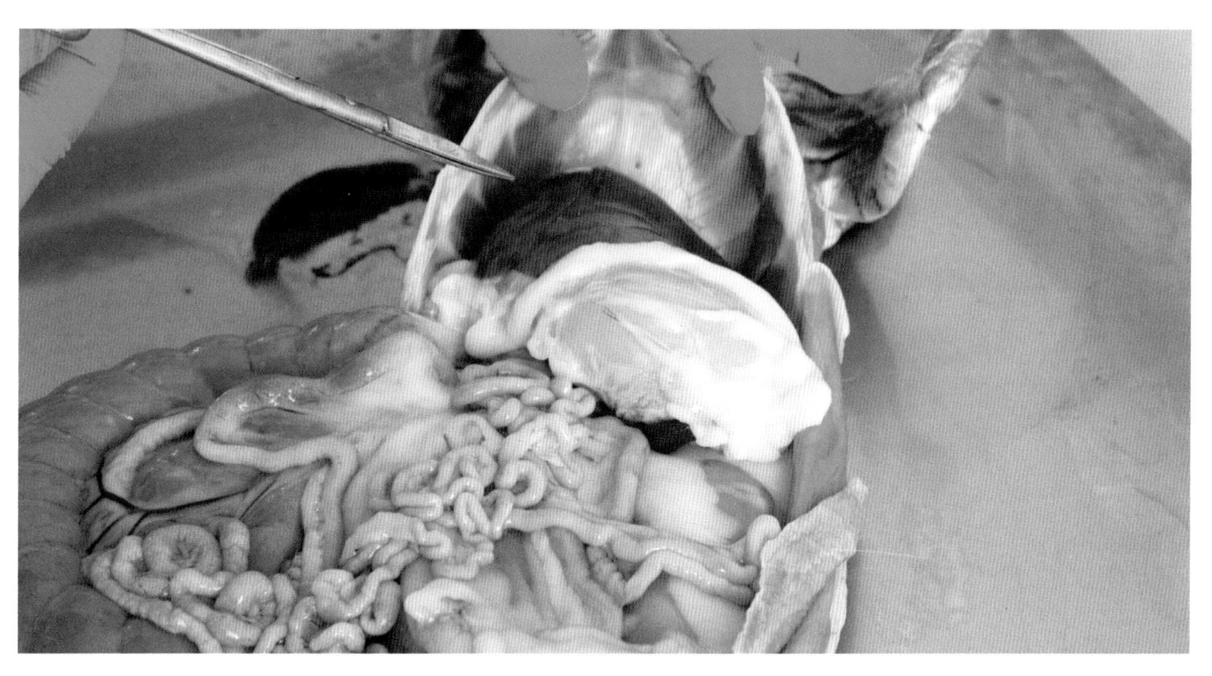

图 3-3-8　腹腔及腹腔积液检查（范志宇、仇汝龙 供图）

（2）肝。肝表面有灰白色或淡黄色结节，当结节为针尖大小时，可能是沙门氏菌病、多杀性巴氏杆菌病和野兔热等；当结节为绿豆大时，可能是肝球虫病；肝肿大、硬化、胆管扩张可能是肝球虫病、肝片吸虫病；肝实质呈淡黄色，细胞间质增生，可能是病毒性出血症；肝表面有黄豆大小的黄色结节或呈大理石状黄色条纹，可能是兔豆状囊尾蚴病（图 3-3-9）。

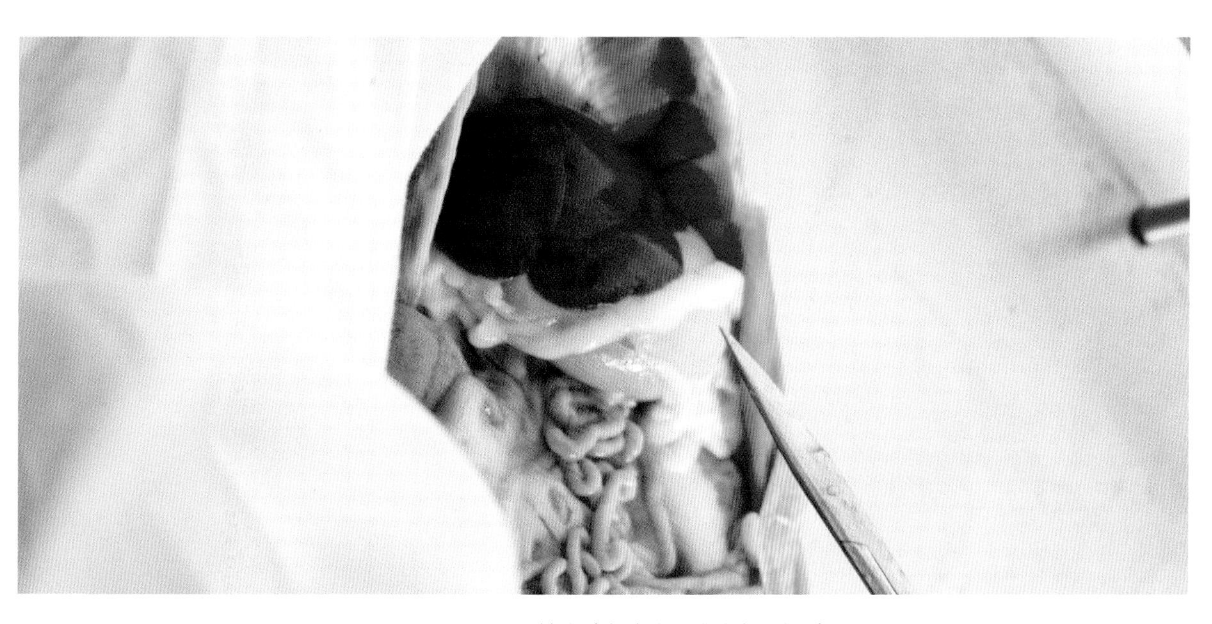

图 3-3-9　肝脏检查（范志宇、仇汝龙 供图）

（3）脾。正常脾呈暗红色，镰刀状，位于胃大弯处，有系膜相连，使其紧贴胃壁。脾肿大，呈蓝紫色时，可能是病毒性出血症；若脾肿大 5 倍以上，呈紫红色，有芝麻绿豆大的灰白色结节，结节切开有脓或干酪样物质，可能是伪结核病（图 3-3-10）。

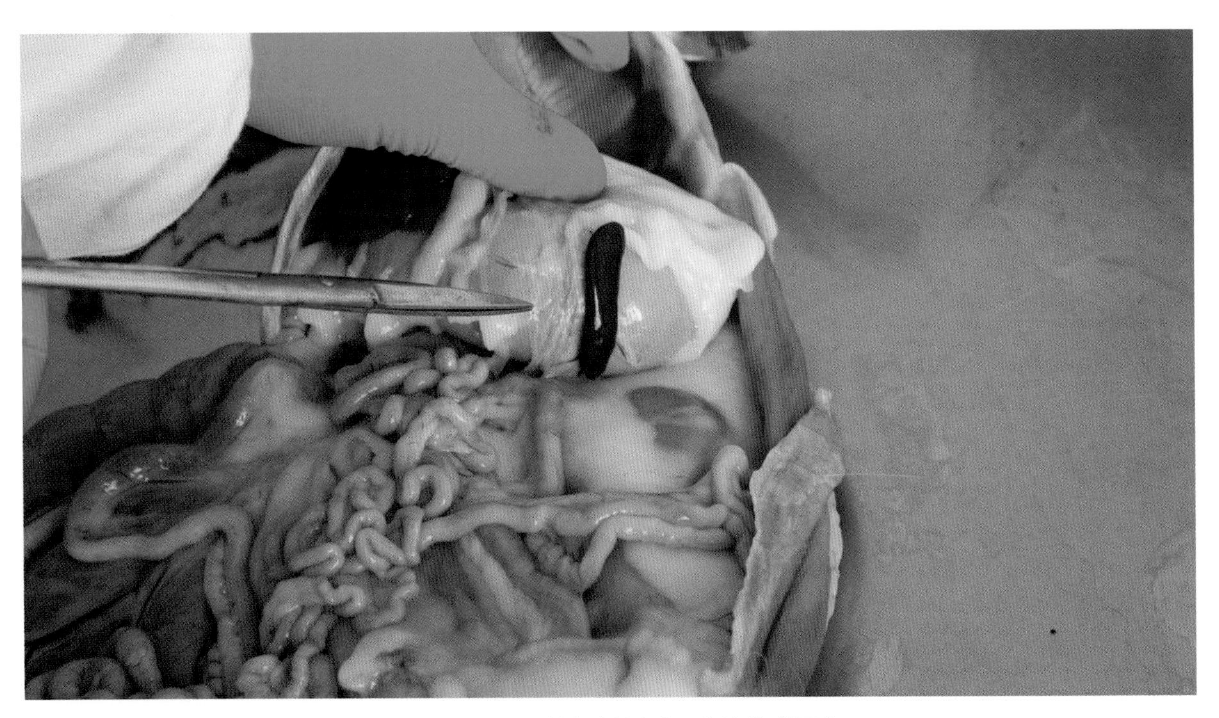

图 3-3-10　脾脏检查（范志宇、仇汝龙 供图）

（4）肾充血、出血。可能是病毒性出血症；局部肿大、突出、似鱼肉样病变，可能是肾母细胞瘤、淋巴肉瘤等（图 3-3-11、图 3-3-12）。

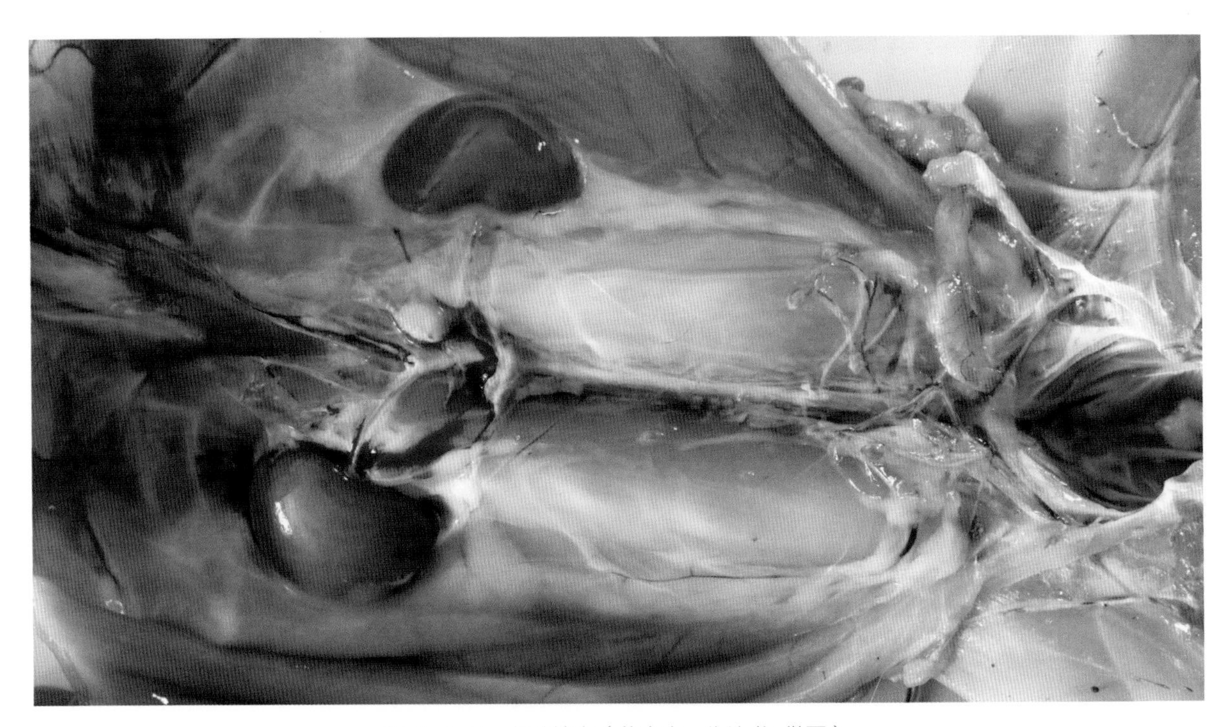

图 3-3-11　肾脏检查（范志宇、仇汝龙 供图）

图 3-3-12　肾脏检查（范志宇、仇汝龙 供图）

（5）胃浆膜、黏膜下充血、出血。可能是多杀性巴氏杆菌病、病毒性出血症等。胃内容物多、黏膜、浆膜多处有出血和溃疡斑，可能是魏氏梭菌病；胃肠黏膜充血、出血、炎症和溃疡，可能是大肠杆菌病、魏氏梭菌病；肠壁有许多灰色小结节，可能是肠球虫病；圆小囊、蚓突肿大，有灰白色小结节，多为伪结核病、沙门氏杆菌病；盲肠、回肠后段、结肠前段黏膜充血、出血、水肿、坏死和纤维素渗出等，可能是大肠杆菌病、泰泽氏病（图 3-3-13）。

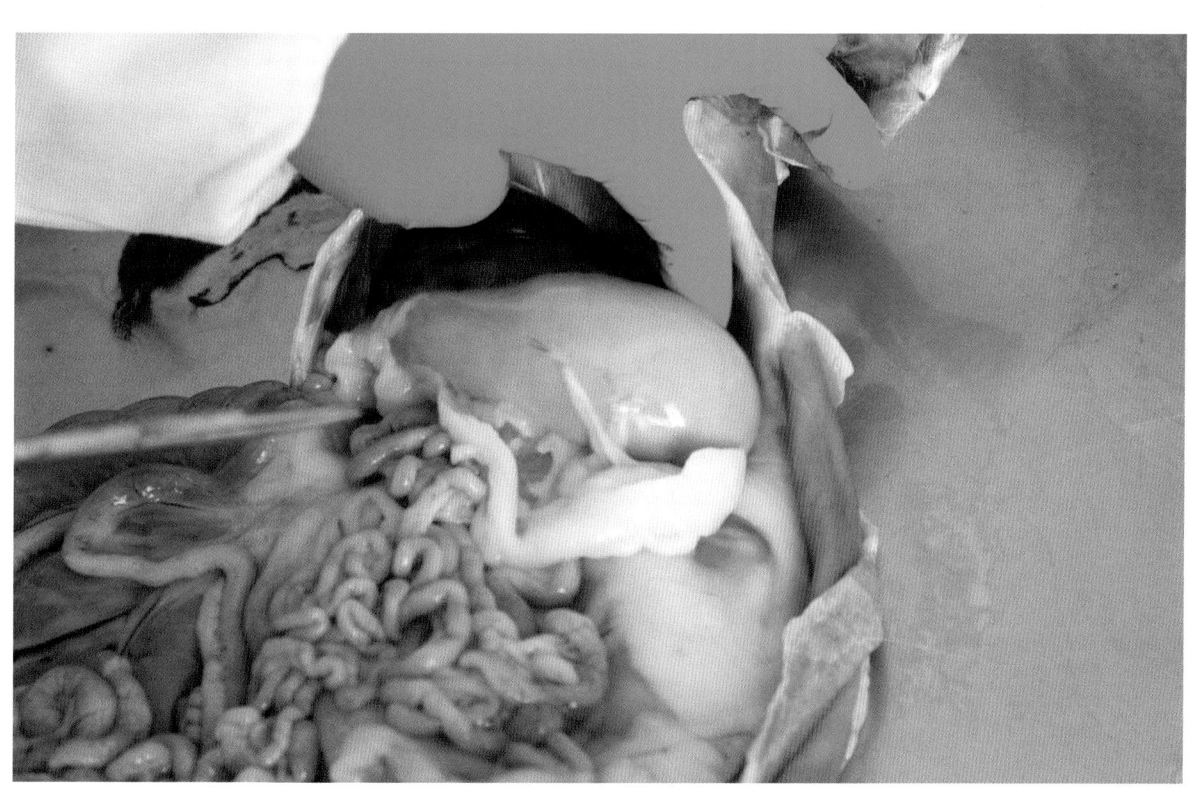

图 3-3-13　胃检查（范志宇、仇汝龙 供图）

（6）家兔发生腹泻病时，肠道有明显的变化。如魏氏梭菌病，盲肠肿大，肠壁松弛，浆膜多处有鲜红出血斑，大多数病例内容物呈黑色或褐色水样粪便，臭味明显，也有的盲肠内容物排空。若患大肠杆菌病时，小肠肿大，充满半透明胶样液体，并伴有气泡，盲肠内容物呈糊状，也有的兔肠道内容物外面包有白色黏液。盲肠的浆膜和黏膜充血，严重者出血（图 3-3-14 至图 3-3-17）。

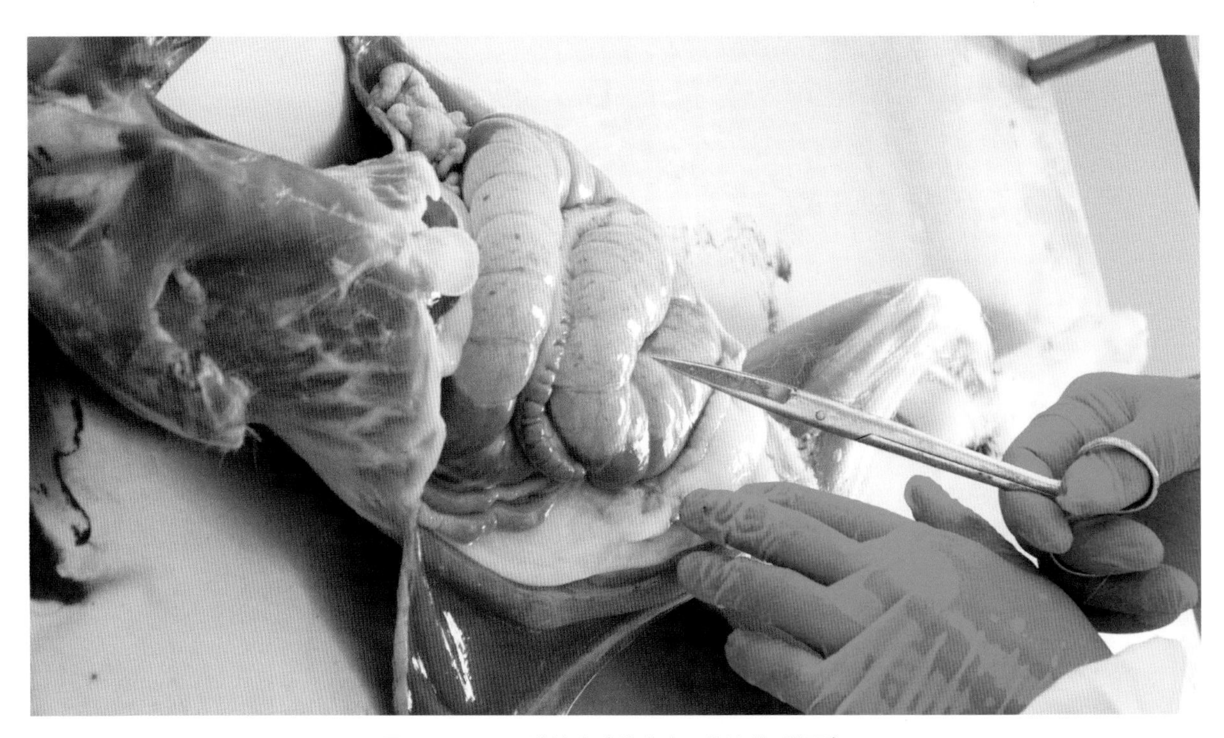

图 3-3-14　肠道检查（范志宇、仇汝龙 供图）

图 3-3-15　肠系膜淋巴结检查（范志宇、仇汝龙 供图）

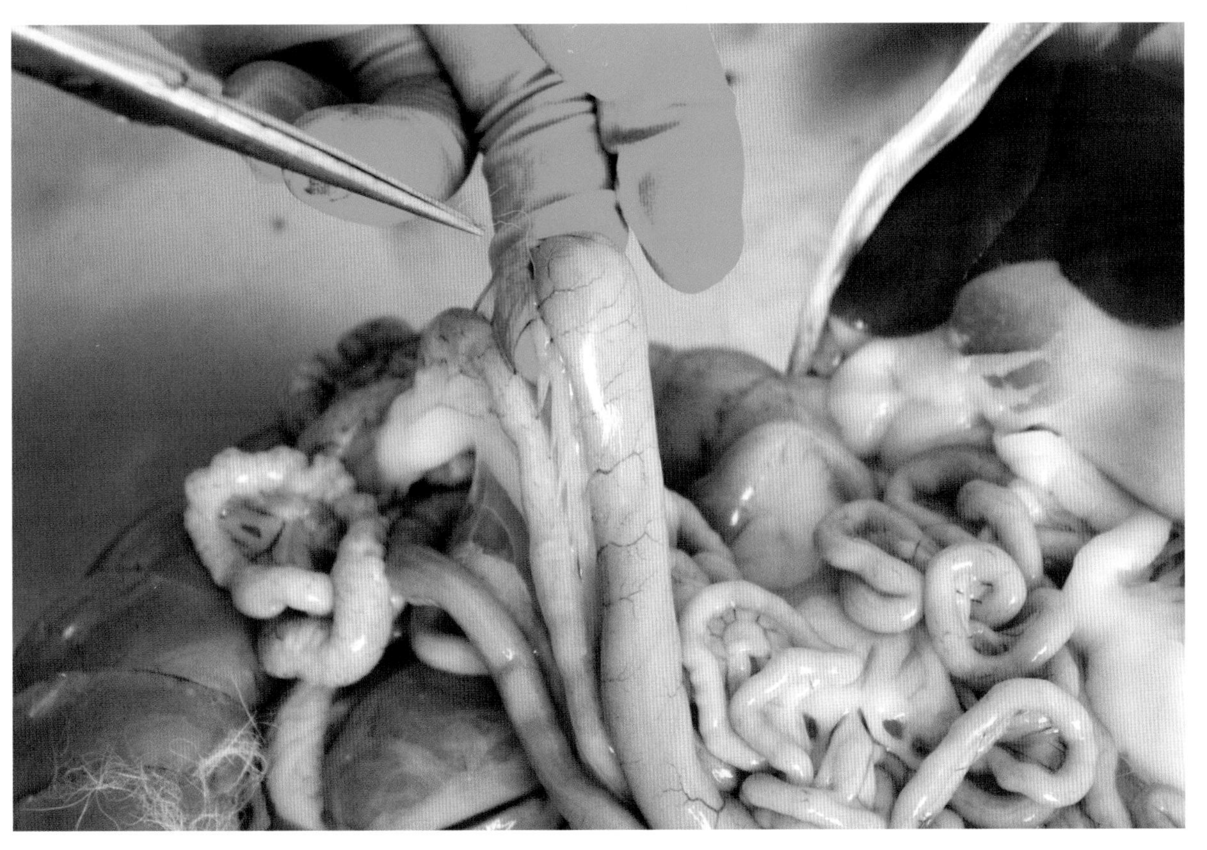

图 3-3-16　蚓突检查（范志宇、仇汝龙 供图）

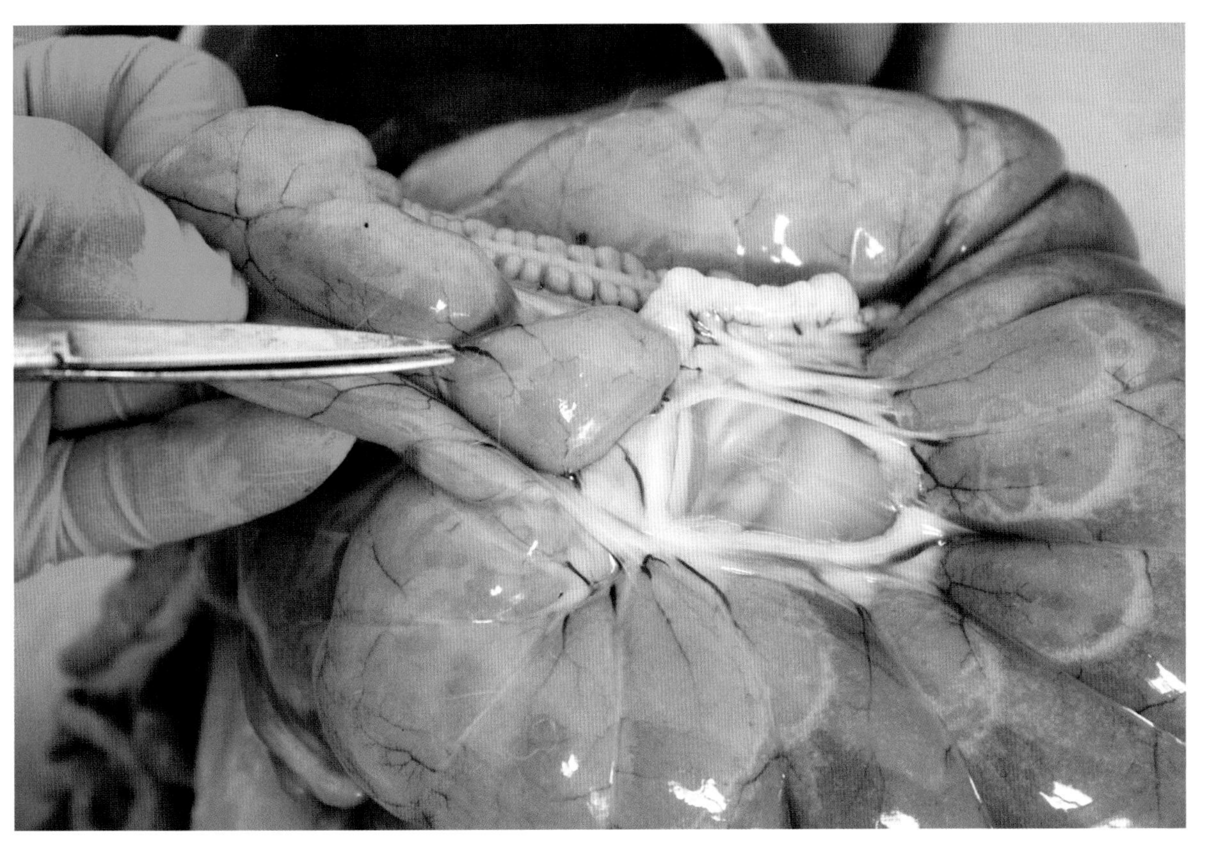

图 3-3-17　圆小囊检查（范志宇、仇汝龙 供图）

（7）膀胱。是暂时贮存尿液的器官，无尿时为肉质袋状，在盆腔内。当充盈尿液时可突出于腹腔。家兔每日尿量随饲料种类和饮水量不同而有变化。仔兔尿液较清，随生长和采食青饲料和饲料后则变为棕黄色或乳浊状。并有以磷酸铵镁和碳酸钙为主的沉淀。家兔患病时常见有膀胱积尿，如球虫病，魏氏梭菌病等（图 3-3-18）。

图 3-3-18　膀胱检查（范志宇、仇汝龙 供图）

（8）卵巢、子宫。卵巢位于肾脏后方，表面有发育程度不同的像小米粒大小的卵泡。子宫一般与体壁颜色相似。若子宫肿大、充血，有粟粒样坏死结节，可能是沙门氏菌病；子宫呈灰白色，宫内蓄脓，可能是葡萄球菌病、多杀性巴氏杆菌病。

（9）阴囊、睾丸、阴茎。睾丸炎，睾丸肿胀；阴茎溃疡，周围皮肤龟裂、红肿、阴囊皮肤及其周围有结节等，可能是兔梅毒病。

根据上述检查内容，综合分析，对于形态变化不明显的，须进行病理组织学检查和微生物学检查。

二、病理组织学检查

病理组织学检查包括组织块的采取、固定、冲洗、脱水、包埋以及切片、染色、封固和镜检等一系列过程。要使病理组织学检查结果准确可靠，关键的一步是组织标本的选取和固定。为此，必须注意：

一是取材部位适当。必须选择正常组织与病灶组织交界处的组织。

二是取材完整。切取的组织块应包括该器官的主要构造，例如，肾组织应包括皮质、髓质、肾盂，肝、脾等组织应连有被膜。

三是切取的组织块的大小为 1.5cm × 1.5cm × 0.5cm，如做快速切片则厚度不能超 0.2cm。

四是病理组织应尽早固定，越新鲜越好，以免时间过长，组织腐败。固定前，切勿摸、挤、揉、压、拉等，以防改变组织的原有性状。

组织固定时，不要弯曲、扭转肠壁和胃壁等，可先平放在硬纸片上，然后慢慢放入固定液中。固定液的数量不能太少，一般应为组织块体积的 10 倍，否则会影响切片的质量和诊断。

做好待检标本的记录。说明组织块的来源、剖检时肉眼所见的病变、器官组织名称、必要时可将组织块贴上标签，以免混淆。

三、病料采集与送检

（一）病料采集

怀疑是某种传染病时，则采取病原侵害的部位。尽可能以无菌手术采取肝、脾、肾和淋巴结等组织。

病兔死亡又不知死于何种疾病时，则可将死兔包装妥当后将整个死兔送检。

检查血清抗体时，则要采取血液，待凝固析出血清后，分离血清，装入灭菌的小瓶送检。

（二）病料保存

采取病料后要及时进行检验，如不能及时进行检验，或需要送往外地检验时，应尽量使病料保持新鲜，以便获得正确的结果。

1. 细菌检验材料的保存

将采取的组织块，保存于饱和盐水或 30% 甘油缓冲液中，容器加塞封固。

饱和盐水配制：蒸馏水 100mL，加入氯化钠 39g，充分搅拌溶解后，用 3 层或 4 层纱布过滤，滤液装瓶高压灭菌后备用。

30% 甘油缓冲液的配制：化学纯甘油 30mL，氯化钠 0.5g，碱性磷酸钠 1g，加入蒸馏水 100mL，混合后高压灭菌备用。

2. 病毒检验材料的保存

将采取的组织迅速保存于 50% 甘油生理盐水中，容器加塞封固。

50% 甘油生理盐水的配制：中性甘油 500mL，氯化钠 8.5g，蒸馏水 500mL，混合后分装，高压灭菌后备用。

3. 病理组织学检验材料的保存

将采取的组织块放入 10% 的福尔马林溶液中固定，固定液的用量应是标本体积的 10 倍以上。如加 10% 福尔马林固定，应在 24h 后换新鲜溶液 1 次。严冬时节可将组织块（已固定的）保存在甘油和 10% 福尔马林等量混合液中，以防组织块冻结。

（三）病料送检

一是装病料的容器上要写明编号，附上病料详细记录和送检单

二是送检病料应按要求包装，如微生物材料怕热，应用冰瓶冷藏包装。病理材料怕冻应放入保存液包装后送检等。

三是病料经包装装箱后，要尽快送到检验单位，最好派专人送去。

（四）注意事项

一是对病死兔剖检前，应首先了解病情和病史，并详细记录，然后进行剖检前的检查。采取病料的家兔最好未经任何药物治疗，以免影响检出结果。采取病料要及时，应在死后立即进行，最迟不要超过6h，特别在夏天，如拖延时间太长，组织变性和腐败，会影响病原微生物的检出及病理组织学检验的正确性。

二是采取适宜的病料，应选择症状和病变典型的病死兔，有条件最好能采取不同病程的病料。为能取得较好的检验结果，应尽量减少污染，病料应以无菌操作采取。一般先采取微生物学检验材料，然后采取病理检验材料。病料应放入装有冰块的保温瓶内送检。

第四节　实验室诊断

一、细菌学检验

（一）病料的采取

采取病兔有病变的内脏器官，如心、肺、肝、脾、肾、肠和淋巴结等作为被检病料。为了提高病原微生物的阳性分离率，采取的病料要尽可能齐全，除了内脏、淋巴结和局部病变组织外，还应采取脑组织和骨髓。

（二）染色与镜检

取清洁玻片做被检病料的触片或涂片，自然干燥后，火焰固定，用革兰氏、美蓝或姬姆萨染液染色，待干燥后在显微镜下检查。由于不同致病菌染色结果和形态大小都不一样，如A型魏氏梭菌是革兰氏阳性大杆菌，较少能看到芽孢；巴氏杆菌是革兰氏阴性菌，大小一致的卵圆形两极着色的小杆菌。可以根据细菌的形态特征来诊断兔病。

（三）分离培养

用不同的培养基，如营养琼脂、绵羊鲜血琼脂和血清琼脂等培养基。将病料分别接种于上述培养基中，置37℃培养20～24h，观察细菌生长状态，菌落的形态、大小、色泽等。再作涂片检查及进行生化反应、动物接种和血清学检验等。

（四）生化试验

由于不同细菌所产的酶不同，利用的营养物质不同，其代谢产物不同，以此可以准确判别不同细菌。

（五）动物接种

可以取被检兔的内脏器官磨细用灭菌生理盐水作1∶5或1∶10稀释，也可以用分离培养菌落接种的马丁肉汤作为接种材料。一般以皮下、肌肉、腹腔、静脉或滴鼻接种家兔或小白鼠，剂量：兔0.5mL，小白鼠0.2mL。若接种后1周内兔或小白鼠发病或死亡，有典型的病理变化，并能分离到所接种细菌即可确诊。如超过1周死亡，则应重复试验。

（六）药敏试验

为了保证治疗效果，防止出现耐药性，可以用病兔分离出的细菌做药物敏感性试验，根据药敏试验结果选择最敏感的药物进行治疗，这样可以得到最佳的治疗效果。

（七）血清学检验

其目的在于应用血清学方法对兔群进行疫病普查诊断。方法有试管法和玻片法。

1. 试管法

将待检血清稀释不同倍数，分别加入等量细菌诊断性抗原，摇匀后放置于 37℃温箱或室温内一定时间后观察结果，按要求做出诊断。

2. 玻片法

取被检血清 0.1mL，加于玻片上，同时加入等量诊断抗原，于 15 ~ 20℃下摇动玻片并使抗原与被检血清均匀混合，作用后在 1 ~ 3min 内观察有无絮状物。如有絮状物出现而液体透明者为阳性，否则为阴性。

二、病毒检验

由于各种病毒在不同组织中含毒量不同，所以必须要采取含病毒量最多的组织，并要求病料新鲜，如兔病毒性出血症含毒量最多者是肝组织，兔痘病毒则在肝、淋巴结和肾等存在较多。

（一）病毒分离培养

被检材料磨细或液体材料用无菌生理盐水（pH 值为 7.2 左右）、磷酸盐缓冲液稀释 10 倍，用除菌滤器过滤，将滤液作为接种材料，同时在接种液中加入抗生素。

（二）接种

根据接种材料可以将接种分为下面 3 种方式。

1. 鸡胚接种

取 9 ~ 10 日龄的鸡胚，每胚绒尿腔接种 0.2mL，一般在接种后 48 ~ 72h 内鸡胚死亡。

2. 组织细胞接种

用各种动物组织的原代细胞或传代细胞接种，病毒能在细胞上繁殖，同时能使细胞产生病变。

3. 动物接种

通常用小鼠、豚鼠和家兔接种病料。接种家兔一般选择皮下、肌内或腹腔注射 0.5mL。同时注意观察试验动物的发病情况和病变。

（三）病毒鉴定

分离得到的病毒材料一般以电子显微镜检查，血清学试验即可确认。进一步可做理化特性和生物学特性鉴定。

（四）中和试验

在被检病料上清液中加入等量该病标准高免血清，混匀后于 37℃温箱作用 30min；对照组用生理盐水代替血清。两组材料分别接种易感动物，一般观察 7d。如果血清组获得保护，而对照组发病死亡即可确诊。

三、真菌检验

真菌检查的常规检查包括形态学检查（直接镜检 + 染色镜检）、培养检查和组织病理学检查。真菌检查的特殊检查包括血清学方法和分子生物学方法检查。

（一）临床样本的采集与处理

1. 皮屑

疱壁、脓液、深层趾（指）间皮屑或边缘皮屑，取材前 75% 酒精消毒，作氢氧化钾涂片，同时，接种于沙氏琼脂（加氯霉素）2 管，置 25℃培养 2 周。

2. 被毛

取病兔被毛 15 根，75% 酒精消毒，3 ~ 5 根作直接镜检，5 ~ 10 根种于沙氏琼脂（加氯霉素），划破斜面掩埋。

3. 脓液

无菌采集，注意颗粒，用无菌蒸馏水稀释。可作革兰氏染色或抗酸染色，常规的做氢氧化钾涂片。

（二）真菌学检验的基本技术

1. 直接镜检

是最简单也是最有用的实验室诊断方法，常用的方法有以下几种。

（1）氢氧化钾与复方氢氧化钾法。标本置于载玻片上，加 1 滴氢氧化钾与复方氢氧化钾液，盖上盖玻片，放置片刻或微加热，即在火焰上快速通过 2 ~ 3 次，不应使其沸腾，以免结晶，然后轻压盖玻片，驱逐气泡并将标本压薄，用棉拭或吸水纸吸去周围溢液，置于显微镜下检查。检查时应遮去强光，先在低倍镜下检查有无菌丝和孢子，然后用高倍镜观察孢子和菌丝的形态、特征、位置、大小和排列等。

（2）胶纸粘贴法。用 1cm × 1.5cm 的透明双面胶带贴于取材部位，数分钟后自取材部位揭下，撕去底板纸贴在载玻片上，使原贴在取材部位的一面暴露在上面，再进行革兰染色或过碘酸锡夫染色，在操作过程中应注意双向胶带粘贴在载玻片上时不可贴反，而且要充分展平，否则影响观察。

（3）涂片染色检查法。在载玻片上滴 1 滴生理盐水，将所采集的标本均匀涂在载玻片上，自然干燥后，火焰固定或甲醇固定，再选择适当的染色方法，染色后，以高倍镜或油镜观察。

2. 真菌培养

从临床标本中对致病真菌进行培养，目的是为了进一步提高对病原体检出的阳性率，以弥补直接镜检的不足，同时，确定致病菌的种类。培养方法有多种，按临床标本接种时间分为直接培养法和间接培养法。按培养方法分为试管法、平皿法和玻片法。

（1）直接培养。采集标本后直接接种于培养基上。

（2）间接培养。采集标本后，暂保存，以后集中接种。

（3）试管培养。是临床上最常用的培养方法之一，培养基置于试管中，主要用于临床标本分离的初代培养和菌种保存。

（4）平皿法。将培养物接种在培养皿或特别的培养瓶内，主要用于纯菌种的培养和研究。

四、免疫学诊断

免疫学诊断是一种重要的诊断技术，这些方法具有灵敏、快速、简易、准确的特点，用于传染病的诊断，大大地提高了诊断水平，至今应用已十分广泛。在动物传染病的免疫学检验中，除了凝集反应、沉淀反应、补体结合反应、中和反应等血清学检验方法外，还可用免疫扩散、变态反应、荧光抗体、酶标、单克隆抗体等技术。

（一）皮内试验

家兔在抗原刺激后，体内产生亲细胞性抗体。当其与相应抗原结合后，肥大细胞和嗜碱性粒细胞脱颗粒，释放生物活性物质，引起注射抗原的局部皮肤出现皮丘及红晕，以此便可判断体内是否有某种特异性抗体存在。皮内试验用于多种蠕虫病的诊断，如血吸虫病、肺吸虫病、姜片吸虫病、囊虫病和棘球蚴病等的辅助诊断和流行病学调查。该法简单、快速，尤适用于现场应用，但假阳性率较高。

（二）免疫扩散和免疫电泳

1. 免疫扩散

一定条件下，抗原与抗体在琼脂凝胶中相遇，在二者含量比例合适时形成肉眼可见的白色沉淀。该法有两种类型：

（1）单相免疫扩散。将一定量的抗体混入琼脂凝胶中，使抗原溶液在凝胶中扩散而形成沉淀环，其大小与抗原量成正比。

（2）双相免疫扩散。将抗原与抗体分别置于凝胶板的相对位置，二者可自由扩散并在中间形成沉淀线。用双相免疫扩散法既可用已知抗原检测未知抗体，也可用已知抗体检测未知抗原。

2. 免疫电泳

将免疫扩散与蛋白质凝胶电泳相结合的一项技术。事先将未知抗原放在凝胶板中电泳，之后在凝胶槽中加入相应抗体，抗原和抗体双相扩散后，在比例合适的位置，产生肉眼可见的弧形沉淀线。

免疫扩散法和免疫电泳法，除可用于某些寄生虫病的免疫诊断外，还可用于寄生虫抗原鉴定和检测免疫血清的滴度。

（三）间接红细胞凝集试验

以红细胞作为可溶性抗原的载体并使之致敏。致敏的红细胞与特异性抗体结合而产生凝集，抗原与抗体间的特异性反应即由此而显现。常用的红细胞为绵羊或 O 型人红细胞。

间接红细胞凝集试验操作简便，特异性和敏感性均较理想，适宜寄生虫病的辅助诊断和现场流行病学调查。现已用于诊断疟疾、阿米巴病、弓形虫病、血吸虫病、囊虫病、旋毛虫病、肺吸虫病和肝吸虫病等。

（四）间接荧光抗体试验

该法用荧光素（异硫氰基荧光素）标记第二抗体，可以进行多种特异性抗原抗体反应，既可检测抗原又可检测抗体。该法具有较高的敏感性、特异性和重现性等优点，除可用于寄生虫病的快速诊断、流行病学调查和疫情监测外，还可用于组织切片中抗原定位以及在细胞和亚细胞水平观察和鉴定抗原、抗体和免疫复合物。在诊断方面，已用于疟疾、丝虫病、血吸虫病、肺吸虫病、华支睾吸虫病、包虫病及弓形虫病。

（五）对流免疫电流试验

对流免疫电泳试验是以琼脂或琼脂糖凝胶为基质的一种快速、敏感的电泳技术。既可用已知抗原检测抗体，又可用已知抗体检测抗原。反应结果可信度高，适用范围广。以该法为基础改进的技术有酶标记抗原对流免疫电泳和放射对流免疫电泳自显影等技术。二者克服了电泳技术本身不够灵敏的弱点。该法可用于血吸虫病、肺吸虫病、阿米巴病、贾第虫病、锥虫病、棘球蚴病和旋毛虫病等的血清学诊断和流行病学调查。

（六）酶联免疫吸附试验

酶联免疫吸附试验原理是将抗原或抗体与底物（酶）结合，使其保持免疫反应和酶的活性。把标记的抗原或抗体与包被于固相载体上的配体结合，再使之与相应的无色底物作用而显示颜色，根据显色深浅程度目测或用酶标仪测定吸光度值判定结果。

该法可用于宿主体液、排泄物和分泌物内特异抗体或抗原的检测。已用于多种寄生虫感染的诊断和血清流行病学调查。

（七）免疫酶染色试验

免疫酶染色试验以含寄生虫病原的组织切片、印片或培养物涂片为固相抗原，当其与待测标本中的特异性抗体结合后，可再与酶标记的第二抗体反应形成酶标记免疫复合物，后者可与酶的相应底物作用而出现肉眼或光镜下可见的呈色反应。该法适用于血吸虫病、肺吸虫病、肝吸虫病、丝虫病、囊虫病和弓形虫病等的诊断和流行病学调查。

（八）免疫印迹试验

免疫印迹试验又称免疫印渍，是由十二烷基硫酸钠 - 聚丙烯酸胺凝胶电泳，电转印及固相酶免疫试验三项技术结合为一体的一种特殊的分析检测技术。该法具有高度敏感性和特异性，可用于寄生虫抗原分析和寄生虫病的免疫诊断。

五、寄生虫检查

（一）粪便检查

粪便检查是寄生虫病患兔生前诊断选择主要检查方法。因为寄生蠕虫的卵、幼虫、虫体及其节片以及某些原虫的卵囊、包囊都是通过粪便排出，所以，临床采取新鲜粪便，进行虫卵的检查。

1. 直接涂片法

该法简便易行，但检出率较低。在干净的载玻片上滴 1 ~ 2 滴清水，用火柴棒挑取粪便少许放在玻片上，调匀后盖上盖玻片，即可镜检。

2. 沉淀法

取兔粪便 5 ~ 10g，放入 500mL 杯内，加入少量清水，用玻璃棒将粪球捣碎，再加 5 倍量的清水调成稀糊状，用 50 目的铜筛过滤，静置 15min，弃去上清液，保留沉淀。如此反复 3 次或 4 次，将沉淀涂于玻片上，置显微镜下检查，该法为自然沉淀法。

3. 漂浮法

该法是利用体积质量大的溶液稀释粪便，可将粪便中体积质量小的虫卵漂浮到溶液的表面，再收取表面的液体进行检查，容易发现虫卵。如球虫卵囊的检查：取新鲜兔粪便 5 ~ 10g，放在容量为 50mL 的小玻璃杯内，然后加入少量的饱和盐水（1 000mL 沸水中加入约 380g 的食盐，充分搅匀融化即可），用竹筷或玻璃棒将兔粪捣碎，再加入饱和盐水将此粪液用 60 ~ 80 目的筛子或双层纱布过滤到另一个杯内，将滤液静置 0.5h 左右，此时，比饱和盐水溶液轻的球虫卵囊就浮到液面上来，可用直径 4 ~ 5mL 的小铁丝圈接触液面，蘸取一层水膜，将其涂在载玻片上，然后加盖玻片进行镜检。该法容易发现虫卵或卵囊。

（二）寄生虫虫体检查

1. 蠕虫虫体检查法

取兔粪 5 ~ 10g，放入烧杯或盆内，加 10 倍生理盐水，搅拌均匀，静置沉淀 20min 左右，弃去上清液。将沉淀物重新加入生理盐水，搅匀，静置后弃上清液，如此反复 3 次或 4 次，弃去上清液后，挑取少量沉渣置于黑色背景下，用放大镜寻找虫体。

2. 线虫幼虫检查法

取兔粪 5 ~ 10g，放入培养皿内，加入 40℃温水以浸没粪球为宜，经 15min 左右，取出粪球，将留下的液体在低倍镜下检查，即可检出幼虫。

3. 螨虫检查法

选择患病皮肤和健康皮肤交界处，取小刀在酒精灯上消毒后，用手握刀，使刀刃与皮肤表面垂直，刮去皮屑（直到皮肤轻微出血），置于玻片上，加 1 ~ 2 滴煤油，盖上另一洁净的盖玻片，来回压搓病料，用低倍镜检查。

除此之外，血清学、分子生物学均可应用于寄生虫病的检测。

六、毒物检测

（一）样品的采集、包装及送检

毒物检验样品，可选取胃内容物、肠内容物、剩余饲料和可疑饲料约 500g，发霉饲料 1 000 ~ 1 500g，呕吐物全部，饮水、尿液 1 000mL，血液 50 ~ 100mL，肝 1/3 或全部，肾 1 个，土壤 100g，被毛 10g，供检验。

所取样品单独分装。若需送检，样品应分装于清洁的玻璃瓶中或塑料袋内，严密封口，贴上标签，即时送检。另外，要附送临床检查和尸体剖检报告，并提交送检报告要求检验的毒物或大概范围。

（二）亚硝酸盐的检验

1. 检样处理

取胃内容物和剩余饲料等约 10g，置 1 小烧瓶内，加蒸馏水及 10% 醋酸溶液数毫升，使成酸性，搅拌成粥状，放置 15min 后，过滤，所得滤液，供定性检验用。

2. 定性检验

（1）格瑞斯氏反应。原理为亚硝酸盐在酸性溶液中，与对氨基苯磺酸作用产生重氮化合物，再与 α - 甲萘胺耦合时产生紫红色耦氮素。试剂为格瑞斯试剂，称取 α - 甲萘胺 1g、对氨基苯磺酸 10g、酒石酸 89g，共研磨，置棕色瓶中备用。操作方法，将格瑞氏粉置于白瓷反应凹窝中适量，加入被检液数滴，如现紫红色，为阳性。

（2）联苯胺冰醋酸反应。原理为亚硝酸盐在酸性溶液中，将联苯胺重氮化成醌式化合物，呈现棕红色。试剂为联苯胺冰醋酸试剂，取联苯胺 0.1g，溶于 10mL 冰醋酸中，加蒸馏水至 100mL 过滤贮存于棕色瓶中备用。操作方法，取被检液 1 滴置白瓷反应板凹窝中，再加联苯胺冰醋酸液

1滴，呈现棕黄或棕红色为阳性反应。

注意事项：格瑞氏反应十分灵敏，只有强阳性反应，才可证明为亚硝酸盐中毒。反应微弱时，需要用灵敏度较低的方法进行检验。

（三）食盐中毒的检验

关于食盐中毒的检验方法，目前尚无理想的快速检验方法，这主要是因为食盐是动物体的正常成分，所以，一般用胃肠内容物等检材进行定性无诊断意义。

这里仅介绍眼结膜囊内液氯化物的检查技术。原理：氯化钠中的氯离子在酸性条件下与硝酸银中银离子结合，生成不溶性的氯化银白色沉淀（$NaCl+AgNO_3=AgCl\downarrow+NaNO_3$）。酸性硝酸银试液配制：取硝酸银1.75g、硝酸25mL，蒸馏水75mL溶解后即得。操作：取水2～3mL放入洗净的试管中，再用小吸管取眼结膜囊内液少许，放入小试管中，然后加入酸性硝酸银试液1～2滴，如有氯化物存在就呈白色混浊，量多时混浊程度增大。

第四章

兔病毒病

第一节　兔病毒性出血症

兔病毒性出血症（Rabbit Haemorrhagic Disease，RHD）是由兔出血症病毒（Rabbit Haemorrhagic Disease Viurs，RHDV）引起的一种急性、烈性、高度接触性传染病，俗称“兔瘟”。

该病于 1984 年在我国江苏省首次暴发后迅速蔓延至全国各省市、自治区，迄今已波及到亚、欧、非及中美洲等地区的一些国家，给养兔业造成极大的经济损失。此外，2010 年法国兔场发现一种新型兔出血症病毒（RHDV2），国内尚未见该病发生的报道。

世界动物卫生组织（World Organisation for Animal Health，OIE）负责制定动物疾病的卫生和健康标准，世界唯一的兔病毒性出血症 OIE 参考实验室位于意大利布雷西亚，主要对世界各地样品进行诊断、确诊、技术培训、制定兔病毒性出血症相关国际标准等。

一、病原体

兔出血症病毒（Rabbit Haemorrhagic Disease Virus，RHDV）属杯状病毒，无囊膜、球形、呈 20 面体对称结构，病毒颗粒直径为 30 ~ 35nm（图 4-1-1），基因组为单股正链 RNA，全长 7437bp。目前，HI 试验、琼脂扩散试验、ELISA 和中和试验证实，世界范围内的 RHDV 均为同一血清型。该属的成员还有欧洲野兔综合症病毒（European Brown Hare Syndrome Virus，EBHSV）和非致病性兔类病毒（Non-pathogenic Lago Virus，NP-LV）。NP-LV 包含非致病性的兔杯状病毒（Rabbit calicivirus，RCV）和一些类似 RCV 或在系统发育上与 RCV 接近的兔杯状病毒，如 MRCV 株。RHDV 与杯状病毒科的其他病毒没有交叉反应，虽然其抗原性与欧洲棕色野兔综合症（Eurpean Brown Hare Syndrome，EBHS）病毒有所关联，但这 2 种病毒在免疫实验中没有交叉保护作用。

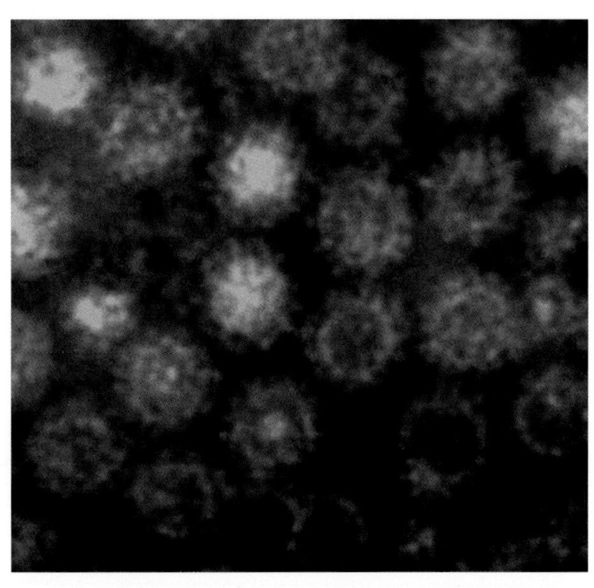
图 4-1-1　RHDV 电镜照片（胡波）

从首次报道 RHDV 到现在的 30 多年里，RHDV 持续发生遗传变异。1998 年 Capucci 等报道了

RHDV 发生抗原变异，并将变异株命名为 RHDVa，次年，德国也报道了该变异株。研究者们根据系统发育关系，将 RHDV 毒株分为不同的基因组，分别命名为 G1-G6，G6 也称 RHDVa。然而 2010 年，G.Le-Recule 等在法国兔场发现了 1 株兔出血症病毒新毒株，命名为 RHDVb 或 RHDV2。该变异毒株 RHDV2 与经典的 G1-G6 型在遗传特性上有很大的差异，免疫经典毒株 RHDV 不能产生很好的交叉免疫保护作用，导致 RHDV2 在家兔和野兔中跨物种传播。

RHDV 病毒只能在兔体内复制，RHDV 也只能感染兔，而对鼠、犬、猫、小猪等小哺乳动物以及其他啮齿动物没有感染力。RHDV 是侵害多种组织细胞的泛嗜性病毒，但主侵器官是肝脏，主要靶细胞是肝细胞及血管内皮细胞。迄今为止，尚未有适宜病毒繁殖的细胞系。RHDV 在 BIRS-2 细胞中培养时 2 代产生病变，在第 9 代消失；在乳兔肾细胞中培养，第 5 代出现病变，在第 8 代消失；在兔睾丸细胞中培养，第 1 代出现病变，第 4 代消失，而在 Vero 细胞中第 3 代病变消失。

RHDV 病毒在氯化铯中的浮密度 1.29 ~ 1.34g/m^3，沉降系数为 85 ~ 162S。病毒在环境中有非常强的抵抗力和稳定性，乙醚、氯仿和胰蛋白酶处理后病毒感染性并不减弱，病毒能够耐受 pH3 和 50℃ 1h 处理。

RHDV2 和 RHDV 同属于杯状病毒科兔病毒属成员，RHDV2 与高致病性 RHDV 一样，可引起家兔病毒性出血症。两者的基因同源性虽然高达 82.4%，但是，系统发生树分析结果表明 RHDV2 与引起相同症状的 RHDV 亲缘关系较远，而与非致病性的 RCV 亲缘关系更近。因此，研究者推测，RHDV2 很可能是从非致病的兔杯状病毒属成员演变而来。另外，毒力差异分析表明 RHDV2 对野兔的感染率和致死率明显低于家兔，这可能是因为家兔是 RHDV2 的天然宿主。

二、流行病学

兔病毒性出血症自然感染只发生于兔，各种品种的兔都可感染发病，主要危害 40 日龄以上幼兔、育成兔和成年兔，40 日龄以下幼兔和部分老龄兔不易感，哺乳仔兔不发病。但是，RHDV2 感染宿主范围更广，不但能够感染成年家兔，还能感染幼龄家兔以及欧洲野兔（Cape Hare 品种）。病死兔、带毒兔及病死兔的内脏器官、肌肉、毛、血液、分泌物、排泄物是主要的传染源。带毒兔和被病毒污染的饲料、饮水、用具也是重要的传染源或传播媒介。人员来往，犬、猫、禽、野鼠也能机械传播。呼吸道、消化道、伤口和黏膜是主要的传染途径，尚未发现经胎盘垂直传播。皮下、肌肉、静脉注射、滴鼻和口服等途径接种，均易感染成功。

该病一年四季均可发生，多发生于冬春季节，夏季也不少见。在新疫区，该病的发病率和死亡率高达 90% ~ 100%，一般疫区的平均病死率为 78% ~ 85%。

从 2010 年在法国首次发现 RHDV2 以后的几年里，该毒株蔓延到意大利、西班牙、葡萄牙、英格兰、苏格兰和德国。并于 2014 年年底和 2015 年年初，在欧洲大陆以外的亚速尔群岛被检测到，RHDV2 取代经典 RHDV 的趋势正在扩大。2015 年，Robyn N.Hall 等研究者报道在澳大利亚首都直辖区也检测到 RHDV2，该毒株与葡萄牙和亚速尔群岛报道的变异毒株类似。2016 年，Aarón Martin-Alonso 等指出 RHDV2 很有可能会从加那利群岛传播至非洲北部。由此可见，RHDV2 的流行趋势正在世界范围内逐步扩大。目前关于新毒株 RHDV2 传播途径的报道很少，但可以肯定的是间接接触在该毒株传播过程中起着重要的作用。据 OIE 数据报道，RHDV2 的病死率为 5%~70%。

三、临床症状

传统兔病毒性出血症主要症状：

潜伏期：自然感染一般为 48 ~ 96h，人工感染一般为 16 ~ 72h。根据症状分为最急性、急性和慢性三个型。

最急性型：常发生在非疫区或流行初期，一般在感染后 10 ~ 12h，体温升高至 41℃，稽留，经 6 ~ 8h 而死，死前表现短暂的兴奋，突然倒地，划动四肢呈游泳状继之昏迷，濒死时抽搐，角弓反张（图 4-1-2），眼球突出，典型病例可见鼻孔流出血样液体（图 4-1-3），肛门松弛，肛周有少量淡黄色黏液附着（图 4-1-4）。

图 4-1-2　病死兔角弓反张（范志宇 供图）

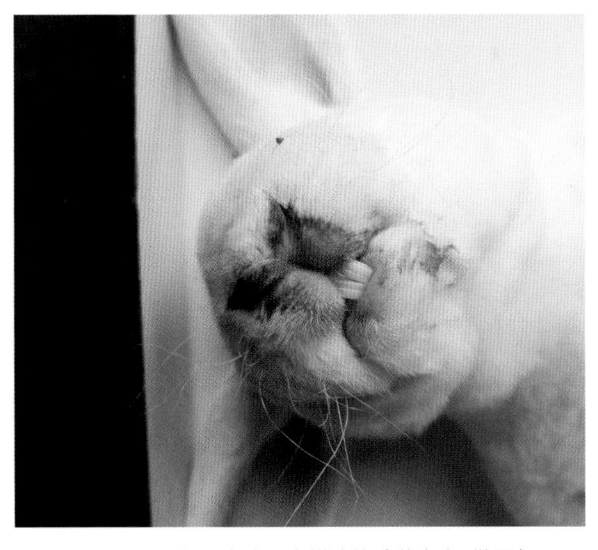

图 4-1-3　鼻孔中流出血样液体（范志宇 供图）

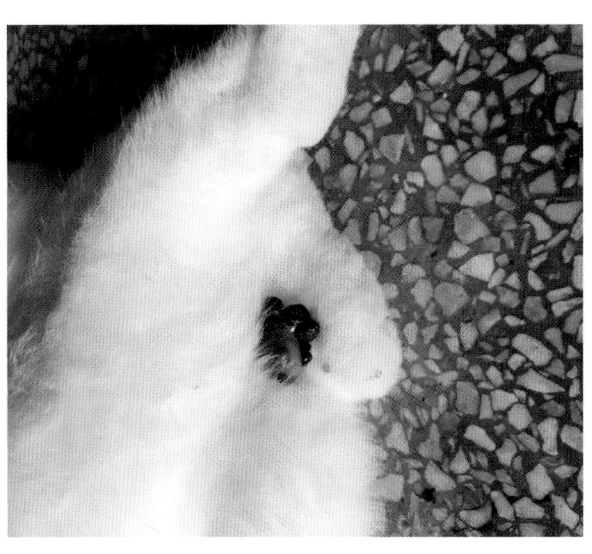

图 4-1-4　肛门松弛，肛周有少量淡黄色黏液附着（范志宇 供图）

急性型：多在流行中期发生，病程一般 12 ~ 48h。病兔精神不振，食欲减退，渴欲增加，体温升高到 41℃以上，呼吸迫促乃至呼吸困难。死前有短期兴奋、挣扎、狂奔、咬笼，继而前肢俯伏，后肢支起，全身颤抖，倒向一侧，四肢划动，惨叫几声而死。肛门松弛，肛周有少量淡黄色黏液附着，少数病死兔鼻孔中流出血样液体。

慢性型：多见于流行后期或疫区。病兔体温升高到 41℃左右，精神不振，食欲减退或废绝，消瘦严重，衰竭而死。少数耐过兔，则发育不良，生长迟缓。

除与传统毒株引发相似的临床症状之外，RHDV2 主要以亚急性和慢性感染较多。

四、病理变化

呼吸道：鼻腔、喉头和气管黏膜淤血、出血。气管和支气管内有泡沫状血液（图 4-1-5）。肺有不同程度充血、瘀血、水肿（图 4-1-6、图 4-1-7），一侧或两侧有数量不等的粟粒至黄豆大的出血斑，切开肺脏流出多量红色泡沫状液体。肺胸膜下散在有大量针尖至绿豆大暗红色出血斑点。

肝脏：淤血、肿大、质脆，表面呈淡黄色或灰白色条纹，切面粗糙，流出多量暗红色血液（图 4-1-8、图 4-1-9）。胆囊充盈，充满稀薄胆汁。

胰脏：有出血点。

脾脏：大部分患兔脾脏淤血、肿大，呈黑紫色（图 4-1-10、图 4-1-11）。

肾脏：肿大，并见有大小不等的出血点，呈暗红色，皮质部有不规则的淤血区和灰黄色或者灰白色区，使肾脏表现呈花斑肾样，有些病例皮质有散在性针尖至粟粒大出血点（图 4-1-12、图 4-1-13）。

图 4-1-5　气管环充血，散在有小出血点（范志宇 供图）

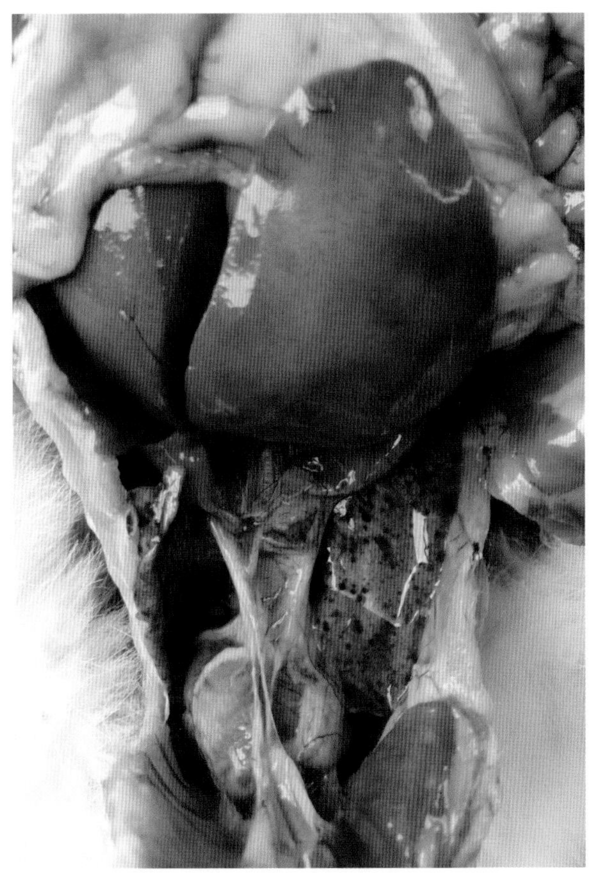

图 4-1-6　肺脏不同程度充血、瘀血、水肿（范志宇　供图）

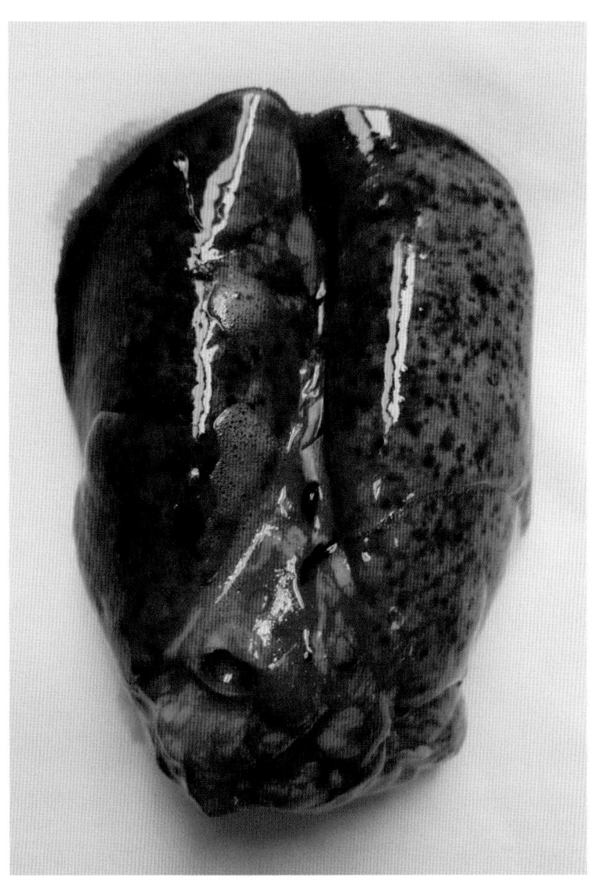

图 4-1-7　肺脏水肿、出血（范志宇　供图）

图 4-1-8　肝脏肿大，土黄色（范志宇　供图）

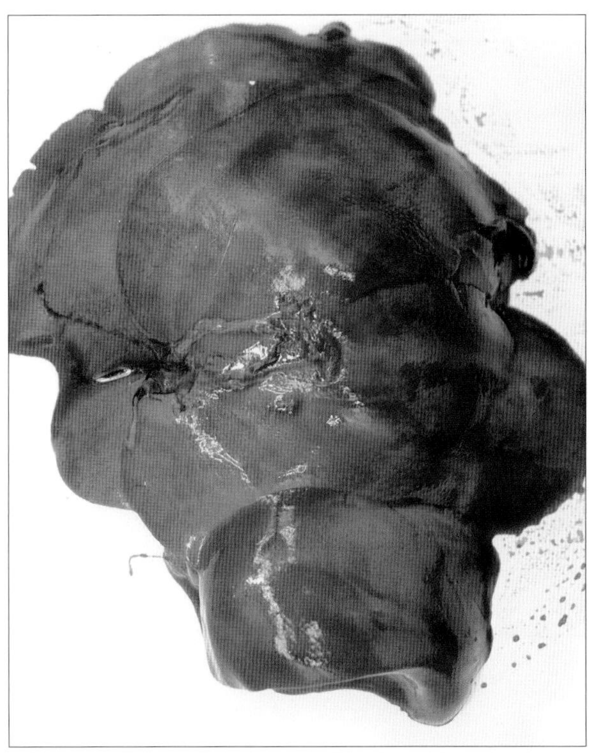

图 4-1-9　肝脏肿大，变黄（范志宇、仇汝龙　供图）

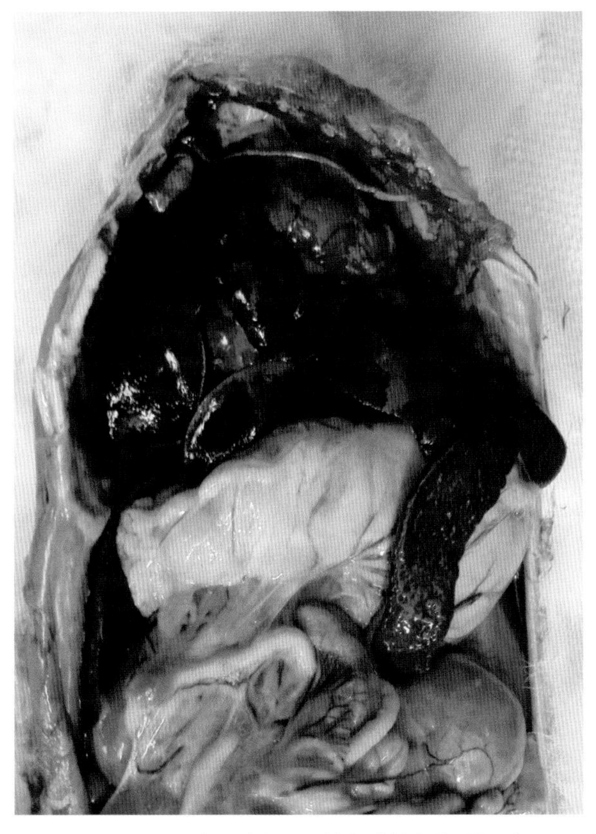
图 4-1-10　脾脏肿大，黑紫色（范志宇 供图）

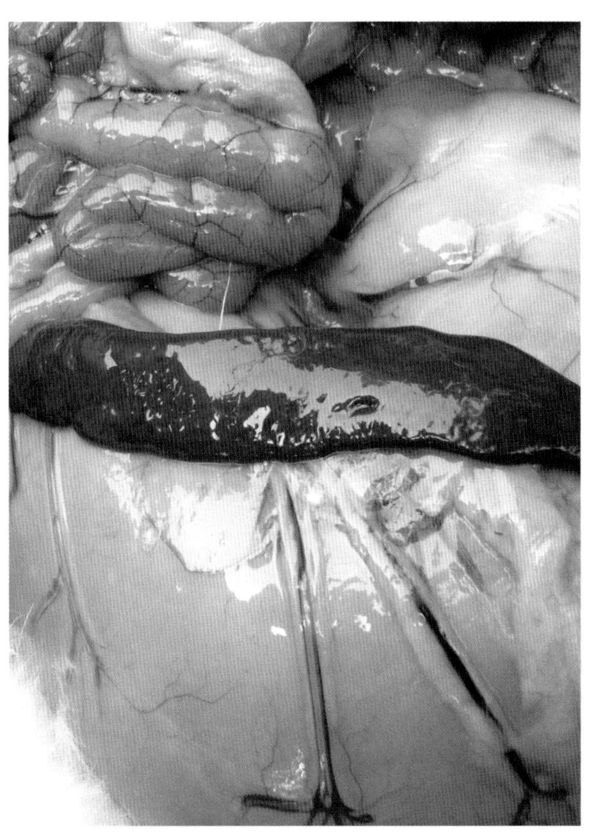
图 4-1-11　脾脏肿大，黑紫色（范志宇 供图）

图 4-1-12　肾肿大，见有大小不等的出血点（范志宇、仇汝龙 供图）

图 4-1-13　肾出血（范志宇、仇汝龙 供图）

胸腺：水肿、肿大，并有散在性针头至粟粒大出血点（图 4-1-14）。

膀胱：积尿，内充满黄褐色尿液，有些病例尿液中混有絮状凝块（图 4-1-15）。

消化道：胃肠多充盈，浆膜出血。小肠黏膜充血、出血。肠系膜淋巴结水样肿大，其他淋巴结多数充血。

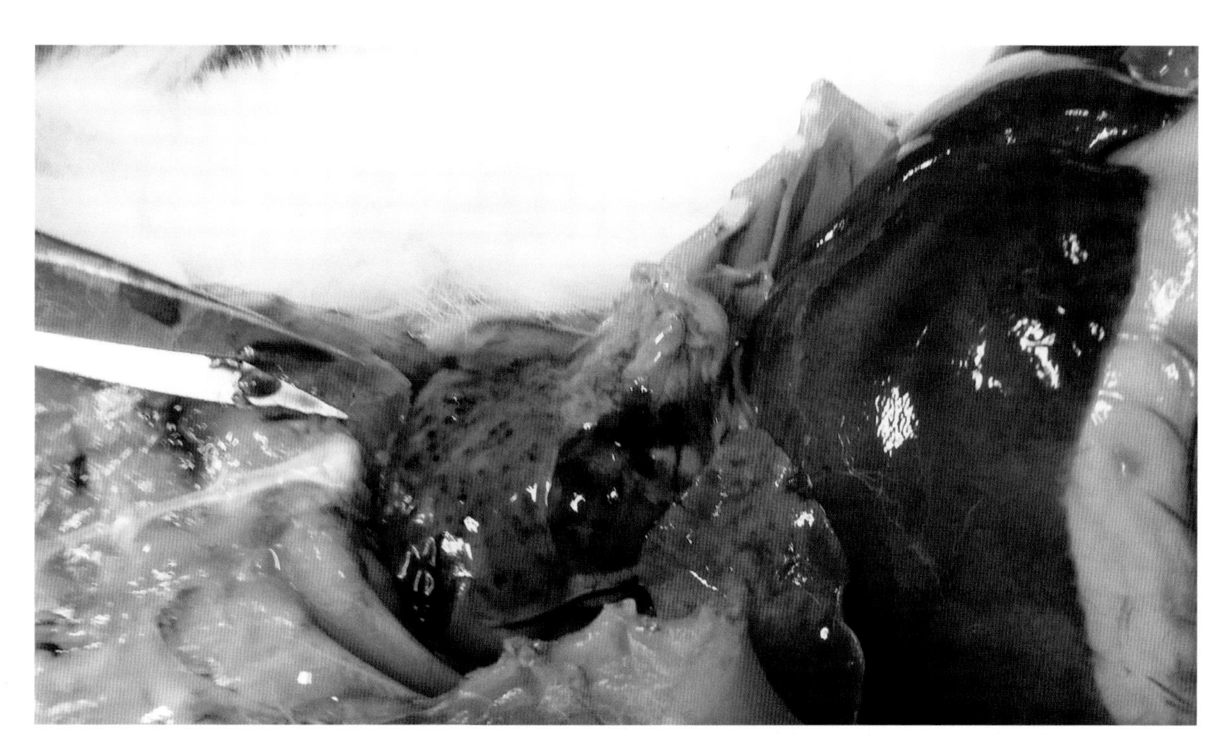

图 4-1-14　胸腺水肿、出血（范志宇、仇汝龙 供图）

图 4-1-15　膀胱积尿，内充满黄褐色尿液（范志宇 供图）

怀孕母兔子宫充血、淤血和出血。多数雄性病例睾丸淤血。

脑和脑膜血管淤血。此外有些病例眼球底部常有血肿。

心脏显著扩张，内积血凝块。

组织学变化 非化脓性脑炎，脑膜和皮层毛细血管充血及微血栓形成。肺出血、间质性肺炎、毛细血管充血、微血栓形成。肝细胞变性、坏死。肾小球出血、肾小管上皮变性、间质水肿、毛细血管有较多的微血栓。心肌纤维变性、坏死、肌浆溶解、肌纤维断裂、消失，以及淋巴组织萎缩等。

据意大利兔病毒性出血症（RHD）OIE 参考实验室 RHDV2 死亡兔相关资料，RHDV2 病死兔主要剖检变化，可见肝脏肿大、出血（图 4-1-16），胸腺、肺脏、脾脏明显肿大、出血（图 4-1-17、图 4-1-18、图 4-1-19），气管环出血非常严重（图 4-1-20），肾脏出血（图 4-1-21），腹腔出血并凝集呈块状（图 4-1-22），膀胱充盈、积尿（图 4-1-23）

五、诊断

根据流行病学特点、典型的症状和病理变化，可作初步诊断。确诊需进行病原学检查和血清学试验。传统和变异兔出血症均可用以下方法进行诊断。

1. 病毒分离

病毒的分离与鉴定是 RHDV 经典、准确、可靠的诊断方法。基本操作方法是将无菌采集的病死兔肝脏组织研磨、反复冻融，接种无 RHD 疫苗免疫史和感染史的成年健康易感家兔，并设立对

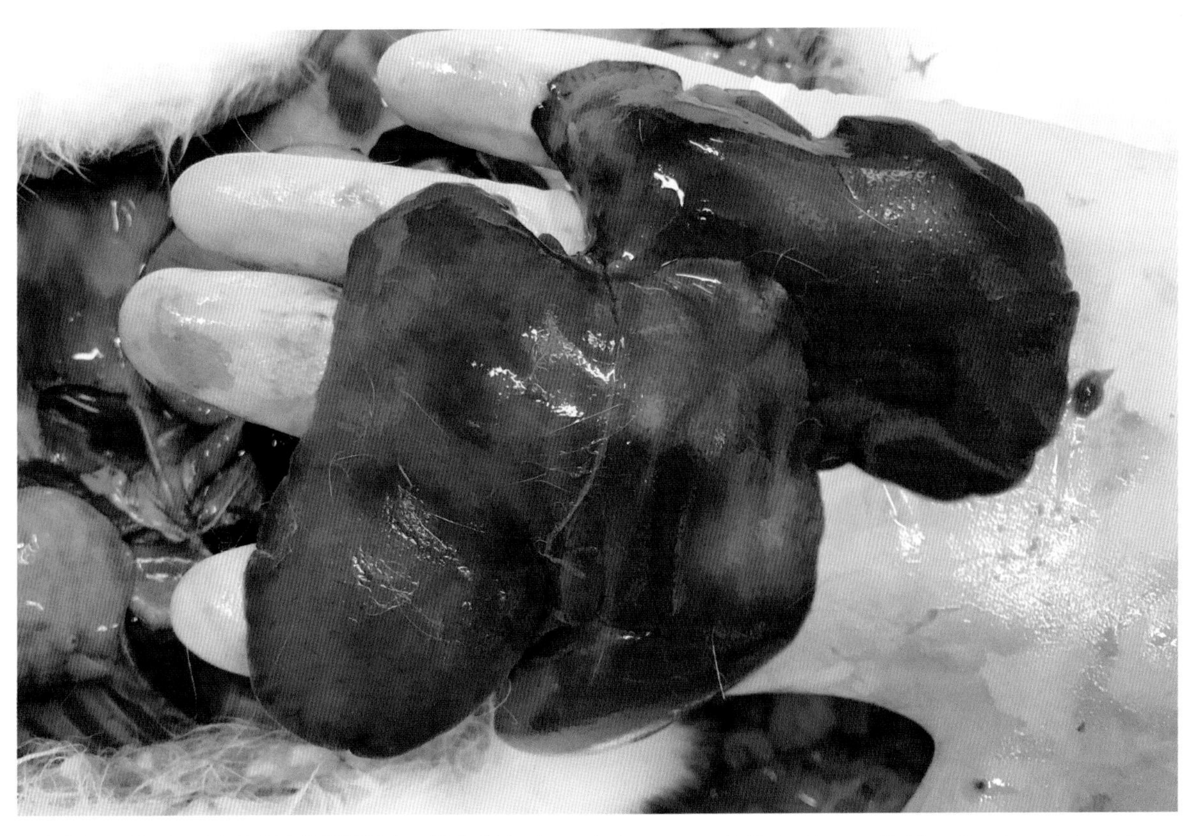

图 4-1-16 RHDV2 死亡兔肝脏肿大、出血（Dr. Antonio Lavazza，Istituto Zooprofilattico Sperimentale della Lombardia e dell'Emilia Romagna，Italy 供图）

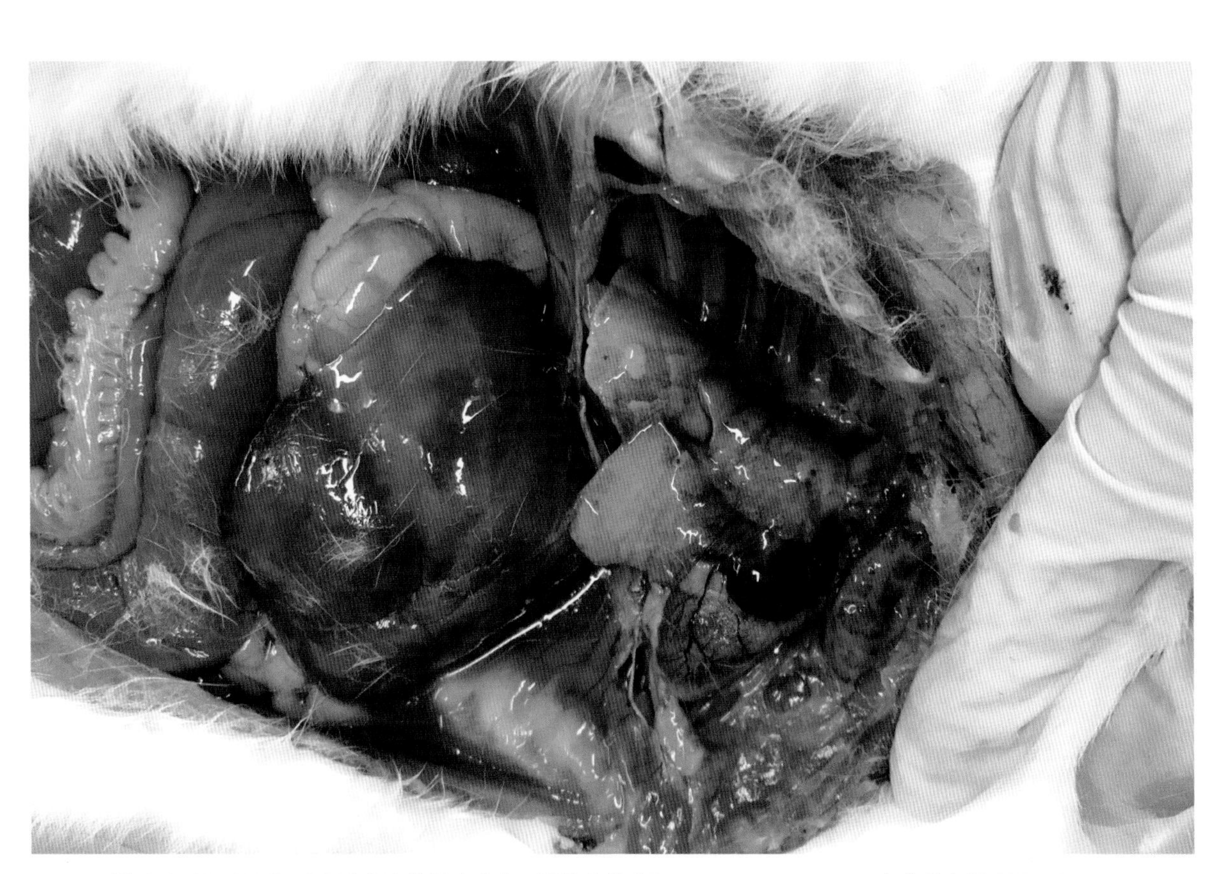

图 4-1-17　RHDV2 死亡兔胸腺肿大出血，肝脏变黄（Dr-AntonioLavazza，意大利布雷西亚 IZSLER（Istituto Zooprofilattico Sperimentale della Lombardia e dell'Emilia Romagna 供图）

图 4-1-18　RHDV2 死亡兔肺充血、肿大（Dr-AntonioLavazza，意大利布雷西亚 IZSLER（Istituto Zooprofilattico Sperimentale della Lombardia e dell'Emilia Romagna 供图）

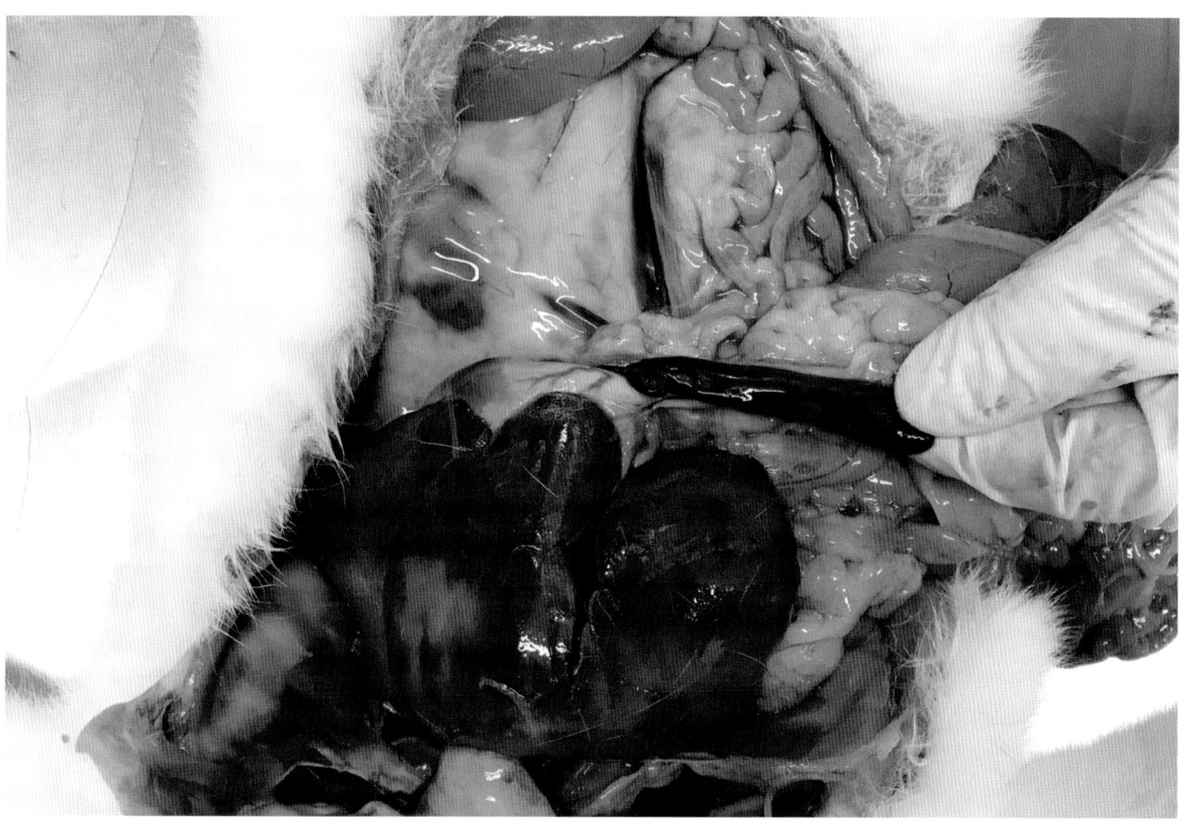

图 4-1-19　RHDV2 脾脏肿大（Dr-AntonioLavazza，意大利布雷西亚 IZSLER（Istituto Zooprofilattico Sperimentale della Lombardia e dell'Emilia Romagna 供图）

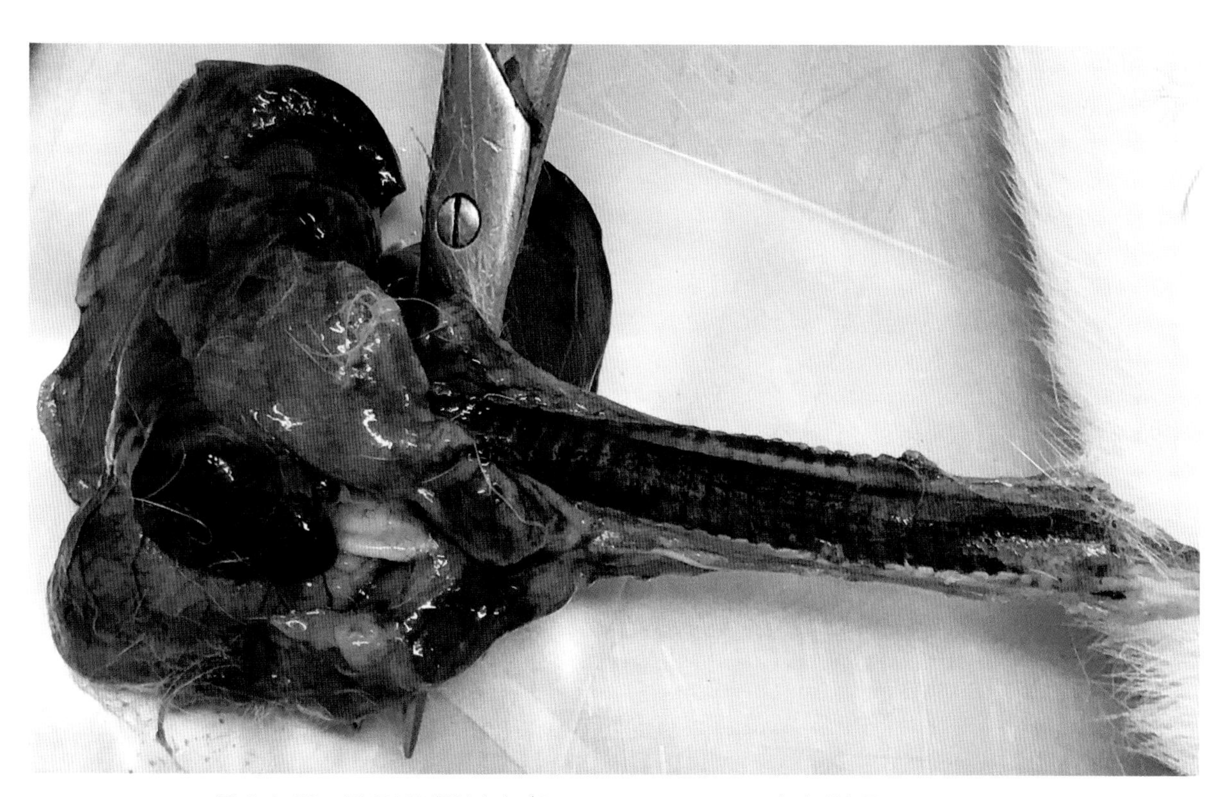

图 4-1-20　RHDV2 肾脏出血（Dr-AntonioLavazza，意大利布雷西亚 IZSLER（Istituto Zooprofilattico Sperimentale della Lombardia e dell'Emilia Romagna 供图）

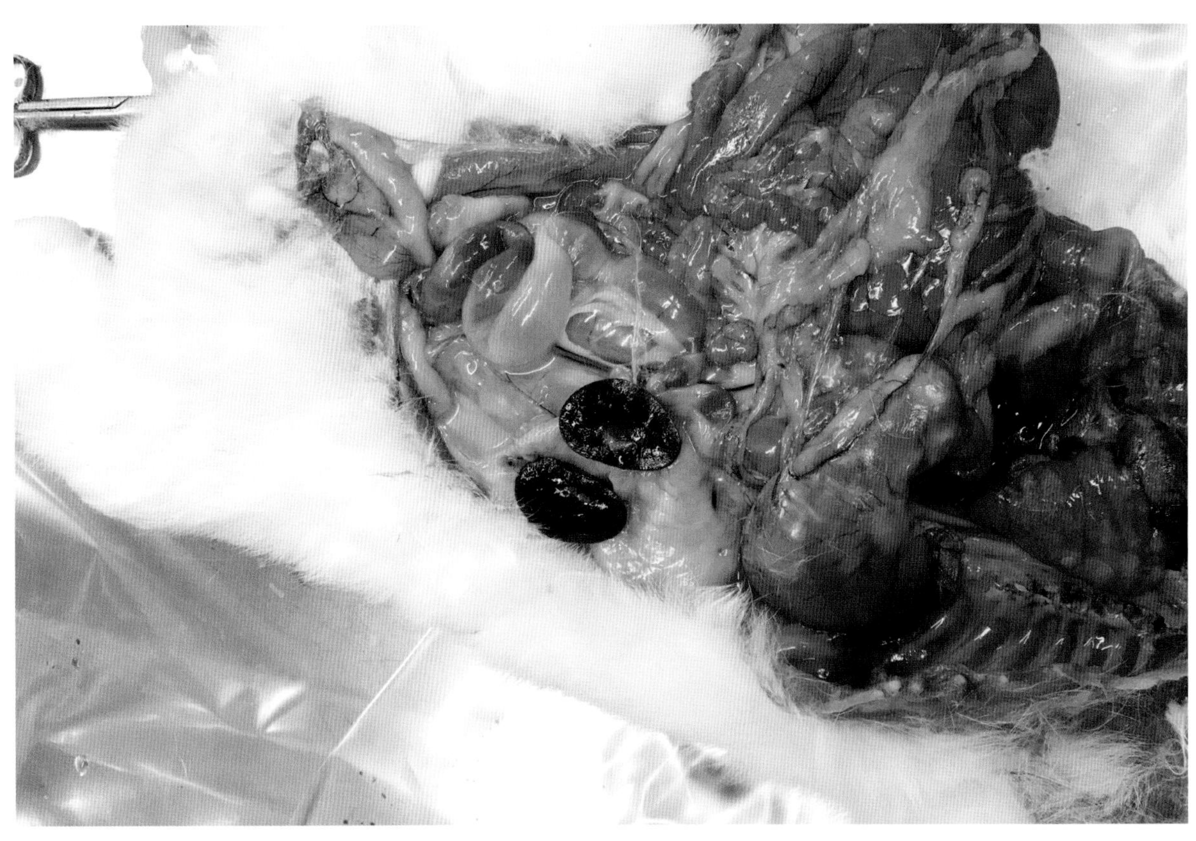

图 4-1-21　RHDV2 气管环出血（Dr-AntonioLavazza，意大利布雷西亚 IZSLER
（Istituto Zooprofilattico Sperimentale della Lombardia e dell'Emilia Romagna 供图）

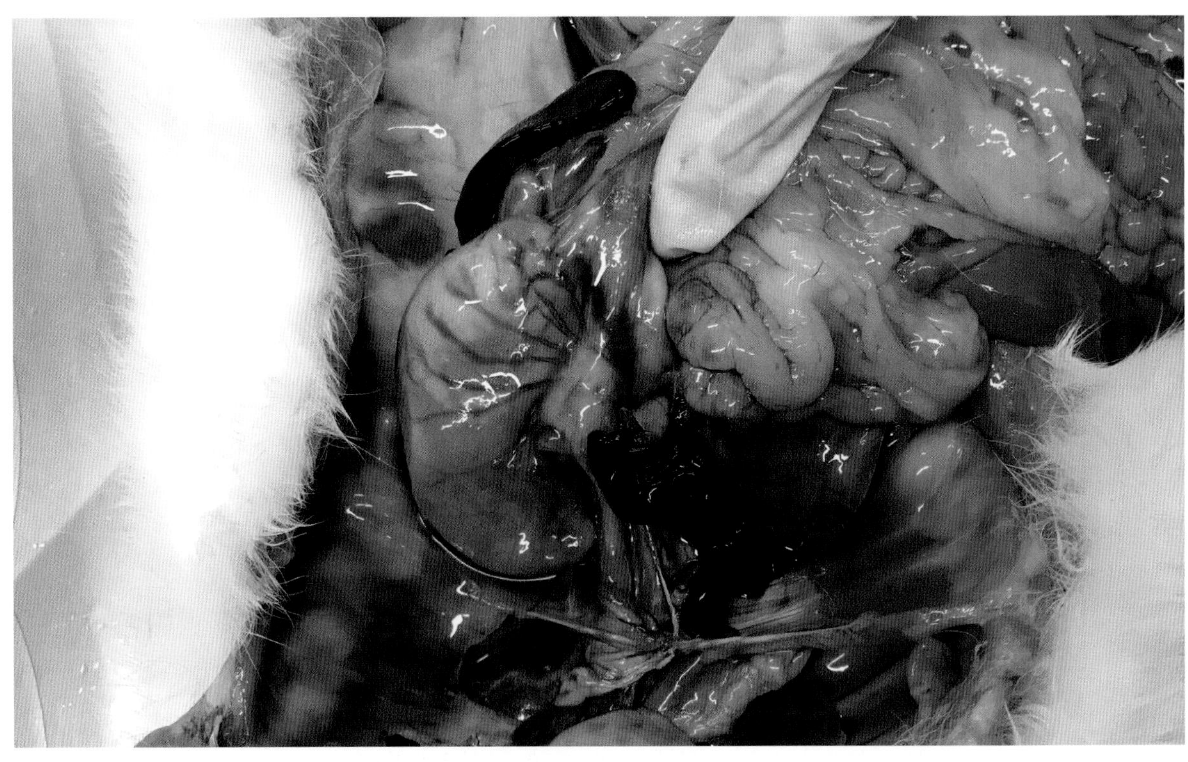

图 4-1-22　RHDV2 腹腔出血，凝集成块（Dr-AntonioLavazza，意大利布雷西亚 IZSLER
（Istituto Zooprofilattico Sperimentale della Lombardia e dell'Emilia Romagna 供图）

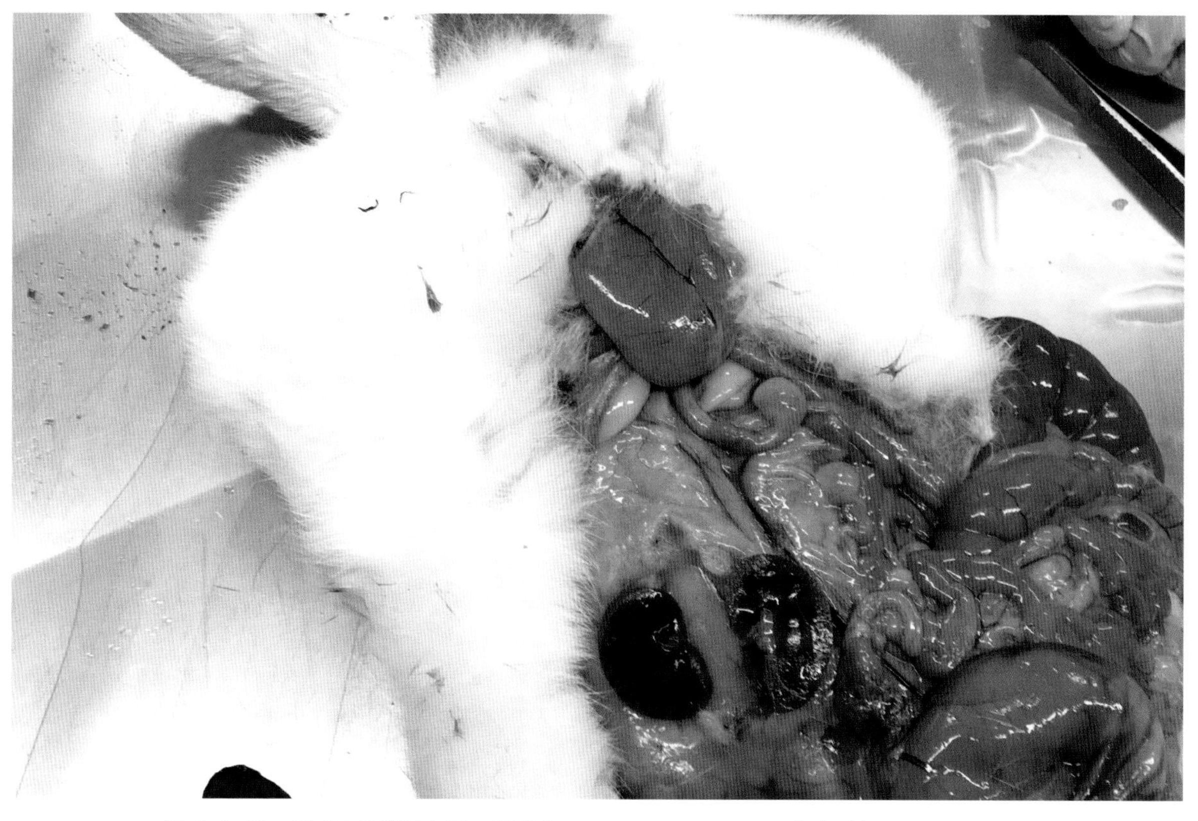

图 4-1-23　RHDV2 膀胱充盈、积尿（Dr-AntonioLavazza，意大利布雷西亚 IZSLER（Istituto Zooprofilattico Sperimentale della Lombardia e dell'Emilia Romagna 供图）

照组。通过观察兔发病情况、临床症状及病理变化，判定是否为 RHDV 感染。对分离到的病毒还应借助血凝试验、电镜观察、RT-PCR 等方法进行鉴定。

2. 血清学检查

用人的红细胞（各种类型均可，O 型效果最好）作血凝（HA）试验和血凝抑制（HI）试验。取肝病料制成 10% 乳剂，高速离心后取上清液，用生理盐水配制的 1% 人 O 型红细胞进行微量血凝试验，在 4℃或 25℃作用 1h，凝集价大于 1：160 判为阳性。再用已知阳性血清做血凝抑制试验，如血凝作用被抑制，血凝抑制滴度大于 1：80 为阳性，则证实病料中含有该病毒。血凝（HA）和血凝抑制试验（HI）在 RHD 的诊断、兔群免疫监测、试验兔等级检测得到了广泛应用，而 HA 和 HI 需要人“O”型红血球制备红细胞，样本血清需经过吸附处理且不适于微量病毒的检测，在实际应用中有一定的限制。而且近年来，世界各地不断出现均有不能凝集人“O”型红细胞的 RHDV 地方分离毒株，有条件的单位可以使用分子生物学方法进行确诊。

3.RT-PCR 方法

RT-PCR 技术具有灵敏、特异、快速、简便等优点，是实验室常用的分子生物学诊断技术，也是目前 RHDV 准确、简单、快速诊断的主要方法。

（1）常规 RT-PCR。王芳等按照 GenBank 上公布的 RHDV 基因序列设计 1 对引物，以 RHDV 发病兔的新鲜肝为材料，提取总 RNA，进行 cDNA 的合成和 PCR 扩增，结果能扩增出与预期的 269bp 大小一致的片段，该产物序列与公布的 RHDV 基因序列同源性 95.8% ~ 98.5%。该方法可特异性地检测出 RHDV，其最小检出 RHDV 的 RNA 浓度为 1.66ng/μL，敏感性为 HA 的 4×10^4 倍，该方法和 HA 对 RHDV 感染发病兔各组织脏器进行检测的结果表明，HA 检测阳性的病料为肝脏、肾脏、脾脏、血液和肺，而 RT-PCR 检测除粪便外，其他均为阳性，该方法还能够检测出－20℃保存 12 个月的阳性病料。RT-PCR 方法检测 RHDV 特异性强、敏感度高、重复性好，不仅可用于 RHD 实验室诊断和流行病学调查，而且还可以应用在兔肉等产品的检疫方面。胡波等根据 GenBank 上公布的 RHDV VP60 基因保守序列，设计 1 对特异性引物，目的片段大小为 591bp，经 cDNA 的合成和 PCR 扩增反应的优化试验，建立了检测兔群鼻拭子中 RHDV 的 RT-PCR 方法。该方法能检出最小 RNA 浓度为 2.40ng/μL，敏感性为 HA 的 8×10^3 倍，该方法检测轮状病毒（细胞毒）、多杀性巴氏杆菌、兔支气管败血波氏杆菌均为阴性，通过对自 5 个省采集的 168 份健康免疫兔鼻拭子样品进行检测的结果显示，阳性样品为 22 份，阳性率为 13.09%。该 RT-PCR 方法能快速、敏感地从健康免疫兔鼻拭子样品中检出 RHDV，提示健康免疫兔群存在携带 RHDV 的现象，该方法适合临床进行大规模病原学检测和兔群携带病毒的调查。

RT-PCR 方法适于一般实验室建立和开展 RHD 的检测工作，在 RHD 的净化和防控方面将具有广阔的应用前景。

宋艳华等根据 GenBank 中经典 RHDV 和 RHDV2 的 VP60 基因序列，设计 2 对分别结合两种基因的特异性引物。利用 2 对引物，以人工合成 RHDV2 的 VP60 基因构建的 pMD19-T-VP60-2 和 pMD19-T-VP60 为模板，建立了区分 RHDV2 与 RHDV 的 RT-PCR 法，结果显示，该方法具有良好的特异性和敏感性，经典 RHDV 和 RHDV2 的检测限度分别为 95 拷贝和 76 拷贝的靶基因片段，特异性良好，该方法的建立能够实现快速、特异及敏感地检测 RHDV 和 RHDV2，为监测 RHDV 变异株的流行情况提供技术支撑。

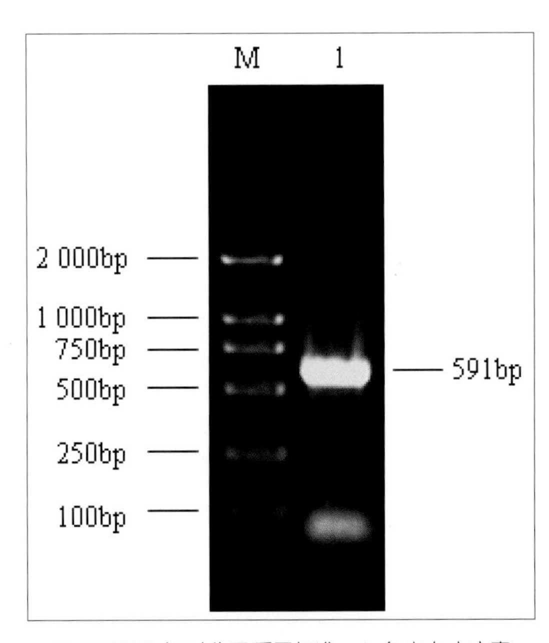

M.dL2000 相对分子质量标准；1. 兔出血症病毒

图 4-1-24　RHDV 的 RT-PCR 结果（胡波　供图）

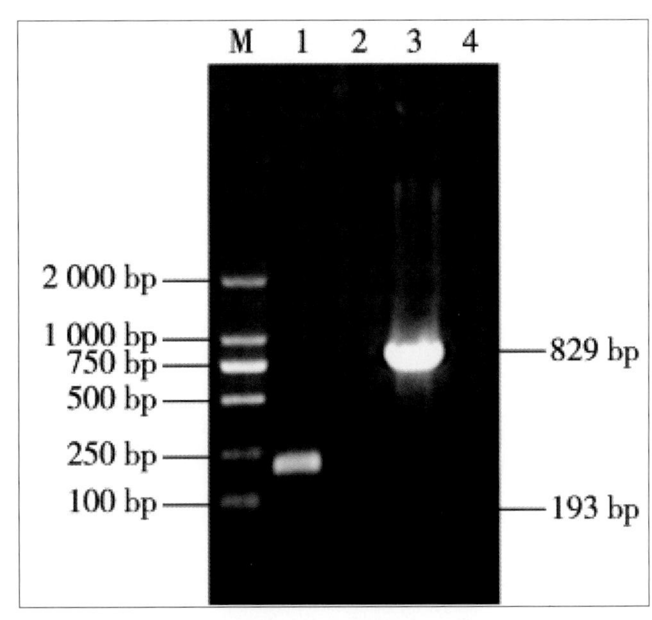

M. dL2 000dNA marker；1. 引物对 2，模板为 pMD19-T-VP60；2. 引物对 2，模板为 pMD19-T-VP60-2；3. 引物对 1，模板为 pMD19-TVP60-2；4. 引物对 1，模板为 pMD19-T-VP60

图 4-1-25　RHDV 和 RHDV2 鉴别 PCR（宋艳华　供图）

（2）多重 RT-PCR。随着现代养兔业规模化和集约化的发展，兔群发生多病原混合感染的情况越来越普遍。多重 RT-PCR 不仅具有特异性强、灵敏度高、检测时间短、成本低等优点，而且能够同时检测多种病原，利于对疾病作出快速、准确的诊断，适合大量临床病料中多个病原体的快速检测。王印等根据 GenBank 中的 RHDV 和欧洲野兔综合征病毒（EBHSV）基因组序列，设计合成特异性检测引物，经过反应条件的优化、敏感性试验和特异性试验，初步建立了 RHDV 和 EBHSV 的复合 RT-PCR 鉴别检测方法。该复合 RT-PCR 方法具有良好的特异性和敏感性，可分别扩增出 RHDV 和 EBHSV192bp 和 335bp 的特异性目的片段，该方法对 2 种病毒的检测限度均可达到 50 拷贝的目的基因片段，该方法检测兔巴氏杆菌、兔大肠杆菌和沙门氏菌均为阴性，该方法对 20 份临床样品和 5 份 RHDV 人工感染样品进行检测的结果表明，5 份人工感染样品的 RHDV 检出率为 100%，20 份临床样品的 RHDV 检测为阴性，25 份样品 EBHSV 均为阴性。刘梅等参照 GenBank 公布的 RHDVVP60、巴氏杆菌 kmt 基因序列，设计 2 对引物，分别用于扩增 RHDVVP60 和巴氏杆菌 kmt 基因的目的片段，通过正交试验、对反应各组分浓度与组合、反应退火温度、反应参数进行优化，最后建立了 RHDV、巴氏杆菌双重 PCR 检测方法。该双重 PCR 检测方法能够特异性地检测 RHDV 及巴氏杆菌，最低核酸检出限分别达到 700pg 和 62pg，检测兔源大肠杆菌、葡萄球菌、链球菌均为阴性，该检测方法对临床送检的 104 份病料的检测结果显示，检出 RHDV 与巴氏杆菌混合感染 1 份，巴氏杆菌单独感染 10 份，双重 PCR 检测结果与临床病原分离的符合率为 100%。多重 PCR 检测方法能够快速、准确地对临床病料进行检测，是一种实用、快速的检测方法，适合于基层对临床症状比较复杂的病例进行快速确诊。

4. 酶联免疫吸附试验

酶联免疫吸附试验（Enzyme-Linked Immunosorbent Assay，ELISA）于 1971 年 Engvall 首次应用于 IgG 的测定，随后，ELISA 成为继免疫荧光和放射性同位素免疫技术之后发展起来的一种新型的免疫酶技术。ELISA 可用于测定抗原，也可用于测定抗体，具有敏感性和特异性强、操作简单、检测快速、高通量、无辐射、价格低廉等特点，是当前动物传染病检疫、流行病学调查等广泛采用的免疫学诊断技术，其在 RHD 的抗原、抗体检测上得到了广泛应用。

（1）抗原 ELISA 检测方法。秦海斌等用 RHDV 单克隆抗体包被酶标板，以兔多克隆抗体作为夹心抗体，建立 RHDV 抗原捕获 ELISA 检测方法，该方法可特异性地检测出兔肝脏病料中的 RHDV，纯化病毒的最低检出量为 26μg/L。对已知阳性样品的检测显示，该方法检测的病毒滴度是 HA 试验的 3~13 倍。对 67 份可疑病料的检测显示，该捕获 ELISA 阳性检出率为 62.7%，HA 试验阳性检出率为 55.2%。该方法批间、批内变异系数均小于 15%，具有良好的重复性。该抗原捕获 ELISA 检测方法敏感性、特异性、稳定性良好，可应用于 RHDV 的快速、批量、特异检测。董婷等以制备的 RHDV 多克隆抗体作为捕获抗体，以制备的小鼠腹水单克隆抗体作为第二抗体，以商品化的羊抗小鼠 IgG–HRP 作为抗抗体，经双抗夹心 ELISA 反应条件的优化，建立了检测兔出血症病毒的双夹心 ELISA 方法。该方法检测 RHDV 阳性抗原的最低稀释倍数为 1∶1 600，而该抗原的 HA 检测效价为 24，双夹心 ELISA 的敏感性为 HA 的 100 倍，该检测方法表现出了良好的敏感性。RHDV 阳性血清对该检测方法具有很强的阻断抑制作用，该检测方法表现出了良好的特异性。该双夹心 ELISA 方法和 HA 平行检测 52 个临床样品的结果显示，双夹心 ELISA 检测出 43 个阳性，阳性检出率为 82.7%（43/52）；血凝试验检出阳性样品 39 个阳性，阳性检出率为 75.0%（39/52）。该双夹心 ELISA 方法比 HA 试验的检出率高出 7.7%，二者符合率为 90.7%，说明该双夹心 ELISA

方法的敏感度比血凝试验高，可用于临床检测发病兔的RHDV感染。该检测方法敏感度高、特异性强、操作简单、经济快捷，为检测RHDV快速诊断试剂盒的开发奠定了强有力的基础。ELISA方法检测RHDV抗原简单、特异、敏感、快速、经济、稳定可靠，是基层实验室检测RHDV的一种常用免疫学检测技术，适合于临床大规模样品的检测，在RHDV临床诊断方法中具有较好的应用前景，可作为常规检测方法在基层推广应用。

（2）抗体ELISA检测方法。李超美等应用杆状病毒表达系统表达的RHDV VP60包被酶标板，经间接ELISA的最佳反应条件的优化试验，建立检测兔出血症病毒抗体间接ELISA方法。该方法具有较高的特异性、敏感性和重复性，该ELISA方法与HI检测1127份临床兔血清样品的RHDV抗体阳性率分别为84.7%（955/1127）和76.0%（857/1127），二者符合率为91.3%，为RHDV的抗体检测提供了一种安全、特异、敏感、快速、操作简便、经济的检测方法，为RHD疫苗免疫监测和预防控制提供了科学的技术手段。邱立等对RHDV陕西分离株VP60基因进行原核表达，Western blot分析表明表达产物具有良好的免疫反应性，以纯化的VP60蛋白为包被抗原，经过反应条件的优化，建立了检测RHDV抗体的间接ELISA方法。该间接ELISA方法特异性强、重复性好、敏感性高，临床检测180份样品，与HI的符合率为74.1%，与商品化试剂盒检测结果符合率为94.8%，适用于临床样品的大批量普查与检测。间接ELISA方法以其灵敏、特异、简单、快速、稳定、高通量及易于操作等优点，为RHD的抗体检测提供了新的模式，是RHD疫苗免疫抗体水平监测的主要方法，对RHD流行状态的监测、疫苗免疫效果评价及免疫程序的制定均具有重要意义，非常适合于基层兽医站和养殖单位应用。

5. 胶体金免疫层析技术

胶体金免疫层析技术（Colloidal Gold Immunochromatographic Assay，GICA）是层析法与免疫胶体金技术相结合的诊断技术，具有简便、快速、特异、灵敏等优点，是当前动物疫病检测中最简单、快速、敏感的免疫学检测技术之一，特别适合于广大基层兽医人员以及大批量检测和大面积普查等，具有巨大的发展潜力和广阔的应用前景。蔡少平等用胶体金标记纯化的RHDV多克隆抗体，以杆状病毒表达系统表达的重组RHDV VP60蛋白为免疫原制备RHDV的单克隆抗体，将单克隆抗体和羊抗兔IgG抗体包被在硝酸纤维素膜上，分别作为检测线和质控线，经条件的优化，研制出了RHDV免疫胶体金试纸条。该试纸条可以检出HA效价为1：10的RHDV悬液，即HA检测为阴性的样品，该试纸条检测为阳性，其敏感性明显高于HA，该试纸条不与家兔其他常见病菌发生交叉反应，具有良好的特异性，应用该试纸条对127份疑似RHDV感染家兔肝脏样品进行初步检测，同时用HA做平行试验，阳性符合率为100%。该试纸条是一种快速、灵敏、特异的RHDV检测方法，为RHD的现场诊断提供了有效的方法，显示出很好的临床应用前景。GICA以其快速（仅需几分钟）、准确（特异性强、灵敏度高）、简便（不需要昂贵仪器和专业人员）、肉眼判读、实验结果易保存等优点，为RHD的现场检测和快速诊断提供了新的模式，是RHD临床诊断的有效检测工具，非常适合于在基层实验室和养殖户中推广应用，将具有广阔的应用前景。

魏后军等研制了一种快速检测兔出血症病毒抗体的胶体金试纸条，采用柠檬酸三钠法制备20nm的胶体金颗粒标记重组RHDV VP60蛋白，在硝酸纤维素膜（NC膜）质控线（C线）和检测线（T线）分别包被抗VP60单克隆抗体A3C和金黄色葡萄球菌蛋白A（SPA），组装成试纸条，通过检测强阳性、阳性、弱阳性、阴性血清优化试纸条制备条件，并验证其敏感性、重复性、稳定性及与血凝抑制（HI）试验的符合率。结果显示，试纸条检测阳性血清时T线、C线颜色深度相同，强阳性血清 T 线比 C 线颜色深，弱阳性血清 T 线比 C 线颜色浅，阴性血清 T 线不显色、C 线显色，检测强阳性、阳性、弱阳性、阴性血清与血凝抑制（HI）试验的符合率分别为 90.0%、86.7%、90.0%、95.0%，总的符合率为 90%；该试纸条血清作为样本进行抗体检测，同时，具有较好的特异性、敏感性、重复性和稳定性，为兔病毒性出血症流行病学调查和疫苗免疫效果评价提供了有力的检测工具（图 4-1-26）。

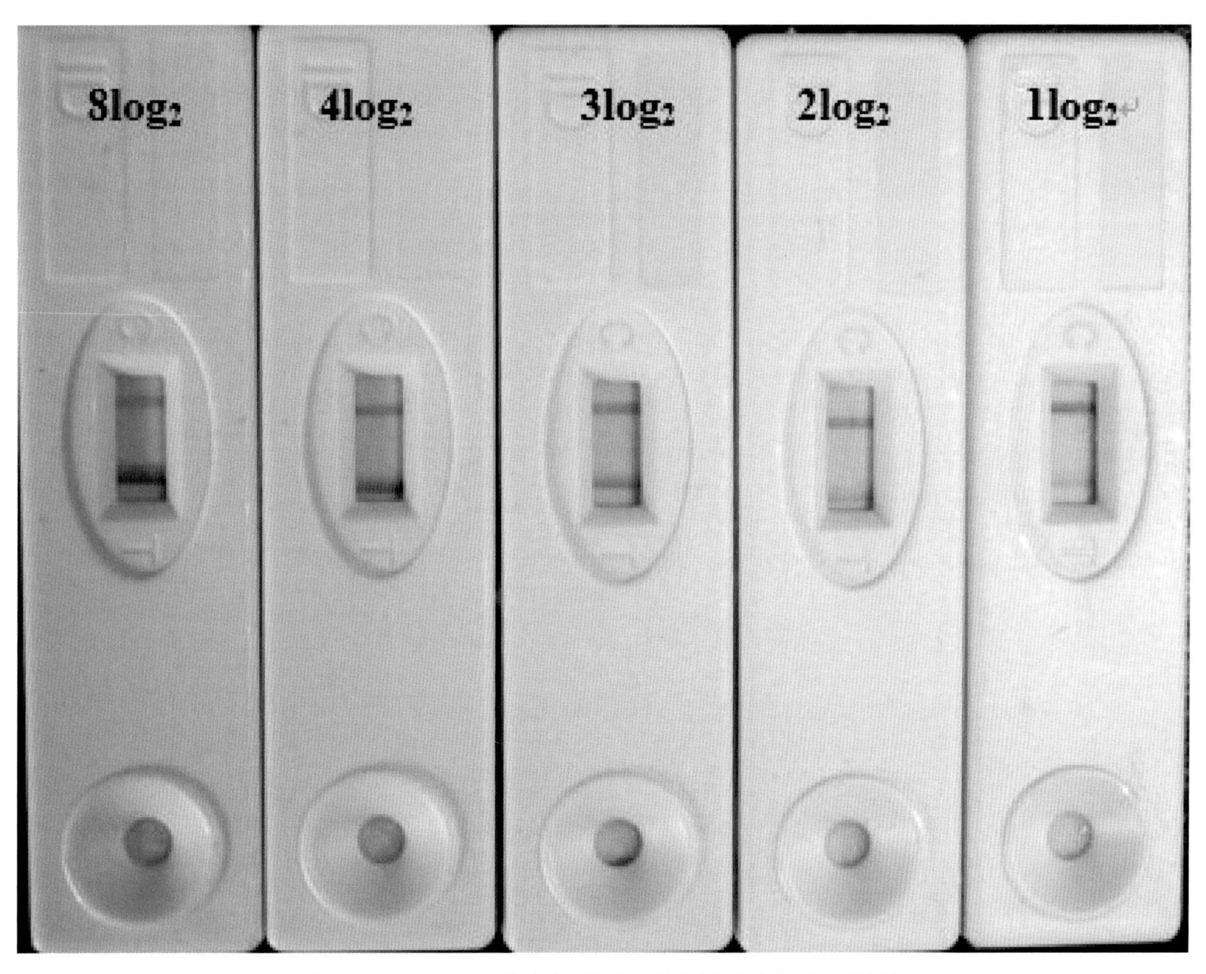

图 4-1-26　RHDV 胶体金试纸条的检测结果（魏后军 供图）

六、类症鉴别

兔多杀性巴氏杆菌病

相似处：发病急、死亡快，实质器官出血和淤血，呈现败血症变化。

不同处：

1. 流行病学不同

如果免疫兔病毒性出血症相关疫苗后家兔发生急性死亡，常常最大可能的原因是兔多杀性巴氏杆菌病；如果没有免疫兔病毒性出血症相关疫苗或免疫疫苗失效等免疫失败前提的兔场发生急性死亡，常常最大可能的原因是兔病毒性出血症。

兔病毒性出血症只有家兔感染，特别是青年兔和成年兔，哺乳仔兔不发病，其他动物不发病，新疫区和非免疫兔群多为暴发性；而多杀性巴氏杆菌病的病原为巴氏杆菌，是一种人兽共患病，可

引起多种动物如牛、羊、猪和鸡等发病，并且可以使乳兔发病，多呈散发性流行，病程较长，患兔年龄界限不明显。

2. 病理变化不同

兔病毒性出血症病死兔肝脏、脾脏明显出血、肿大，部分兔具有神经症状。而多杀性巴氏杆菌病鼻孔不见流血现象，肝脏不肿大，间质不增宽，但有散在性或弥漫性灰白色坏死灶，肾脏也不肿大，并且无神经症状。

3. 确诊方式不同

将病死兔进行肝脏抹片检查，瑞氏染色兔多杀性巴氏杆菌病可见到两极浓染的球杆菌，而兔病毒性出血症见不到；将病死兔肝脏悬液注射小鼠，多杀性巴氏杆菌病接种小鼠可致死，兔病毒性出血症接种小鼠不死亡；兔病毒性出血症进行红细胞凝集试验呈阳性反应（图 4-1-27），多杀性巴氏杆菌病呈阴性反应。

4 治疗性诊断不同

使用兔病毒性出血症相关疫苗紧急免疫后可以控制病情的是兔病毒性出血症；使用抗生素治疗后产生效果的是兔多杀性巴氏杆菌病。

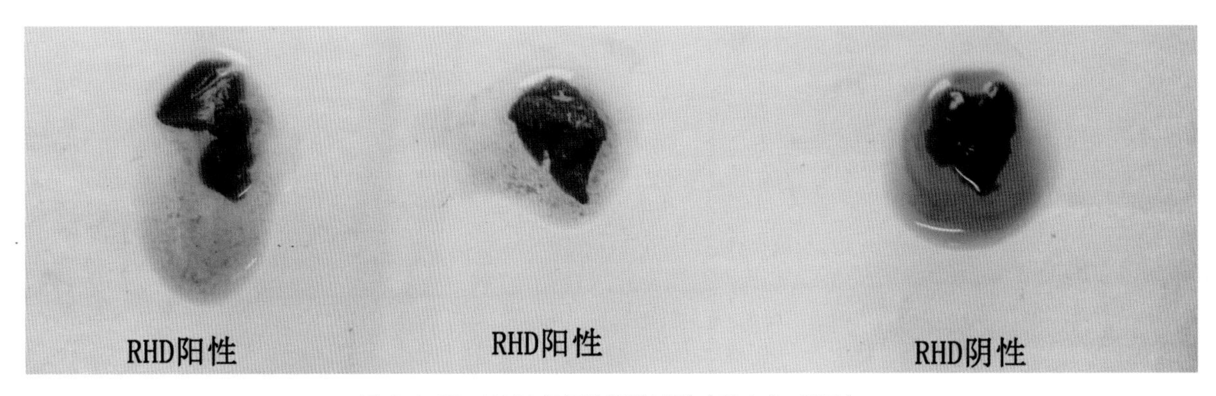

图 4-1-27　RHD 红细胞凝集试验（范志宇 供图）

七、防治

注射疫苗是预防和控制该病的重要手段，另外需要切实加强生物安全措施，采取科学饲养和科学的免疫接种，才能在疫病防控中取得理想效果。传统毒株采用注射疫苗的方式预防和控制该病，一般幼兔 35~40 日龄时首次免疫注射兔病毒性出血症灭活疫苗或兔病毒性出血症、多杀性巴氏杆菌病二联灭活疫苗，皮下注射 2mL/ 只，60~65 日龄时进行第二次免疫注射，每只皮下注射 1mL，此后每 6 个月加强免疫 1 次，即可达到满意的免疫效果。用兔出血症病毒杆状病毒载体灭活疫苗（BAC-VP60 株）在家兔 35~40 日龄时免疫 1mL，免疫期可达 7 个月。繁殖母兔使用双倍量疫苗注射，2 次 / 年定期免疫。紧急预防应用 4~5 倍剂量单苗进行注射，或者用抗兔病毒性出血症高免血清皮下注射 4~6mL/ 只，7~10d 后再注射疫苗。

目前，国内外暂没有 RHDV2 相关疫苗，意大利、法国等已经开展了 RHDV2 灭活疫苗的研究，仍未有相关产品上市。

1. 做好兔场的生物安全和饲养管理

首先做好养殖场地点的合理规划和布局，采取合理的养殖模式和科学的饲养管理措施。推广规模化养殖和自繁自养的管理模式，饲喂全价卫生饲料，合理保温，合理光照，保证通风和适当的湿度，给予充足卫生的饮水和避免各种应激。平时做好兔出血症病原体的净化与消毒，对育肥兔群推荐采用全进全出的饲养管理制度。

2. 科学进行常规免疫措施

疫苗应选择有批准文号的正规厂家生产的兔病毒性出血症灭活苗或兔出血症病毒杆状病毒载体灭活疫苗，或兔病毒性出血症、多杀性巴氏杆菌病二联苗。按照科学的免疫程序执行。疫苗注射时应在注射部位用酒精棉球消毒，一兔一针，针头针具用后煮沸消毒。

3. 母源抗体与保护率的关系

在母兔正常免疫的条件下，仔兔母源抗体水平与日龄呈负相关。30日龄时母源抗体水平仍较高，可以产生有效的保护作用，这也可能是断奶前仔兔RHD发生较少的原因之一；35日龄后，母源抗体不断下降，幼兔易感性增加，攻毒保护率也随之降低，必须注射疫苗，产生主动免疫。

4. 幼兔免疫剂量与抗体产生之间的关系

研究表明，30日龄幼兔注射1mL兔病毒性出血症灭活疫苗，不能产生足以抗病的有效抗体。35日龄幼兔注射2mL、3mL、4mL均可以在1周后产生较高水平的免疫抗体，可以抵抗兔瘟病的发生。有效抗体维持时间5~7周。因此，建议幼兔35日龄免疫时应注射2头份兔病毒性出血症灭活疫苗。

5. 对发病兔场、兔群的应急措施

兔场兔群发病时，立即封锁兔场隔离病兔，紧急预防应用4～5倍剂量单苗进行注射，或者用抗兔病毒性出血症高免血清每兔皮下注射4～6mL，7～10d后再注射疫苗。另外，加强饲养管理，坚持做好卫生防疫工作，加强检疫与隔离。

第二节　兔纤维瘤病

兔纤维瘤病是由纤维瘤病毒引起的兔的一种良性肿瘤传染病。以皮下和黏膜下结缔组织增生，形成良种肿瘤为特征，在野兔群中呈地方流行性。

一、病原体

纤维瘤病毒为双股DNA病毒，属野兔痘病毒属第五亚群，病毒粒子形状呈砖形，大约300nm×240nm×200nm。经补体结合试验、琼脂扩散沉淀反应和中和试验证明兔纤维瘤病毒与野兔纤维瘤病毒、松鼠纤维瘤病毒和兔黏液瘤病毒有密切的抗原关系。人工接种于家兔的肌肉、皮下或睾丸内部都可引发肿瘤。肿瘤生长速度快，但约10d后即不再生长，而开始缩小。病毒含量最高的时间在7~9d。人工接种新生的兔能引起全身性肿瘤，并引起死亡。人工接种豚鼠颊部可引起该部位的肿瘤。兔纤维瘤病毒对乙醚敏感。在患病组织以及鸡胚、细胞培养中可发现包涵体。

二、流行病学

兔纤维瘤病毒可以引起某些品种家兔和野兔的纤维瘤病，呈地方流行性，尤其可引起新生的家兔和野兔患严重的全身性疾病，造成大批死亡。不同的年龄阶段、不同品种兔都可感染发病，但野兔有抵抗力。该病的主要传播方式是直接与病兔以及排泄物接触或与污染有病毒的饲料、饮水和用具等接触。一年四季均可发生，多见于吸血昆虫大量孳生的季节。自然感染是由吸血昆虫传播，伊蚊、库蚊、蚤、臭虫等为传播媒介。环境卫生条件差、污染严重，适合吸血昆虫孳生的环境，均易导致该病的发生。

三、临床症状

兔品种不同对兔纤维瘤病毒的易感性有差异，临床症状也不同。据报道，在自然发生的东方白尾灰兔所发生的肿瘤，主要有腿和脚的皮下形成 1 至几个坚实、球状、可移动的肿瘤块（图 4-2-1），最大直径达 7cm，厚 1~2cm。肿瘤只限于皮下，不附着于深层组织。口部和眼睛周围偶有肿瘤病灶。病兔仍保持其他方面的正常功能，也未发现肿瘤从原来的部位转移。实验感染的欧洲家兔所表现的症状与东方白尾灰兔相似，但肿瘤消失较快。接种新生的欧洲家兔常引起全身性致死性感染，除皮肤损害外，还表现昏睡、体况下降。成年欧洲家兔也可能发生全身性感染，但通常只能引起局部良性肿瘤，仅个别可引起深层组织的弥漫性皮下硬化或外生殖器官的充血和水肿。

图 4-2-1　兔鼻孔上方一个圆块状纤维瘤（耿永鑫 供图）

四、病理变化

病初皮下组织轻度增厚，接着出现界限清楚的软肿。人工接种后第 6 天软肿已很明显，至第 12d 肿瘤达最大，约为 4cm × 6cm，厚约 2cm。肿瘤可持续数月之久，但病兔全身功能正常。除新生野兔和新生家兔人工接种可能发生全身性纤维瘤病外，成年家兔多呈局部良性反应。而自然情况下则不见这种类型的感染。

病初呈急性炎症反应，接着是局部成纤维细胞增生，直至形成明显的肿瘤，伴有单核细胞和多形核白细胞浸润。很多细胞可能有像痘病毒感染特性的胞浆内包涵体。肿瘤基部有明显的淋巴细胞积聚。由于压迫性缺血，覆盖在肿瘤上表面物变性。接着上皮和肿瘤可发生坏死和腐烂。但在多数情况下不出现坏死和腐烂，而是肿瘤消退，常在肿瘤出现后 2 个月内完全消退。

兔纤维瘤病毒接种后所引起的兔睾丸组织的病理学变化，按其反应特点和病理过程的性质，可以区分为坏死型、增生型和混合型 3 种。坏死型以睾丸曲细精管广泛性解体为主要特征。显微镜下，几乎全部曲细精管都呈干酪样坏死状态，切片上一片均质粉染，完全丧失了原有的管形结构。有时可辨少数坏死的曲细精管残骸。坏死区域边缘可见有多量崩解的细胞核碎片以及嗜伊红白细胞和淋巴细胞浸润。增生型以纤维瘤组织迅速增殖并占据睾丸实质部位为特征。曲细精管结构全部消失，或仅残存个别坏死崩解的管形。纤维瘤细胞核呈椭圆形或梭形，体积较大，核染色质淡而疏松，核仁有时比较明显。成熟的纤维瘤细胞体积变小，核染色质浓缩，细胞多呈长梭形或多边形，细胞间隙扩大。混合型病变是在曲细精管坏死的同时，有大量纤维瘤组织增生，密集包围在坏死组织的四周。从而在切片中形成以粉染的坏死曲细精管为中心，镶以蓝紫色纤维瘤组织的特殊外观（图 4-2-2，图 4-2-3）。

图 4-2-2　纤维瘤呈结节状（皮肤已剥除），右侧为切面；肿瘤界限明显，可见丝状纹理（陈怀涛 供图）

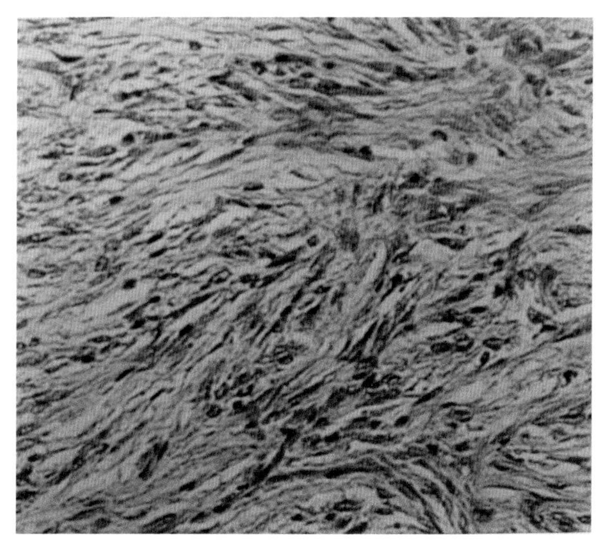

图 4-2-3　瘤组织主要由大小比较一致的长条状、梭状瘤细胞组成的胶原细胞较多，细胞与纤维成束交织（陈怀涛 供图）

五、诊断

根据流行特点，临床上体温、食欲正常，不发生死亡，皮下出现触摸时可移动的肿瘤等特征性症状，结合病理组织学检查可作出初步诊断。进一步确诊可通过实验室诊断。

1. 电镜观察

患部超薄切片在电子显微镜下观察，纤维瘤病毒大小为 200~240 μm。

2. 鸡胚接种

患部混悬液接种 10~12 日龄鸡胚绒毛尿囊膜，能产生细小痘样病灶，但胚体不产生局部病变。

3. 细胞培养

纤维瘤病毒在兔肾细胞上生长良好，并可产生细胞病变（CPE）；所产生的空斑，直径仅达 1.5 μm，由细胞团块构成；用中性红染色时，能染成红色。

4. 血清学方法

分离到的病毒可用已知抗血清做中和试验，加以鉴定。还可选用补体结合试验和琼脂扩散试验

等血清学方法，进行定性诊断。

六、类症鉴别

兔黏液瘤病。

相似处：二者患病兔临床上症状非常相似，主要表现为皮下出现肿瘤病灶。

不同处：兔纤维瘤病一年四季均可发生，多见于炎热季节；兔黏液瘤病多呈季节性发生，每年8—10月，在吸血昆虫大量孳生的季节，是发病高峰。用肿瘤组织真皮内接种成年家兔，所产生的病变不同，据此可鉴定这两种病毒病。感染黏液瘤病毒产生全身性病变并死亡；而纤维瘤病毒，仅仅引起自限性皮肤病损。血清学诊断无法与兔纤维瘤病区别，但是，依据两病的病变不同可以区别。兔纤维瘤病主要是在四肢皮下形成肿块，松动时，像皮球，通常不与下部组织粘连，经过数月后，自动消退。

七、防治

一旦兔场突发纤维瘤病，应立即向上级有关部门报告疫情，并及时严格控制传染源，杀灭传播媒介，切断传播途径；还要对兔场进行详查，及早发现传染源，检出的病兔和可疑病兔，应立即隔离饲养2个月以上，待完全康复后，才能解除隔离。另外，针对传染源，病死兔一律深埋或销毁，作无害化处理；针对传播途径，对污染的兔舍、兔笼、用具及周围环境，必须彻底消毒，杀灭病原体。

第三节　兔黏液瘤病

兔黏液瘤病（Myxomatosis）是由兔黏液瘤病毒引起的一种高度接触性、致死性传染病。该病以全身皮下特别是颜面部和天然孔周围皮下发生黏液瘤性肿胀为主要特征。1898年，乌拉圭科学家首次从实验兔分离到该病毒，1927年，该病毒被认定属于痘病毒。20世纪50年代，澳大利亚引入该病毒控制野兔数量，在2年时间里野兔数量从6亿只下降到1亿只，但是，随着生存野兔的自然选择，该病毒的致死率下降到50%以下，澳大利亚的野兔数量迅速反弹到约2亿只。国内尚未见该病发生的报道。

世界唯一的兔黏液瘤病OIE参考实验室位于意大利布雷西亚，主要对世界各地样品进行诊断、确诊、技术培训、制定兔黏液瘤病相关国际标准等。

一、病原体

黏液瘤病毒（Myxoma virus）属痘病毒科（Poxviridae）野兔痘病毒属（*Leporiuirus genus*）。

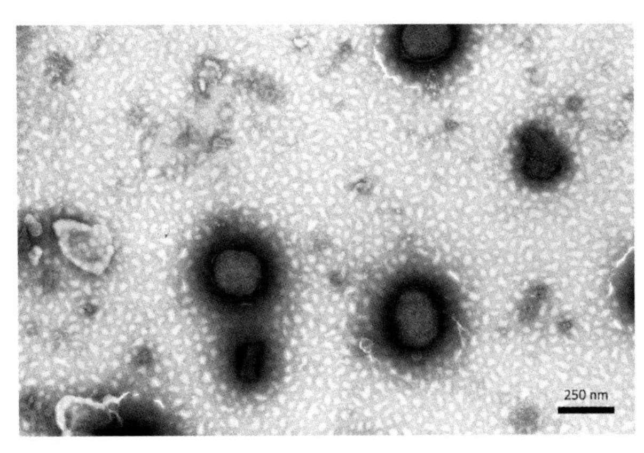

图 4-3-1 兔黏液瘤病毒（Dr. Antonio Lavazza，Istituto Zooprofilattico Sperimentale della Lombardia e dell'Emilia Romagna，Italy 供图）

病毒颗粒呈卵圆形或椭圆形，大小 280nm × 250nm × 110nm。负染时，病毒粒子表面呈串珠状，由线状或管状不规则排列的物质组成（图 4-3-1）。

黏液瘤病毒的理化特性和其他痘病毒相似，病毒颗粒的中心体对蛋白酶的消化有抵抗力。病毒对干燥有较强的抵抗力，在干燥的黏液瘤结节中可保持毒力 3 个星期，8~10℃潮温环境中的黏液瘤结节可保持毒力 3 个月以上。病毒在 26~30℃时能存活 10d，50℃ 30min 被灭活，在普通冰箱（2~4℃）中，以磷酸甘油作为保护剂，能长期保存。病毒对石炭酸、硼酸、升汞和高锰酸钾有较强的抵抗力，但 0.5%~2.2% 的甲醛 1h 内能杀灭病毒。黏液瘤病毒对乙醚敏感，这一点与其他痘病毒不同。

黏液瘤病毒能在 10~12 日龄鸡胚绒毛尿囊膜上生长，并产生痘斑，南美毒株产生的痘斑大，加州毒株产生的痘斑小，纤维瘤病毒不产生或产生的痘斑很小。病毒在欧洲兔的肾、心、睾丸、胚胎成纤维细胞上生长良好，还能在鸡胚成纤维细胞、人羊膜细胞、松鼠、豚鼠、大鼠和仓鼠胚胎肾细胞上生长繁殖，在中国兔肾原代细胞上生长良好。

黏液瘤病毒的抗原性与兔纤维瘤病毒关系密切，这可被沉淀试验、补结体合试验、中和试验、免疫攻毒试验证实。兔纤维瘤病毒可使热灭活的黏液瘤病毒重新活化。到目前为止，黏液瘤病毒只发现一个血清型，但不同的毒株在抗原性和毒力方面互有差异，毒力弱的毒株引起的死亡率不到 30%，毒力最强的毒株引起的死亡率超过 90%。黏液瘤病毒毒力及致病性的差异与病毒核酸大小有关，强毒株如 Lausanne 株的 DNA 为 163kb，并有大约 10Kb 的末端重复系列（TIR），而弱毒株缺失一些基因片断，尤其是疫苗株能缺失 10kb 以上的 DNA。Mossman K.L 等发现黏液瘤病毒能编码蛋白酪氨酸磷酸酯酶（PTP），MPTP 通过病毒蛋白的脱磷酸作用，改变宿主的信息途径，使病毒得以快速增殖。黏液瘤病毒还能编码产生下列蛋白质，一是可溶性的杀伤细胞受体类似物（M-T7 蛋白，约 37kDa），与 γ- 干扰素受体相类似，能特异性的阻断兔干扰素的功能；二是孤立的、位于黏液瘤病毒感染细胞表面的多肽（MIIL）；三是丝氨酸蛋白酶抑制物（SERP-1，一种糖蛋白）此处特指粘液瘤病毒的一种丝氨酸蛋白酶抑制物，能抑制这种酶的活性，影响杀伤感染细胞的细胞免疫反应；四是类似宿主单核细胞和巨噬细胞产生的肿瘤坏死因子（TNF）的蛋白质（T2 蛋白），能特异地抑制兔子 TNFa 的功能 [TNFa 是一种高效、广谱细胞杀伤因子，能激活多形核白细胞，增强自然杀伤细胞（NK）的细胞毒性功能，以及刺激 T 细胞和 B 细胞的增生和分化等]，实验表明，如将 T2 蛋白活，就能使病毒的毒力减弱；五是多肽类的表皮生长因子（EGF），结合兔子的 EGF 受体，使受体磷酸化，增加酪氨酸特异性激酶的活性，刺激细胞增生、分化，这与病毒感染的嗜表皮细胞特性有一定联系，也与病毒引起的增生性病理过程有关。

二、流行病学

兔是该病的唯一易感动物，其他动物和人没有易感性。家兔和欧洲野兔（*Oryctolagus cuniculus*）

最易感，死亡率可达95%以上，但流行地区死亡率逐年下降。美洲的棉尾兔（*Sylvilagus brasiliensis*）和田兔抵抗力较强，是自然宿主和带毒者，基本上只在皮内感染部位发生少数单在的良性纤维素性肿瘤病变，但其肿瘤中含有大量病毒，是蚊等昆虫机械传播该病的病毒来源。

直接与病兔接触或与被污染的饲料、饮水和器具等接触能引起传染，但接触传播不是主要的传播方式。自然流行的黏液瘤病主要是由节肢动物口器中的病毒通过吸血从一个兔传到另一个兔，伊蚊、库蚊、按蚊、兔蚤、刺蝇等有可能是潜在的传播媒介。实验证明，黏液瘤病毒在兔蚤体内可存活105d，在蚊子体内能越冬，但不能在媒介体内繁殖。在美国、澳大利亚和欧洲大陆，蚊子是主要的传播媒介，在英国，主要传播媒介是兔蚤，蚊子只起次要作用，因此，英国的兔黏液瘤病毒没有明显的季节性，因为兔蚤的生存受季节性影响较弱。另外，兔的寄生虫也能传播该病。

带毒昆虫叮咬或人工接种易感兔后，病毒在皮肤细胞内增殖，出现胶冻样肿胀和原发性肿瘤结节；病毒在增殖后进入淋巴和血液，传染到内脏组织器官进一步增殖，并再次引起病毒血症，使病毒传到全身各处，在黏膜细胞内增殖，使眼睛和鼻腔发炎，分泌物中含有病毒；眼睑和结膜增厚、水肿（图4-3-2），使眼睛不能完全闭合，头部肿胀呈现典型的“狮子头”（图4-3-3）；睾丸上皮细胞增生，使睾丸肿胀十分明显，由于鼻腔黏膜高度水肿，患兔呼吸困难，多因窒息死亡。弱毒株引起慢性感染时，肿瘤结节小，但睾丸间质组织和睾丸精小管生精上皮变性，导致血清睾丸酮水平下降，黄体激素水平上升，而造成不育，痊愈公兔要在3个月后才能恢复生育能力。

图4-3-2　眼睑增厚（Dr-AntonioLavazza，意大利布雷西亚 IZSLER（Istituto Zooprofilattico Sperimentale della Lombardia e dell'Emilia Romagna 供图）

图4-3-3　头部肿胀呈现“狮子头”（Dr-AntonioLavazza，意大利布雷西亚 IZSLER（Istituto Zooprofilattico Sperimentale della Lombardia e dell'Emilia Romagna 供图）

三、临床症状

黏液瘤病一般潜伏期为3~7d，最长可达14d。人工感染试验表明，接种野毒后4d，接种部位出现1.5cm、软而扁平的肿瘤结节，第7d原发肿瘤增大到3cm，出血，次发肿瘤结节遍布全身，到第10d时，原发肿瘤增大到约4cm，坏死，次发肿瘤少数也出血坏死，病兔头部肿胀（图4-3-4），呼吸困难，衰竭而死。

兔被带毒昆虫叮咬后，局部皮肤出现原发性肿瘤结节，5~6d后病毒传播到全身各处，皮肤上次发性肿瘤结节散布全身各处，较原发性肿瘤小，但数量多，随着子瘤的出现，病兔的口、鼻、眼

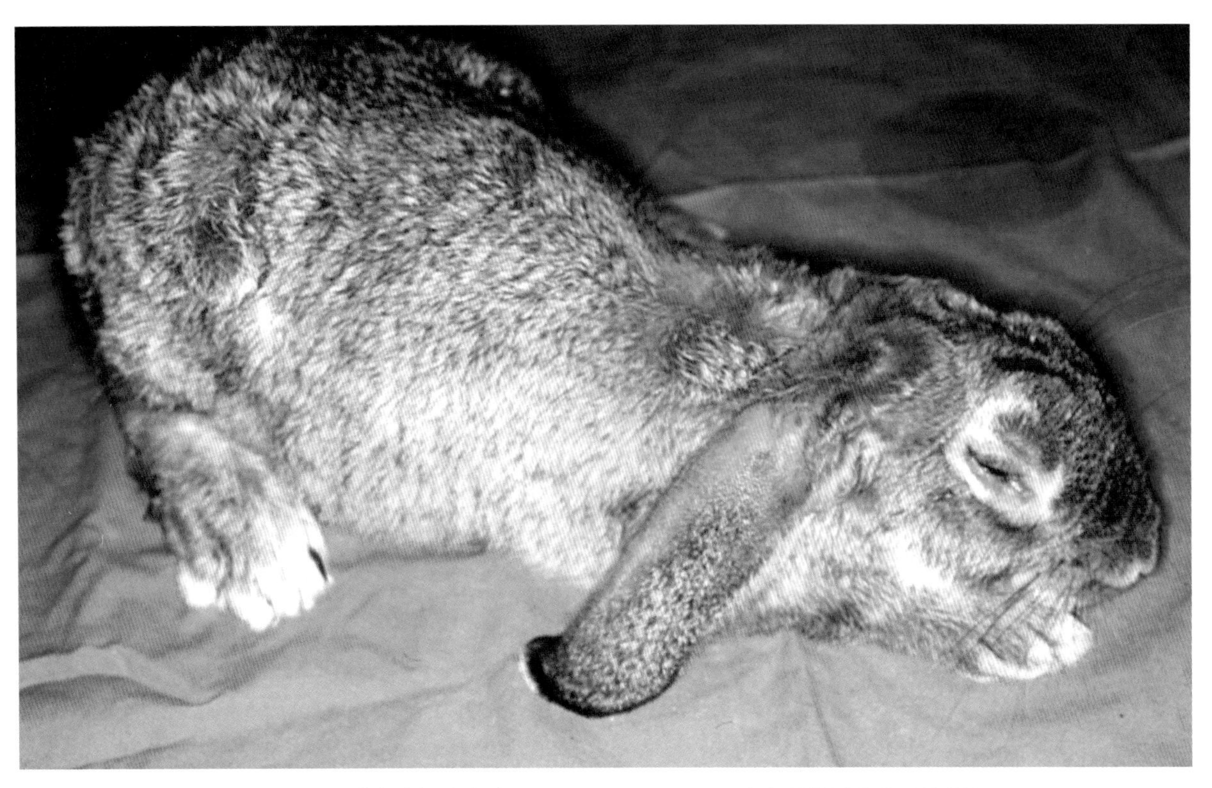

图 4-3-4　病兔头部肿胀（Dr-AntonioLavazza，意大利布雷西亚 IZSLER（Istituto Zooprofilattico Sperimentale della Lombardia e dell'Emilia Romagna 供图）

睑、耳根、肛门及外生殖器均明显充血、水肿和肿瘤（图 4-3-5 至图 4-3-10），继发细菌感染，眼鼻分泌物由黏液性变为脓性，严重时上下眼睑互相粘连（图 4-3-11），使头部呈狮子头状外观，病兔呼吸困难、摇头、喷鼻、发出呼噜声，10d 左右病变部位变性、出血、坏死，多数惊厥死亡。感染毒力较弱毒株的兔症状轻微，肿瘤不明显隆起，死亡率较低。在法国，由变异株引起的"呼吸型"黏液瘤病，特点是呼吸困难和肺炎，但皮肤肿瘤不明显。后期体温升高，病兔迅速消瘦。一般多在两周内死亡。

图 4-3-5　眼睑充血、水肿（Dr-AntonioLavazza，意大利布雷西亚 IZSLER（Istituto Zooprofilattico Sperimentale della Lombardia e dell'Emilia Romagna 供图）

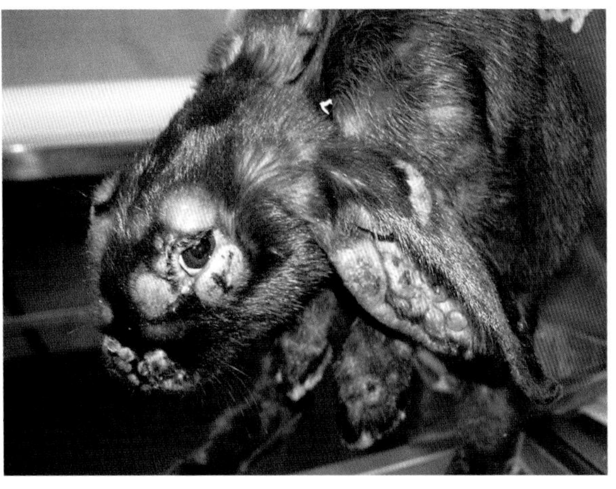

图 4-3-6　口、鼻、眼睑、耳部肿瘤（Dr-AntonioLavazza，意大利布雷西亚 IZSLER（Istituto Zooprofilattico Sperimentale della Lombardia e dell'Emilia Romagna 供图）

图 4-3-7　眼睑、耳部肿瘤（Dr-AntonioLavazza，意大利布雷西亚 IZSLER（Istituto Zooprofilattico Sperimentale della Lombardia e dell'Emilia Romagna 供图）

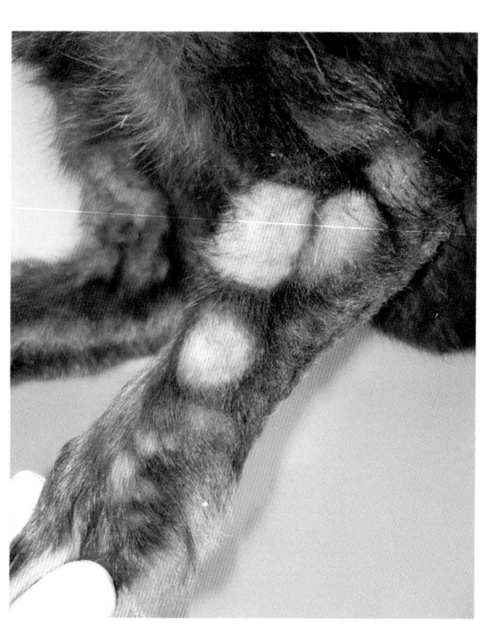

图 4-3-8　后肢肿瘤（Dr-AntonioLavazza，意大利布雷西亚 IZSLER（Istituto Zooprofilattico Sperimentale della Lombardia e dell'Emilia Romagna 供图）

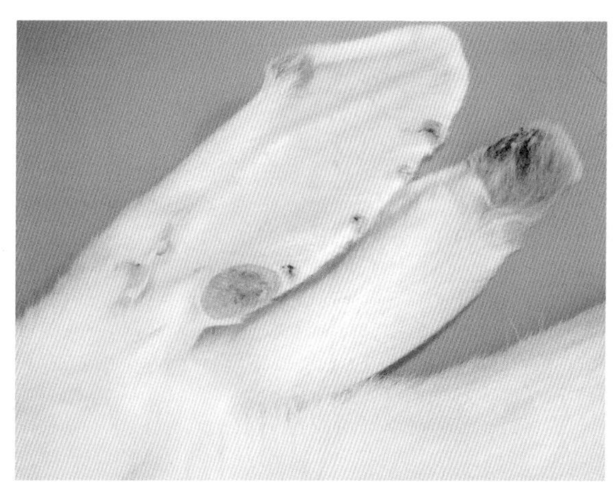

图 4-3-9　耳部肿瘤（Dr-AntonioLavazza，意大利布雷西亚 IZSLER（Istituto Zooprofilattico Sperimentale della Lombardia e dell'Emilia Romagna 供图）

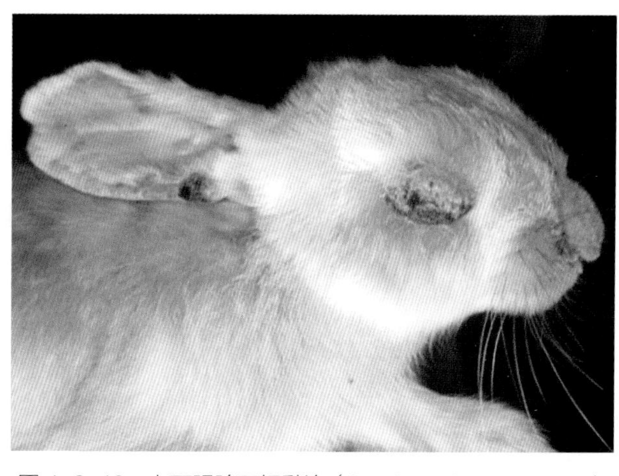

图 4-3-10　上下眼睑互相黏连（Dr-AntonioLavazza，意大利布雷西亚 IZSLER（Istituto Zooprofilattico Sperimentale della Lombardia e dell'Emilia Romagna 供图）

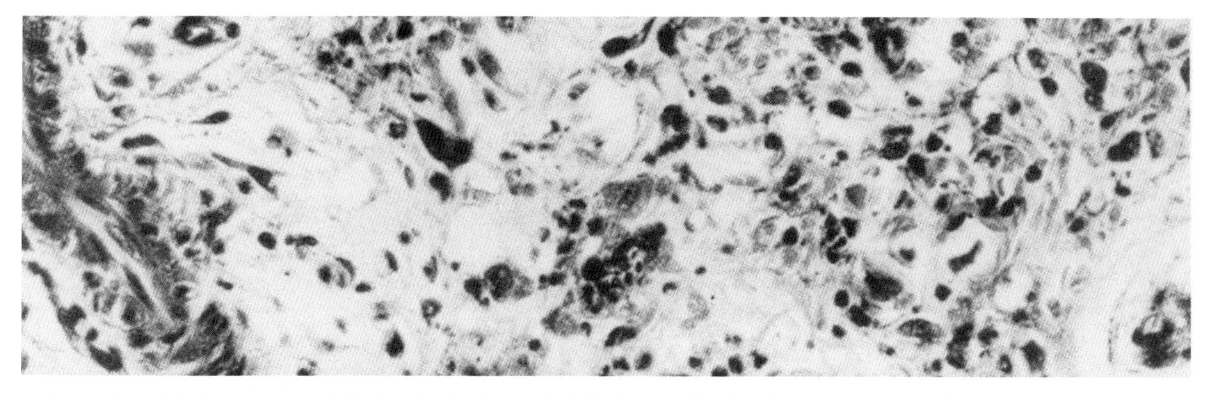

图 4-3-11　瘤组织主要由大小不等的多角形与梭形瘤细胞构成，细胞间为淡染的无定形基质和散在的中性粒细胞、胶原纤维稀疏，血管内皮与外膜细胞增生（J-M-V-M-Mouwen 等，兽医病理彩色图谱）

四、病理变化

病兔死后眼观最明显的变化是皮肤上特征性的肿瘤结节和皮下胶胨样浸润，颜面部和全身天然孔皮下充血、水肿及脓性结膜炎和鼻漏。淋巴结肿大、出血，肺肿大、充血，胃肠浆膜下、胸腺、心内外膜可能有出血点。

组织学变化具有比较明显特征，皮肤肿瘤的表皮细胞核固缩、细胞质呈空泡状、真皮深层有大量呈星形、棱形、多角形、核肿胀的嗜酸性黏液瘤细胞，同时，有炎性细胞浸润（图 4-3-12）；淋巴结外膜明显增厚，有炎性细胞浸润，淋巴小结被增生的网状细胞代替，淋巴窦消失，小血管内皮增生，周围聚集有较多的淋巴细胞、炎性细胞及黏液瘤样细胞；脾脏充血，脾小结不清，血窦扩张，内皮变性；肾脏被膜下有炎性细胞浸润，肾小管上皮变性，核固缩；睾丸浆膜明显增厚，曲细精管扩张，生精细胞变性、脱落，间质细胞可变化成黏液瘤样细胞，肺脏肺泡上皮增生，转化成黏液瘤样细胞，空泡病变也较常见。

五、诊断

1. 初步诊断

根据典型临床症状和病理变化，结合流行病学，可做出初步诊断，确诊需进一步做实验室诊断。

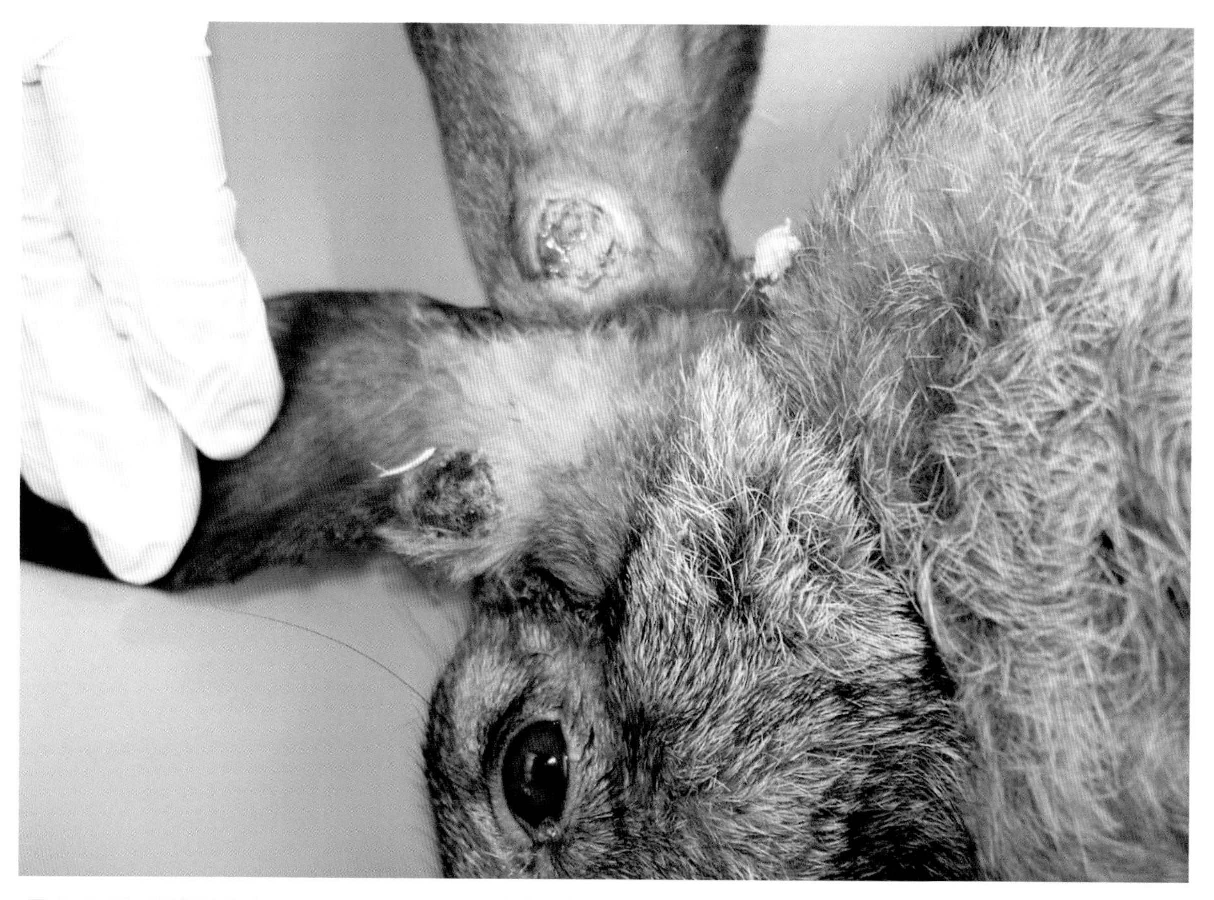

图 4-3-12　耳部肿瘤（Dr-AntonioLavazza，意大利布雷西亚 IZSLER（Istituto Zooprofilattico Sperimentale della Lombardia e dell'Emilia Romagna 供图）

2. 实验室诊断

（1）病料采集。取病变组织，将表皮与真皮分开，磷酸盐缓冲液洗涤后备用。

（2）血清学检查。补体结合试验、病毒中和试验、琼脂免疫扩散试验。

（3）病原分离与鉴定。免疫扩散试验（用于可见皮肤病变时的死亡兔子）、免疫荧光试验，或病变材料接种兔肾细胞，观察细胞病变也可鉴定。

（4）在国际贸易中，尚无指定诊断方法，替代诊断方法有琼脂凝胶免疫扩散试验（AGID）、补体结合试验（CF）、间接荧光抗体试验（IFAT）。

六、类症鉴别

兔纤维瘤病

相似处：患兔临床症状非常相似，主要表现为皮下出现肿瘤病灶。

不同处：兔纤维瘤病一年四季均可发生，多见于炎热季节；兔黏液瘤病多呈季节性发生，每年8－10月，在吸血昆虫大量孳生的季节，是发病高峰。用肿瘤组织真皮内接种成年家兔，所产生的病变不同，据此可鉴定这两种病毒病。感染黏液瘤病毒产生全身性病变并死亡；而纤维瘤病毒，仅仅引起自限性皮肤病损。血清学诊断无法排除兔纤维瘤病，但是，依据两病的病变不同可以区别。兔纤维瘤病主要是在四肢皮下形成肿块，可滑动，通常不与下部组织粘连，经过数月后，自动消退。

七、防治

1. 严把国门

目前，我国尚未有此病发生，因此需要对引进种兔进行严格检疫。毗邻国家流行兔黏液瘤病时，一定要及时封锁国境线。严禁从有兔黏液瘤病的国家或地区进口家兔及其产品。引进种兔及其产品时，应严格执行口岸检疫。

2. 杜绝疫源

严防野兔进入兔场；大力杀灭吸血昆虫；新引进种兔必须在无吸血昆虫舍内，隔离饲养14d，检疫合格者方可混群饲养。

3. 应急措施

一旦发现可疑病例，立即向有关部门上报疫情，并迅速做出确诊，及时采取扑杀病兔、销毁尸体、选用2%~5%福尔马林溶液彻底消毒及紧急接种疫苗等应急防控措施，把疫情消灭在萌芽中，杜绝后患。

4. 免疫预防

目前，兔黏液瘤病尚无特效疗法。针对易感兔群，主要依靠注射有效疫苗进行免疫预防。美国和法国生产的弱毒疫苗，预防注射3周龄以上的兔，4~7d产生免疫力，免疫保护期可达5年，免疫保护率高达90%以上。

第四节　兔传染性口炎

兔传染性口炎是由水疱性口炎病毒引起的兔的一种急性传染病，以口腔黏膜水泡性炎症为主要特征。因病兔伴有大量流涎，故又称为“流涎病”。该病主要侵害1～3月龄的仔幼兔，以断乳后1～2周龄的幼兔最易感，成年兔较少发生。自然感染途径主要是消化道。健康兔因接触、食入病兔口腔分泌液或坏死黏膜污染的饲料、饮水而感染，死亡率可达50%。口腔黏膜涂布人工接种发病率可达67%。肌内注射也可感染，潜伏期为5～7d。

一、病原体

该病的病原为水疱性口炎病毒（Vesicular Stomatitis Virus），简称VSV，主要存在于病兔口腔黏膜坏死组织和唾液中，自然感染的途径主要是消化道。该病毒在50%甘油中可保存2个月，对低温抵抗力强，20℃下可存活3d，但对热敏感，在30℃下以及直接阳光照射会很快死亡。该病毒对抗生素和磺胺类药物不敏感，常用的消毒药是氢氧化钠溶液和过氧乙酸溶液。

二、流行病学

该病多发生在春秋季节，主要是1～3月龄的兔发病，特别是断奶后1～2周龄的幼兔最易发生，成龄兔发病较少。传染源是患病家兔，病原体主要存在于病兔口腔的坏死黏膜和分泌物中。家兔通过采食了污染的饲料，相互接触引起传染发生。饲养管理不当，饲喂霉变和坚硬有刺的饲料，口腔损伤等均可诱发该病。

三、临床症状

潜伏期一般为3～5d，病程2～10d。发病初期口腔黏膜出现潮红、充血，随后口腔、舌和唇等黏膜出现粟粒至豌豆大的水疱（图4-4-1），水疱内充满含纤维素的清澈液体，不久水疱破溃形成溃疡（图4-4-2）。恶臭的唾液从口角流出（图4-4-3），并粘住下颌周围的被毛，造成炎症和脱毛。患兔采食困难，食欲减退，甚至停止采食，消化不良，出现腹泻。体温升高达40～41℃，精神沉郁，营养不良，逐渐消瘦，若治疗不及时多因机体衰竭死亡。

四、诊断

病初口腔黏膜潮红，采食量减少，体温正常，随着病程的发展，病兔的唇、舌和口腔黏膜等部位出现粟粒大小，甚至更大一点的水疱。水疱破溃、形成溃疡，口角流出大量分泌物，使下颌和前肢部位的被毛沾湿成片。若有继发性细菌感染，舌、口腔黏膜会发生坏死，并散发出恶臭气味，体温升高，食欲下降或拒食。病的后期，病兔精神沉郁、腹泻、虚脱、消瘦甚至瘫痪，通常于发病后

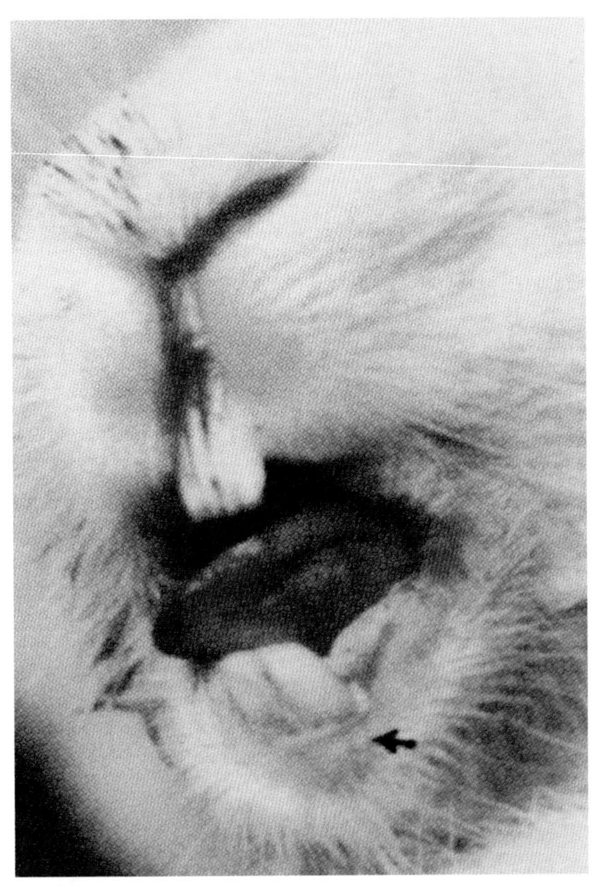

图 4-4-1　齿龈和唇黏膜充血，有结节和水疱形成（陈怀涛 供图）

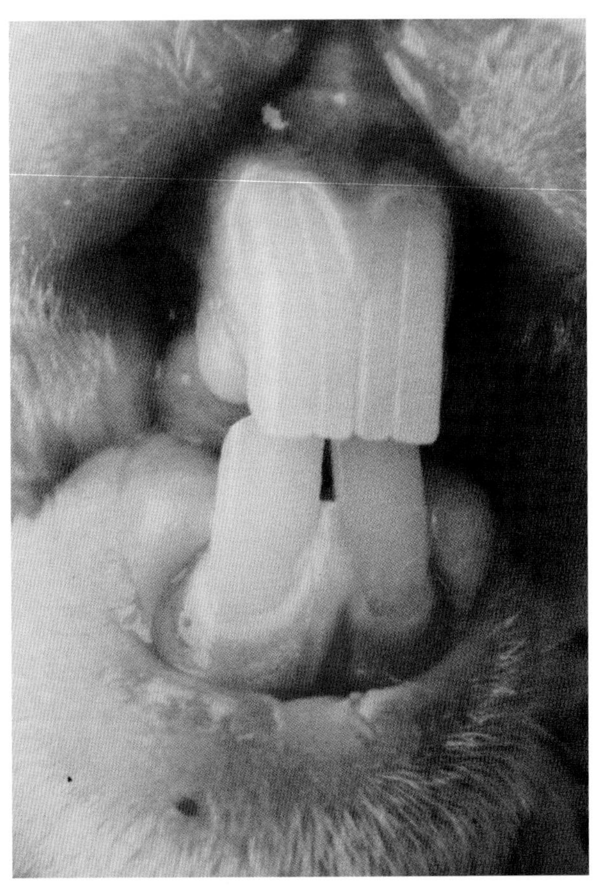

图 4-4-2　下唇和齿龈有不规则的溃疡（任克良 供图）

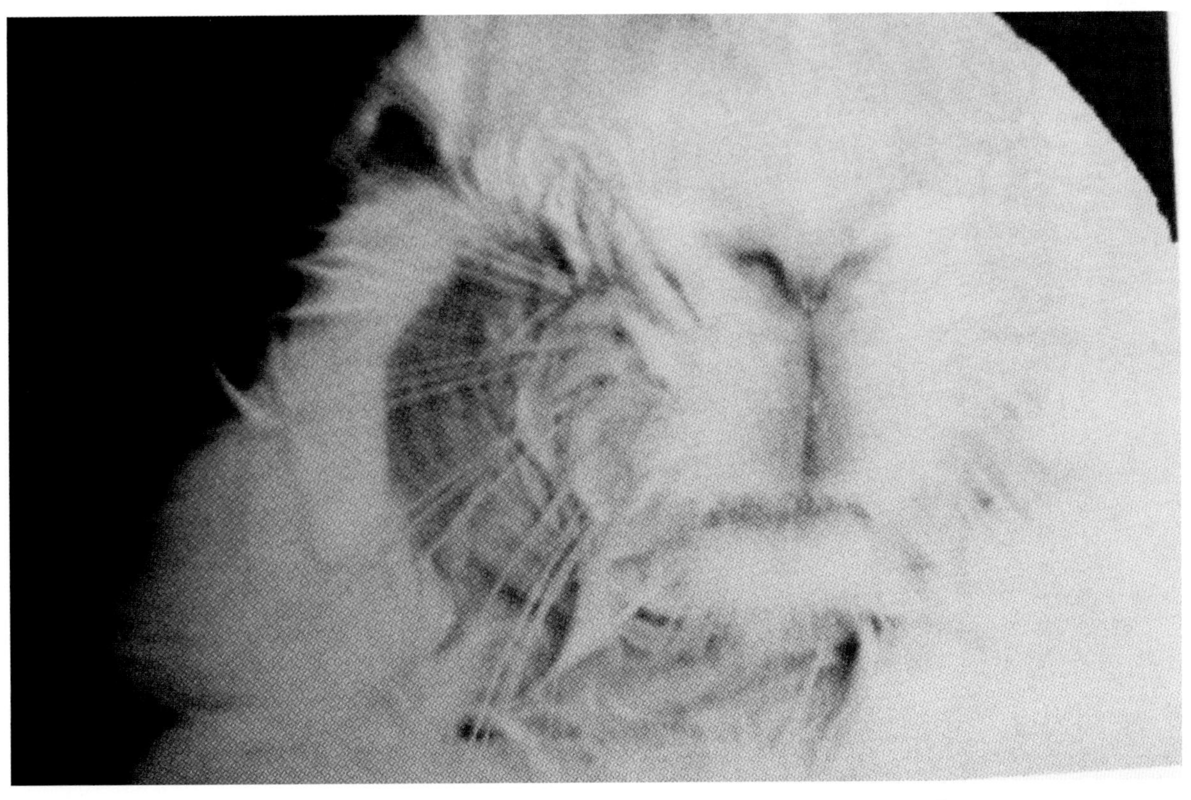

图 4-4-3　病兔大量流涎，沾湿下颌、嘴角和颜面部被毛（任克良 供图）

5 ~ 10d 死亡。进一步确诊需要进行实验室诊断。

1. 病毒分离培养

将被检材料磨细或液体材料用 pH 值 7.0~7.4 灭菌生理盐水，或用 pH 值 7.0~7.4 磷酸盐缓冲液、pH 值 7.0~7.4Hank’s 液作 1∶5 稀释，每毫升溶液应含有 500~1 000IU 青霉素和链霉素，或用过滤器过滤的液体作为接种材料。

2. 鸡胚接种

用上述材料接种于 9~10 日龄的鸡胚，每个鸡胚的绒尿腔接种 0.2mL，通常于接种后 48~72h 死亡。

3. 组织细胞接种

用上述材料接种于哺乳动物肾原代单层细胞以及 BHK_{21} 细胞株，病毒能在细胞上繁殖并产生病变，常于感染后 8~12h 出现细胞病变。水疱性口炎病毒在感染上述几种细胞后，加盖营养琼脂能观察到蚀斑。

4. 动物接种

豚鼠足掌皮下接种，剂量为 0.02~0.05mL。接种后出现原发性和继发性水疱。小白鼠脑内接种，每只脑内注射 0.01~0.02mL，通常 3~5d 内死亡。断乳仔兔接种，肌内注射 0.5~1mL/ 只，于 5~7d 后发病；口腔黏膜划痕接种或黏膜下接种，0.5mL/ 只，常 3d 左右发病。

5. 血清学反应

无菌操作，采集病兔急性期和康复期血液，分离血清用于血清学试验。可选用间接夹心酶联免疫吸附试验、液相阻断酶联免疫吸附试验、竞争酶联免疫吸附试验、病毒中和试验及补体结合试验等，其中，ELISA 与琼脂扩散、补体结合试验和中和试验相比，具有快速、可靠和灵敏度高的优点，在临床上，被广泛应用。

6. 分子生物学诊断

国内外已经有用聚合酶链式反应（PCR）检测 VSV 的报道，证明 PCR 可检测出血样中不具有感染性的 VSV，可用于持续性感染的检测。

五、类症鉴别

兔痘

相似处：患病兔均采食困难，食欲减退，甚至停止采食，在口腔和唇黏膜上也发生丘疹和水疱。

不同处：患兔痘的病兔口腔和唇黏膜上也发生丘疹和水疱，但显著的变化是皮肤的损害，丘疹多见于耳、口、眼、腹部、背部及阴囊等处皮肤，尤其是眼睑发炎、肿胀，羞明流泪。

六、防治

1. 加强饲养管理

做到供给饲料富含营养物质，种类多样，结构合理。每天按时饲喂，喂量足够。供给清洁的饮水。不喂发霉变质的饲料，要求青粗饲料不粗硬和带刺，以免损伤口腔黏膜。

2. 重视消毒工作

搞好环境卫生，及时清除粪尿及残渣。定期对兔舍、兔笼及用具用 0.5% 过氧乙酸或 2% 氢氧化钠溶液进行消毒。

3. 坚持自繁自养

选择优良的种兔，坚持自繁自养，从外地引进的种兔要进行严格的隔离观察，确保健康无病，才可入群。不从疫源地引进种兔。

4. 加强消毒

发现病兔首先要进行隔离，并对兔舍、用具和污染物用 1% ~ 2% 氢氧化钠、20% 热草木灰液或 0.5% 过氧乙酸消毒。病兔的一切污染物都要全部深埋或消毒处理。

5. 药物预防

健康家兔饲料中加入磺胺二甲基嘧啶 5g/kg，或用 0.1g/kg·bw 喂服，1 次 /d，连用 3 ~ 5d。

第五节　兔　痘

兔痘是由兔痘病毒引起家兔的一种热性、急性、高度接触性的传染病。该病以皮肤出现红斑、丘疹、眼炎，以及内脏器官发生结节性坏死为典型临床特征。兔痘病毒属正痘病毒科痘病毒属。该病毒可在多种动物培养细胞如猪肾细胞、小鼠成纤维细胞、地鼠上皮细胞等细胞系增殖；也可于 10 ~ 14 日龄鸡胚绒毛尿囊膜增殖，并产生白色混浊痘斑或出血性痘斑。兔痘病毒主要存在于肝脏、脾脏、血液等实质脏器；卵巢、睾丸、脑、胆汁、尿液及鼻分泌物中也含病毒。该病毒毒力很强，传播迅速，控制难度很大。病兔是主要传染源，其鼻腔分泌物中含有大量病毒。国内尚未见该病发生的报道。

一、流行病学

自然条件下，该病只感染家兔，幼兔和妊娠母兔的死亡率较高。鼻腔分泌物中含有大量病毒，易感兔一旦接触含有病毒的饲料、笼具、厩舍即可发病。此外，皮肤和黏膜的伤口，直接接触含有病毒的分泌物也是一个重要的传播途径。该病传播迅速，病兔康复后无带毒现象，康复兔可与易感兔安全交配，不发生再次感染。

二、临床症状

痘疱型兔痘的典型临床症状：流行初期潜伏期较短，后期较长。病毒最初感染鼻腔，在鼻黏膜内繁殖，后来则在呼吸道淋巴结、肺和脾中繁殖。最早出现的病例潜伏期 2~10d，以后病例的潜伏期平均为 15d。腹泻，食欲废绝，一侧或两侧眼睑炎。感染后 2~4d 通常出现热反应，此时常见有多量鼻漏，另一个经常出现的早期症状是淋巴结，尤其是腹股沟淋巴结和脑淋巴结肿大并变硬，扁桃体肿大。有时淋巴结肿大是唯一的临诊表现。一般地，皮肤病变在感染后5d，即在出现淋巴结肿大后约1d出现。开始时是一种红斑性疹，后发展为丘疹，保持细小的外形或发展为直径达1cm的结节。最后结节干燥，形成浅表的痂皮。口腔和颜面部有广泛水肿，硬腭和齿龈常发生灶性坏死。丘疹和红斑分布于整个皮肤，也可见于口腔和鼻腔黏膜上。严重病例皮肤出血。有些病例会有神经症状的出现。尿道括约肌和肛门麻痹。另外还表现为眼球震颤，痉挛，运动失调，有些肌群麻痹。该病常导致怀孕母兔流产，并发支气管肺炎、鼻炎、喉炎和胃肠炎等。病兔血液中白细胞总数增多，淋巴细胞减少，以单核细胞增多最为显著。母兔阴唇也出现同样变化。尿生殖道如有广泛水肿，则无论公兔或母兔都可发生尿潴留。公兔常出现严重睾丸炎，同时伴有阴囊广泛水肿，包皮和尿道出现丘疹。几乎所有的病例均有眼睛损害，轻者是流泪和眼睑炎，严重者发生弥漫性、溃疡性角膜炎或化脓性眼炎，后发展为虹膜炎、虹膜睫状体炎，甚至角膜穿孔。有时眼睛变化是唯一的的症状表现。通常，流行初期病程短，末期病程较长。通常在感染后8~10d死亡，也有早至5d或拖至几星期死亡的情况。

以上所述是自然发生的非痘疱型兔痘也不出现皮肤损害，有些兔在感染1星期后死亡，仅表现不吃、不安和发烧，有时有腹泻和结膜炎的症状。这种所谓“非痘疱兔痘”病兔，偶尔在舌和唇部黏膜有少数散在的丘疹。痘疱型兔痘病毒偶尔也可引起最急性病，仅有发热、不吃和眼睑炎症，而不出现皮肤症状。在实验室条件下，痘疱型和非痘疱型兔痘病毒均可引起皮肤病变。

三、病理变化

最显著的是皮肤损害，可从仅有少数局部丘疹发展到严重的广泛性坏死和出血（图4-5-1）。睾丸、卵巢、子宫布满白色结节，睾丸显著水肿和坏死；肾上腺、甲状腺、胸腺均有坏死灶。此外，肝、脾、肺等器官出现丘疹或结节，相邻组织水肿或出血及口腔、上呼吸道出现炎性反应；肺中布满小的灰白色结节，有弥漫性肺炎及灶性坏死；心脏有炎性损害；肝肿大，呈黄色，整个实质有很

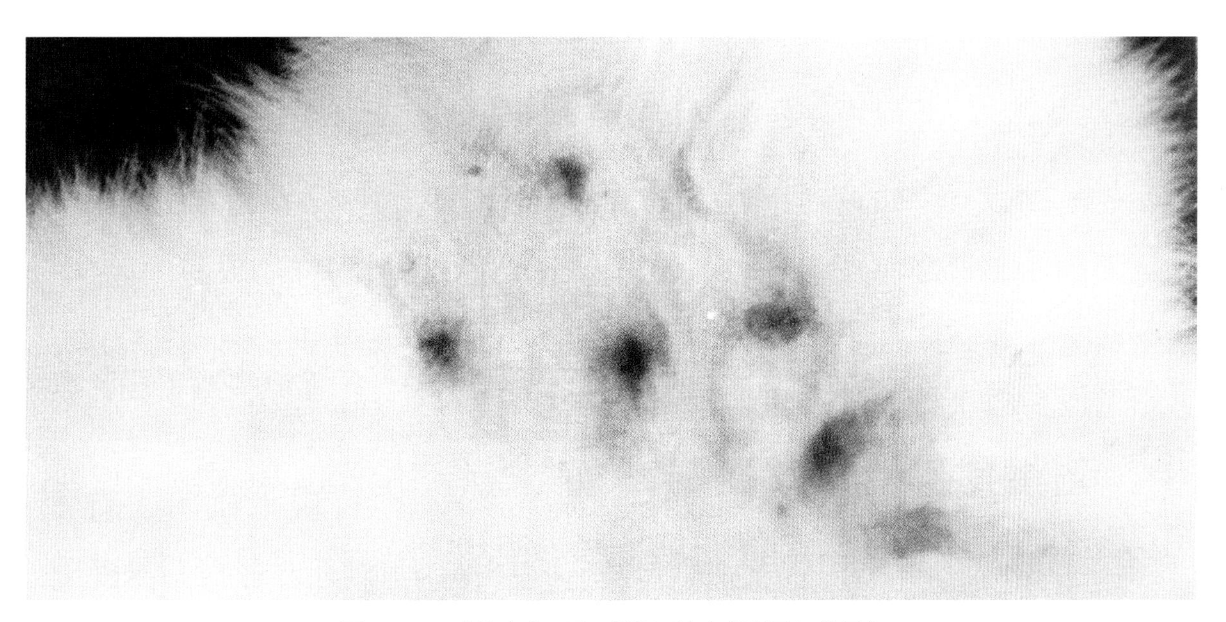

图4-5-1　皮肤痘疹，已干燥坏死结痂（陈怀涛 供图）

多白色结节和小的坏死灶；脾肿大，有灶性结节和坏死。

病理组织学检查可发现，有大量单核细胞浸润、坏死、出血和水肿的弥漫性病变。血管上皮肿胀明显，继而血管阻塞，引起坏死变化。此外，皮肤等处的结节或丘疹是由中央坏死区和外周的单核细胞浸润区构成。相邻组织水肿，偶尔有出血。肾上腺、子宫、甲状腺、胸腺和唾液腺都有坏死灶。骨髓的单核细胞浸润区常见有散在的出血和坏死。肺部见灶性结节性病变和弥漫性肺炎区。肺部可见灶性坏死或极广泛的坏死。肺炎以血管周围单核细胞和多形核细胞浸润为特征。肝脏实质广泛变性和坏死，呈弥漫性或灶性，常累及整个器官。脾脏常见严重充血，脾窦因充满单核细胞而扩张，脾小体水肿，有些病例由灶性到弥漫性坏死；淋巴结通常因严重水肿而增大，淋巴结和其他淋巴组织，如小肠集合淋巴滤泡等，发生广泛坏死。此外，睾丸也可见特征性坏死灶，常伴有水肿。

四、诊断

根据临床症状和特征病变可做出初步诊断。通过病毒分离鉴定可进一步确诊。把可疑病料接种于鸡胚绒毛尿囊膜上，或接种于兔、小鼠和其他动物的敏感细胞上，进行病毒分离，采用荧光抗体试验，中和试验对病毒进行鉴定。

五、防治

1. 检疫隔离

目前，我国尚未有该病发生，因此，需要对引进种兔进行严格检疫。加强饲养管理，引进种兔时要严格检疫，经在隔离兔舍饲养确实无病时，方可进场。

2. 清洁消毒

对兔场定期进行严格消毒，保持兔场的清洁。

3. 计划免疫

在该病流行地区和受威胁地区可接种牛痘疫苗进行免疫预防，能产生抵抗兔痘的坚强免疫力，免疫期可达半年左右。

4. 严格隔离

兔场若发生该病，需采取严格的隔离措施，消毒并扑杀病兔，把病死兔尸体深埋或焚烧，健康兔紧急接种牛痘苗。

第六节　兔轮状病毒病

兔轮状病毒病是由轮状病毒（Lapine Rotavirus，LaRV）引起仔兔以严重腹泻为特征的一种急性肠道传染病。

一、病原体

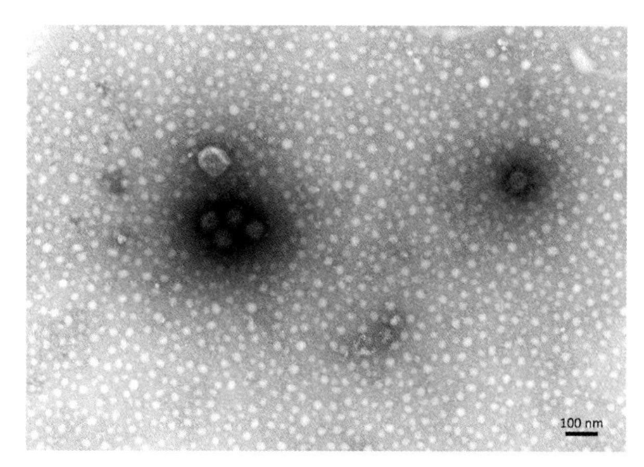

图 4-6-1 轮状病毒电镜照片（Dr-AntonioLavazza，意大利布雷西亚 IZSLER (Istituto Zooprofilattico Sperimentale della Lombardia e dell'Emilia Romagna 供图）

LaRV 属于呼肠孤病毒科（Reoviridae，RV）轮状病毒属，完整的病毒颗粒直径 70~75nm，在电镜观察下，病毒粒子具有非常清晰的双层壳膜结构和典型的车轮辐条结构（图 4-6-1）。病毒表面光滑，具有感染性。完整的病毒经过蛋白酶、EDTA 等化学试剂或超声波处理可发生降解，外壳脱落而成直径 50~60nm 的单壳颗粒，暴露出车轮状辐条而变成粗糙型颗粒，失去感染性，后者进一步降解，辐条脱落而留下约 40nm 的呈六角形的病毒核心结构。LaRV 为分节段的双链 RNA，PAGE 可见 11 个节段的 RNA 图谱，称为电泳图，可作为鉴定人和动物 RV 的依据。氯化铯浮力密度 1.29~1.39g/m^3，沉降系数 525s。

轮状病毒很难适应细胞培养生长，需要用胰蛋白酶和胰凝乳酶等蛋白水解酶处理后才能适应细胞。常用的细胞系有恒河猴胚肾细胞系、原代非洲绿猴肾细胞、非洲绿猴肾细胞系。RA 体外培养能否成功主要取决于细胞种类、胰酶（10~20μg/ml）处理细胞、振荡培养和培养温度以及粪便中的完整病毒。

病毒对各种理化因子具有较强的抵抗力，耐酸碱，pH 值 3~10 稳定，能完全抵抗 20% 乙醚，EDTA 可破坏病毒外壳，而 Ca^{2+} 却能保护外壳，胰酶能够增强其感染性。对青霉素、链霉素、氯霉素、四环素、氯苯胍、磺胺类药物具有抵抗力。

二、流行病学

该病目前已经在世界上许多国家发生，我国也不例外。俞乃胜等通过琼脂凝胶免疫电泳调查，发现兔群中 RV 阳性率较高，成年兔为 65.7%，青年兔为 40.7%。病毒主要侵害幼兔，尤其是 30~60 日龄的仔兔，一般以突然发生和迅速传播的形式在兔群中出现，通常呈散发性暴发，大多数呈隐性感染。感染后，多突然发病，流行迅速。成年兔多呈隐性感染，仔兔发病后 2~3d 内脱水死亡，死亡率约 60%，有的高达 90% 以上。并且在许多情况下，轮状病毒常与隐孢子虫、球虫、大肠杆菌等肠道致病因子混合感染，往往造成更大的伤害。对于该病的传播途径目前尚不清楚，一般认为粪 - 口传播为主要的传播途径。

三、临床症状

易感兔感染轮状病毒后，表现出不同的症状，轻者症状轻微，重者严重腹泻甚至死亡。一般表现为精神沉郁，结膜苍白，体温升高，消瘦和衰弱，腹泻。随着病程的延长，出现蛋花样粪便，或白色、棕色、灰色以及浅绿色的水样粪便，有恶臭。少数病兔最后可因脱水和酸碱失调而死亡。

四、病理变化

小肠壁明显充血，膨胀，结肠瘀血，盲肠扩张，肠黏膜极易脱落，肠腔内积有大量的液状内容物，其他脏器无明显变化。

五、诊断

由于兔感染轮状病毒后大多呈隐性感染，并且临床症状和病理变化均不甚明显，故通过流行病学、临床症状和病理变化不能做出确切诊断。要确诊，需要借助实验室诊断的方法，即通过检测肠道中的病毒或血清中的轮状病毒抗体来做诊断。

六、防治

目前，对于 LaRV 病尚无有效的疫苗预防与药物治疗措施。在实际生产中，主要采取综合预防和治疗的办法，例如加强饲养管理，防止传染或并发感染其他疾病。发病后及早隔离，对发病兔及时补液，添加抗菌药物防止继发感染，增强机体的抵抗力等。同时，应注意建立严格的兽医卫生制度，做好日常消毒工作，巴氏灭菌法、75% 酒精、3.7% 甲醛、16.4% 有效氯等均可杀灭该病毒。碘酊、煤酚皂、0.5% 游离氯消毒效果不好。一旦发病，及时隔离病兔，并试用口服补液盐和治疗下痢的中草药方剂治疗。

第五章

兔细菌病

第一节　兔多杀性巴氏杆菌病

家兔多杀性巴氏杆菌病是由各种血清型多杀性巴氏杆菌引起。该病多发生于春秋两季，常呈散发性或地方性流行。一般发病率为20%~70%不等。由于很多家兔上呼吸道黏膜带有多杀性巴氏杆菌，是隐性带菌兔，所以当引进种兔时，常把不同血清型多杀性巴氏杆菌带入，并能迅速传染给易感兔，这是引起流行的主要原因之一。长途运输时，由于过分拥挤和饲养不当，卫生条件差，以及其他疾病等原因，引起机体抵抗力降低，从而发病。病菌随着病兔的口水、鼻涕、喷嚏飞沫、粪便以及尿等排出体外，又在兔群中传播引起流行。不同年龄、品种、性别的兔都可以发生该病，但以1~6月龄兔发病率较高，死亡率高。

一、病原体

多杀性巴氏杆菌除引起兔发病外，还引起牛、猪等哺乳动物以及家禽发生多杀性巴氏杆菌病。

形态特征：兔多杀性巴氏杆菌在马丁血琼脂、TSA平皿上生长良好，在麦康凯琼脂上不生长。血琼脂平板上菌落形态为半透明、圆形、光滑、湿润、呈露珠样的小菌落、不溶血。该菌革兰氏染色阴性，呈两极浓染（组织中的细菌）、卵圆形的球杆菌。菌体为（0.5~0.6）μm×（1~1.5）μm。

生化特性：发酵葡萄糖，甘露醇、蔗糖、甘露糖、乳糖、麦芽糖，产酸产气；不发酵山梨醇、阿拉伯糖、鼠李糖；不利用枸橼酸盐；硫化氢、氧化酶，接触酶及尿素酶试验均阴性；不还原硝酸盐；产生靛基质，M.R试验、V-P试验均阴性，无运动性，不液化明胶。

二、临床症状和病理变化

由于家兔的抵抗力、病菌的毒力和侵入部位的不同，而出现不同症状和病理变化，现分述如下：

（一）败血症

传播快，一般出现症状后12~48h死亡。在临床上表现为精神沉郁，停止采食，呼吸急促，体温升高到41℃以上。从鼻腔中流出浆液性鼻液，有时发生腹泻，死亡前出现体温下降，颤栗或痉挛。部分兔由于病势发展太快，常常尚未见到明显症状已死亡。

病理变化：鼻黏膜充血，鼻腔有多量黏性、脓性分泌物，喉黏膜充血、出血，气管黏膜充血、出血，并有多量红色泡沫，肺严重充血、出血、水肿（图5-1-1）。心内外膜有出血点。肝脏变性，

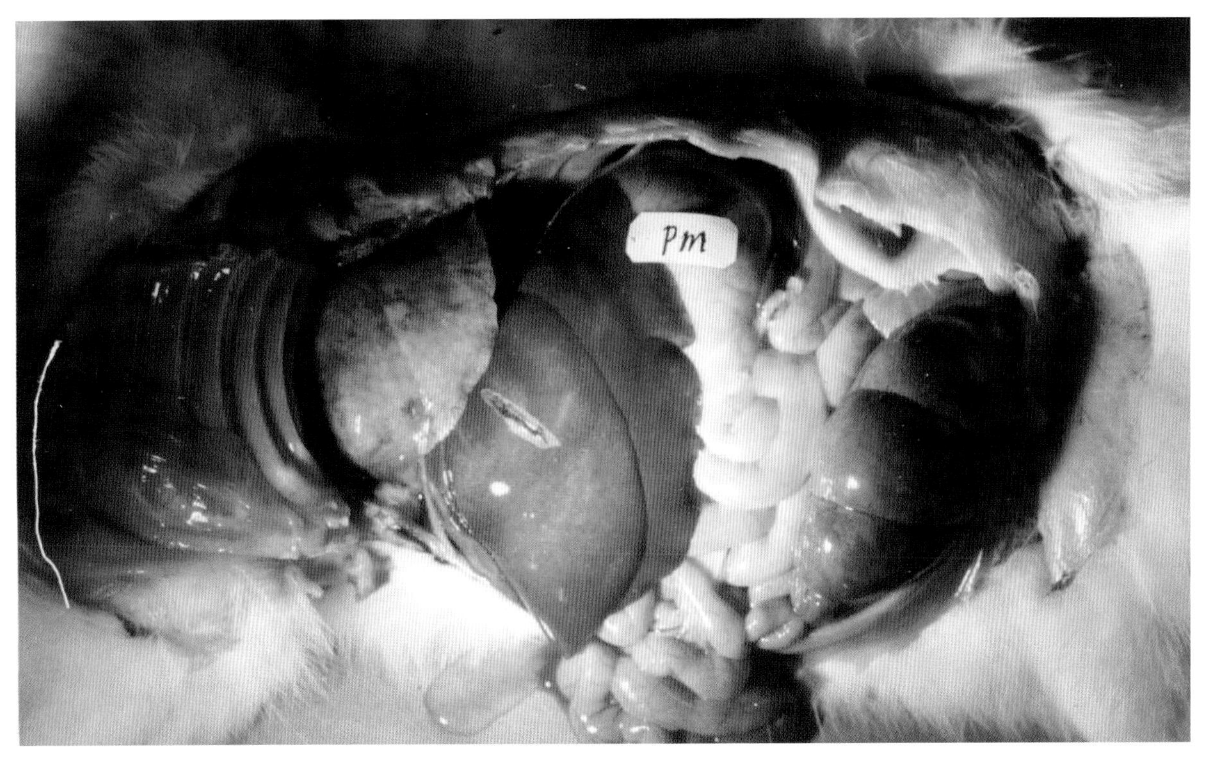

图 5-1-1　兔多杀性巴氏杆菌病肺出血水肿，表面散在灰白色小坏死点，胸腔积液（韦强 供图）

并有许多坏死点。脾脏和淋巴结肿大和出血。肠黏膜充血和出血。胸腔和腹腔都有淡黄色积液。

（二）鼻炎与肺炎型

这是养兔场经常发生的一种病型，传播快慢不等，一般病程较长，常成为该病的疫源，使兔群连续发生该病。病初期表现为上呼吸道卡他性炎症，流清亮鼻涕，以后转为黏性到脓性鼻液，病兔经常打喷嚏。由于分泌物刺激鼻黏膜，病兔常用爪抓鼻部，使鼻孔周围的毛潮湿、缠结，甚至脱落，上唇和鼻孔皮肤发炎、肿胀。随着时间的延长，鼻涕更浓、更多，鼻孔周围结痂，堵塞鼻孔，使呼吸更加困难。由于病兔经常用爪抓鼻，把病菌带到眼内、耳内、皮下，因而引起化脓性眼结膜炎、角膜炎、皮下脓肿、乳腺炎等并发症。如果病兔饲养管理不良，则很快消瘦，最终因衰竭而死亡。

病理变化：鼻腔内积有多量鼻液，有的呈脓性。鼻黏膜充血，鼻甲软骨、鼻窦黏膜红肿或水肿，并积有多量分泌物，波及喉及气管时，喉及气管黏膜亦有充血或出血点。

由于病程长短和严重程度的不同，其病理变化也有相当大的差异，通常呈急性纤维素性肺炎和胸膜炎变化，病变可以发生在肺的任何部位，但以尖叶和中间叶最为常见，多为实变、肺膨胀不全、脓肿和灰白色小结节病灶。

病初是急性肺炎反应，表现为实变，出血，胸膜与肺粘连，有时能见到胸水。如果肺炎严重，有脓肿出现（图 5-1-2），脓肿被纤维组织所包围，形成脓肿腔或整个肺小叶发生空洞，心包膜常为纤维素覆盖。

（三）中耳炎型（又称斜颈病）

主要临床症状是斜颈，是由于细菌扩散到内耳或脑内的结果，而不单纯是中耳炎的症状。严重发病时，患兔常向一侧滚转。由于斜颈站不稳，影响吃草料和饮水，体重减轻。如果感染扩散到脑组织，会出现运动失调和其他神经症状。

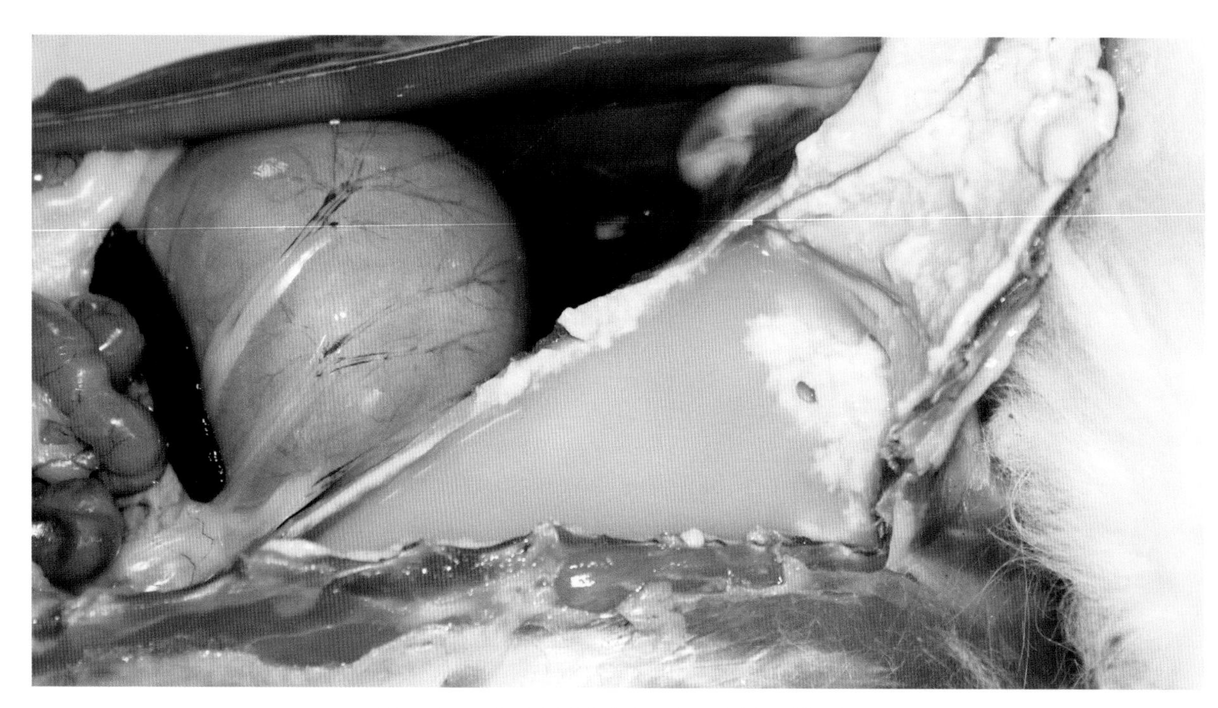

图 5-1-2　化脓性胸膜肺炎、胸水（韦强　供图）

病理变化：解剖病兔可见，耳一侧或两侧鼓室内有奶油样白色渗出物，有时鼓膜破裂，脓性渗出物流出外耳道。如果感染脑组织可出现化脓性脑膜炎。

（四）生殖器官型

主要表现母兔子宫炎和子宫化脓（图 5-1-3），公兔的睾丸炎和附睾炎，一般来说，母兔的发病率高于公兔。母兔患病时可见到阴道内有浆液性、黏液性或黏液脓性分泌物流出。该型也可以转为败血病，往往造成死亡。

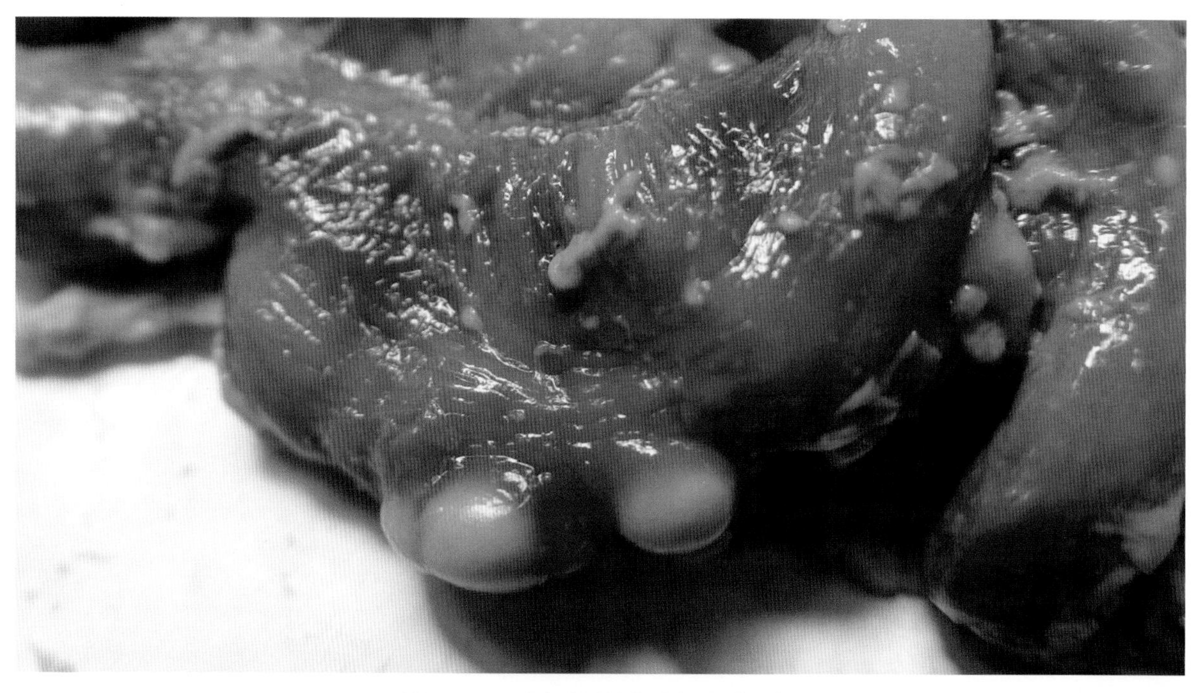

图 5-1-3　子宫化脓结节（韦强　供图）

（五）眼结膜炎型

成年兔和幼兔均可以发生，但幼兔多发。细菌主要从鼻泪管进入结膜囊，其临床症状主要表现为眼睑肿胀，有多量浆液性、黏性，最后成为黏液脓性分泌物，此时常将眼睑粘住，结膜潮红肿胀。

（六）脓肿型

由于细菌的转移，肺、肝、心、肌肉、脑、睾丸、皮肤下都可能发生脓肿，脓肿发生后可引起败血症和死亡。脓肿常含有白色到黄褐色奶油样脓汁。脓肿大小不一，脓肿在皮下时有鸽卵大，病程长的还可能形成纤维性包囊（图 5-1-4，图 5-1-5）。

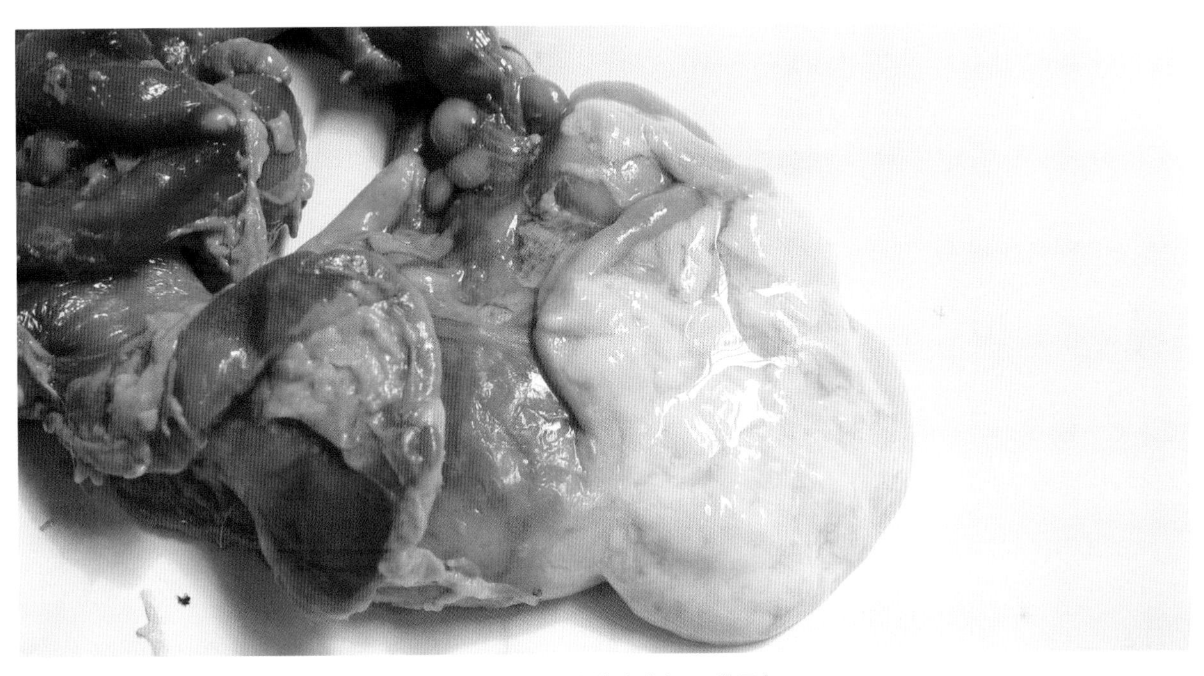

图 5-1-4　子宫蓄脓（韦强 供图）

图 5-1-5　子宫内脓液随粪尿排出（韦强 供图）

三、诊断

一是根据发病情况，病原菌的菌落、菌体形态、生长特性、生理生化特点做出初步诊断。

二是 PCR 扩增试验：挑取血琼脂平皿中的单个菌落，于 2mL TSB 肉汤中摇床培养 12 ~ 16h，提取其基因组 DNA，根据设计的 16SrRNA 特异性引物：

P1：5’-GAGTCTAGAGTACTTTAGGGAG-3’；

P2：5’-ACTTTCTGAGATTCGCTC-3’。

PCR 扩增条件：采用 25μL 反应体系，其中 10 × Ex Taq Buffer2.5μL，dNTPs2μL，P1、P2 各 2.5μL，rTaq 0.2μL，模板 1μL，补加 ddH_2O 至 25μL。PCR 扩增程序：95℃，5min；94℃，45s，55℃，30s，72℃，45s，30 个循环；72℃，10min。

通过 PCR 扩增，能扩增出相应的基因组片段，大小为 643bp（图 5-1-6），据此可确诊该病。

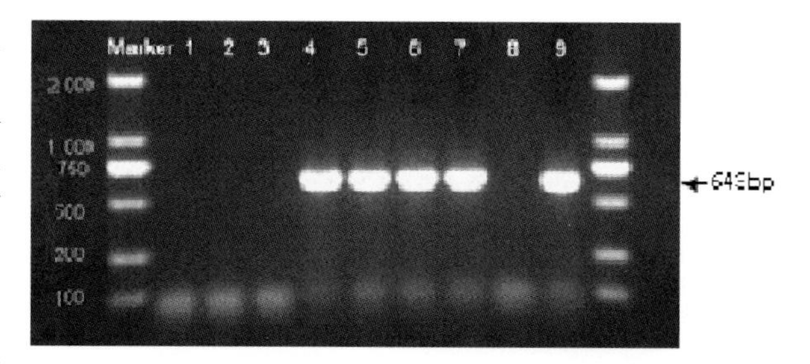

1、2、3、8 为杂菌；4、5、6、7、9 均为待检菌样品
图 5-1-6　PCR 扩增结果（韦强　供图）

四、类症鉴别

相似处：急性败血型多杀性巴氏杆菌病与兔出血症的共同特点是败血症、实质器官出血。所以应注意进行鉴别诊断。

1. 与兔病毒性出血症鉴别诊断

兔出血症是病毒病，细菌培养阴性，红血球凝集试验阳性。部分死亡兔鼻孔流出血样液体。用兔病毒性出血症灭活疫苗 4 ~ 5 倍量做紧急预防可以很快控制疫情。急性败血型多杀性巴氏杆菌病，细菌培养阳性，红血球凝集试验阴性，全群用敏感抗菌药物可很快控制病情发展。

2. 与李氏杆菌病鉴别诊断

李氏杆菌病急性型的临床症状及肝脏的病理变化与急性败血型多杀性巴氏杆菌病相似，但李氏杆菌病的肾、脾、心肌有散在性或弥漫性针尖大小的黄色或灰白色的坏死病灶，淋巴结显著肿大或水肿；胸腔和心包内有多量的清朗的渗出液等特征性病理变化。这些是兔病毒性出血症所没有的。

3. 与支气管波氏杆菌病鉴别诊断

支气管波氏杆菌病是以引起肺脏、肋膜的脓疱为特征，脓疱常有结缔组织形成包囊。

五、预防

一是扑杀、淘汰病兔，对年老体弱、久治不愈的兔及时进行扑杀、淘汰，以清除传染源。

二是对引进种兔要严格检疫，不能把病兔引进兔场，如果需要引进种兔时也应进行隔离观察，确认无病后方可放入大群饲养。

三是兔场定期消毒，该菌对外界的抵抗力不强，一般消毒药均可杀灭，可选用 2% 烧碱，1% 漂白粉，2% 过氧乙酸等消毒药物进行消毒。笼位用火焰喷射消毒效果更好，可以将黏附在笼位上的兔毛烧毁，以免到处飞扬造成空气传染。

四是多杀性巴氏杆菌病灭活疫苗预防注射，每只肌肉或皮下注射 1mL，7d 可产生免疫力，免疫期 4 ~ 6 个月。

六、治疗

肌内注射链霉素，20mg/（kg·bw），2 次 /d，连用 3 ~ 5d。

肌内注射青霉素 G（钾或钠），每千克体重 20 万 IU，2 次 /d，连用 4 ~ 5d。

肌内注射恩诺沙星，0.5mL/kg·bw，2 次 /d，连用 3 ~ 4d。

全群兔用恩诺沙星饮水或拌料，连用 3 ~ 4d。

第二节　兔波氏杆菌病

该病是由波氏杆菌引起，以鼻炎和肺炎为特征的一种家兔常见的传染病。该病一年四季都有发生，在气温变化较大的春秋两季多发，不同年龄、品种、性别的兔都可以发生该病，发病率一般在 10% ~ 20%，而严重的可高达 70% ~ 80%，尤其是污秽、阴暗、通风不好的兔舍，发病率更高。

一、病原体

波氏杆菌是革兰氏阴性、多形态的小杆菌，无芽孢，有鞭毛，能运动，多散在，很少呈链状形态，大小为（0.2 ~ 0.3）μm ×（0.5 ~ 1.0）μm。在血平板 37℃培养 48h 可长出直径为 0.5 ~ 1mm，光滑、圆形、边缘整齐的烟灰色菌落。在血平皿中某些菌株能见到 β 溶血环，培养时，可同时出现大小不等的溶血菌落及不溶血的变异菌落（图 5-2-1、图 5-2-2）。严格需氧，呼吸型代谢，生化试验中，对糖类不发酵，对碳水化合物不分解，尿酶、触酶和氧化酶均为阳性，吲哚、MR 和 V-P 试验呈阴性。

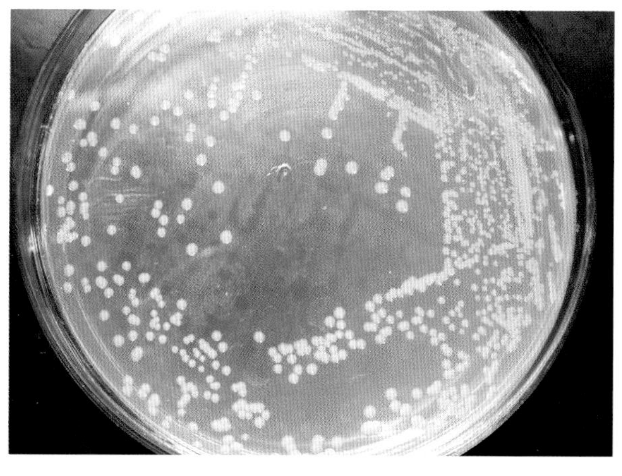

图 5-2-1　TSA 平皿上的波氏杆菌菌落（韦强 供图）

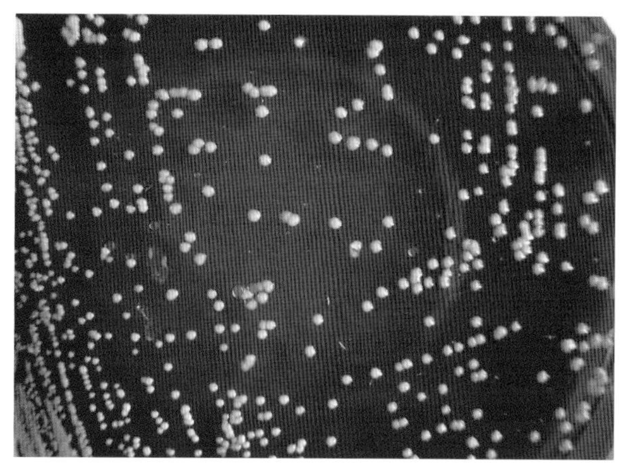

图 5-2-2　血平皿上的波氏杆菌菌落（韦强 供图）

该菌在普通培养基中较容易生长，但是也极易发生菌相变异，随之抗原也出现相应的变异。根据菌相的变异，波氏杆菌分为Ⅰ、Ⅱ、Ⅲ 3个菌相，Ⅰ相菌致病力最强，具有荚膜（K）抗原和强坏死毒素；Ⅱ、Ⅲ相菌毒力弱，甚至无致病力。

二、临床症状

仔兔和青年兔多呈急性型，成年兔多为慢性型。该病可分为鼻炎型和肺炎型，但二者并不能截然分开，往往是开始发病时呈现鼻炎型，病兔从鼻腔中流出浆液性或黏液性分泌物（图5-2-3），鼻腔黏膜充血，有多量浆液和黏液。随着病情的发展转变成支气管肺炎型，其特征是鼻炎长期不愈，鼻腔中流出黏液脓性分泌物，污染鼻腔周围被毛（图5-2-4），打喷嚏，严重时呼吸困难，食欲不振，逐渐消瘦，病期很长。

三、病理变化

病死兔消瘦，鼻周围毛被分泌物污染，鼻腔黏膜充血，鼻甲软骨充血或有出血点，内有多量黏性或脓性分泌物，有的一侧，有的两侧都有，直至眶下窦。气管出血，内含血块（图5-2-5、图5-2-6）。肺尖叶紫红色肝变，肺有大小不等的脓疱，外包一层结缔组织，内含乳白色脓汁，黏稠如奶油（图5-2-7至图5-2-9）。有的病例在肋膜上也有同样的脓疱；有的在肝表面见到黄豆至蚕豆大甚至更大的脓疱。有的病例的肺大部分均有病变，失去呼吸功能。有的病例在肾脏、睾丸、心脏亦能形成脓疱。

图5-2-3 鼻孔流出白色鼻涕（韦强 供图）

图 5-2-4　鼻腔外部形成结痂（韦强　供图）

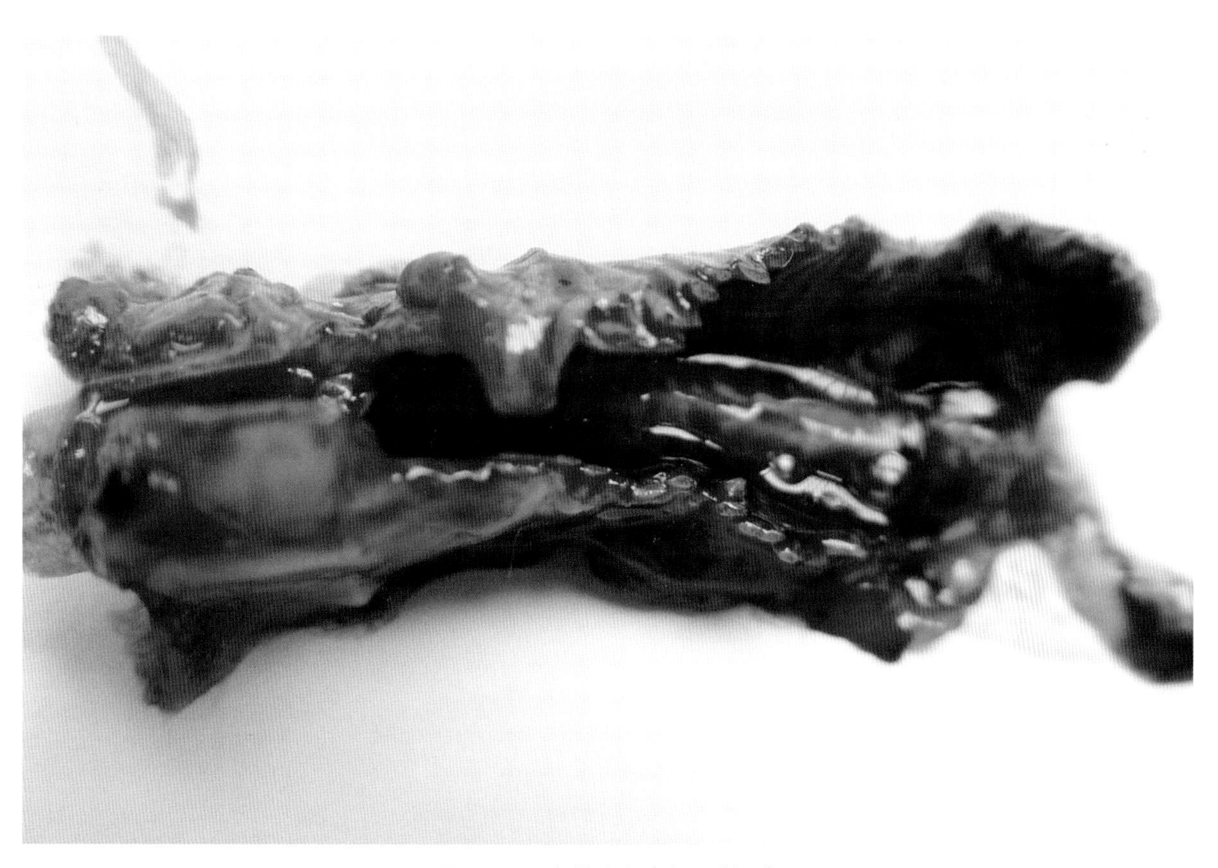

图 5-2-5　气管出血（韦强　供图）

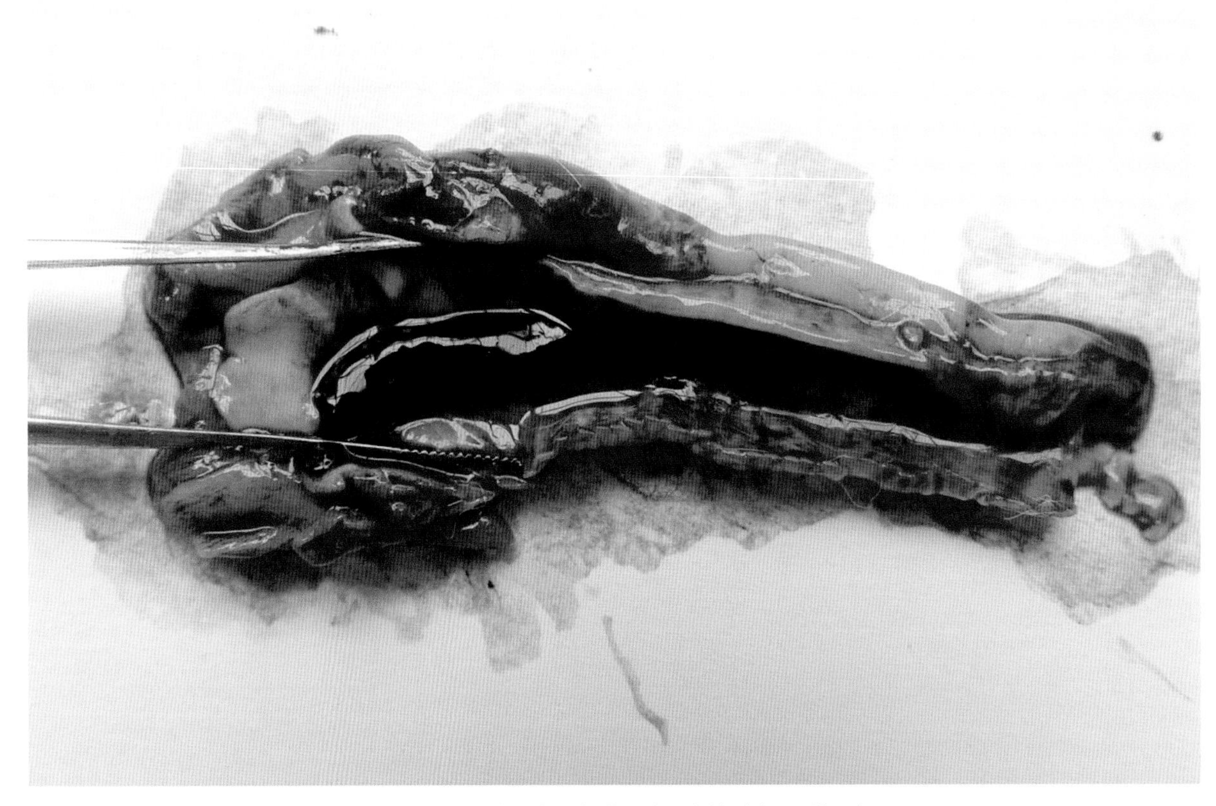

图 5-2-6　气管出血，气道内有出血块（韦强　供图）

图 5-2-7　全肺化脓，与胸壁粘连（韦强　供图）

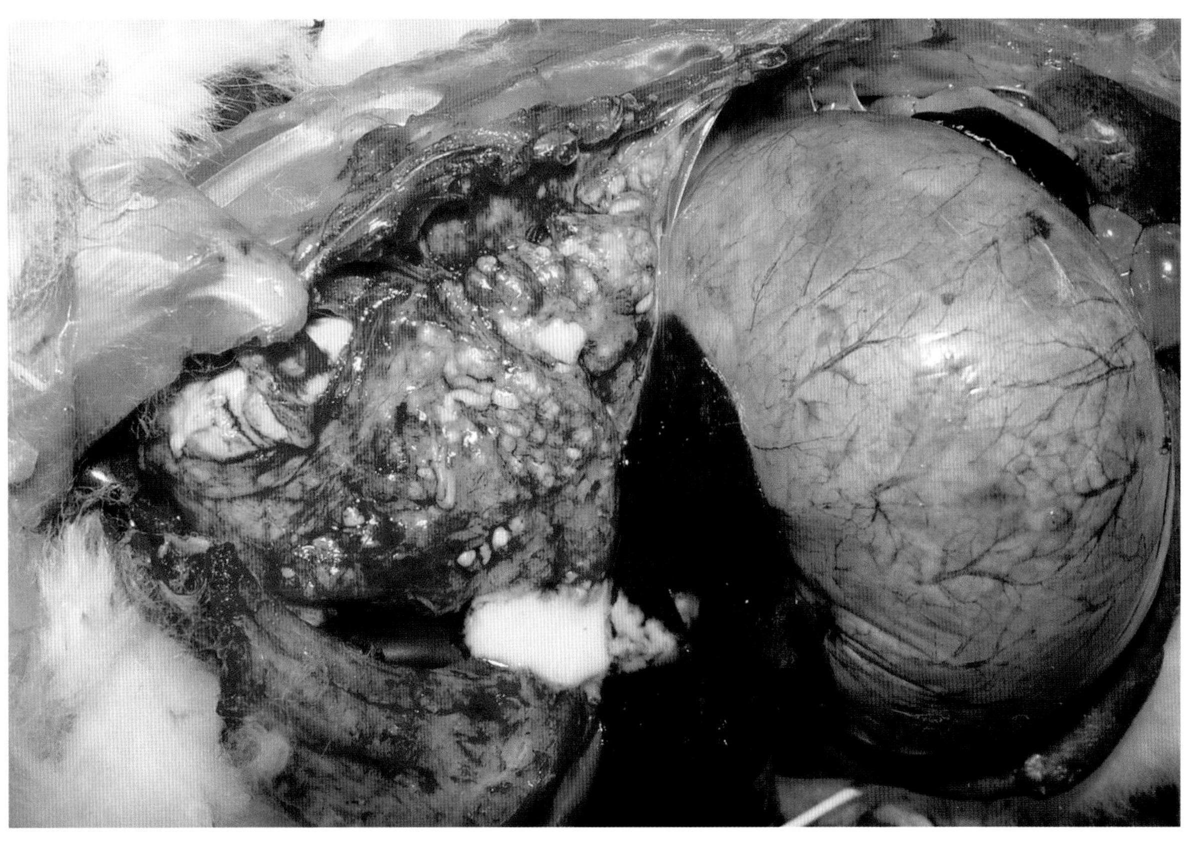

图 5-2-8　肺出血脓肿，表面形成一层假膜（韦强 供图）

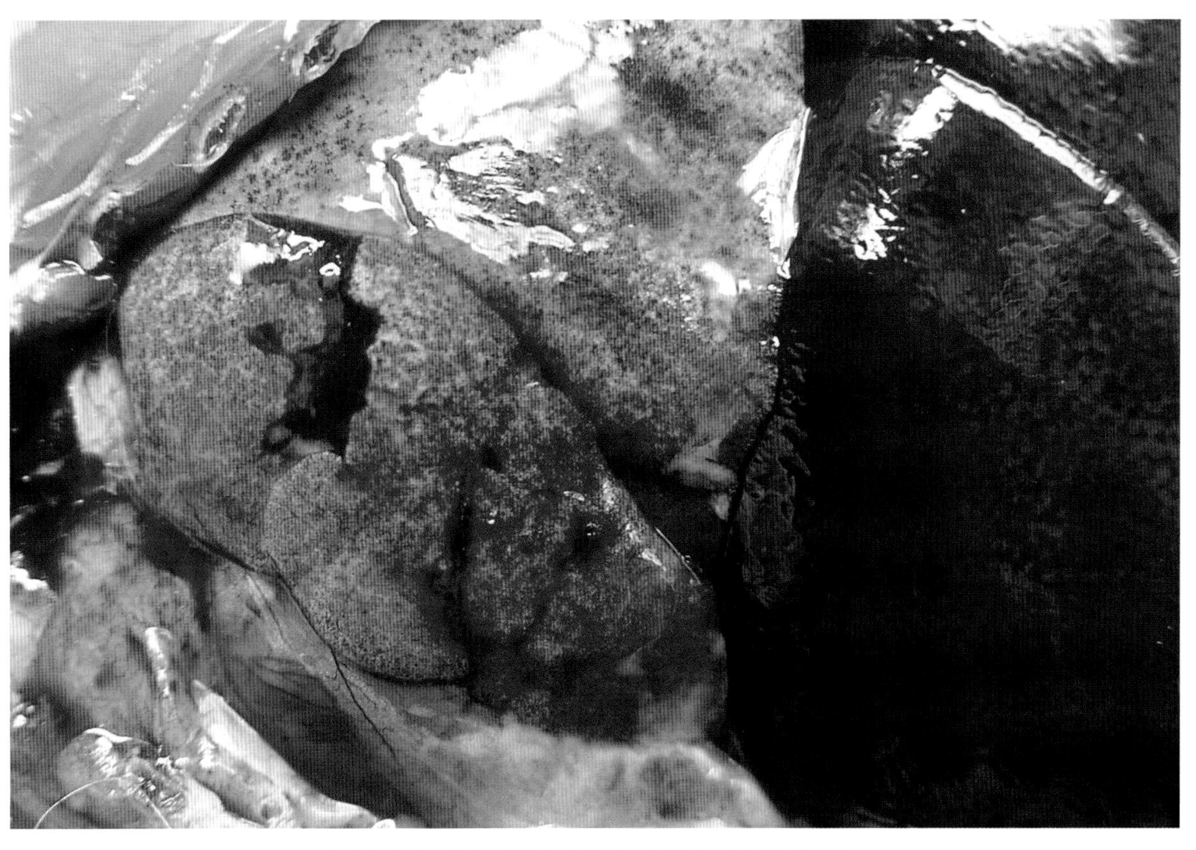

图 5-2-9　胸腔内形如心脏大小的脓包（韦强 供图）

四、诊断

根据波氏杆菌 fim2 基因设计的特异引物，扩增基因片段大小 424bp：

上游引物：5’-TGAACAATGGCGTGAAAG-3’，

下游引物：5’-TCGATAGTAGGACGGGAGG-3’。

煮沸法提取基因组 DNA：将分离的细菌过夜培养，无菌条件下取 1mL 加入 1.5mL 离心管中，10 000r/min 离心 30s，弃上清，沉淀加去离子水 100 μL 重悬，沸水中 10min 后立即冰浴 5min，10 000r/min 离心 10min，吸取上清，即为要提取的基因组 DNA。

反应体系（25 μL）：12.5 μL10 × Premix Taq 酶；1 μL 上游引物；1 μL 下游引物；1 μL 模板 DNA；9.5 μL 去离子水。反应条件：95℃ 5min，95℃ 30s，56℃ 30s，72℃ 45s，30 个循环，然后 72℃ 10min，4℃保存。

通过 PCR 能扩增出相应的基因组片段，大小为 424bp，据此可确诊该病。

五、类症鉴别

1. 与多杀性巴氏杆菌病鉴别诊断

波氏杆菌和多杀性巴氏杆菌都能引起鼻炎和肺炎。所以波氏杆菌病主要应与鼻炎肺炎型多杀性巴氏杆菌病作鉴别诊断。

兔多杀性巴氏杆菌病的肺脏淤血、充血、水肿，胸膜粘连及胸膜炎和胸腔积脓。波氏杆菌病主要形成胸腔、肺及其他器官的有包膜的脓肿。兔波氏杆菌在普通培养基及麦康凯培养基上生长良好；而多杀性巴氏杆菌在麦康凯培养基上不生长。

2. 与绿脓杆菌病鉴别诊断

绿脓杆菌病与支气管波氏败血杆菌病均呈败血症，肺和其他一些器官均可形成脓疱，但脓疱的脓汁颜色不同，绿脓杆菌病脓汁的颜色呈淡绿色或褐色，而波氏杆菌病脓汁的颜色为乳白色。在普通培养基上绿脓杆菌呈蓝绿色并有芳香味；而波氏杆菌则无此现象。

六、预防

加强饲养管理，阴暗、潮湿、空气污秽是诱发该病发生及传播的重要因素，因此，应保持兔舍的清洁卫生，空气流通良好、新鲜，这是减少该病发生的重要措施。

兔舍做到定期消毒，常用的消毒药物有苛性钠、来苏尔、过氧乙酸等，对发生疾病的兔舍及兔笼火焰消毒，效果更好，在空栏的情况下，可用福尔马林薰蒸。

兔支气管波氏败血杆菌病一般来说病程都比较长，病兔长期流鼻液，打喷嚏，成为传染源，所以，对久治不愈、体弱的老兔应及时淘汰。

七、治疗

1. 红霉素

肌内注射 6 ~ 8mg/（kg·bw），2 次 /d；口服，10mg/（kg·bw），3 次 /d，连用 3 ~ 5d。同时

静脉注射葡萄糖 20 ~ 40mL。

2. 卡那霉素

皮下注射或肌内注射 7mg/（kg·bw），4 次 /d；口服，10mg/（kg·bw），4 次 /d，连用 3 ~ 5d。

第三节 兔产气荚膜梭菌病

产气荚膜梭菌（*Clostridium perfringens*）是一种广泛分布于自然界中的条件性致病菌，该菌在 1892 年由英国人 Welchii 最早从一个腐败人尸体中产生气泡的血管中分离得到。兔产气荚膜梭菌病又称兔魏氏梭菌病，是由 A 型产气荚膜梭菌及其毒素引起的以剧烈腹泻胃特征的急性、致死性肠毒血症，是一种严重危害家兔生产的传染病，其发病率、死亡率均较高。

一、病原体

产气荚膜梭菌一般可分为 A、B、C、D、E、F 6 个血清型，兔产气荚膜梭菌病主要由 A 型引起（图 5-3-1）。该菌革兰氏染色阳性，有荚膜，产芽孢，大小为（1 ~ 1.8）μm×（4 ~ 10）μm，广泛存在于土壤、饲料、蔬菜、污水、粪便及人和动物肠道中。该菌为条件致病菌，在厌氧条件下生长良好，在一般培养基上生长不好。菌落呈正圆形，边缘整齐，表面光滑隆起。在牛乳培养基中，能分解乳糖产酸，并使酪蛋白凝固，产生大量气体，冲开凝固的酪蛋白，形成汹涌发酵是该菌的特征之一。能发酵葡萄糖、麦芽糖、乳糖和蔗糖，产酸产气。在山羊全血琼脂板上菌落周围出现双重溶血圈（图 5-3-2），内圈为 β 溶血，外圈为 α 溶血。A 型魏氏梭菌主要产生 α 毒素，具有卵磷脂酶 C 和鞘磷脂酶两种毒性，α 毒素进入血液循环后造成毒血症和重要组织器官的损害、衰竭，甚至引起动物死亡。

二、流行病学

该病多呈地方性流行或散发，一年四季均可发生，无明显的季节性，但以春秋冬三季多发。该病的主要传染原是病兔和带菌兔及其排泄物。该病主要经消化道传播，也可通过损伤黏膜感染。各品种、年龄的家兔均易感，尤其以断奶后的幼兔和青年兔的发病率为高，其中，膘情好、食欲旺盛的兔更易感。

三、临床症状

急性病例突然发作，急剧腹泻，很快死亡（图 5-3-3）。有的病兔精神不振，食欲减退或废绝，粪便不成形，很快转成带血色、胶胨样、黑色或褐色、腥臭味稀粪，污染后躯。外观腹部臌胀，轻

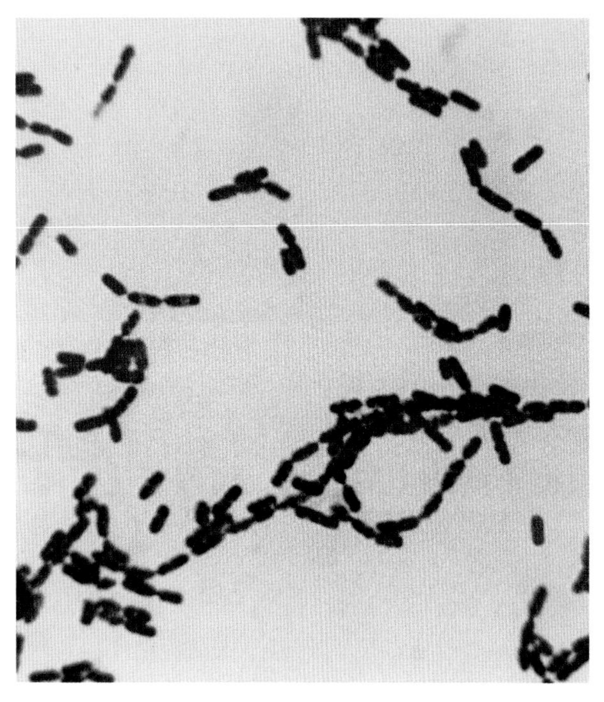

图 5-3-1　产气荚膜梭菌的形态（王永坤 供图）

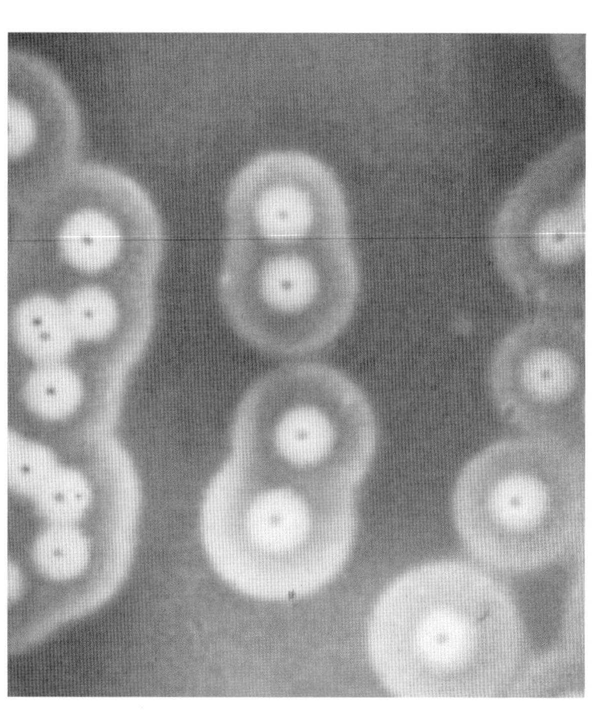

图 5-3-2　双重溶血圈（董亚芳、王启明 供图）

摇兔身可听到“咣当咣当”的拍水声。提起患兔，粪水即从肛门流出。患病后期，可视黏膜发绀，双耳发凉，肢体无力，严重脱水。发病后，病兔最快的在几小时内死亡，多数当日或次日死亡，少数拖至 1 周后最终死亡。

四、病理变化

打开腹腔即可闻到特殊的腥臭味。胃内充满食物，胃黏膜脱落（图 5-3-4），多处有出血斑和溃疡斑（图 5-3-5、图 5-3-6）；小肠充气，肠管薄而透明；盲肠浆膜和黏膜有弥漫性充血或条纹状出血（图 5-3-7），内充满褐色内容物和酸臭气体；肝脏质脆，胆囊肿大，心脏表面血管怒张呈树枝状充血（图 5-3-8）；膀胱多数积有茶褐色尿液（图 5-3-9）。

五、诊断

根据流行病学、临床症状和病理变化可做出初步诊断，但确诊需要进行实验室诊断。

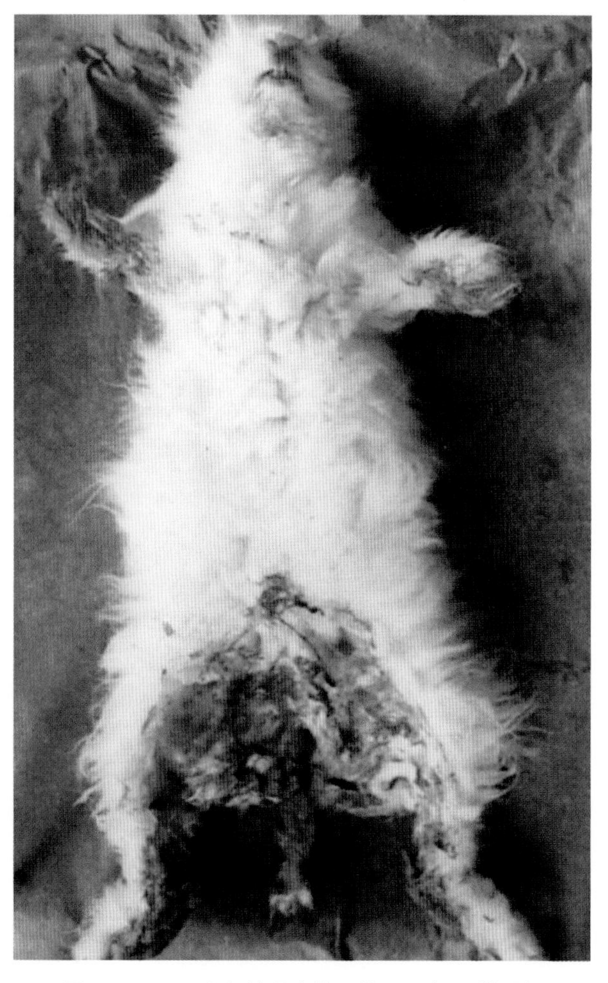

图 5-3-3　死亡兔外观（董亚芳、王启明 供图）

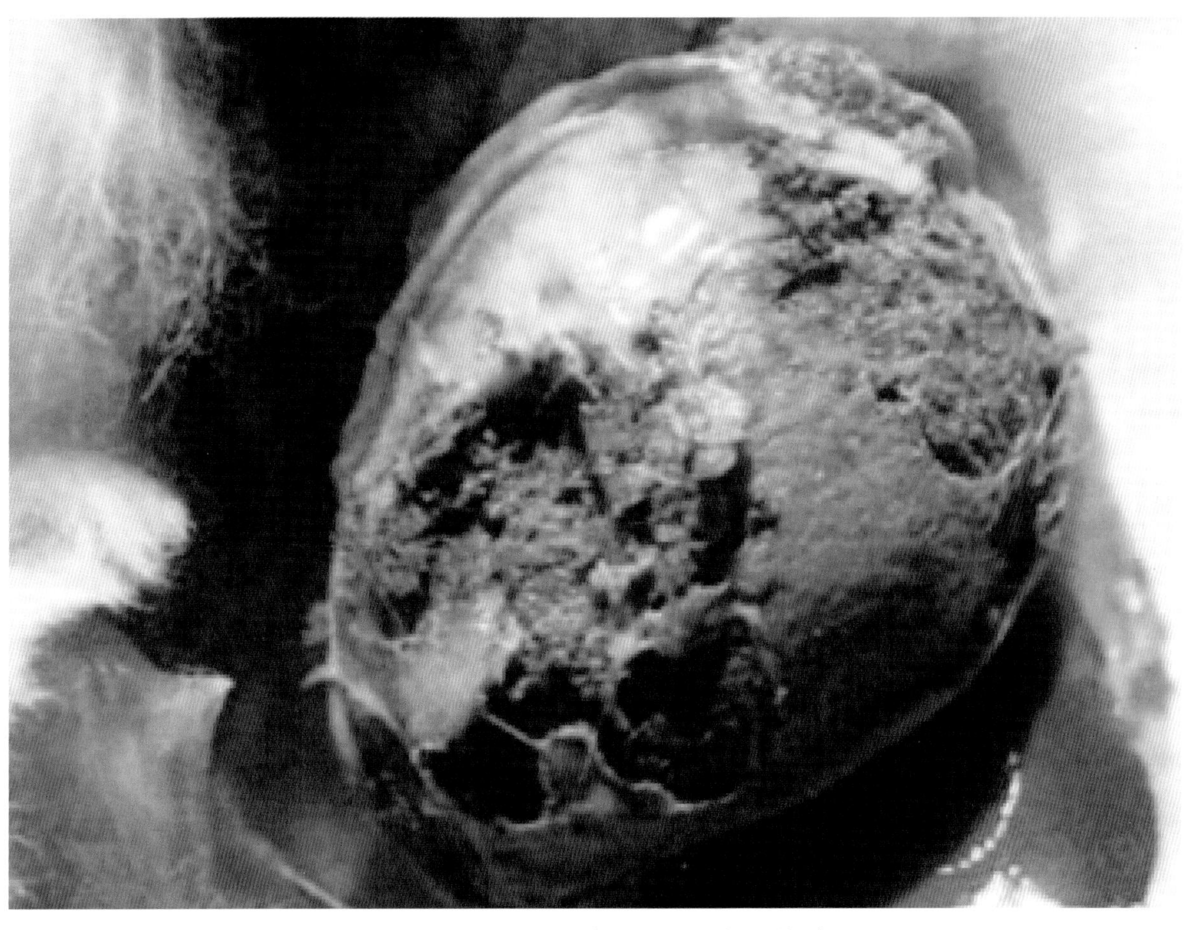

图 5-3-4　胃黏膜脱落（董亚芳、王启明 供图）

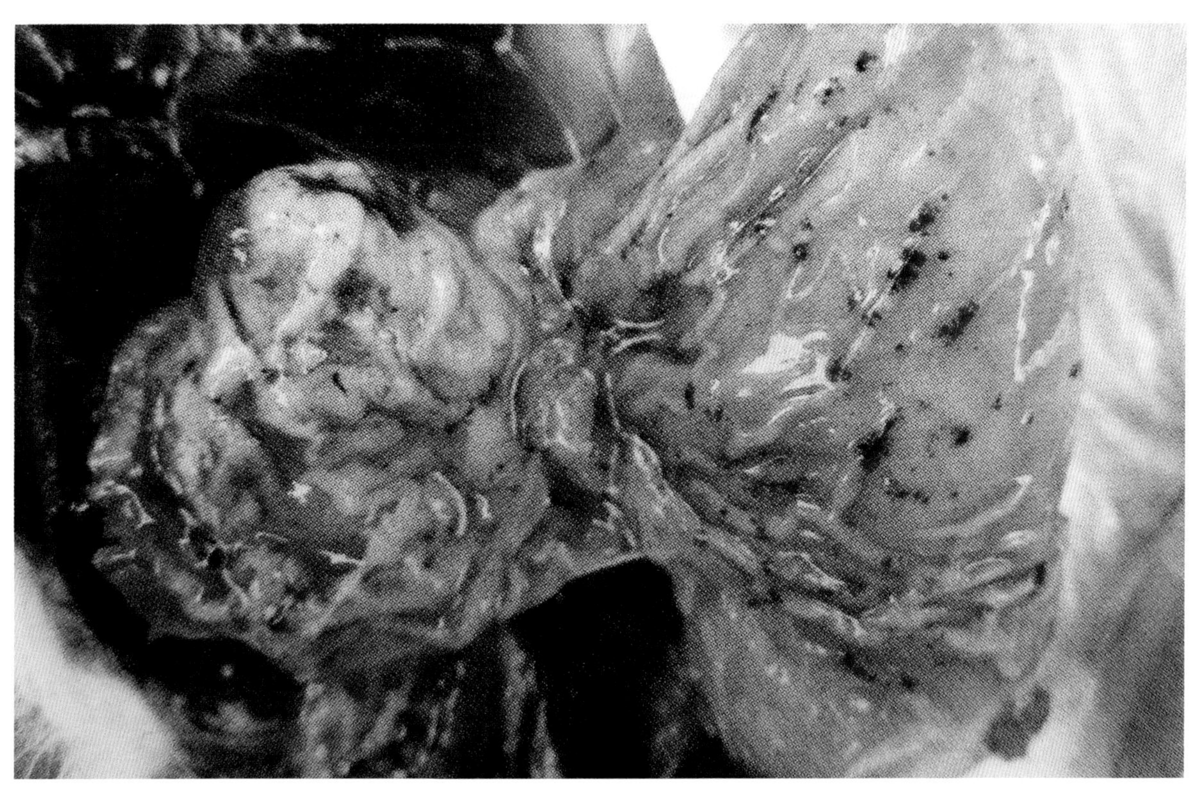

图 5-3-5　出血性胃炎（任克良 供图）

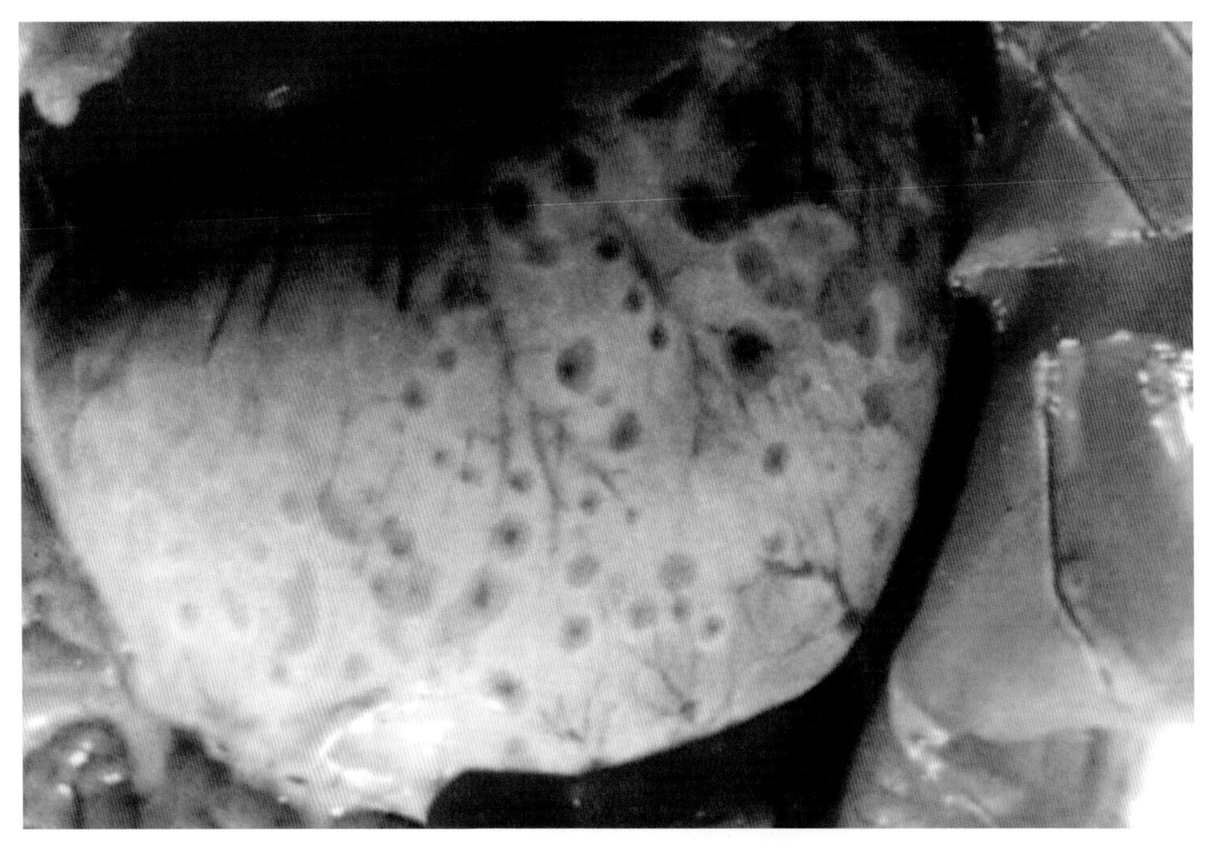

图 5-3-6　胃溃疡（董亚芳、王启明 供图）

图 5-3-7　盲肠出血（董亚芳、王启明 供图）

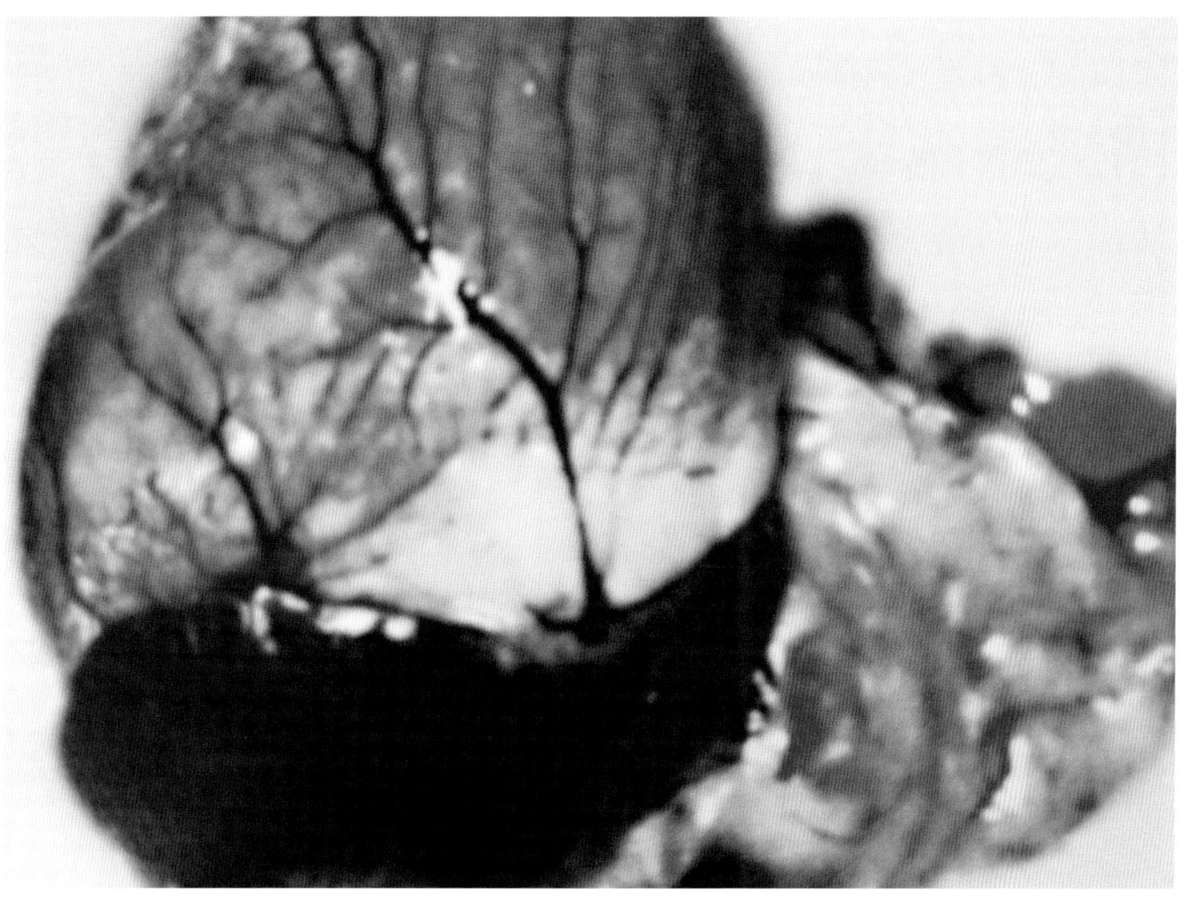

图 5-3-8　心外膜充血（任克良 供图）

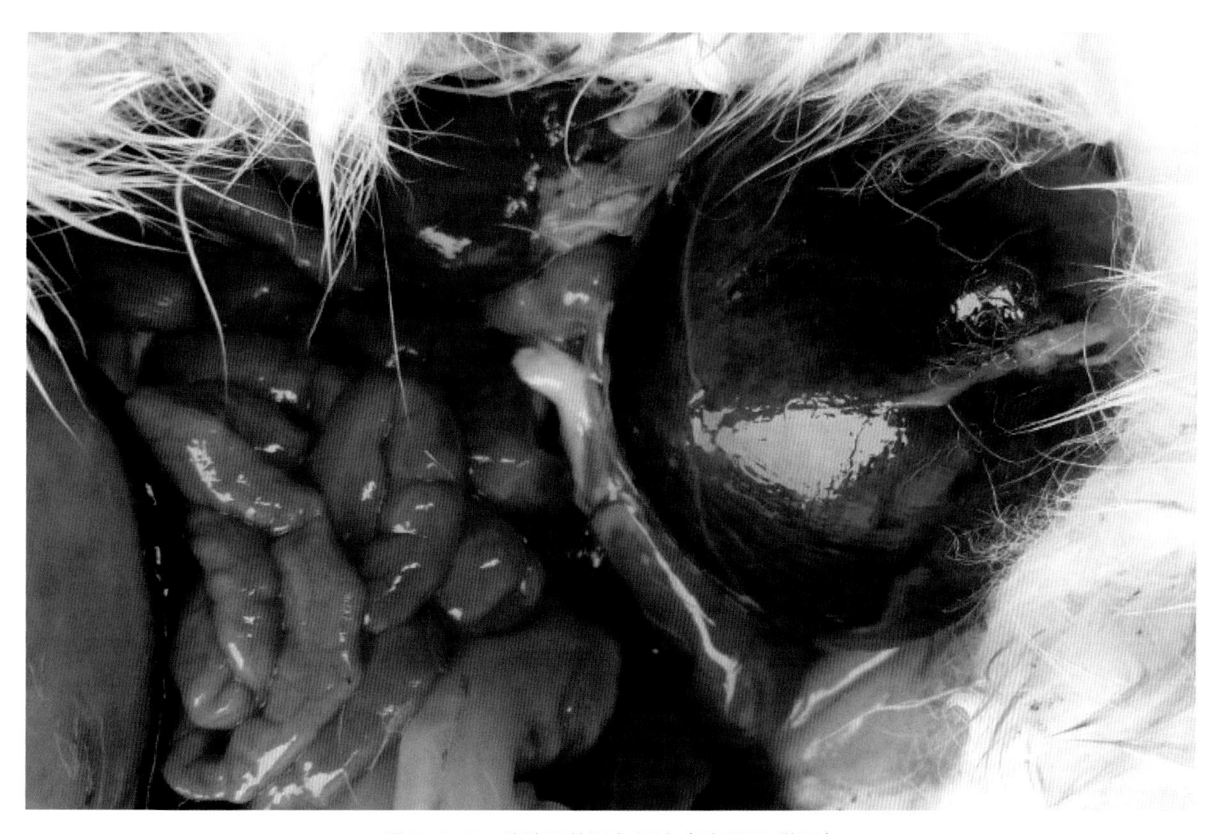

图 5-3-9　膀胱积茶褐色尿液（魏后军 供图）

1. 细菌学检验

取病死兔的结肠、盲肠内容物涂片染色，显微镜观察，可见革兰氏阳性大杆菌，有荚膜，部分有芽孢；取结肠、盲肠水样内容物，经 80℃ 10min 加热后，接种于厌氧肉汤培养基中，在 37℃条件下培养 20h，然后在山羊血平板上厌氧培养 24h，出现双重溶血圈的菌落，内圈为 β 溶血，外圈为 α 溶血；经生化鉴定为 A 型产气荚膜梭菌，即可诊断。

2. 血清学诊断

试管凝集试验可诊断该病。

3. 动物接种试验

将厌氧肉汤培养物 0.05 ~ 0.1mL 接种小白鼠，24h 内死亡，接种部位组织坏死即可确诊。

六、类症鉴别

兔产气荚膜梭菌病应与其他腹泻疾病相区分：轮状病毒病主要发生于 4 ~ 6 周龄幼兔；球虫病多发于断奶至 3 月龄的兔，肠内容物和一些坏死结节中含有较多的球虫卵囊；沙门氏菌病会伴有母兔流产；泰泽氏病可在受害组织细胞浆中看到毛样芽孢杆菌等。

七、预防

1. 加强饲养管理

搞好兔场的饲养管理和兽医防疫卫生工作，减少疫病诱发应激因素，保持兔舍清洁卫生。多饲喂粗纤维含量高的饲料，适当减少高能量、高蛋白饲料，以减轻家兔胃肠道负担。更换饲料要逐步进行，防止饲喂过多谷物饲料和含蛋白质过多的饲料，禁喂发霉变质的饲料，特别是劣质鱼粉。在天气寒冷的冬春季节，要做好防冻保暖工作，同时，要适时通风换气，保持干燥，防止氨浓度过高，不饲喂冰冻水，以免发生腹泻。

2. 加强引种检疫

要从健康兔场引进种兔。种兔引进后应隔离检疫观察，并补注疫苗，杜绝传染源的引入。

3. 疫苗预防

定期注射家兔产气荚膜梭菌 A 型灭活疫苗，仔兔断乳后即可注射，2mL/ 只，每年注射 2 ~ 3 次。

八、治疗

如果兔群发病，可以在饲料或饮水中加恩诺沙星、土霉素等药物，紧急用药，并紧急预防注射疫苗，控制发病。

由于该病发病急，病程短，出现腹泻时可尽早用抗血清治疗，2 ~ 3mL/kg·bw 皮下注射或肌内注射，2 次 /d，连用 3 ~ 5d，疗效较好。

病兔注射 2% 恩诺沙星注射液，1mL/kg·bw，2 次 /d，连用 3d。

第四节 兔流行性腹胀病

在国内，该病始见于2004年春，首先在山东省某兔场发生，后该省诸多兔场发生，继而在全国各地陆续流行，造成很多兔场因此倒闭。临床多表现为腹胀，且具有传染性，又因其病因至今不清楚，故暂定此名，因采用有些抗菌药治疗有一定的疗效，因此怀疑可能与某些细菌有关。各品种兔均可发病，以断奶后至4月龄兔发病为主，发病率可高达30% ~ 70%，发病死亡率可达90%以上，一年四季均可发病，无区域性。

一、临床症状

发病初期，病兔减食，精神欠佳，腹胀（图5-4-1），怕冷，扎堆（图5-4-2），渐至不吃料，但仍饮水，粪便在病初变化不大，后粪便渐少，病后期以排黄色、白色胶胨样黏液为主（图5-4-3），部分兔死前少量腹泻。摇动兔体，有响水声，腹部触诊，前期较软，后期较硬，部分兔腹内无硬块。发病期间体温不升高，死亡前体温下降至37℃以下。病程3~5d，发病兔绝大部分死亡，极少能康复。

图5-4-1 发病兔腹部臌胀（薛家宾 供图）

图 5-4-2　病兔怕冷、扎堆（薛家宾　供图）

图 5-4-3　笼底板下的胶胨（薛家宾　供图）

二、病理变化

尸体脱水、消瘦。肺局部出血。胃臌胀（图 5-4-4），部分胃黏膜有溃疡（图 5-4-5），胃内容物稀薄如水，胃内充气。部分小肠出血、肠壁增厚、扩张（图 5-4-6）。盲肠内充气，内容物较多，部分干硬成块状，如马粪（图 5-4-7），部分肠壁出血（图 5-4-8），有的肠壁水肿增厚。结肠至直肠，多数充满胶胨样黏液（图 5-4-9），剪开肠管，胶胨样物呈半透明状或带黄色（图 5-4-10）。肝、脾、肾等未见明显变化。

5-4-4　胃内充满液体和气体、肠充气（薛家宾 供图）

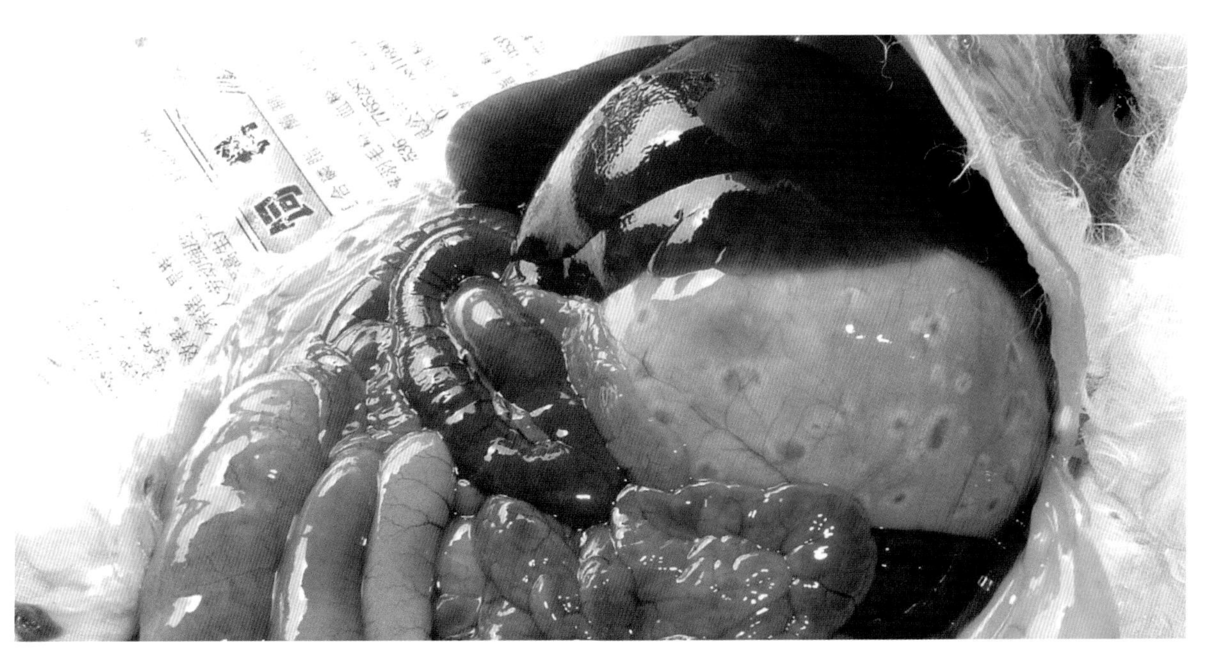

5-4-5　胃溃疡（薛家宾 供图）

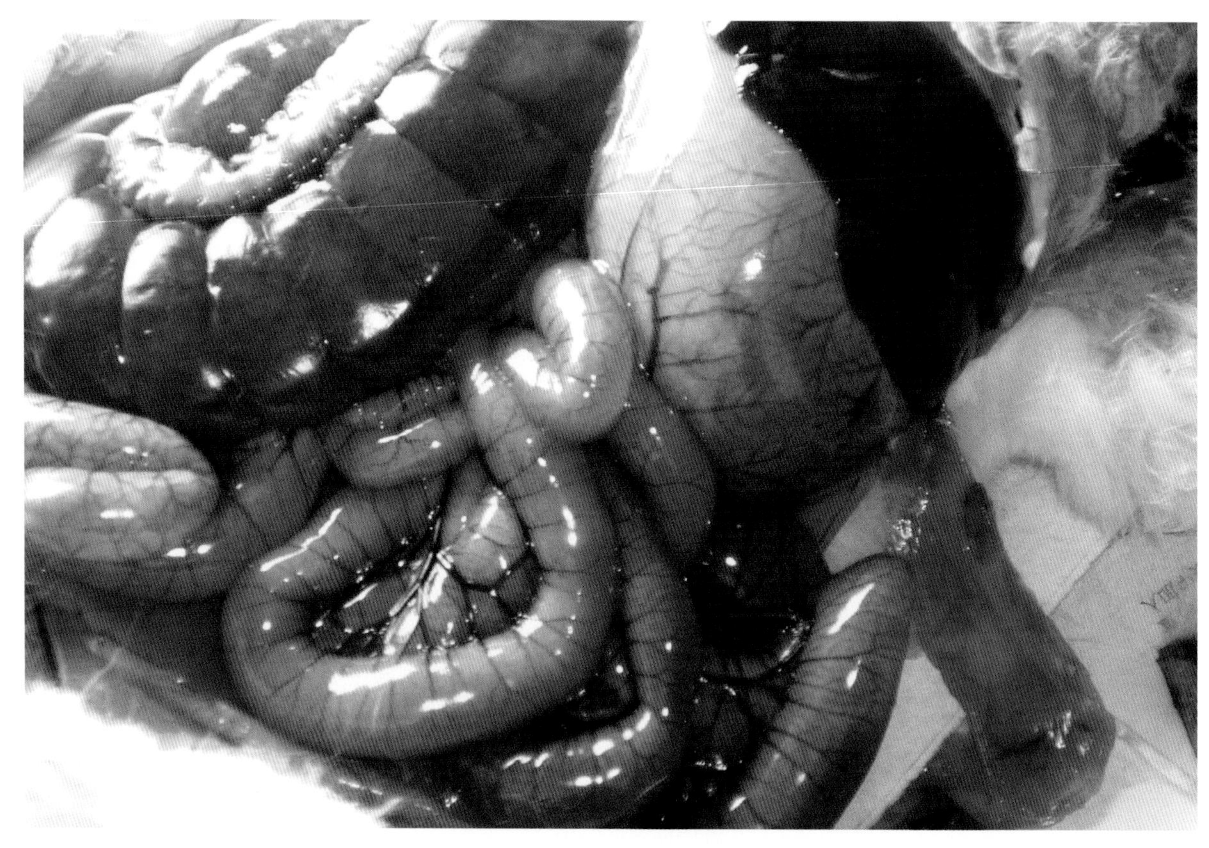

5-4-6　小肠扩张、充血、出血（薛家宾 供图）

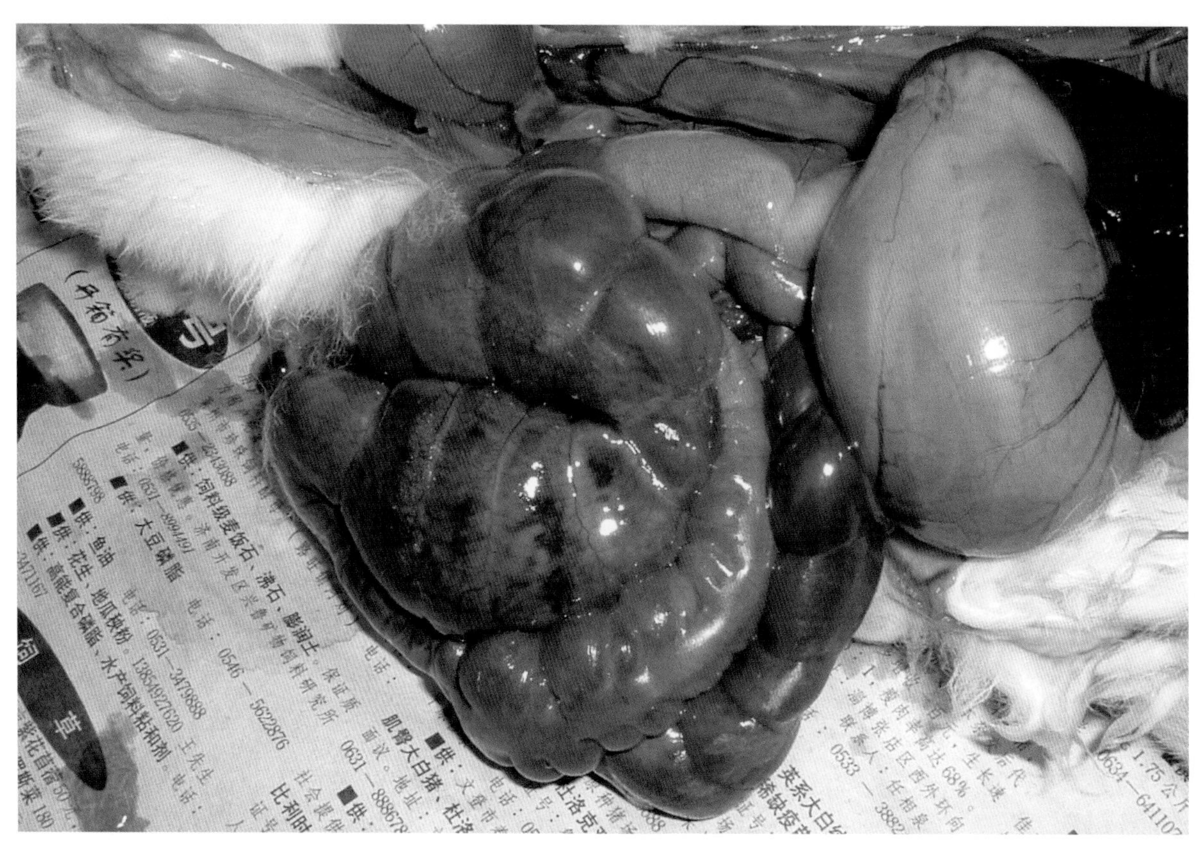

5-4-7　盲肠出血（薛家宾 供图）

5-4-8　盲肠闭结、内容物干硬（薛家宾 供图）

5-4-9　结肠内大量透明胶胨（薛家宾 供图）

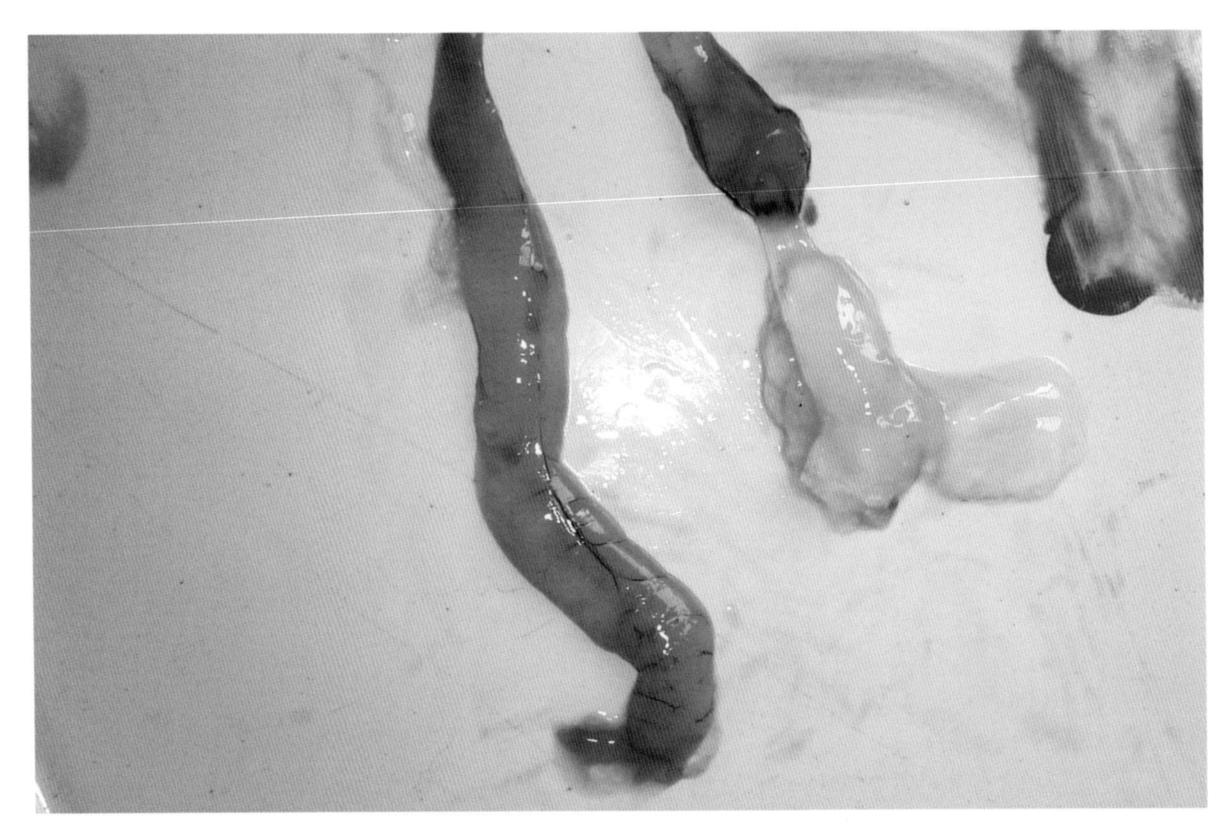

5-4-10 肠内胶胨（薛家宾 供图）

三、临床诊断

断奶至4月龄兔发病，开始少吃料，转而不吃料，腹部臌胀，摇动兔体，有响水声，粪便渐少，或带有胶冻，死亡前部分兔排少量稀粪。剖检时见胃臌胀，部分有溃疡，胃内容物稀薄，盲肠内容物变干，成硬块，结肠内有较多的胶胨样黏液，有时肺有出血。依据以上条件可以做出诊断。

四、类症鉴别

球虫病。其发病日龄大小相近，症状有些相似，病兔以腹泻为主，有磨牙，但盲肠内没有硬块。在粪便或肠内容物可见较多球虫卵囊。

五、预防

用复方新诺明拌料对预防该病有一定的效果。复方新诺明以千分之一（以原药计算）的比例拌料，喂断奶后的幼兔，连用5～7d。病情严重的兔场，隔1周重复1个疗程。

六、治疗

发病初期，用5%复方新诺明，皮下注射，1～2mL，1～2次/d，连用几天，有一定的效果。

将已发病兔放在有草的庭院里自由活动，会有部分兔自然康复。

或用溶菌酶加百肥素，按 200g/t 拌入饲料中，连用 5 ~ 7d，治疗效果明显。

第五节　兔大肠杆菌病

家兔大肠杆菌病（又称黏液性肠炎）是由大肠杆菌及其毒素引起的肠道传染病，死亡率高，以水样和胶胨样腹泻为特征。

该病一年四季都可以发生，各种年龄、性别的兔都有易感性，但 1 ~ 3 月龄兔多发。该病常与饲养条件和气候等环境的变化有关。由于致病性大肠杆菌侵入肠道，产生大量毒素，而引起腹泻，甚至死亡。兔场一旦发生该病，常因场地和笼具的污染而引起流行，造成大批发病死亡。该病主要是因饲料、饮水被病菌污染，兔采食后通过消化道感染。

一、病原体

大肠杆菌为革兰氏阴性，无芽孢，一般具有鞭毛。大肠杆菌在水中能生存数周至数月之久，在 0℃粪便中能存活 1 年。用一般消毒药品能很快杀死病原。大肠杆菌于麦康凯营养琼脂长出红色菌落；在普通平皿中菌落形态特征为：边缘整齐、表面光滑湿润、圆形，烟灰色菌落。菌体形态：中等大小、两端钝圆、散在或成对存在的革兰氏阴性短杆菌。大肠杆菌发酵葡萄糖、麦芽糖、乳糖、甘露醇产酸并产气，发酵蔗糖、山梨醇产酸，MR 阳性，V-P 阴性，靛基质及硝酸盐还原阳性，枸橼酸盐、尿素酶、氧化酶及硫化氢阴性。

二、临床症状

病兔开始精神不振，食欲减退，粪便在发病初期常常会出现变细变小（图 5-5-1），随后腹泻，呈黄色至棕色，血便或黏液便（图 5-5-2 至 图5-5-4）。当将兔体提起摇动时可听到响水音。当粪便排空后，肛门努责并排出大量胶样黏液。此时病兔四肢发冷、磨牙。病兔体温一般正常，或低于正常。迅速消瘦，体重减轻。急性型病程很短，1 ~ 2d 死亡，有的病兔耐过存活，但生长缓慢。

三、病理变化

胃膨大，充满多量液体和气体。十二指肠常充满气体，内有黄色黏液样液体。结肠、盲肠浆膜和黏膜充血或有出血点。有些病例肝脏、心脏有小坏死点。有些病例盲肠内容物呈水样并有大量气体（图 5-5-5），直肠也常充满胶胨样黏液。肠系膜淋巴结肿大（图 5-5-6），甚至出血。

图 5-5-1　粪便细小（韦强　供图）

图 5-5-2　黏液便（韦强　供图）

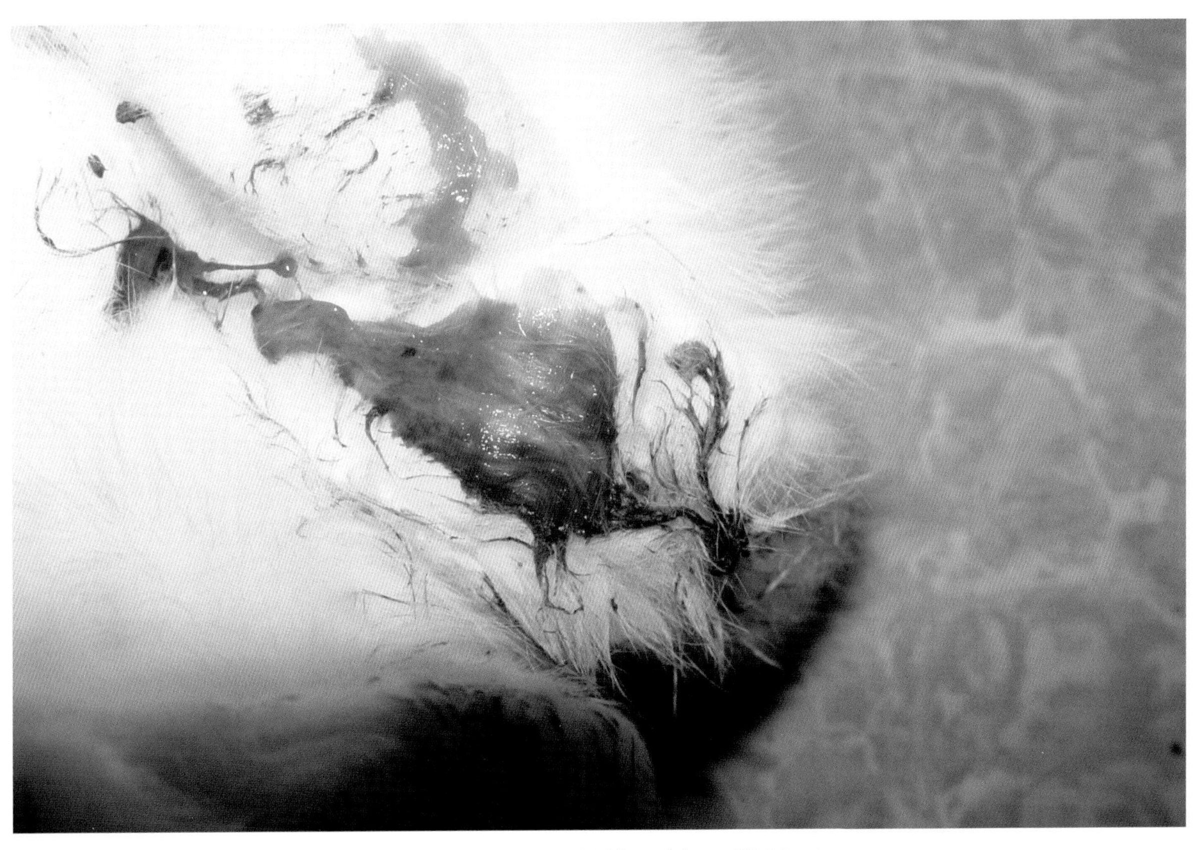

图 5-5-3　肛周黏附粪便（韦强 供图）

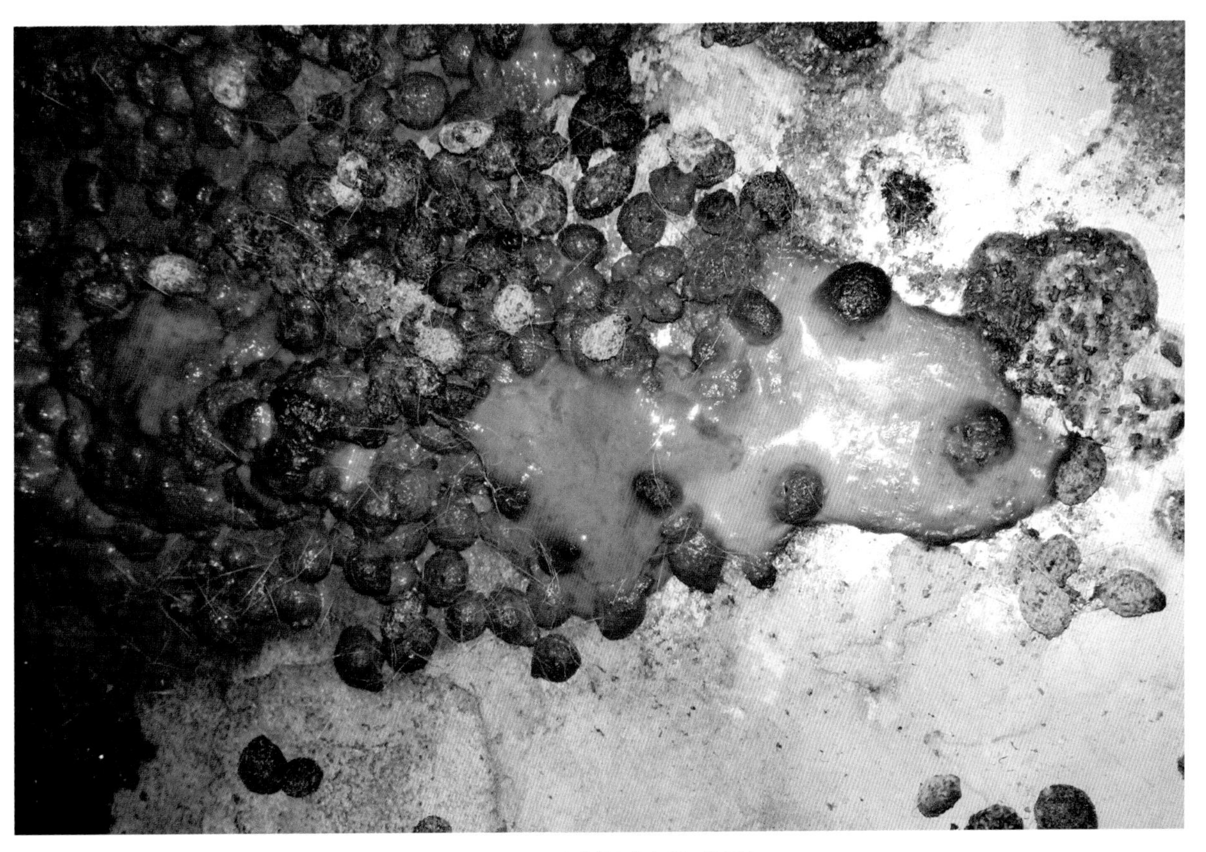

图 5-5-4　血样便（韦强 供图）

图 5-5-5　盲肠充气，液体稀薄（韦强 供图）

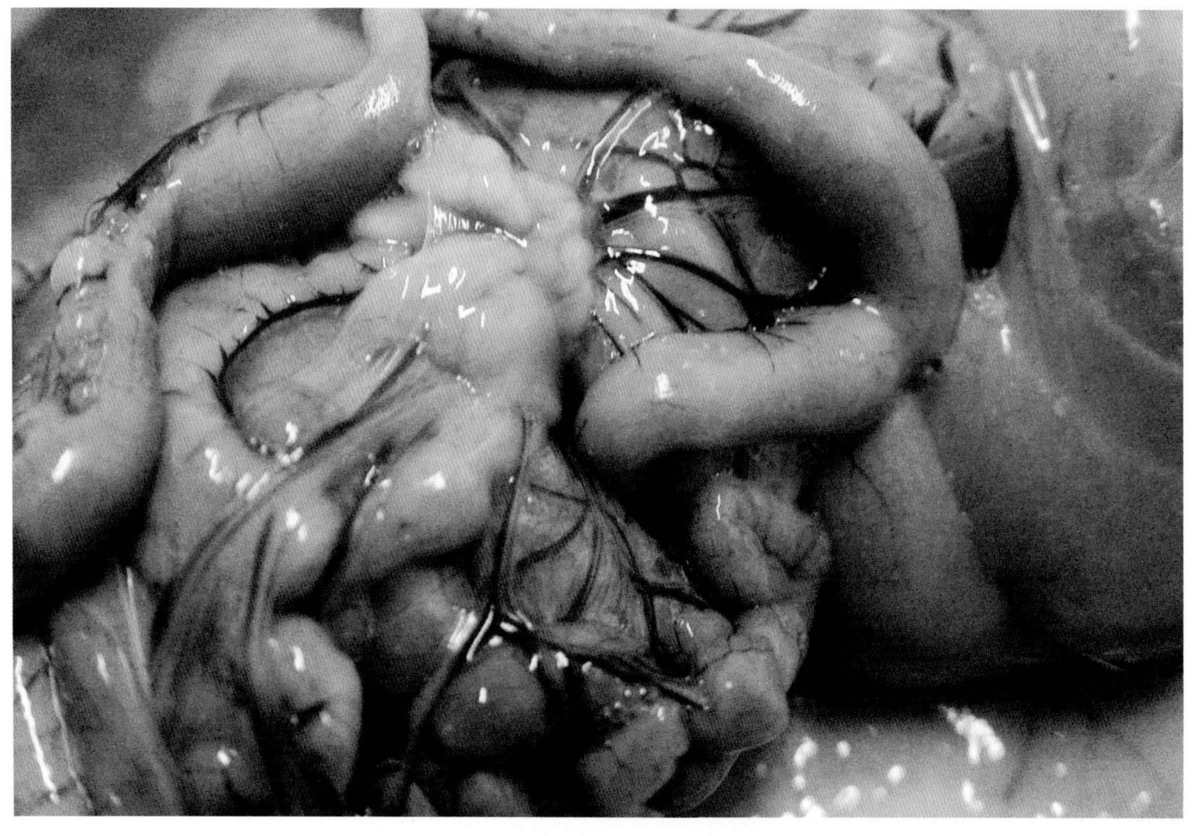

图 5-5-6　肠系膜淋巴结肿大（韦强 供图）

四、诊断

根据临床症状、病理变化，以及菌落菌体的形态特征，生化特性，能够做出初步诊断，为了确诊，可作 PCR 进一步诊断。

鉴定大肠杆菌，根据参考文献，设计致病性大肠杆菌 LEE 毒力岛上的标志基因 eaeA 的特异性引物，预计扩增的片段长度为 384bp：

上游引物 P1：5’-GACCCGGCACAAGCATAAGC-3’；

下游引物 P2：5’-CCACCTGCAGCAACAAGAGG-3’。

PCR 扩增反应体系（25μL）：preminx Ex Taq12.5μL，P1 和 P2 各 1μL，加双蒸水补足至 25μL。扩增反应程序：92℃ 4min；92℃ 45s，55℃ 45s，72℃ 45s，35 个循环，72℃ 30min，4℃终止。取 6μL PCR 产物于 1.5% 琼脂糖凝胶电泳检测。

经 PCR 能扩增到大小为 384bp 的条带，则可进一步确定分离鉴定的为致病性大肠杆菌。

五、类症鉴别

产气荚膜梭菌病：该病以剧烈水泻、粪便呈绿色、胃黏膜脱落、胃溃疡和盲肠浆膜炎为特征，而大肠杆菌病往往是腹泻与便秘交替出现，粪便及肠内容物带有较多胶胨为特点。

泰泽氏菌病：泰泽氏菌病的粪便呈褐色，盲肠水肿，浆膜弥漫性出血和心肌有条纹状白色坏死，脾脏萎缩。

副伤寒：副伤寒引起的腹泻的粪便是泡沫状，母兔流产，盲肠、圆小囊有粟粒状灰白色结节，肝脏亦有灰白色坏死病灶。

轮状病毒病：轮状病毒性腹泻主要发生在仔兔，水泻呈绿色，病理变化是小肠盲肠壁水肿、出血、肠内容物呈黄色或黄绿色。

六、预防

1. 该病病原是致病性大肠杆菌

平时应减少应激刺激，特别是对刚断奶的幼兔，其饲料不能突然改变。大肠杆菌正常存在于肠道内，当饲料突变等应激出现后，正常菌群的平衡失调，大肠杆菌会大量繁殖，毒素增多，导致疾病的发生。

2. 注意清洁卫生

加强消毒，减少舍内病原密度，加强饲养管理，提高兔的体质和抗病力，减少疾病的发生。

七、治疗

庆大霉素。肌内注射，1 ~ 2mL/kg·bw。2 次 /d，连用 2 ~ 3d。

卡那霉素。肌内注射，10 ~ 20mg/（kg·bw），2 次 /d，连用 2 ~ 3d。

磺胺脒（SG）。内服，首次剂量为 0.2 ~ 0.5g/kg·bw，维持剂量为 0.15 ~ 0.3g/kg·bw，3 次 /d，

连用 2 ~ 3d。

盐酸环丙沙星。内服，5 ~ 8mg/（kg·bw），肌内注射，为 4 ~ 5mg/（kg·bw），2 次 /d。

乳酸环丙沙星。肌内注射，5mg/（kg·bw）。

有严重脱水和体弱的病兔，静脉注射 10% 葡萄糖盐水 20 ~ 40mL，同时灌服黄连素、维生素 C、维生素 B_1 各 1 片，矽炭银 2g，2 次 /d。

第六节　兔沙门氏菌病

兔沙门氏菌病（Salmonellosis）是由鼠伤寒沙门氏菌和肠炎沙门氏菌引起的兔的一种消化道传染病，又名兔副伤寒。1885 年沙门氏等在霍乱流行时分离到猪霍乱沙门氏菌，故定名为沙门氏菌属。沙门氏菌为常见的肠道病原菌之一，在自然界分布广泛，种类繁多，目前，已检测出沙门氏菌血清型 2 500 余种，我国已有 292 个血清型的报道。家兔主要表现腹泻、流产和急性死亡，也可呈败血症，对妊娠母兔危害大。

一、病原体

鼠伤寒沙门氏菌（*Salmonella typhimurium*）和肠炎沙门氏菌（*Salmonella enteridis*）为革兰氏阴性、短杆状（2 ~ 4）μm × 0.5μm，具有周鞭毛并常有菌毛，不形成芽孢。该菌为需氧和兼性厌氧，能在不添加特殊生长因子的特定培养基上生长良好，能利用枸橼酸作为唯一碳来源。该菌一般都能产气，不水解尿素，不发酵乳糖。在普通培养基上菌落圆整、光滑、湿润而凸起，呈半透明，肉汤培养一致混浊。该菌对四磺酸盐或亚硒酸盐有选择性的利用能力，因此，用这些化合物作为增菌培养基，就能从高度污染的标本中将少数沙门氏菌分离出来。为了分离沙门氏菌已设计出多种特殊配方的鉴别和选择性培养基。目前最常用的是亮绿、麦康凯琼脂和亚硫酸铋琼脂（BS）。该菌最适生长温度是 37℃，但在 43℃也能生长良好，因此，常被利用于在有严重污染的标本中分离该菌时减少杂菌生长的一项措施。沙门氏菌主要有 3 种抗原，即 O（菌体）、H（鞭毛）和 Vi（毒力）抗原。O 抗原的特异性取决于细胞膜上的脂多糖结构与组成；H 抗原由蛋白质组成，不耐热；Vi 抗原存在于伤寒沙门氏菌菌体上。以上抗原可用于该菌的鉴定。该菌抵抗力中等，在干燥环境中可以存活 1 个月以上，常用消毒剂，如石炭酸和来苏尔溶液可以在几分钟将该菌杀死。

二、流行病学

鼠伤寒沙门氏菌和肠炎沙门氏菌的宿主范围很广泛，包括哺乳动物、爬行动物和鸟类。病兔、带菌兔和其他被感染动物的排泄物污染饲料、饮水、垫料、笼具等，饲养员的直接接触都能引起感染。此外，野生啮齿动物和苍蝇也是该病的传播者。兔沙门氏菌病一年四季都可以发生，但繁殖期发病率最高，特别是仔兔和怀孕母兔较易发生。在饲养管理和卫生不好的情况下，兔体瘦弱，往往大批发病死亡。消化道是该菌的主要感染途径，仔兔经子宫及脐带感染。另外，因健康动物肠道内本身就有这种菌寄生，当环境发生变化、饲养管理不良及患其他疾病使机体抵抗力降低时，该菌可通过内源性感染而发病。所以，饲养管理不当、卫生条件不良和兔体弱、气候剧变等均是主要诱发因素。该病传染性较强，发病兔不分年龄、性别和品种，以妊娠母兔和幼兔最易感染，无症状兔也可能成为带菌者。

三、临床症状

该传染病的潜伏期为 3 ~ 5d。少数兔发病呈最急性型，不呈现临床症状就突然死亡。一般表现为急性型和慢性型，主要特征为幼兔腹泻和败血症死亡，怀孕母兔主要表现为流产。有的病例具有鼻炎症状，死亡幼兔常常无明显腹泻症状。病兔精神沉郁，食欲废绝，体温升高至 41℃左右，呼吸困难，腹泻，排出有泡沫的黏液性粪便，消瘦，体重下降，病程 3 ~ 10d，最后呈现极度衰竭而死亡。患病母兔常从阴道内流出脓性分泌物，阴道黏膜潮红肿胀，不容易受胎。已怀孕的母兔常发生流产。流产的胎儿体弱，皮下水肿，很快死亡。也有的胎儿腐化或成木乃伊，母兔常在流产后死亡。康复的母兔不易受孕。

四、病理变化

病理变化因病程的长短而不同。突然死亡的兔呈败血症病理变化，大多数内脏器官充血，有出血斑块。胸腔、腹腔内有多量浆液或纤维素性渗出物。肠黏膜充血和出血（图 5-6-1），有的肠黏膜脱落形成溃疡，肠系膜淋巴结肿胀，或有灰白色结节，圆小囊和蚓突黏膜有弥漫性灰黄色小结节，脾脏充血肿大，肝脏常有弥漫性针尖大小的坏死点（图 5-6-2），心肌上有时能见到颗粒状结节。有的死亡仔兔除脾脏肿大（图 5-6-3）、坏死（图 5-6-4）外，其他脏器无明显病变。有的病例死亡兔伴有肺炎等（图 5-6-5、图 5-6-6）。

母兔子宫肿大，子宫壁增厚，伴有化脓性子宫炎，子宫黏膜覆盖 1 层淡黄色纤维素性污秽物，并有溃疡。未流产的胎儿发育不全或死胎（图 5-6-7）或成为木乃伊胎。

五、诊断

1. 涂片染色镜检

取肿大的肝、脾或发热病兔的血液涂片，革兰氏染色，镜检，可见革兰氏阴性的小杆菌。

2. 细菌培养

采取病兔肿大的肝、脾，接种鲜血琼脂平板，37℃培养 24h，长出圆形、表面光滑、无色半透明的菌落，涂片染色镜检为革兰氏阴性的小杆菌，两端钝圆。挑选典型菌落，接种于麦康凯培养基，37℃培养 24h，长出无色半透明、边缘整齐、湿润隆起的小菌落。

3. 动物试验

将肿大的肝脏用生理盐水制成 1 : 10 的悬液，另取典型菌落制成乳剂，腹腔注射小白鼠，0.2mL/

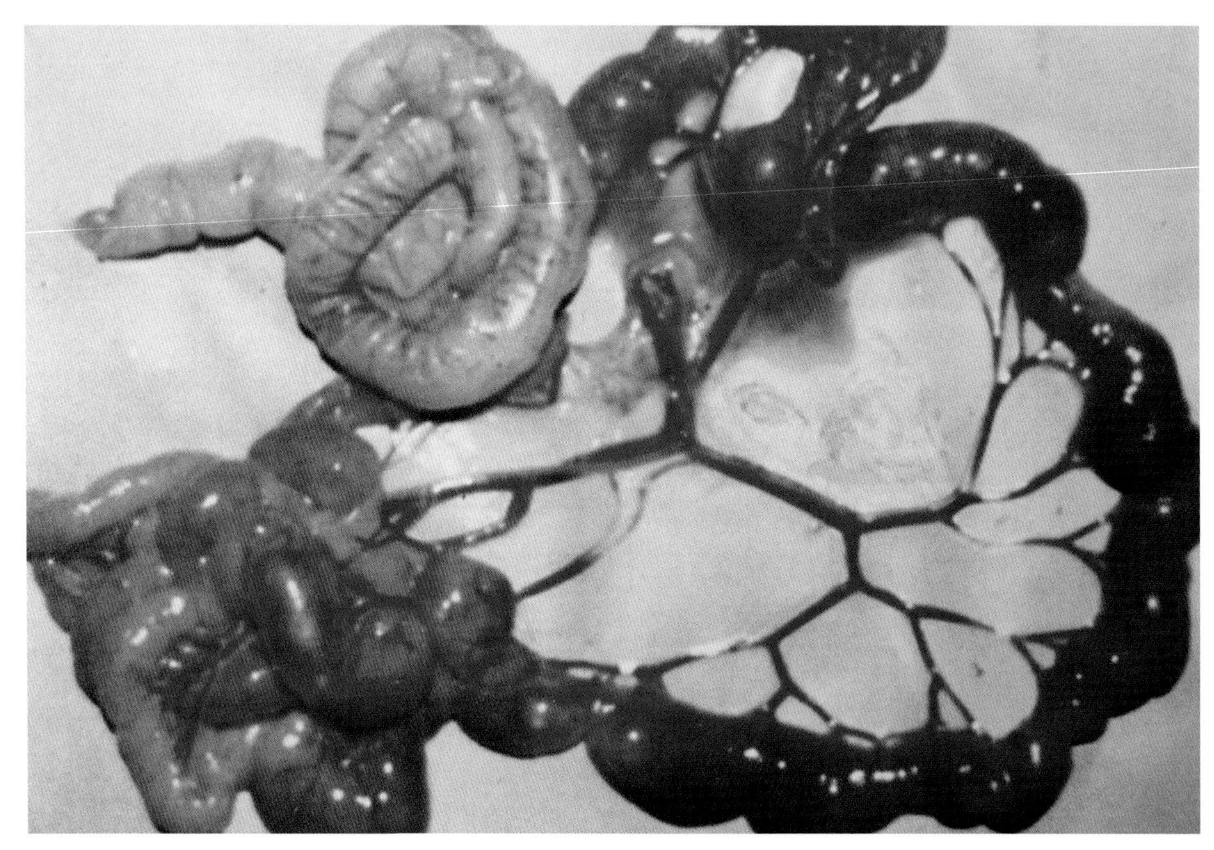
图 5-6-1　肠充血（王永坤 供图）

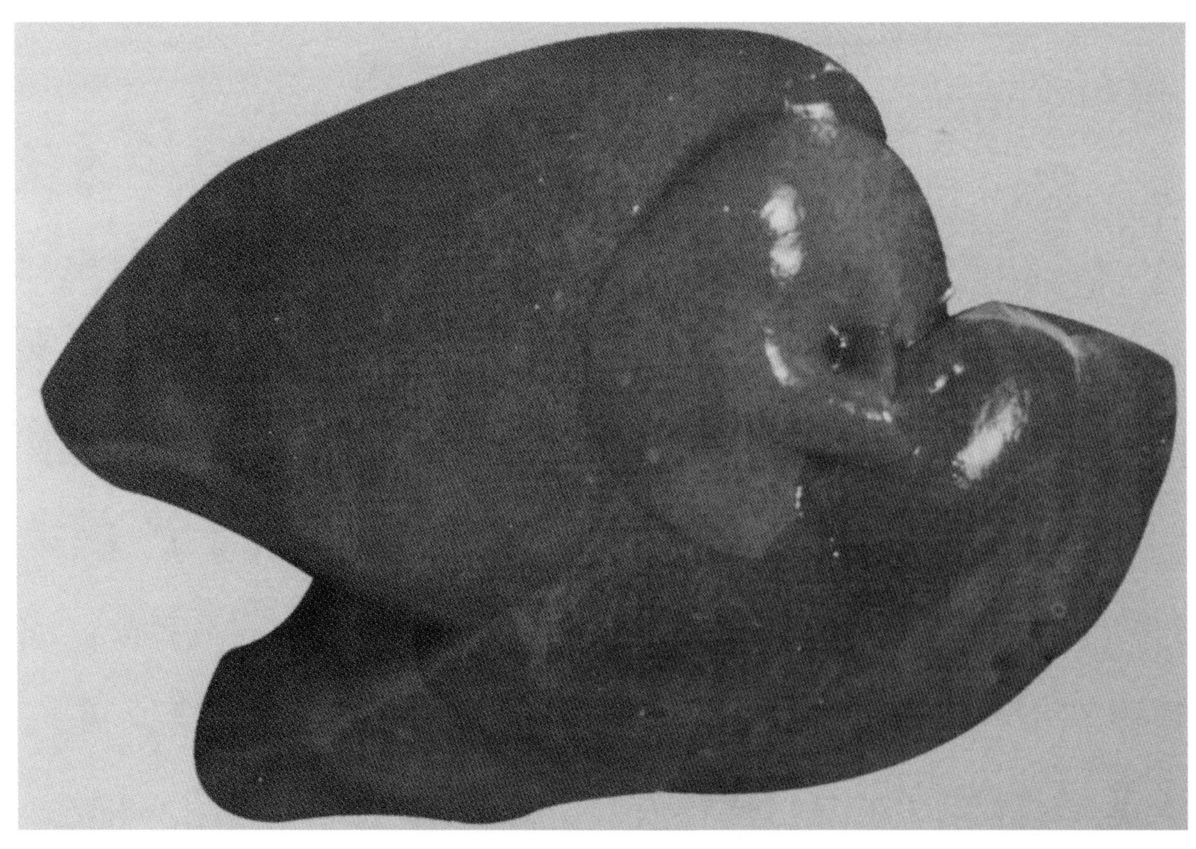
图 5-6-2　肝坏死灶（陈怀涛 供图）

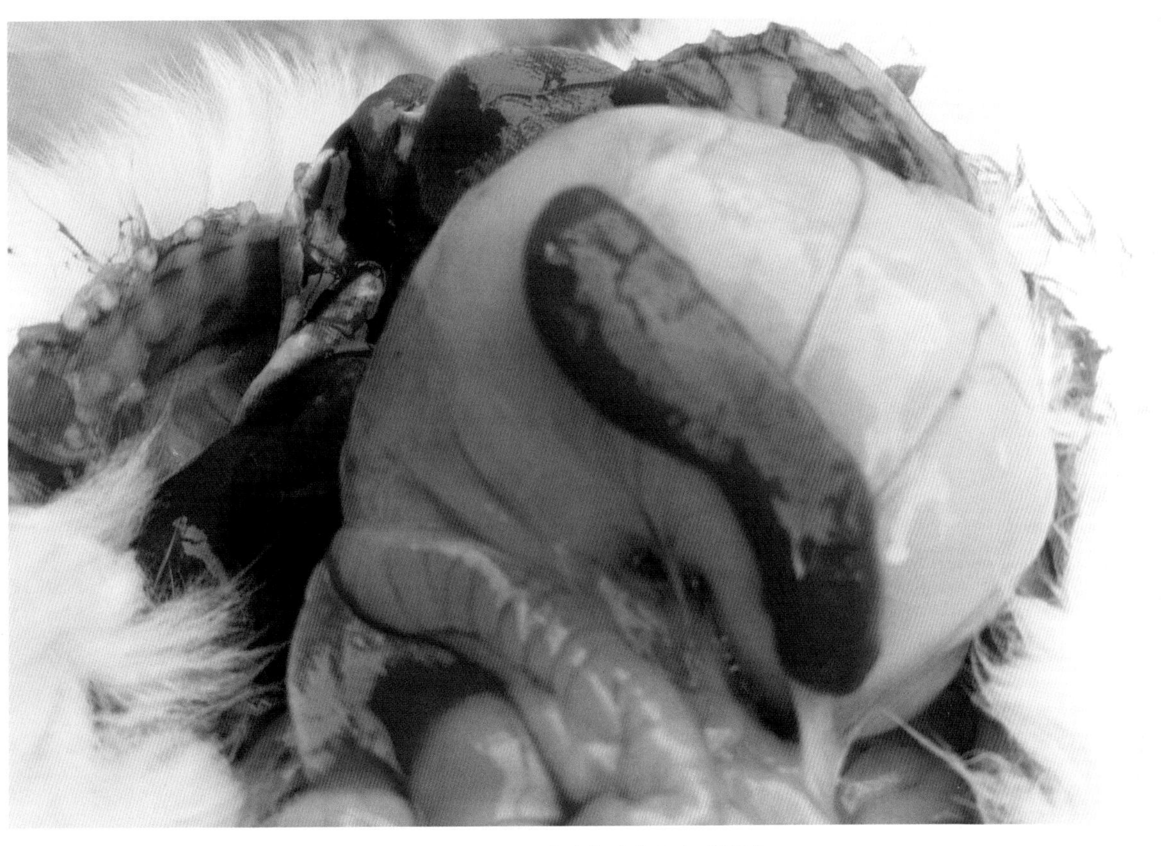

图 5-6-3　脾肿大（薛家宾 供图）

图 5-6-4　脾坏死（薛家宾 供图）

图 5-6-5 肺炎（薛家宾 供图）

图 5-6-6 肺炎（薛家宾 供图）

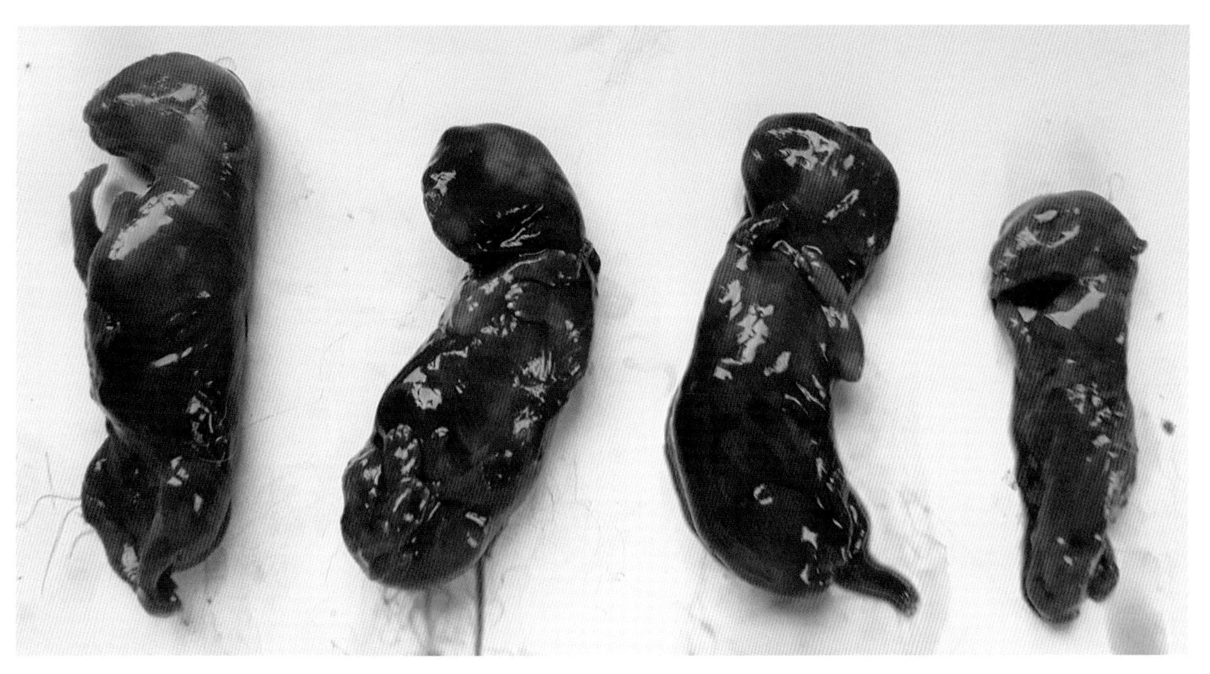

图 5-6-7　死胎（范志宇 供图）

只。试验小白鼠于 60h 内全部死亡。解剖取死亡鼠的心血、肝脏涂片，染色镜检，均发现有大量的与病料中相同的革兰氏阴性小杆菌。

4. 生化反应

取麦康凯培养基上的菌落作生化反应，结果能分解葡萄糖，产酸产气，不能分解乳糖、蔗糖，V-P（－）、M.R（＋）、吲哚试验（－），不分解尿素，能产生硫化氢，并能被沙门氏菌多价血清所凝集。

六、类症鉴别

1. 兔大肠杆菌病

兔沙门氏菌病引起腹泻的粪便呈泡沫状，母兔流产，盲肠、圆小囊有粟粒状灰白色结节，肝脏亦有灰白色坏死病灶。而大肠杆菌病粪便除特有的胶胨状黏液外，则没有其他特征。

2. 兔伪结核病

兔沙门氏菌病与兔伪结核病剖检时可见到盲肠蚓突、圆小囊和肝脏浆膜上有粟粒大灰白色结节，但伪结核病的结节扩散融合后可形成片状，显著肿大，呈黄白色，而蚓突呈腊肠样，质地硬，脾脏也显著肿大，结节有蚕豆大，而沙门氏菌病除仔兔可能出现脾脏肿大外，不会有上述症状，可作为鉴别的重要依据。沙门氏菌病母兔可发生阴道炎和子宫炎而引起流产，而伪结核病不会发生。

七、预防

加强饲养管理，搞好清洁卫生，加强消毒，开展灭鼠工作，同时，做好兔舍的保暖，饲料搭配适宜，以提高兔体的抵抗力。发现病兔及时隔离治疗，对死亡兔和扑杀处理的死兔应深埋处理或烧毁。发病兔场淘汰病、残、弱兔，全群用药 1 ~ 2 个疗程，全面消毒。

八、治疗

沙门氏菌血清型多，治疗前最好进行药敏试验，选择最敏感的药物进行治疗，同时，使用足够的药量，适当维持用药时间，以免出现反复。

氟苯尼考。20 ~ 30mg/（kg·bw），内服。或用 20mg/（kg·bw）肌内注射，2 次 /d，连用 3 ~ 5d。

急性病兔可用 5% ~ 10% 葡萄糖盐水 20ml 加庆大霉素 4 万 IU，缓慢静脉注射，1 次 /d，并用链霉素 50 万 IU 肌内注射。

第七节　兔葡萄球菌病

该病是由金黄色葡萄球菌引起的家兔发生的一种化脓性疾病，其特征为各器官形成化脓性炎症。

葡萄球菌在自然界中分布很广，空气、尘土、水、饲料及各种物体上都有存在，家畜的皮肤、黏膜、肠道、扁桃腺等也有寄生，尤其是污秽潮湿的地方特别多。家兔对该病最为易感，当皮肤或黏膜受到损伤时，病菌乘机侵入而引起感染，可发生局部炎症，并可导致转移性脓毒血症；通过哺乳母兔的乳头或乳房损伤感染时，可导致乳房炎；仔兔吮入含该菌的乳汁后，可引起黄尿病，甚至败血症。

一、病原体

葡萄球菌为革兰氏阳性菌，在肉汤中培养，初期呈均匀混浊，后可于管底产生少许沉淀，同时能形成菌环。在普通琼脂上形成圆形、湿润、不透明、稍凸起、表面光滑、边缘整齐的直径 1 ~ 2mm 的菌落。菌落初期呈灰白色，继而为金黄色。血液琼脂上能形成明显的溶血环。显微镜下菌体形态可见球形、单个、成对、无芽孢、无荚膜或排成葡萄串状。

生化特性：乳糖、葡萄糖、蔗糖、麦芽糖、甘露醇、果糖呈阳性，不产生靛基质，凝固酶阳性。

二、临床症状与病理变化

依据葡萄球菌侵入机体的部位和扩散情况不同，而出现不同类型的临床症状。

1. 转移型脓毒血症

一般在兔体的皮下或内脏器官上，形成一个或数个脓肿，脓肿由结缔组织包围着，用手触及时感到柔软富有弹性，大小不一。患有皮下脓肿的兔，一般无异常表现，当内脏器官形成脓肿时，造成器官的功能障碍，脓肿经 1 ~ 2 个月后会自行破溃，流出黏稠白色奶油状脓汁，无气味。脓肿破溃形成的伤口经久不愈，经常从伤口流出脓汁并沾染和刺激皮肤，引起兔体局部发痒，兔抓痒而抓伤皮肤，引起皮肤的损伤，脓汁中病原菌通过伤口进入血流并带到其他部位，又形成新的脓肿。脓肿在内脏破溃时，可发生全身性感染，形成败血症，病兔迅速死亡。

2. 仔兔脓毒血症

仔兔出生后 2 ~ 3d，在皮肤表面出现粟粒大的红点，继而形成小脓疱，多数仔兔于 3 ~ 5d 内呈败血症死亡。稍大的仔兔，在腹部、颈部、颌下和腿部内侧皮肤上出现黄豆大小皮下脓肿，患部皮肤高出于表面，揭开后可见脓灶，病程较长，多数病兔因细菌产生毒素或败血症死亡。存活者，脓疱慢慢变干消失痊愈，但存活兔生长缓慢。

3. 仔兔黄尿病

由于母兔患乳房炎，乳汁中含有大量葡萄球菌，当仔兔吃了母乳后，或仔兔自身感染葡萄球菌，可引起仔兔急性肠炎。仔兔发病后呈昏睡状态，全身发软，排出黄色稀便。病兔体形瘦小，肛门周围污染黄色稀便，有腥臭味（图 5-7-1、图 5-7-2）。仔兔整日沉睡（图 5-7-3），体弱，发病后 2 ~ 3d 死亡，死亡率很高。

4. 脚皮炎

发病初期，兔后爪着地部分的毛磨掉后，皮肤的表皮充血、肿胀及破损，随后形成经久不愈的溃疡或蜂窝组织炎（图 5-7-4），患兔小心地换脚休息，后肢发病严重后，前肢着地部分随之发病，表现为肿胀、炎症，病兔行动疼痛，食欲减退，消瘦而死亡。

5. 乳房炎

局部乳房炎，初期乳房有大小不同的肿块，表现为红、肿、热、痛，后逐渐变软，脓肿成熟，表皮破溃，流出脓汁。急性弥漫性乳房炎，先由局部红肿开始，再迅速向整个乳房蔓延，红肿，局部发热，较硬，患兔拒绝哺乳，后转为青紫色，表皮温度下降，多数兔因败血症死亡。

三、类症鉴别

多杀性巴氏杆菌病：该病引起的胸腔积脓或脓肿，脓汁较稀薄。细菌染色镜检为两极浓染小即

图 5-7-1　仔兔黄尿病，全身灰黄，体形瘦小（韦强 供图）

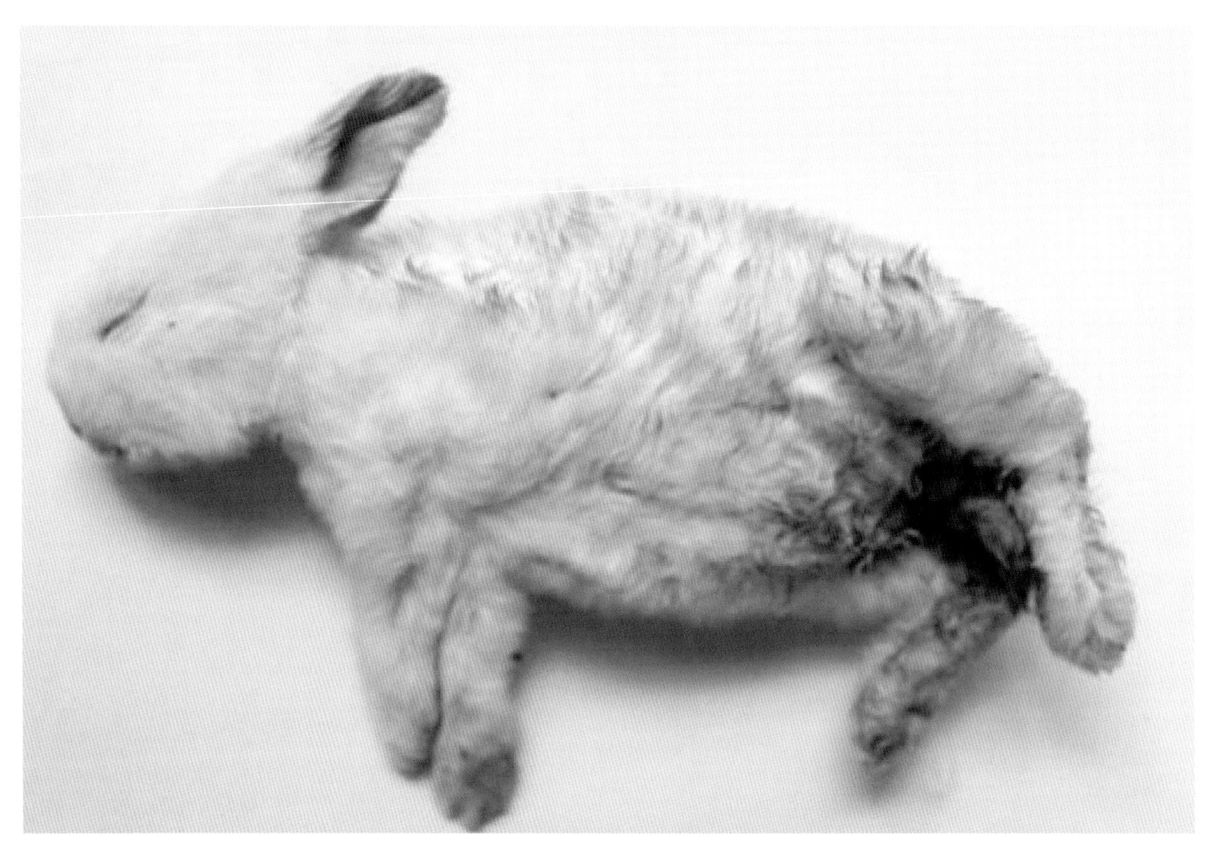

图 5-7-2　仔兔被毛湿黄，肛周有粪污（韦强　供图）

图 5-7-3　全窝仔兔感染，被毛湿黄，呈昏睡状（韦强　供图）

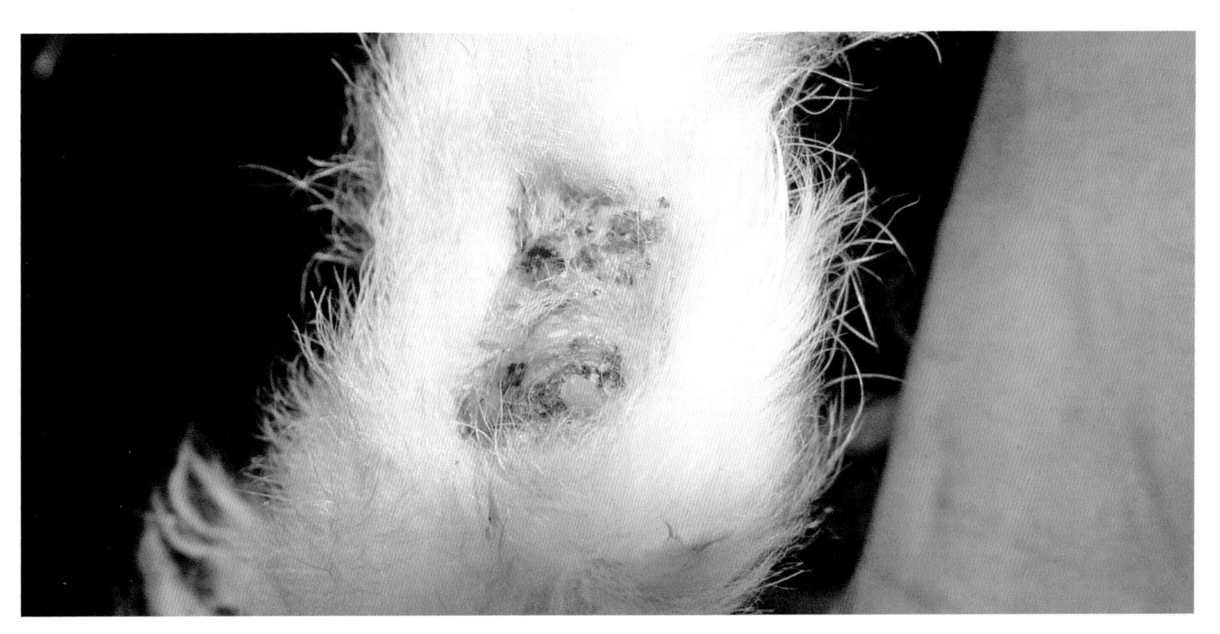

图 5-7-4 兔脚底红肿、破溃流脓（韦强 供图）

巴氏杆菌。

波氏杆菌病：该病所引起的内脏脓疱被结缔组织所包围，多为独立存在，脓汁呈膏状。

绿脓杆菌病：脓液呈黄绿色。

四、预防

由于金色葡萄球菌广泛存在于自然界，而家兔对该病原体又特别敏感，平时应注意兔笼及运动场所的清洁卫生工作，防止互相咬伤、抓伤、刺伤等外伤，因此，笼子底板不能有钉子等尖刺物防止皮肤外伤引起感染。

饲养密度不能太拥挤，把好斗的兔分开饲养，剪毛时不要把皮肤剪破，一旦发现皮肤损伤，应及时用 5% 碘酊或紫药水涂擦，以防葡萄球菌感染。

预防乳房炎的发生，产箱应平整、光洁，垫草要干净、柔软，根据母兔身体状况确定带仔数量，充分供给营养平衡的饲料。

仔兔黄尿病预防的关键是防止母兔乳房炎，一旦发现，应及时予以治疗。

预防脚皮炎，笼底板要平整、光洁、卫生和干燥。选留脚毛丰富的兔作种用。

五、治疗

1. 乳房炎

青霉素，40 万 ~ 80 万 IU/ 只，在患部分多点注射，2 ~ 3 次 /d。

脓肿成熟后切开，清除脓汁及坏死组织，消毒后再涂上青霉素，定期清理 1 次 /d。

2. 仔兔黄尿病

全窝仔兔，皮下注射庆大霉素，0.2mL/ 只，2 次 /d，连用 2 ~ 3d。

3. 转移性脓毒血症

肌内注射青霉素。10 万 ~ 20 万 IU/ 只，2 ~ 3 次 /d，连用 3d。损伤的皮肤处用 5% 龙胆紫酒精溶液或 5% 碘酊涂擦。

4. 脚皮炎

发病较轻的，用 3% 碘酊涂擦患部，在笼内放木板，便于病兔休息、恢复；病情较重时，淘汰。

第八节 兔破伤风

兔破伤风（Tetanus）又名兔强直症，俗称“锁口风”，幼兔又称“脐带风”，是一种由破伤风梭菌引起的急性、创伤性、中毒性人畜共患疾病。基本特征是病畜全身骨骼肌肉或部分肌肉呈现持续性痉挛，对外界刺激的神经反射性增强。该病的病原菌为破伤风梭菌，广泛存在于自然界中，如厩舍、场地、土壤、粪便等。各种创伤，例如，去势、手术、断尾、分娩等，如果处理不当极易感染该病。

一、病原体

破伤风的病原为破伤风梭菌（*Clostridium tetani*），属于梭菌属（*Clostridium*）的成员。由于该菌释放的毒素多引起动物肌肉强直性痉挛，又被称为强直梭菌。

破伤风梭菌两端钝圆、正直或微弯曲，大小为（0.5~1.7）μm ×（2.1~18.1）μm 的细长杆菌，长度变化很大。多单个存在，有时成双，偶有短链，在湿润的琼脂表面，可形成较长的丝状。该菌可形成芽孢，位于菌体一端，似鼓槌状；无荚膜，有周鞭毛，可运动。早期培养物革兰氏阳性，48h 后常呈阴性反应。

该菌严格厌氧，繁殖体遇氧则马上死亡，对营养要求不高，在普通培养基中即可生长，最适温度 37℃，最适 pH 值为 7.0~7.5。在血液琼脂平板上生长，表面可形成直径 4~6mm，扁平、灰色、半透明、表面昏暗、边缘有羽毛状细丝的不规则圆形菌落，培养基湿润时可融合成片，菌落周围可形成轻度的 β 溶血环。在厌氧肉肝汤、疱肉培养基和 PYG 肉汤中，微浑浊生长，有颗粒状或黏稠状沉淀，肉渣部分消化微变黑，有少量气体，并发出特殊臭味。该菌脱氧核糖核酸酶阳性，神经氨酸苷酶阴性，20% 胆汁或 6.5%NaCl 抑制其生长。深层葡萄糖琼脂培养菌落为绒毛状、棉花团状。明胶穿刺，先沿穿刺线像试管刷状生长，继而液化并使培养基变黑产生气泡，石蕊牛乳缓慢凝固或无变化。通常不发酵糖类，有少数菌株可发酵葡萄糖。不还原硝酸盐，不分解尿素。

该菌有不耐热的鞭毛抗原，用凝集试验可分为 10 个血清型，第Ⅵ型为无鞭毛、不运动菌株，我国最常见的是第Ⅴ型。各型细菌都有一个共同的耐热性菌体抗原，而Ⅱ、Ⅳ、Ⅴ和Ⅸ型有一个共同的第 2 菌体抗原。各型细菌均可产生抗原性相同的外毒素。破伤风梭菌可产生 3 种毒素，即破伤风痉挛毒素（Tetanospasmin）、破伤风溶血素（Tetanolysin）和非痉挛素。破伤风痉挛毒素为一种蛋白质，分子量为150 000，毒力非常强，可被胃液破坏，很难由黏膜吸收，能引起该病特征性症状和刺激保护性抗体的产生；破伤风溶血素是仅次于肉毒梭菌霉素的第2种毒性最强的细菌毒素，不耐热，对氧敏感，能溶解马及家兔的红细胞，引起局部组织坏死；非痉挛毒素，对神经有麻痹作用。破伤风梭菌的毒素具有良好的免疫原性，用其制成类毒素，能产生坚强的免疫力。

该菌繁殖体抵抗力不强，但芽孢抵抗力极强，在土壤中可存活几十年，煮沸10~90min，湿热80℃ 6h、90℃ 2~3h、105℃ 25min和120℃ 20min可被杀死。5%石炭酸可在10~12h杀死芽孢，0.5%盐酸2h，10%碘酊、10%漂白粉及30%H_2O_2等约10min可杀死芽孢。其对青霉素、磺胺类敏感。

二、流行病学

破伤风梭菌及其芽孢广泛存在于被污染的土壤、厩舍、粪便当中。各种家兔均易感，多见怀孕母兔。主要通过创伤部位感染，病畜不能直接传播。兔患病多因手术，戴耳标时消毒不严，感染环境中的破伤风梭菌引发。少数病例见不到伤口，可能是伤口已愈合或经子宫、消化道黏膜损伤而感染。多散发，无明显的季节性，各种品种、年龄、性别的兔均可发生。

三、临床症状

破伤风的临床特征是兔全身肌肉或部分肌肉群呈现持续性痉挛，对外界刺激的反射性增高。发病的潜伏期长短不一，一般症状为7~14d，短的1d，长的可达数月。常见症状为咀嚼肌及面肌痉挛，嘴巴张开困难，牙关紧闭，流涎（图5-8-1）。随后颈、背、躯干及四肢迅速阵发性强直痉挛，呈角弓反张。肌肉阵发性痉挛可能自发，也可因外界刺激，如声响、强光、触动所诱发。还可见到瞬膜外露，两耳竖直，行走呈木马状（图5-8-2、图5-8-3）。

图5-8-1　病兔牙关紧闭，流涎（任克良 供图）

图 5-8-2 病兔瞬膜外露，两耳竖直，肢体僵硬（任克良 供图）

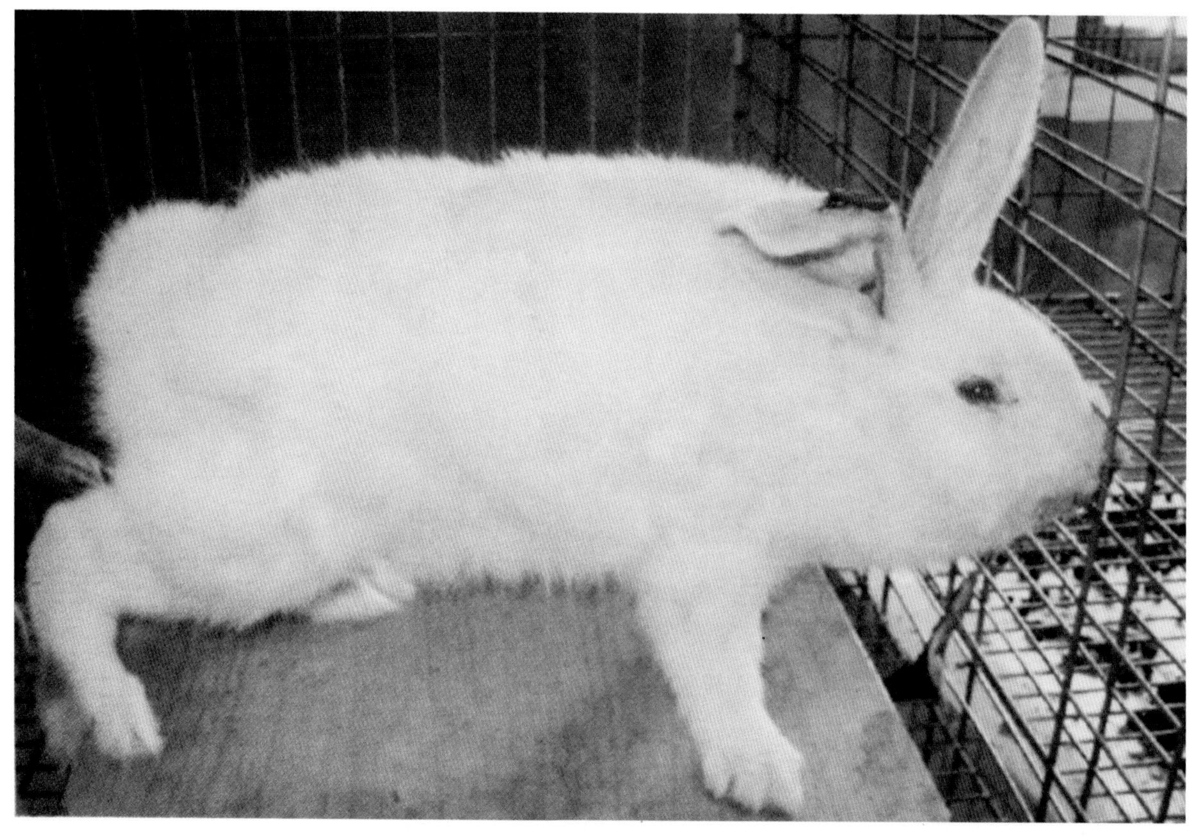

图 5-8-3 病兔两耳竖直，肢体僵硬，呈木马状（任克良 供图）

四、病理变化

由于窒息所致死亡，血液凝固不良，呈黑紫色。肺充血和水肿，有小出血点。心肌变性，脊髓和脊髓膜充血，有出血点，四肢和躯干肌肉间结缔组织浆液浸润。

五、诊断

根据受过外伤和典型的临床症状可以进行诊断，如外伤有脓性病变可做以下实验室诊断。

1. 涂片镜检

用脓汁涂片，分别用革兰氏和美蓝染色，可观察到约 0.5μm × 2.1μm 革兰氏阳性的小杆菌，能找到“鼓槌状”芽孢。

2. 分离培养

将脓汁接种于血清肉汤及肝片血清肉汤（加盖凡士林），80℃水浴 10min，再置 37℃培养，56h 后，血清肉汤无细菌生长迹象；肝片血清肉汤呈现均匀混浊，涂片镜检，为革兰氏阳性的小杆菌，并有“鼓槌状”芽孢体。根据渐行性的肌肉强直症状、镜检及细菌培养结果，诊断为破伤风。

六、类症鉴别

兔有机磷农药和灭鼠药中毒。

相似处：农药和灭鼠药中毒的患病兔有明显的神经症状，如痉挛、肌肉震颤和麻痹等，与破伤风有相似之处。

不同处：兔农药和灭鼠药中毒的病因是饲料被农药和灭鼠药污染而引起中毒，而破伤风是外伤感染细菌产生的毒素引起，只要查明原因就容易作出诊断。另外，农药和灭鼠药中毒的患病兔有腹痛，腹泻的症状。病理解剖检查，在消化道、胃肠黏膜有充血、出血的特征，这是破伤风所没有的。

七、防治

1. 预防措施

正确处理伤口，严防厌氧微环境的形成，是防止破伤风发生的重要措施。兔舍、兔笼及用具要保持清洁卫生，严禁有外露的铁钉和铁丝，严防发生各种外伤。剪毛时避免损伤皮肤。一旦发生外伤，要及时处理，防止感染。手术、刺号（装耳标）、注射时要严格消毒。较大、较深的创伤，除做外科处理外，应肌内注射破伤风抗血清 1 万 ~ 3 万 IU。兔舍场面应硬化，以减少由灰尘传播该病。

2. 治疗措施

应急措施：

（1）静脉注射破伤风抗毒素，每日 1 万 ~ 2 万 IU，连用 2 ~ 3d。

（2）肌内注射青霉素，每日 40 万 IU，分 2 次注射，连用 2 ~ 3d。

（3）静脉注射 5% 糖盐水 50mL，每日 2 次。

对症疗法：

（4）镇静。可用氯丙嗪肌内注射或静脉注射，2 次 /d，还可配合应用水合氯醛。

（5）解痉。可选用 25% 硫酸镁注射液肌内注射或静脉注射，肌内注射，1 ~ 2mL/ 次·只，2 次 /d，以解除痉挛。对咬肌痉挛、牙关紧闭者，还可选用 1% 盐酸普鲁卡因注射液于开关穴和锁口穴注射，每日 1 次，直至开口为止。

第九节　兔附红细胞体病

附红细胞体病是由附红细胞体寄生于人及动物红细胞表面、血浆及骨髓中引起的一种人畜共患传染病。发病兔以高热、贫血、黄疸为主要特征的临床症状，并且可以引起家兔死亡。

一、病原体

病原体为兔附红细胞体。在血浆中，病原体能前后、左右、上下、伸展、旋转、翻滚等多方向运动。附着于红细胞表面的病原体，绝大部分在红细胞边沿的表面围成一圈，并不停的运动，使红细胞如一个摆动的齿轮，一个红细胞可附着几个至十几个病原体。被感染的红细胞失去球形立体形态，边缘不整而呈齿轮状、星芒状、不规则多边形等。病原体的大小通常为 0.1~2.6μm。血液在 400~600 倍显微镜下观察时，血浆中的附红细胞体具有较强的运动性，可进行翻滚或扭转运动。当多个病原体聚集成团时则运动能力减弱，附着于红细胞上的附红细胞体，连同红细胞一起呈现轻微的摆动或扭动现象。

病原体易被苯胺类染料着色，革兰氏染色阴性，姬姆萨染色呈紫红色，瑞氏染色呈蓝紫色或淡天蓝色。取静脉血（或抗凝血）涂片，姬姆萨染色镜检（400 倍），可见红细胞表面有许多圆形、椭圆形、杆状淡红色或淡紫红色病原体。当调动微螺旋时，病原体折光性较强，中央发亮，形似气泡；红细胞边缘不光滑，凹凸不平。无菌采取含病原体的血液，分别接种于普通肉汤、营养琼脂培养基进行细菌培养，结果为阴性。附红细胞体对干燥与化学药品的抵抗力极低，在常用的消毒药品中几分钟内即被杀死。

二、流行病学

自然状态下主要由节肢动物传播。已知吸血昆虫（如刺蝇、蚊子、蜱）、螨虫、虱子是该病的主要传播媒介；污染的针头和器械（如打耳号和去势的器械等）也可传播该病；仔兔可通过患病母兔的子宫感染。该病广泛存在，有明显季节性，多在温暖季节，尤其是吸血昆虫大量孳生繁殖的夏秋季节感染，大多表现为隐性经过，但在应激因素如长途运输、饲养管理不良、气候恶劣、寒冷或其他疾病感染等情况下，可使隐性感染兔发病，症状较为严重，甚至发生大批死亡，呈地方流行性。

兔附红细胞体病可发生于各种年龄的兔，患病兔及隐性感染兔是重要的传染源。

三、临床症状

病兔初期表现体温升高、精神萎顿、消瘦；继而食欲减退，被毛凌乱，呼吸加快，四肢无力，站立困难，头着地（图 5-9-1）；粪便变稀、尿少而黄；后期食欲废绝，有的出现黄疸症状，有的突然瘫痪，日渐消瘦，最后衰竭而死。各年龄段家兔均有发病，从发病到死亡大多为 3 ~ 6d，死亡率为 30% ~ 40%。

图 5-9-1　精神沉郁，四肢无力，头着地（任克良 供图）

四、病理变化

病兔尸体异常消瘦，可视黏膜苍白，皮下组织呈黄色胶胨样浸润；血液稀薄，不易凝固；胸腔、腹腔积液，心外膜有出血点、质地脆弱；肺有出血斑；肝脏肿大、出血、黄染，胆囊胀大，充满胆汁（图 5-9-2）；脾脏肿大，呈暗黑色（图 5-9-3）；肾脏肿大，有小出血点；膀胱充盈；胃底出血、坏死；十二指肠充血、肠壁变薄、黏膜脱落，空肠炎性水肿，如脑回状；淋巴节肿大、切面外翻、有液体流出（图 5-9-4）。

五、诊断

该病以流行病学、临床症状和剖检病变为参考，以血液检查为依据进行综合诊断。

1. 临床诊断

兔临床上主要表现为黄疸、贫血和高热。

2. 涂片镜检

取耳静脉血（或抗凝血）涂片、染色、镜检，红细胞表面附有附红细胞体，故红细胞变形，红细胞不整，边缘呈锯齿状（图 5-9-5）。

3. 电镜观察

主要用于研究附红体的形态、结构、繁殖与红细胞的关系、对红细胞造成的破坏、影响等，也

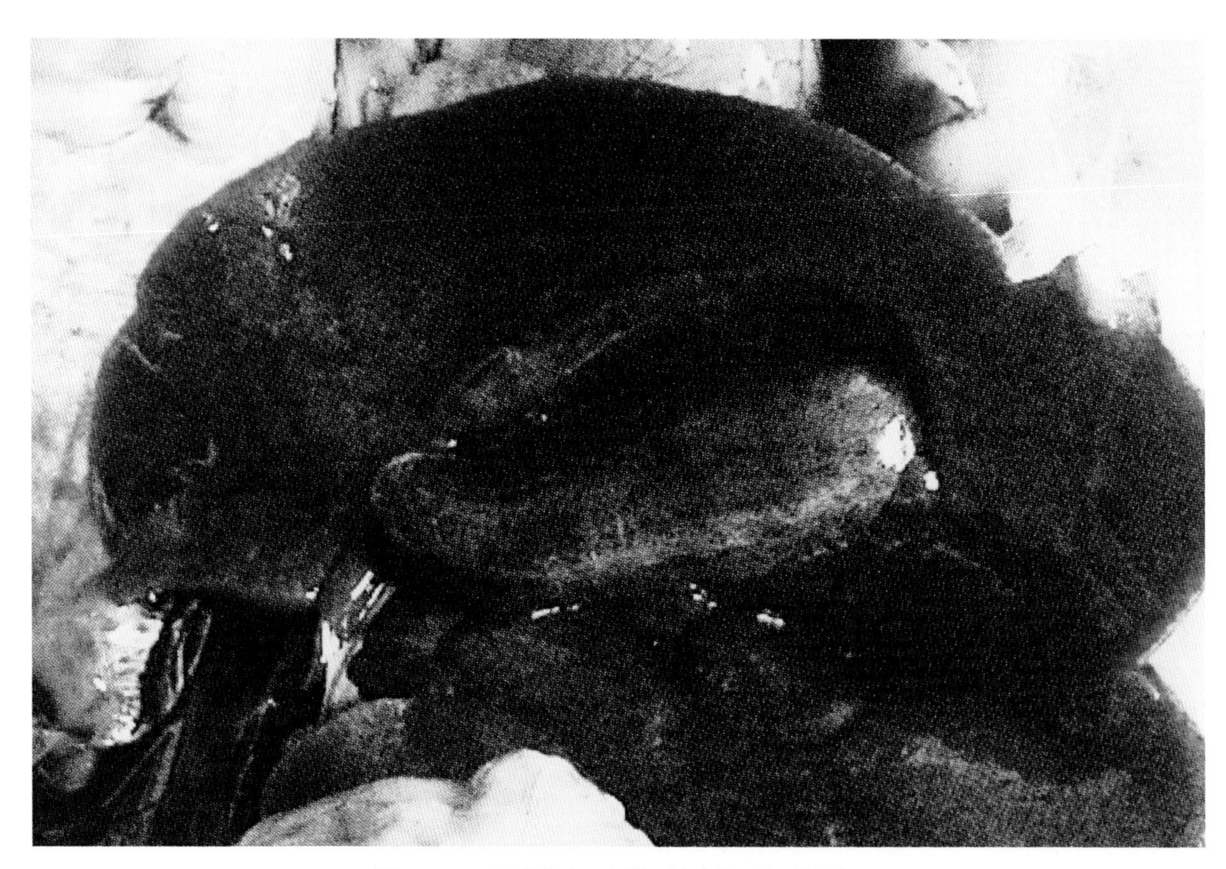

图 5-9-2　胆囊胀大，充满胆汁（谷子林 供图）

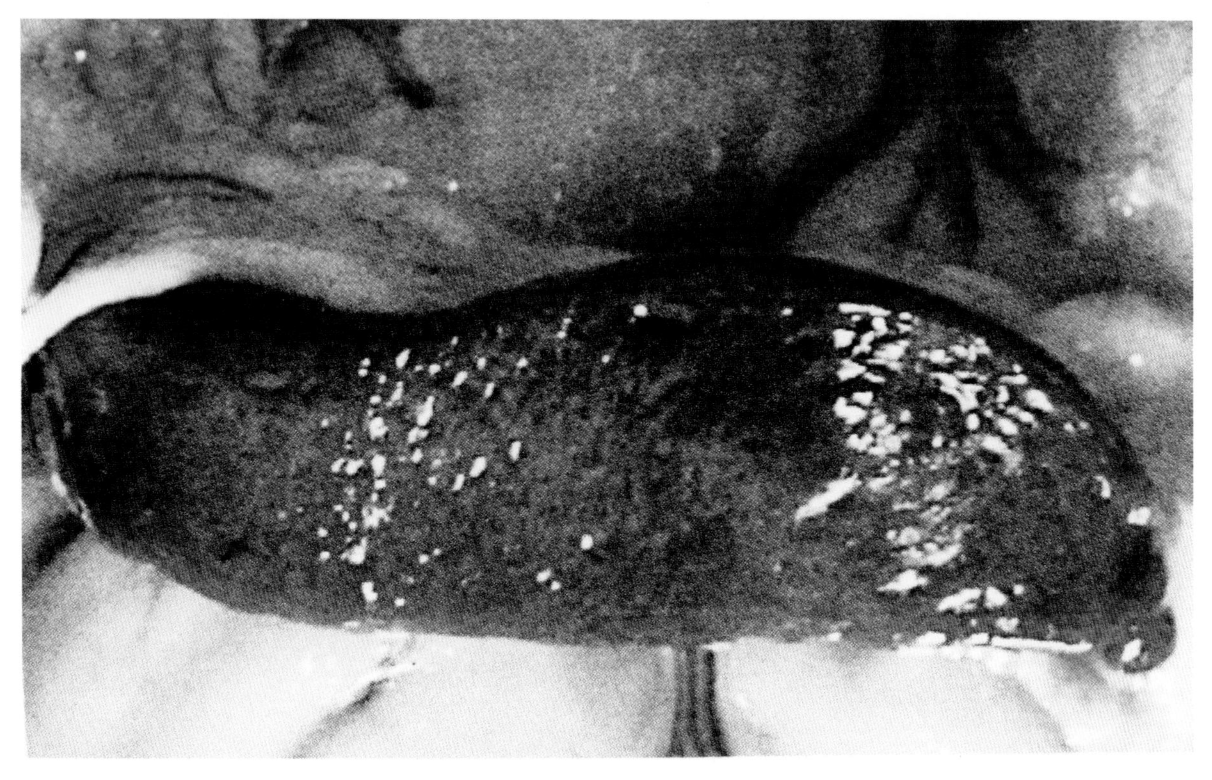

图 5-9-3　脾脏肿大，呈暗黑色（谷子林 供图）

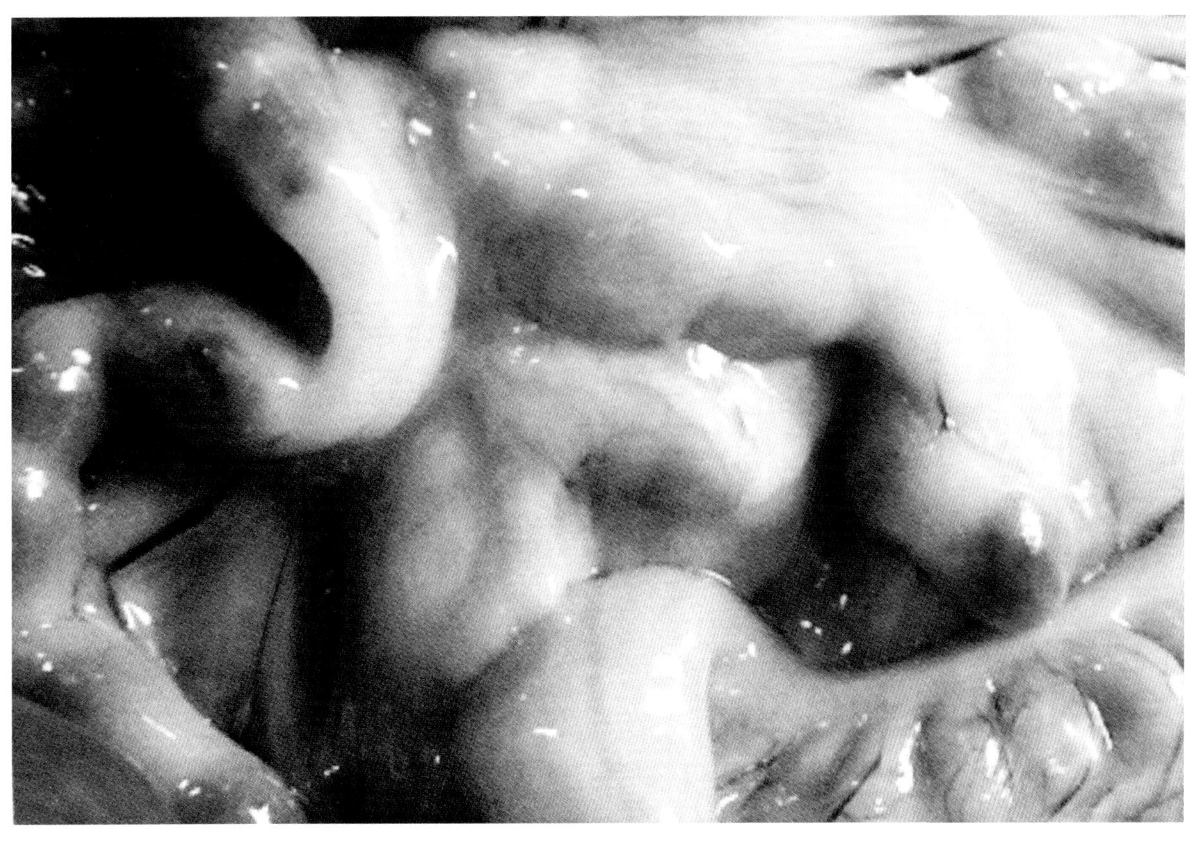

图 5-9-4　肠系膜淋巴结肿大（谷子林 供图）

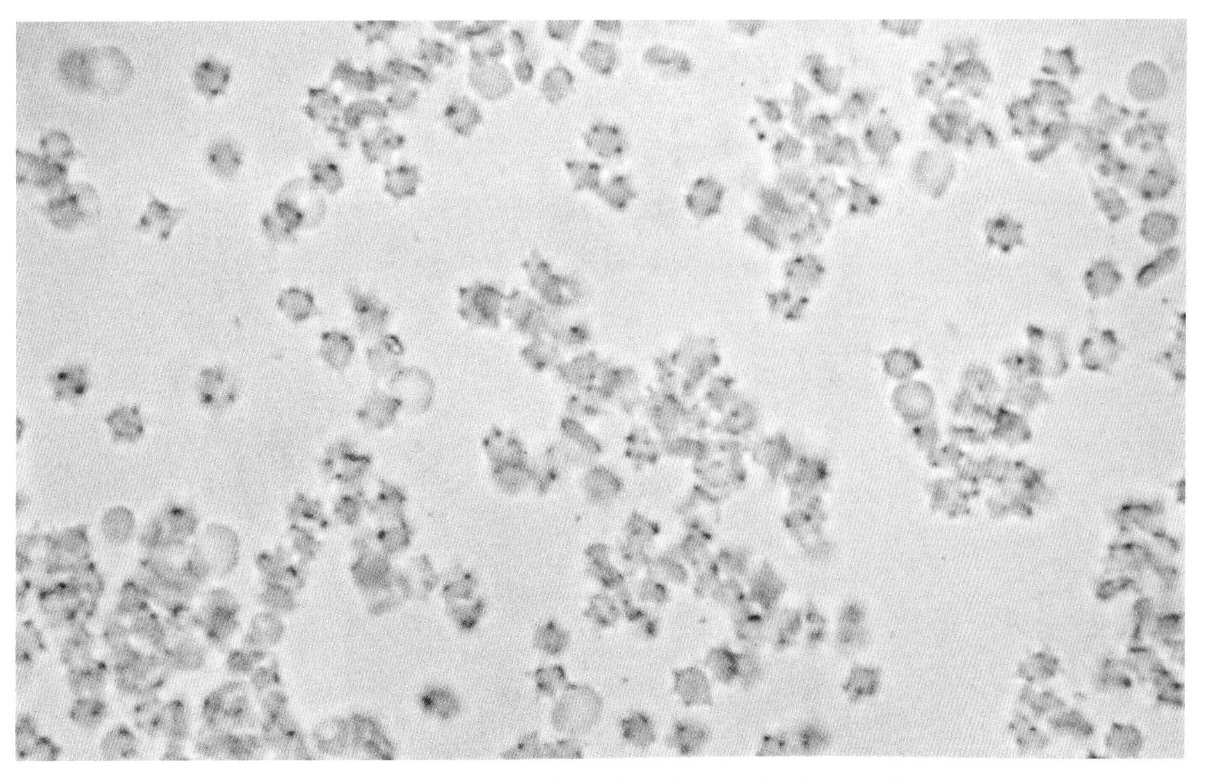

图 5-9-5　红细胞变形、不整，边缘呈锯齿状 ×400（谷子林 供图）

可用扫描及透射电镜观察确诊。

4. 免疫学诊断

补体结合试验对患兔急性发病期诊断效果较好。荧光抗体技术、间接血凝试验也可用于诊断。

5. 动物接种

患病兔血液接种健康小白鼠及家兔。健康小白鼠接种 5~7d 后血液中发现病原体，健康家兔接种 5d 后血液中发现病原体。

六、类症鉴别

兔李氏杆菌病。

类似处：患病兔均出现精神不振，体温升高，神经症状，最后衰竭而死亡。

不同处：李氏杆菌为革兰氏阴性球杆菌，发病后，口吐白沫，低声嘶叫，眼结膜炎。母兔发生流产，神经症状呈间歇性，行动不稳，向前冲或转圈，运动肌肉震颤或抽搐，快者 1~3h 死亡。心腔、胸腔有多量透明液体，肝脾表面有淡黄色或灰白色坏死点，脑组织充血和水肿，患兔出现子宫炎。

七、防治

1. 预防措施

（1）加强日常饲养管理，消除各种应激因素，搞好兔舍内的环境卫生，定期消毒、杀灭病原体，保持兔舍内适宜的温度、湿度，合理通风，定期驱除兔体内外寄生虫，杀灭蚊、蝇、鼠，不在兔场内混养鸡、鸭，禁止猫、犬等进入兔舍。

（2）兔场应尽量选择父母抗病力强、生产性能良好的后代自繁自养，如需从场外引进种兔，至少隔离 15d 以上，才能让其与健康兔合群。

2. 治疗措施

对于发病的兔群，建议及时采取以下措施进行治疗。

（1）强力霉素。40mg/kg 拌料，连用 3d。

（2）磺胺间甲氧嘧啶钠。15 ~ 20mg/kg 拌料，连用 5~7d。

第十节　野兔热（土拉杆菌病）

野兔热又称兔土拉杆菌病，一般多发生在夏季。主要通过排泄物污染饲草、饮水、用具以及吸血节肢动物等媒介传播。此病菌分布广泛，是家兔、人及其他动物共患病之一。野兔热是由土拉弗朗西斯菌（*Francisella tullarensis*）引起的人畜共患细菌病。该菌主要感染野兔、老鼠，并可传染其他动物和人。该病又称土拉热、土拉杆菌病，主要引起体温升高，肝、脾、肾和淋巴结肿大、充血和坏死。自然界中野兔、老鼠等多种野生动物可携带该菌，并将该菌传染给人。我国农业部将其列为二类动物疫病，世界动物卫生组织将其列为法定报告动物疫病。

一、病原体

土拉弗朗西斯菌大小为（0.7 ~ 1.0）μm×（0.2 ~ 0.5）μm。该菌可分 A、B 两个型。A 型称土拉弗朗西斯菌土拉热种，流行于北美洲，主要经蜱和吸血蝇传播，对人和家兔毒力极强。B 型又称土拉弗朗西斯菌古北种，通过水或节肢动物（昆虫、蜘蛛、蜈蚣等）传播，对人和兔的毒力较弱。土拉弗朗西斯菌在外界环境中抵抗力较强，在低温条件下和在水中能长时间存活，在 4℃水中或潮湿的土壤中能存活 4 个月以上。在动物尸体中室温下可存活 40d，在禽类（鸟、鸡等）脏器中可存活 26 ~ 40d。在病兽皮毛中能存活 35 ~ 45d，在谷物上可存活 23d。对紫外线、热与化学药物抵抗力弱，加热到 56℃经 30min 可死亡，在煮沸腾的开水中立即死亡。在直射太阳光下经 30min 死亡。一般消毒药物都能很快将其杀死。因此，如发生该病，可以用高温消毒、紫外线照射和消毒剂将其杀灭。

二、流行病学

野兔热又称兔土拉杆菌病，一般多发生在夏季，但也有秋末冬初发病的。洪灾或其他自然灾害可导致大流行。患病的野兔、野鼠等野生动物是该菌的主要携带者。人通过接触病死动物及其粪便、唾液和污染物经皮肤或黏膜感染，也可由污染的食物或水经消化道感染，或通过空气经呼吸道感染，还可被带菌的吸血昆虫叮咬而感染，已发现有 83 种节肢动物能传播该病，主要有蜱、螨、蚊、虱类等。猎人、屠宰、皮毛加工、饲养、实验室人员及林业工人等因接触机会较多，为高危人群。此外，健康人与病人接触时也可感染该病，因此对病人应隔离治疗。

三、临床症状

该病的潜伏期一般为 1~9d，以 1~3d 为多，分急性型和慢性型两种。

1. 急性型

多呈急性败血症经过。病兔体温升高 2℃以上，精神极度萎靡，蹲着不动，下痢，体表淋巴结急性肿大，后肢麻痹，昏迷，迅速死亡。

2. 慢性型

症状多不典型。病兔一般伴发鼻炎，打喷嚏，体温升高 1℃以上，食欲减退，逐渐消瘦，下颌、颈部和腋下淋巴结均肿大、化脓，流出淡红色、稀薄脓汁；白细胞数增多。病程较长，多经 10~24d 转愈或死亡。

四、病理变化

病死兔全身淋巴结肿大，散布数量不等、大小不一的坏死结节；剖检淋巴结肿大，色深红（图

5-10-1），切面见针头大小的淡灰白色干酪样坏死点；脾肿大、色深红，表面与切面有灰白或乳白色的粟粒至豌豆大的结节状坏死灶（图 5-10-2）；肝肿大，有散发性针尖至粟粒大的坏死灶（图 5-10-3）；肾肿大，并有灰白色粟粒大的坏死点（图 5-10-4）。

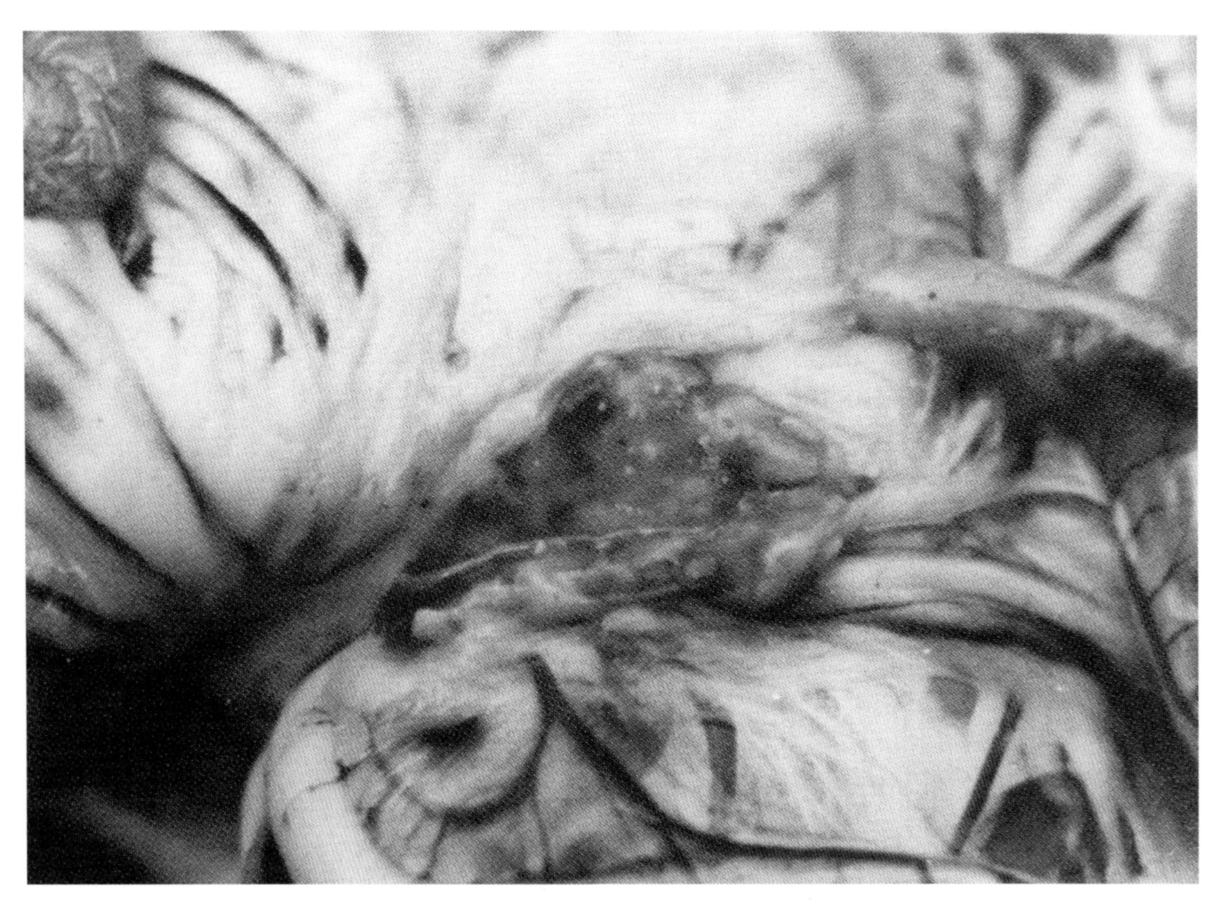

图 5-10-1　淋巴结充血、肿大，灰白色坏死点明显（董亚芳、王启明 供图）

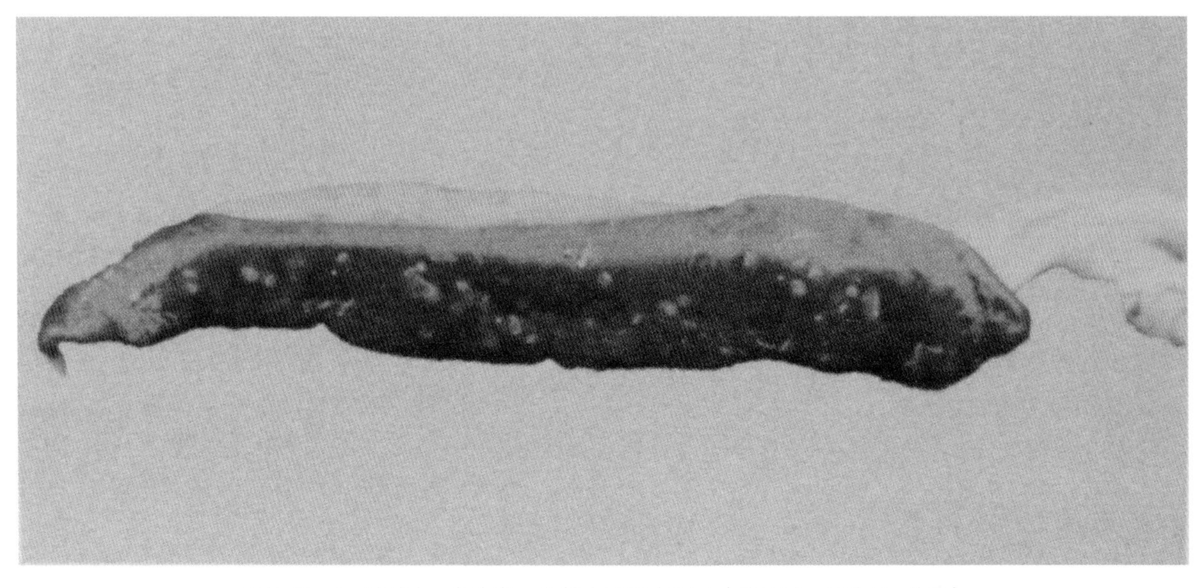

图 5-10-2　脾肿大，灰白色、粟粒大坏死点明显（董亚芳、王启明 供图）

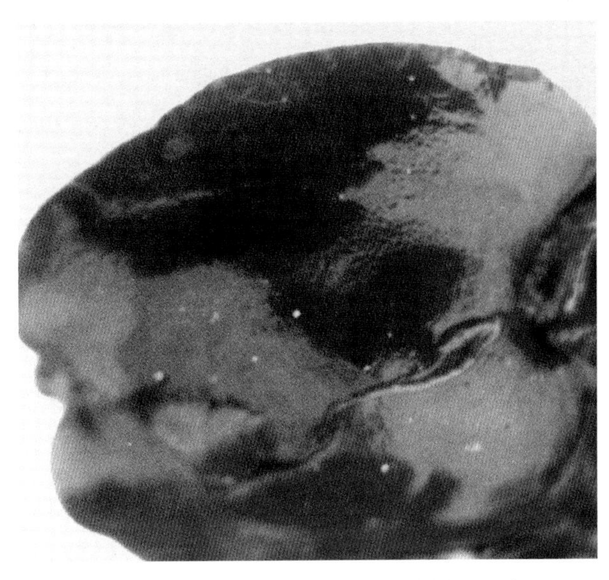

图 5-10-3　肝表面有灰白色、粟粒大坏死点
（董亚芳、王启明 供图）

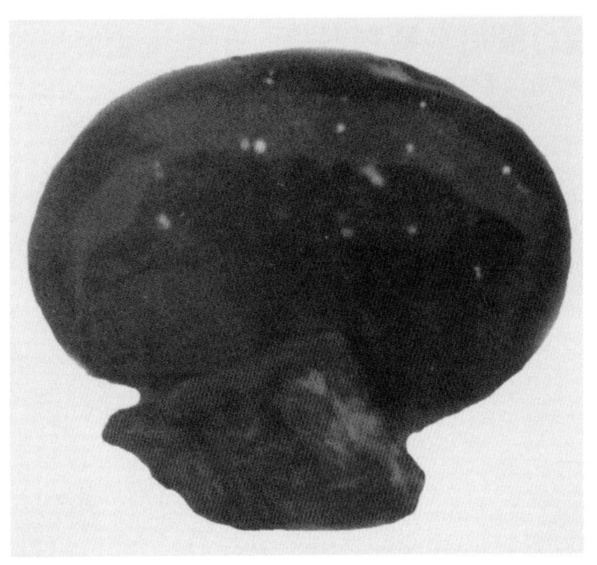

图 5-10-4　肾表面有灰白色坏死点
（董亚芳、王启明 供图）

五、诊断

根据临床症状和病理变化可做出初步诊断，确诊需进一步做实验室诊断。在国际贸易中，无指定诊断方法，替代诊断方法为病原鉴定。病原分离与鉴定：组织器官如肝、脾等压片或固定切片，或血液涂片可以检查到细菌。免疫荧光抗体试验是一种非常可靠的方法。还可通过接种豚鼠或小鼠进行病原的分离和鉴定。血清学检查：试管凝集试验、酶联免疫吸附试验、土拉杆菌皮内试验。病原分离鉴定可采集动物淋巴结、肝、肾和胎盘等病灶组织。

六、类症鉴别

1. 兔伪结核病

相似处：病兔均表现食欲减退，逐渐消瘦，精神沉郁，体温升高等症状。

不同处：伪结核患兔病变主要见于盲肠蚓突，圆小囊有灰白色粟粒状结节，其次为脾脏、肝脏、肠系膜淋巴结，有慢性下痢症状，病原为伪结核耶新杆菌，而野兔热在上述两部分无明显的变化，并且也不存在下痢症状。将带两种菌的病料分别接种于麦康凯琼脂培养基上，伪结核耶新杆菌有菌落生长，而土拉伦斯杆菌不能在此培养基上生长。野兔热一般有鼻炎，体表淋巴结肿大化脓，运动失调，剖检可见脾脏呈暗红色，有针尖大白色坏死灶，淋巴结深红色，并可能有针尖大坏死灶，肺部淤血，采血清与土拉伦斯杆菌抗原作凝集反应阳性。

2. 兔李氏杆菌病

相类似处：患病兔精神不振，体温升高，少食，消瘦，神经症状等。

不同处：李氏杆菌病常有神经症状，体表淋巴结无明显变化，病料染色镜检为革兰氏阳性小杆菌；野兔热不出现神经症状，淋巴结肿大，呈深红色并有坏死病灶，染色镜检为革兰阴性、多形态的小杆菌。李氏杆菌病脾脏肿大，呈深红色，有坏死病灶；而野兔热的脾脏不肿大。

3. 兔棒状杆菌病

相似处：患病兔病程均较长，患病兔均出现食欲减退，逐渐消瘦，淋巴结肿大，化脓等症状。

不同处：兔棒状杆菌病病原为棒状杆菌。病兔皮下脓肿。有变形性关节炎。剖检可见肺部、肾脏有小脓肿。没有野兔热的坏死病变。

4. 兔病毒性出血症

相似处：患病兔均有体温升高，食欲废绝，精神萎顿，死前神经症状等临床表现。

不同处：野兔热的肝脏、肾脏、脾脏除了肿大、充血外，多发生粟粒状坏死，颈部和腋下淋巴结肿大，并有针尖大干酪样坏死性病灶，而兔出血症特征是全身性出血，实质器官淤血肿大和点状出血。各脏器组织明显变性、坏死和血管内微血栓形成。

5. 兔巴氏杆菌病

相似处：患病兔均出现精神沉郁，食欲废绝，体温升高，打喷嚏，有脓肿。兔急性出血型巴氏杆菌病与野兔热的急性型常呈突然败血症而死亡，死亡兔的肝脏均可出现弥漫性粟粒大的坏死灶。

不同处：兔慢性巴氏杆菌病的病原为多杀性巴氏杆菌；病兔典型症状为鼻炎；病死兔的内脏器官常见不同程度的坏死灶，故也较易区别。野兔热的淋巴结显著肿大，呈深红色并有小的灰白色干酪样的坏死病灶。脾脏肿大，切面可见到粟粒大至豌豆大小的灰色干酪样的坏死病灶。有的病例在肾脏也能见到同样的病灶。这些器官的病理变化特征是兔急性败血症型巴氏杆菌病所没有的。

6. 兔黏液瘤病

相似处：患病兔均有精神不振，体温升高，机体消瘦，有鼻液，颌下、颈下肿大等临床症状。

不同处：野兔热是由土拉杆菌引起的一种急性、热性、败血性传染病。以体温升高，淋巴结肿大，脾脏和其他内脏坏死为特征。常呈地方性流行，可通过节肢动物传播。病兔体温升高，流鼻涕，打喷嚏，结膜炎，颌下、颈下、腋下和腹股沟淋巴结肿大，并可见鼻炎症状。剖检可见肝、脾、肾出现肉芽肿和形成坏死，并形成干酪样坏死灶。多于 8~15d 发生败血症坏死。兔黏液瘤病病原体为黏液瘤病毒。体温 42℃，眼睑肿胀，脓性分泌物。口、鼻、颌下、耳、肛门、外生殖器黏膜皮肤交界处发生水肿，内容物为黏液。头部水肿，皮肤起皱如狮子头。内脏充血、出血，无脓液。病变组织触片或切片，姬姆萨染色镜检，可见紫色的细胞浆包涵体。

七、防治

1. 预防措施

兔场应不要散养、放养兔，以防止接触野兔；尽可能自繁自养，不随便引进动物，必要引进时应严格检疫后方能引入。经常灭鼠、杀虫。对可疑病兔应及早扑杀消毒，病死兔不可食用，以防传染给人畜。在该病流行地区，应驱除野生鼠、兔和吸血昆虫，死亡和濒死动物应焚烧或深埋。受污染的水源应进行消毒。对易感动物可用链霉素进行预防性用药。

从事养殖、屠宰、处理肉品皮毛或该病的科研等工作的人员，为感染该病的高危人员。所有处置病畜或病菌污染物的人员，接触前应穿戴防护服、口罩、手套等防护装备。工作结束后，所有防护装备应就地脱下，消毒洗净，一次性物品应做高温消毒。对死亡和濒死动物应做无害化处理（焚烧、深埋等）。在该病流行区域，应做好灭鼠、灭虫及动物发病的预测、预报和疫情扑灭工作。

2. 治疗措施

（1）链霉素。20mg/（kg·bw），肌内注射，2 次 /d，3~5d 为 1 个疗程。

（2）金霉素。20mg/（kg·bw），肌内注射，2 次 /d，连用 3d。

（3）卡那霉素。10~20mg/（kg·bw），肌内注射，2 次 /d，连用 3d。

第十一节　兔李氏杆菌病

李氏杆菌病（Listeriosis）是由单核细胞增多性李斯特菌（*Listeria monocytogenes*）引起一种散发性人畜共患传染病。自 1926 年首次分离到该病原后，现已呈世界性分布，作为致病菌和腐生植物致病菌而广泛存在于环境中。目前，该病已证实可感染 40 多种动物，在中国、美国、英国、保加利亚、新西兰等国家常有发生。兔感染该病后以突然发病死亡、脑膜炎、败血症和流产为特征。该病多为散发，有时呈地方性流行，发病率低、死亡率高。幼兔和妊娠母兔易感性高。

一、病原体

该菌又称李氏杆菌，呈杆状或球杆状，革兰氏染色阳性，两端钝圆，多单在或呈 Y、V 形状排列，大小为（0.5 ~ 2.0）μm×（0.4 ~ 0.5）μm。48 ~ 72h 培养物呈现典型的类白喉杆菌样的栅栏样排列。有时呈短链状或丝状，R 型菌落中菌体呈长丝状，在 20 ~ 25℃下可形成 4 根周鞭毛，能运动。无荚膜，无芽孢，需氧或兼性厌氧，最适生长温度为 37℃，最适 pH 值为 7.0 ~ 7.2。在含有血清或肝浸出液的营养琼脂培养基上生长良好。在血清琼脂平板上 16 ~ 24h 可形成圆形、光滑、透明、淡蓝色的小菌落。在血液琼脂上菌落周围形成狭窄的 β 型溶血环。在肝汤琼脂上形成圆形、光滑、平坦、黏稠、透明的小菌落，反射光照射菌落呈乳白黄色。该菌可于 24h 内分解葡萄糖、鼠李糖和水杨苷产酸，于 7 ~ 12d 内分解淀粉、糊精、乳糖、麦芽糖、甘油、蔗糖产酸，对半乳糖、蕈糖、山梨醇和木胶糖发酵缓慢。不发酵甘露醇、卫矛醇、阿拉伯糖和肌醇。该菌不产生硫化氢和靛基质，不还原硝酸盐为亚硝酸盐。M.R 试验和 V-P 试验为阳性，接触酶阳性。李氏杆菌具有菌体抗原和鞭毛抗原，有 15 种 O 抗原和 4 种 H 抗原，现已知有 7 个血清型。该菌在饲料、干燥的土壤和粪便中能长期存活。对碱和盐耐受性较好。对温度和一般消毒剂较敏感，58 ~ 59℃ 10min，85℃ 50s 即可灭活。3% 的石炭酸溶液、75% 的酒精和其他一些常用消毒剂可以很快杀死该菌。该菌对反复冻融具有一定的抵抗力。

二、流行病学

该病经消化道、呼吸道、眼结膜及皮肤损伤等途径感染，也有在交配时感染。李氏杆菌病多为散发，有时呈地方性流行，发病率低，但致死率高，各种年龄、品种均可感染，但仔幼兔易感性高，且多为急性。该病的潜伏期一般为 2 ~ 8d 或稍长。一年四季都可发生，以冬春季节多见。

三、临床症状

该病以急性败血症、慢性脑膜炎为主要特征。根据症状可分为急性、亚急性和慢性型。急性型常见于幼兔。患兔一般表现精神萎顿，不吃，消瘦，鼻黏膜发炎，流出浆液性或黏液脓性分泌物（图 5-11-1）。体温升高至 40℃以上，在 1 ~ 2d 内死亡。

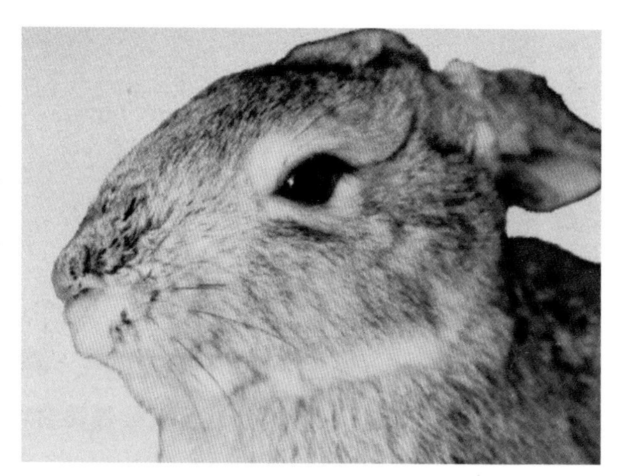
图 5-11-1　鼻炎（陈怀涛 供图）

亚急性型病兔精神萎顿，食欲废绝，呼吸加快，出现中枢神经机能障碍，如咬肌痉挛，全身震颤，眼球凸出，作圆圈运动，头颈偏向一侧，运动失调（图 5-11-2）等。怀孕母兔流产，胎儿皮肤出血（图 5-11-3）。一般经 4 ~ 7d 死亡。慢性型病兔主要表现为子宫炎，分娩前 2 ~ 3d 发病，精神萎顿，拒食，流产并从阴道内流出红色或棕褐色的分泌物。病兔流产后很快康复，但长期不孕，且可从子宫内分离出李氏杆菌。

四、病理变化

急性型或亚急性型的病兔心包、胸腔有多量透明的液体，肝、脾表面和切面有散在性或弥漫性针头大的淡黄色或灰白色坏死点（图 5-11-4）。有的病例也见于肾和心肌（图 5-11-5）。淋巴结，尤其是肠系膜淋巴结肿大或水肿。

慢性型在肝表面和切面有灰白色粟粒大坏死点，心包腔、胸腔和腹腔有渗出液，心外膜有条状出血斑，脾肿大，质脆，切面突起，出血。怀孕母兔子宫内可见多量脓性渗出物，子宫内有变性的胎儿。子宫壁脆弱，易破碎，内膜充血，有粟粒大坏死灶，或有灰白色凝块。由于炎症过程的刺激而使子宫壁变厚。有神经症状的病例，有脑膜炎病变（图 5-11-6），脑膜和脑组织充血或水肿，大脑纵沟和腹侧有针尖大出血点。

图 5-11-2　神经症状（任克良 供图）

五、诊断

根据临床症状和流行特点不易诊断。诊断应进行实验室检查。

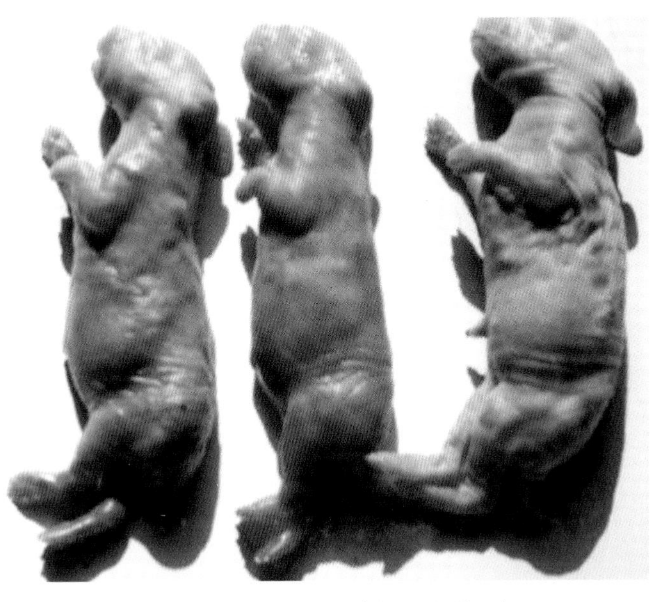

图 5-11-3　流产胎儿（薛帮群 供图）

图 5-11-5　心肌坏死灶（陈怀涛 供图）

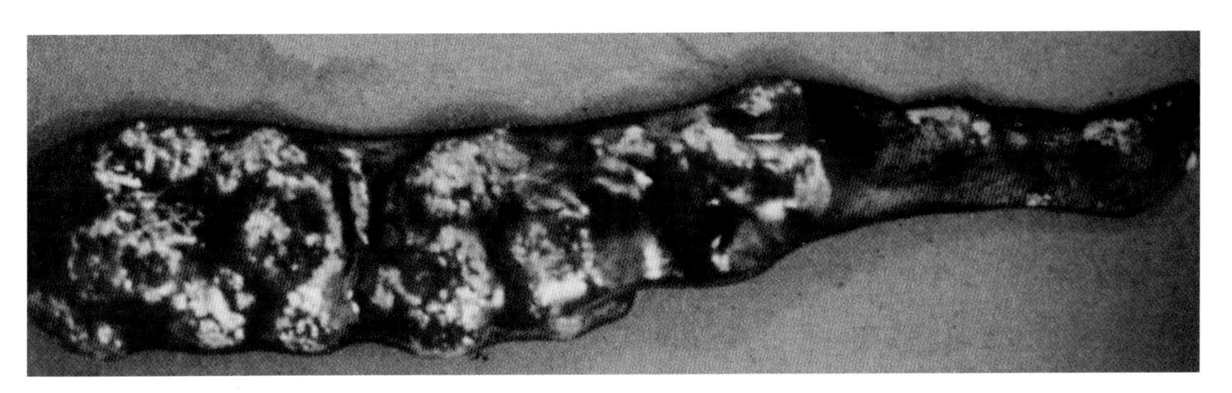

图 5-11-4　脾坏死灶（L-Gekle 等 供图）

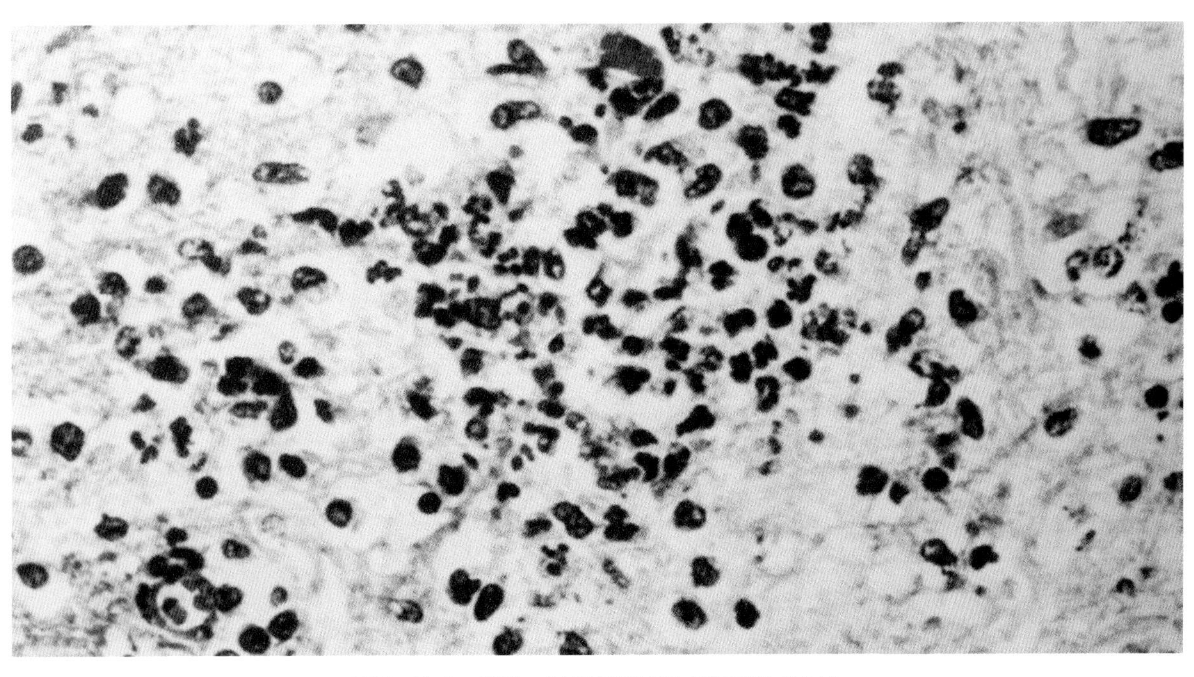

图 5-11-6　脑炎 - 脑组织切片图（陈怀涛 供图）

1. 涂片镜检

无菌操作，取病死兔肝、脾、心血及脑组织、胸腔积液涂片，革兰氏染色，镜检，可见到多数散在、成对构成"V"形、"Y"形或几个菌体成堆的两端钝圆的革兰氏阳性稍弯曲的小球杆菌，无荚膜，无芽孢。

2. 分离培养

无菌采取肝、脾、心血、脑组织及胸腔积液分别接种于血液琼脂培养基上，置37℃温箱内，培养24h后，观察菌落周围有窄溶血环。再将菌落接种于普通肉汤培养基内，置37℃温箱中，培养24h后，肉汤培养基呈均匀混浊，有颗粒状沉淀，摇振试管时呈发辫状浮起，不形成菌环和菌膜。

3. 动物试验

将分离的肉汤培养物，用4只豚鼠作滴眼感染试验，结果4只豚鼠在3d内均发生结膜炎，7d后均发生败血死亡。剖检死鼠的肝、脾、脑组织等器官，有坏死病变，从病灶中分离出李氏杆菌。

六、类症鉴别

1. 巴氏杆菌病

李氏杆菌病的急性型临床症状及肝脏的病理变化与急性败血型巴氏杆菌病相似，但李氏杆菌病死亡率比较高，但发病率比较低；且李氏杆菌病的肾、脾、心肌有散在性或弥散性针尖大小的黄色或灰白色的坏死病灶，淋巴结显著肿大，胸腔和心包腔内有多量清朗的渗出液，这些是急性败血型巴氏杆菌所没有的。

2. 沙门氏菌病

李氏杆菌病与沙门氏菌病所引起的怀孕母兔流产，肝脏的坏死病灶等很相似，区别在于李氏杆菌病患兔有神经症状、斜颈及运动失调，虽然肝脏有坏死病灶并与沙门氏菌病相似，但胸腔、腹腔和心包的积液清亮。血液中单核细胞显著增加。沙门氏菌病无神经症状，但可出现腹泻，排出的粪便带有泡沫和黏液；死亡兔呈现败血症病理变化，内脏器官充血或出血。

3. 野兔热

李氏杆菌病常有神经症状，体表淋巴结无明显变化；而野兔热淋巴结肿大，呈深红色并有坏死病灶。李氏杆菌病脾脏肿大，呈深红色，也有坏死病灶；而野兔热的脾脏不肿大。

七、预防

李氏杆菌病感染动物比较广泛，因此要注意隔离、消毒工作。防止野兔及其他畜禽进入兔场。兔笼、兔舍可用3% ~ 5%石炭酸、3%来苏尔或5%漂白粉消毒。该病也可传染给人，因此护理病兔和解剖病死兔时应注意自我保护。

鼠可能是该病的疫源、带菌者和贮存者，所以，应切实做好灭鼠工作，管理好饲料和饮水，防止被鼠粪污染。

八、治疗

1. 肌内注射磺胺嘧啶钠

对磺胺嘧啶钠。按每千克体重0.1 ~ 0.3g，肌内注射，首次剂量加倍，每天早晚各1次，连用2 ~ 5d。

2. 肌内注射卡那霉素

卡那霉素注射液，肌内注射每千克体重 0.2mL，2 次 /d，连用 3d。

3. 肌内注射庆大霉素

庆大霉素，每千克体重 1 ~ 2mg，肌内注射，2 次 /d。

4. 肌内注射苯巴妥钠

对有神经症状的兔，肌内注射，苯巴妥钠 0.1 ~ 0.3mL，连用 3d。

第十二节　兔伪结核病

兔伪结核病（Pseudotuberculosis）是由伪结核耶尔森氏菌所引起的一种慢性消耗性疾病，其病理剖检特征与结核分枝杆菌病相似，因此，称为伪结核病。该菌在自然界广泛存在，许多哺乳动物、禽类和人，尤其是啮齿和复齿动物都能感染发病。

一、病原体

伪结核耶尔森氏菌为革兰氏阴性、多形态的球状短杆菌（图 5-12-1），大小为（0.8 ~ 6.0）μm ×

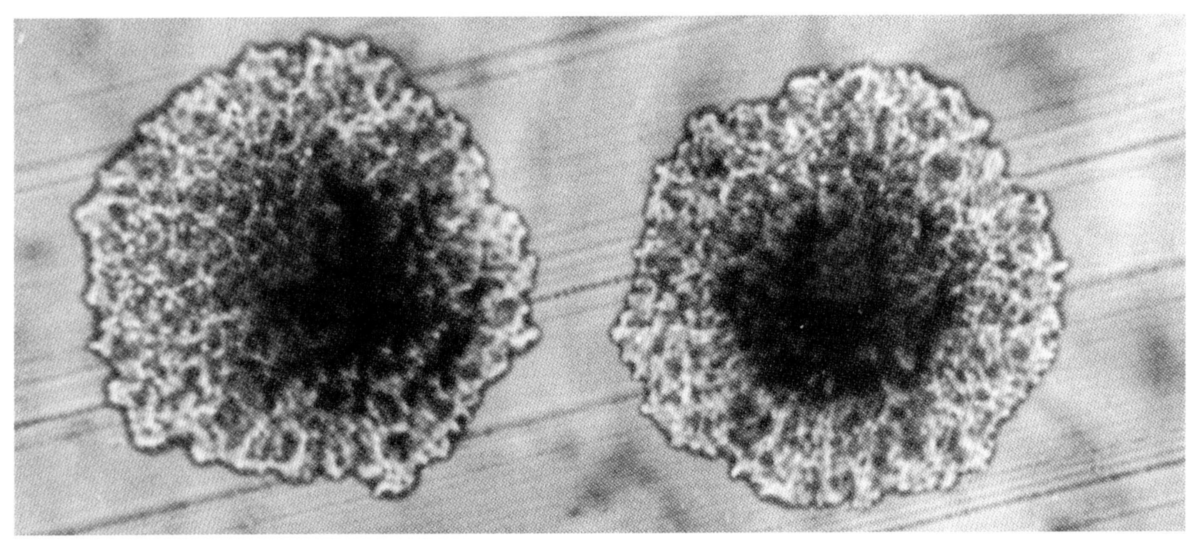

图 5-12-1　伪结核病菌落形态（王永坤 供图）

0.8μm。无荚膜，不形成芽孢，有鞭毛。纯培养物用 Wayson 染色，脏器触片用美蓝染色，呈两极染色。在普通培养基、鲜血琼脂以及麦康凯琼脂上均能生长。在 37℃培养基上，长出细小、表面干燥、边缘不整齐、带灰黄色的菌落。在鲜血琼脂上经 24h 生长菌落为 1mm；在肉汤培养基中形成轻微的混浊，表面有一层黏性薄膜。在 22 ~ 28℃培养具有运动力，高于 28℃培养则无运动力。菌落呈湿润而光滑，在肉汤中一致混浊。在麦康凯培养基上生成细小、似鸡白痢沙门氏菌的菌落。能发酵葡萄糖、半乳糖、麦芽糖、果糖、木胶糖、阿拉伯糖、甘露糖、鼠李糖、蜜二糖、海藻糖、水杨素及甘油等，产酸不产气；不发酵乳糖、蔗糖、肌醇、山梨醇、棉籽糖、卫矛醇和纤维二糖；不产生靛基质，甲基红阳性，V-P 阴性，枸橼酸盐阴性，大多数能还原美蓝和硝酸盐，尿素阳性，不产生 H_2S，苯丙氨酸脱羧酶、赖氨酸脱羧酶、鸟氨酸脱羧酶以及精氨酸双水脱酶均为阴性，过氧化氢酶、半乳糖酶阳性。

该菌可自病兔的蚓突、圆小囊、肠系膜淋巴结、脾、肝、肾和肺等器官分离，其中，肠系膜淋巴结可近 100% 分离到，高于其他器官，但蚓突和圆小囊病灶易得纯培养。根据菌体抗原的不同，可分为 6 个主要 O 抗原群和几个亚群，共有 29 种 O 抗原。兔伪结核耶新氏杆菌病以Ⅰ型和Ⅱ型为最常见，而我国存在Ⅰ型、Ⅱ型、Ⅲ型、Ⅴ型和Ⅵ型 5 个不同血清型。

二、流行病学

在自然情况下，此菌存在于鸟类和哺乳动物体内，特别是啮齿动物（家兔、野兔、豚鼠、海狸鼠等）体内。由于该菌在自然界广泛存在，啮齿动物是该菌的贮存宿主，因此，家兔很容易自然感染发病。各种年龄与各品种的家兔都有易感性。一年四季均可发生，但多见于冬、春寒冷季节。该病多呈散发性，但也可以引起地方性流行。一般通过吃进被污染的饲料和饮水而感染，病原菌在消化道中产生损害并从粪便中排出。此外，皮肤伤口、交配和呼吸道也常是传染途径。营养不良、受惊和寄生虫病等导致兔抵抗力降低，也可诱发该病。

三、临床症状

病兔一般无明显的临床症状，严重时精神萎顿，逐渐消瘦衰弱，行动迟钝，食欲减少以至拒食，被毛粗乱，病程较长，最后因衰竭而死亡，也可见下痢和体温升高、呼吸困难等。

四、病理变化

该病的特征性变化有两种类型：一类是以盲肠蚓突和圆小囊的病变为主要特征。盲肠蚓突肥厚，肿大如腊肠（图 5-12-2），浆膜下有弥漫性灰白色乳脂样或干酪样粟粒大的结节（图 5-12-3），结节有的独立，有的成为片状（由许多小结节融合而成）。圆小囊肿大变硬，H·E 染色可见圆小囊肉芽肿（坏死结节）的组织结构特征，其中心为干酪样坏死，染色深红，周围是上皮样细胞区。另一类是以脾脏或肝脏的病变为主要特征，脾脏肿大好几倍、坏死，表面和深层组织有弥漫性灰白色干酪样或乳脂样结节，大小如粟粒、黄豆，形态不规则（图 5-12-4、图 5-12-5）。肝脏的结节往往与脾脏或盲肠蚓突、圆小囊同时出现，脾和肝的结节能突出表面。有的肺和肾也可见同样的结节。肠黏膜增厚，起皱，看上去似脑回结构（图 5-12-6）。

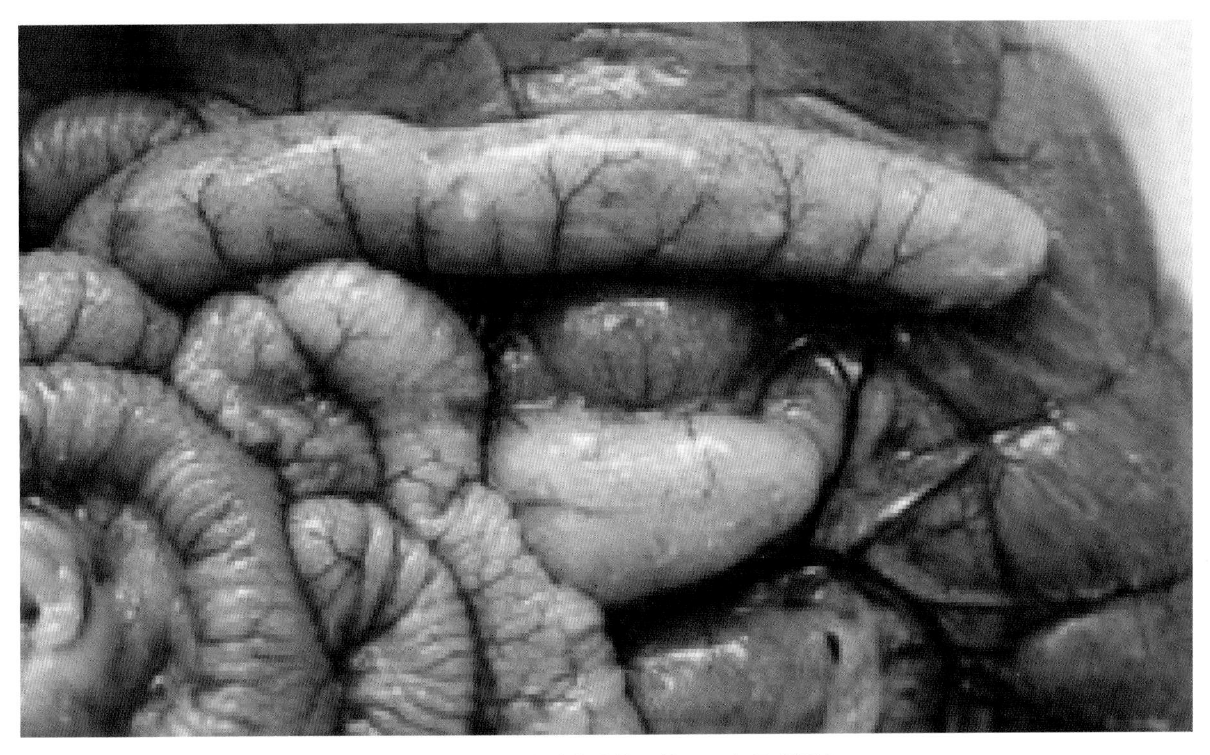

图 5-12-2　蚓突肿大（董亚芳、王启明 供图）

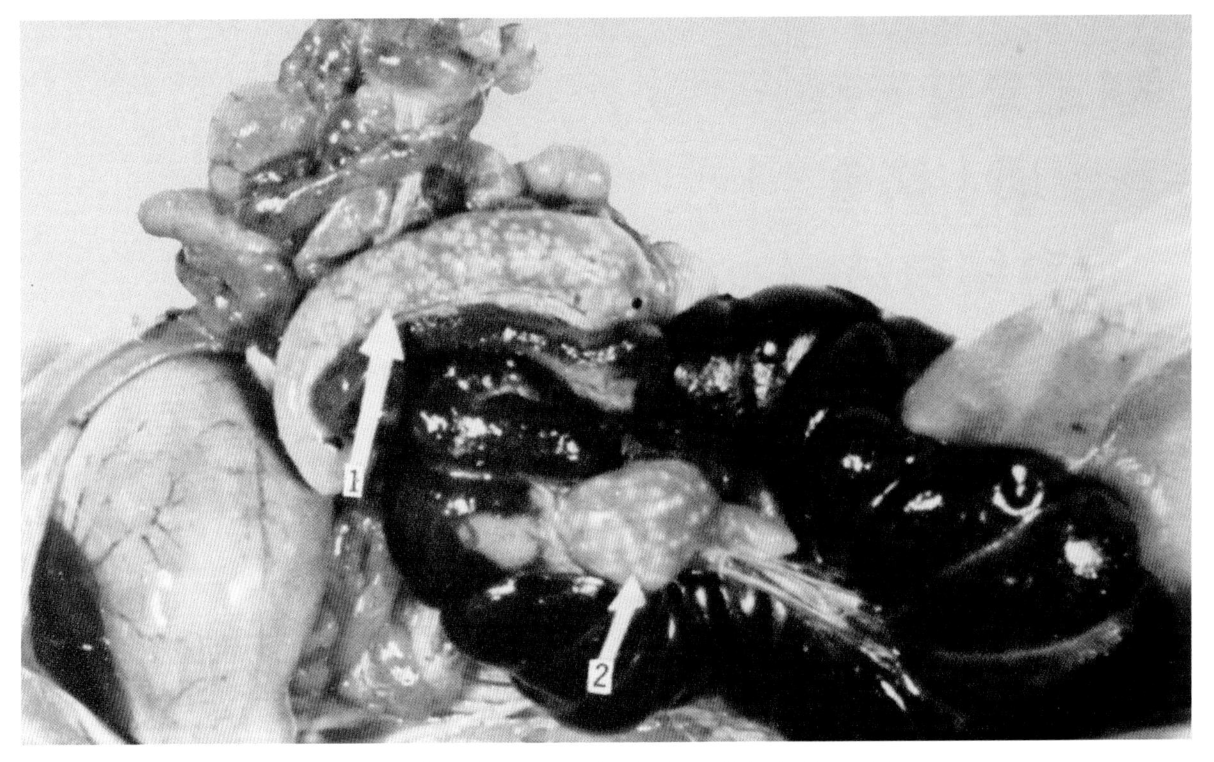

图 5-12-3　盲肠蚓突和圆小囊的粟粒状坏死结节（王永坤 供图）
1- 盲肠蚓突，2- 圆小囊

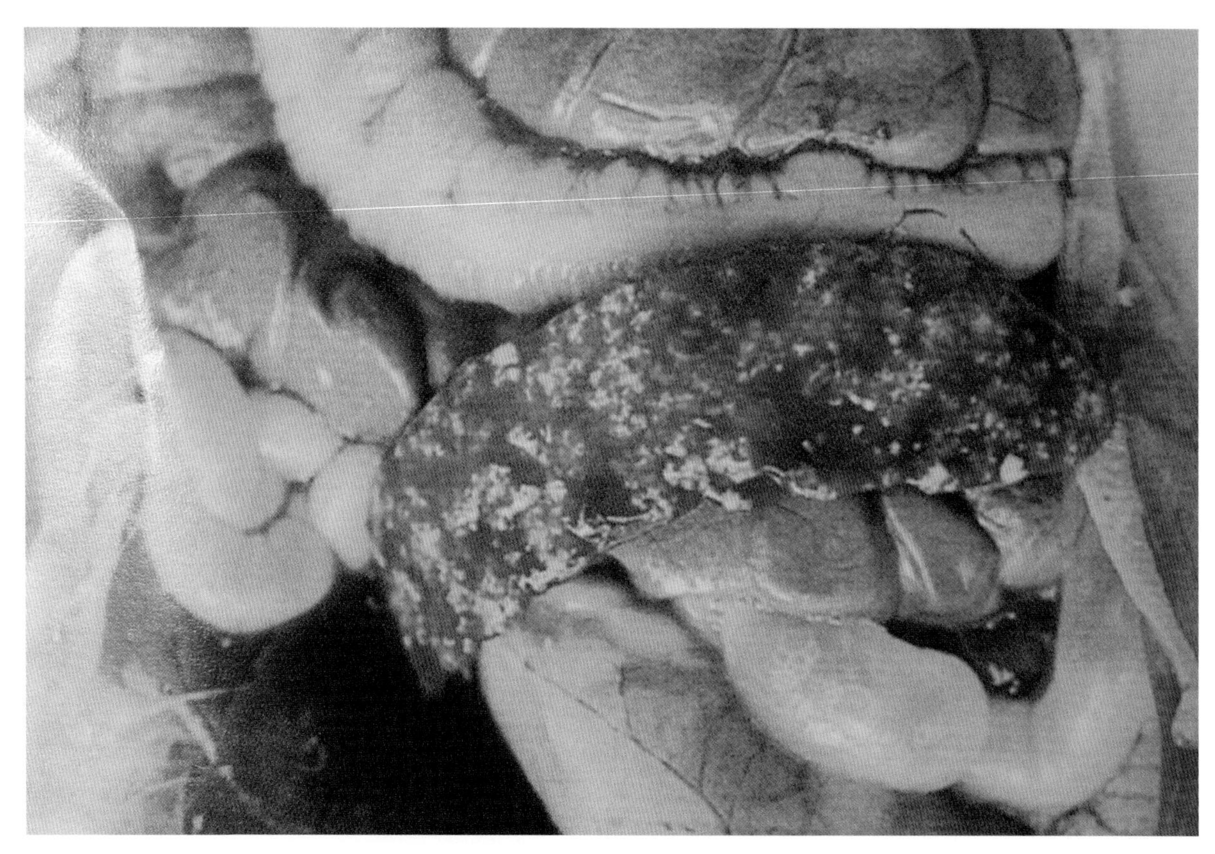

图 5-12-4　脾坏死结节（董亚芳、王启明 供图）

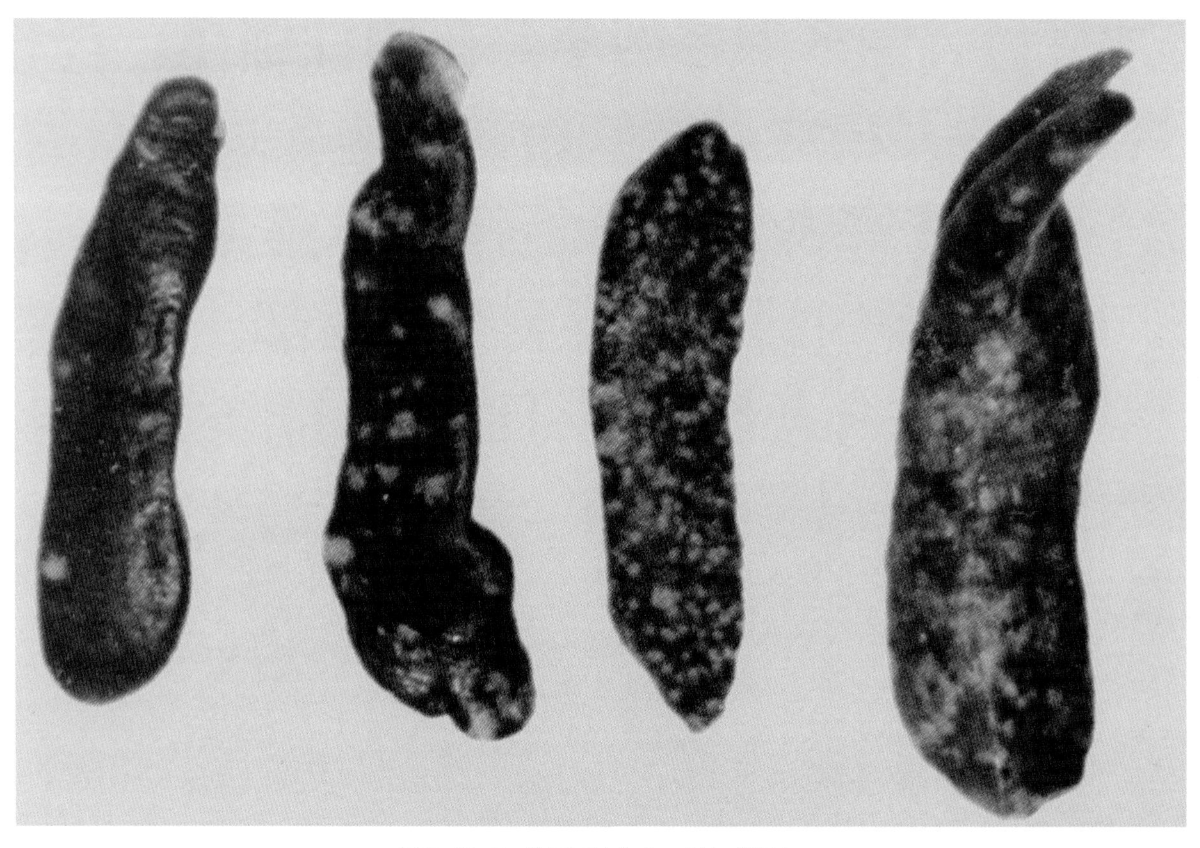

图 5-12-5　脾坏死结节（王永坤 供图）

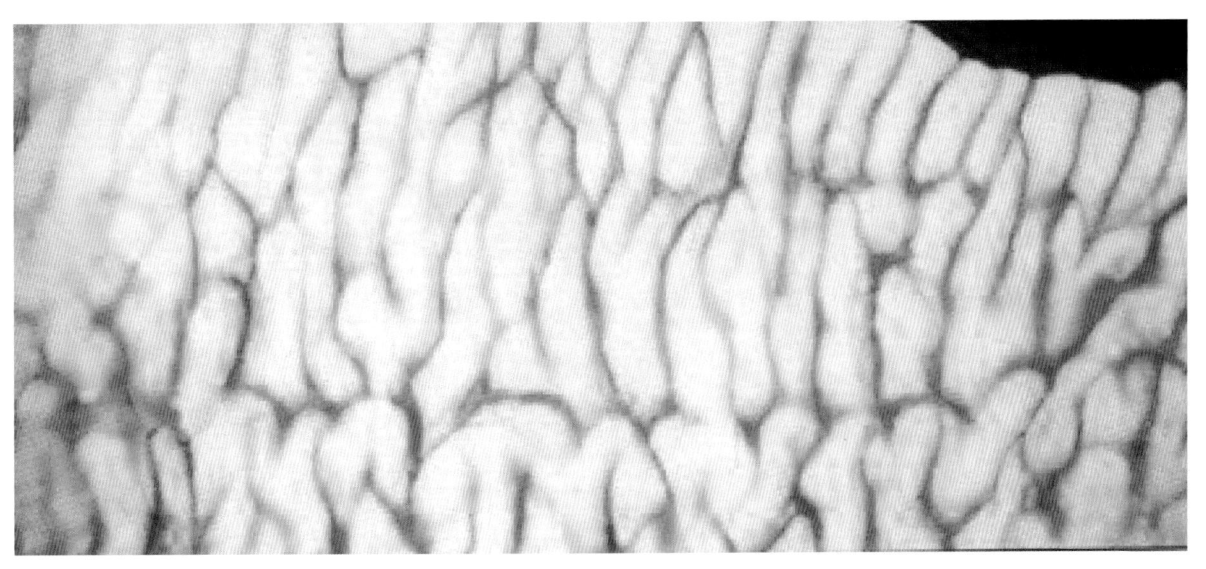

图 5-12-6　肠黏膜增厚起皱（薛帮群 供图）

五、诊断

兔伪结核病可依据典型的病理变化和病原菌分离来确诊。

1. 病原学检查

取肠系膜淋巴结进行镜检和分离培养鉴定。在许多慢性干酪样坏死结节中，细菌的培养结果可能是阴性。

2. 血清学实验

常用凝集实验和血凝反应作辅助诊断。以标准血清型菌株制成灭活的实验抗原或将含菌的悬液吸附于绵羊红细胞上作为血凝试验抗原，检查患病或带菌动物的血清抗体。但该菌的一些血清型易与沙门氏杆菌、布氏杆菌等之间的交叉反应而引起混淆，故应注意。另外，酶联免疫吸附试验和荧光抗体法也可用于该病的快速诊断。

六、类症鉴别

1. 结核病

在病原菌染色特征上，伪结核病为革兰氏阴性菌，是不抗酸的杆菌。而结核病为革兰氏阳性杆菌，具有抗酸染色特征。病理变化：伪结核病除肝、脾外，盲肠蚓突和圆小囊浆膜均有黄白色坏死结节，蚓突变硬似腊肠样。而结核病的坏死结节很少发生在蚓突和圆小囊的浆膜下。

2. 野兔热

病理变化：伪结核病表现为蚓突和圆小囊浆膜弥漫性灰白色坏死结节，蚓突变硬，呈腊肠状，这是野兔热所没有的。脾脏黄白色结节，面积大，突出于脏器表面。而野兔热病例的蚓突和圆小囊不见灰白色坏死结节。淋巴结显著肿大，干酪样坏死，这是伪结核病所没有的。

3. 兔球虫病

伪结核病的病原为伪结核耶尔新氏杆菌，而球虫病的病原为球虫。病理变化：伪结核病的盲肠

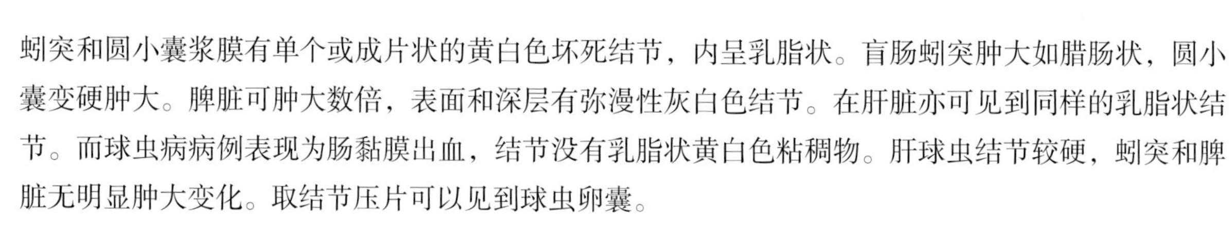

蚓突和圆小囊浆膜有单个或成片状的黄白色坏死结节，内呈乳脂状。盲肠蚓突肿大如腊肠状，圆小囊变硬肿大。脾脏可肿大数倍，表面和深层有弥漫性灰白色结节。在肝脏亦可见到同样的乳脂状结节。而球虫病病例表现为肠黏膜出血，结节没有乳脂状黄白色粘稠物。肝球虫结节较硬，蚓突和脾脏无明显肿大变化。取结节压片可以见到球虫卵囊。

4. 沙门氏菌病

兔伪结核和兔沙门氏菌病剖检时可见到盲肠蚓突、圆小囊和肝脏浆膜上有粟粒大灰白色结节，但伪结核的结节扩散融合后可形成片状，显著肿大，呈黄白色，而蚓突呈腊肠样，质地硬，脾脏也显著肿大，结节有蚕豆大，这些是兔沙门氏菌所没有的，可作为鉴别的重要依据。兔沙门氏菌病母兔可发生阴道炎和子宫炎而引起流产，与伪结核病不同。

七、预防

1. 搞好卫生消毒

保持兔舍，笼具及环境的清洁；饲料和饮水的卫生，一定要保证不被污染，发现污染一定要去除污染来源；选用高效低毒的药物，定期消毒；消灭蚊子、苍蝇和老鼠，对啮齿动物一定要严加防范，坚决不能混养狗、猫、禽等其他动物，加强饲养员的自身防护。

2. 防疫制度与设施

应有健全的防疫制度和完善的防疫设施。每项必须严格执行，兔场应谢绝参观，非饲养人员一律不得轻易入舍，其他动物更不可闯入兔场。

3. 检疫与隔离

新引进兔入场后应隔离观察 20 ~ 30d，确认健康时方可入群饲养。培育健康优良兔群，基础工作至关重要。

八、治疗

该病初期可用抗生素治疗，有一定的疗效。可用卡那霉素肌内注射，每千克体重 10 ~ 20mg，每天 2 次，连用 3 ~ 5d；或以链霉素肌内注射，每千克体重 15mg，每天 2 次，连用 3 ~ 5d；或以四环素内服，每千克体重 30 ~ 50mg，每天 2 次，连用 3 ~ 5d。

第十三节　兔坏死杆菌病

兔坏死杆菌病（Necrobacillosis）是由坏死杆菌引起的，以皮下组织，尤其是面部、头部、颈部、舌和口腔黏膜的坏死、溃疡和脓肿为特征的散发性传染病。坏死杆菌广泛存在于自然界，在动物饲养场、土壤中均有存在，同时，它还是健康动物的扁桃体和消化道黏膜的常在菌。Aammann

在 1877 年首先描述了犊牛白喉，继而 Loffier 证实它是一种长菌丝的细菌所致。Veillon 和 Zuber 在 1897 年从病人的化脓病灶中分离出革兰氏阴性厌氧菌，坏死杆菌就是其中的一个代表菌。

一、病原体

坏死梭杆菌（*Fusobacerium necrophorum*）是一种严格厌氧的革兰氏多形态杆菌，在新鲜病灶和幼龄培养物中多呈长丝状，其大小为（0.75 ~ 1.5）μm×（100 ~ 300）μm，在固体培养基和老龄培养物中多为球状或短杆状，其大小为（0.5×0.5）μm ~（1.5×0.5）μm。因此，显微镜下通常可以观察到有长丝和短杆两种形态。无鞭毛和荚膜，不形成芽孢，能产生内外毒素。该菌为专性厌氧菌，培养基中添加血清、葡萄糖、肝和脑等能促进其生长，在血清琼脂平板上经 48 ~ 72h 培养，形成灰色不透明的小菌落，菌落边缘呈波状，在含血液的平板上，菌落周围形成溶血环，呈 β 溶血。在肉汤中形成均匀一致的混浊，后期可产生特殊的臭味。该菌一般情况下在多数培养基内生长 1 ~ 2 周后死亡，但个别菌株可以保持其活力达数月之久。在有碳酸钙的肝脑培养基中该菌可存活一年或更长。该菌能发酵葡萄糖、乳糖、蔗糖、麦牙糖和水杨苷，产少量的酸和气体。根据不同来源的坏死杆菌在固体培养基上的菌落形态差异，将其分为 4 种亚型，即 A 型、B 型、AB 型和 C 型，其中 A 型和 B 型在肝脓肿中最常见。A 型致病性最强，具有血凝活性和溶血活性；B 型致病性次之，血凝活性较弱；AB 型致病性介于 A 和 B 两型之间，C 型致病性较弱。该菌抵抗力较弱，在有氧气的条件下很快死亡，一般在室温下只能生存一周，易被热和一般化学消毒剂杀死。

二、流行病学

此菌在健康兔的消化道、上呼吸道和生殖道中生存繁殖，随唾液和粪便排出体外，污染环境。一般经损伤的皮肤、黏膜和消化道而感染。各种年龄的兔均可发病，而幼龄兔比成年兔易感性高，长毛兔较短毛兔易发。野兔发病的报道很少。该病一年四季均可发生，以多雨、潮湿、炎热季节多发，冬季很少发生且呈现较轻的病症。饲养卫生条件差，兔舍潮湿污浊、拥挤闷热，吸血昆虫叮咬及营养不良等因素，都能促使该病的发生和发展。

三、临床症状

主要以感染部位的皮肤和皮下组织的坏死、溃疡以及脓肿为特征。患兔的唇和颌下部、口腔黏膜、颈部及四肢关节等处的皮肤和皮下组织发生坏死性炎症（图 5-13-1），形成脓肿、溃疡，并散发出恶臭气味。当细菌侵入血管后，可转移到肺、肝、心和脑等器官，形成坏死灶，有个别病例出现神经症状。患兔流涎、减食或拒食，体温升高，消瘦。

四、病理变化

感染部位黏膜、皮肤、肌肉坏死，淋巴结尤其是颌下淋巴结肿大，并有干酪样坏死病灶。有些病例见有皮下脓肿，坏死组织具有特殊臭味，有许多病例在肝、脾、肺见有坏死灶和胸膜炎、心包炎。

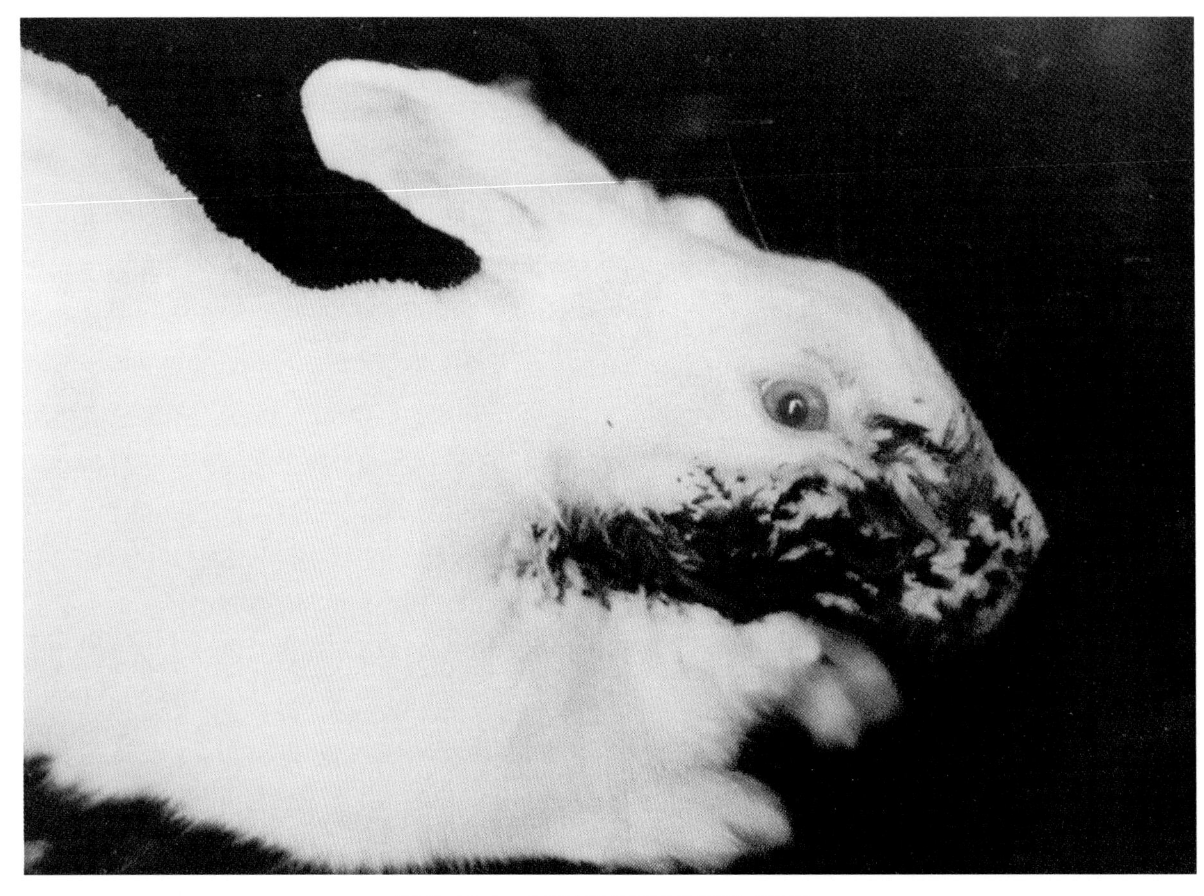

图 5-13-1　头颈皮肤坏死（陈怀涛 供图）

五、诊断

根据患病的部位、组织坏死的特殊变化和臭味等特点可做出初步诊断。进一步确诊需要进行实验室检查。

1. 涂片镜检

从病健组织交界处刮取材料涂片。先用 20% 福尔马林酒精固定 10min，然后以美蓝染色 30s 后镜检，见到染色不均，多呈长丝状排列，也有呈短链或单在的细菌。

2. 分离培养

采用无菌操作，将病死兔的肝、脾坏死灶周围的病健交界处的材料，接种于血液琼脂培养基上，厌养培养 2 ~ 3d 后，见到无光泽、圆形、灰白色的小菌落，染色镜检，见到同上一致的细菌。

3. 生化试验

该菌株能分解葡萄糖、果糖、麦芽糖、乳糖，不分解甘露醇，硫化氢试验阳性，靛基质试验阳性，不能液化明胶，能产生硫化氢。

4. 动物试验

将病料用生理盐水制成 10 倍乳剂，分别注入 3 只小白鼠尾根皮下，0.2mL / 只，3d 可见接种部位形成有干燥痂皮覆盖的坏死区，有的出现化脓性肿胀，8 ~ 10d 全部死亡。从死亡的小白鼠内脏分离出坏死杆菌。

六、类症鉴别

1. 兔绿脓假单胞菌病

绿脓杆菌病主要表现为呼吸道的症状和病变，肺脓疱，脓疱和脓肿液呈淡绿色或褐色，具有芳香味；而坏死杆菌病形成的脓疱和脓液具有恶臭味。绿脓杆菌在普通培养基生长良好，使培养基变绿；而坏死杆菌的菌体呈丝状，细菌在普通培养基上不生长，只有在厌氧条件下及鲜血培养基上才生长。

2. 兔传染性口腔炎

传染性口腔炎是由病毒引起，主要侵害口腔黏膜，形成水疱、脓疱或溃疡，大量流涎，病变不侵害到实质器官和皮下；而坏死杆菌病除侵害口腔黏膜外，还可造成皮下坏死、肌肉坏死，淋巴结肿大、干酪样坏死，并能波及肝、肺、脾等器官，出现坏死病灶。

七、预防

平时注意保持兔舍的清洁卫生，保持干燥，空气流通。兔笼要除去锐利物，防止皮肤、黏膜损伤。注意消灭蚊、虱等。加强对兔舍、兔笼及饲养用具的消毒，一般常用消毒药有 5% 来苏尔，5% ~ 10% 漂白粉溶液，10% ~ 20% 石灰乳等。兔群一旦发病，及时隔离治疗，对死亡兔要深埋或烧毁处理。

八、治疗

1. 局部治疗

首先彻底清除坏死灶，用 1% 高锰酸钾或双氧水冲洗溃疡面后，涂擦碘甘油，每天 2 ~ 3 次。对皮肤肿胀部位涂鱼石脂软膏 1 次 /d，如果有脓肿则切开排脓后，用双氧水冲洗。

2. 全身治疗

严重时可肌内注射磺胺二甲嘧啶，每千克体重 0.15 ~ 0.2g，2 次 /d，连用 3 ~ 4d；或用青霉素，20 万 IU/（kg·bw），注射，2 次 /d，连用 3d。

第十四节　兔绿脓假单孢杆菌病

绿脓假单孢杆菌又称绿脓杆菌。患兔以出血性肠炎和肺炎为特征。该病原菌广泛存在于土壤、水和空气中，在人畜的肠道、呼吸道、皮肤也普遍存在，患病期间动物粪便、尿液、分泌物污染饲料、饮水和用具而引起传染。

一、病原体

绿脓杆菌为革兰氏阴性杆菌，对营养要求不高，在普通培养基上生长良好，菌落较大、扁平、光滑、湿润、灰绿色，具有绿色荧光和生姜芳香。无芽孢、无荚膜、多形态杆菌，单个或成双排列，一端有鞭毛，能运动，菌体大小（1.5 ~ 2.0）μm ×（0.5 ~ 0.8）μm。

二、临床症状

兔发病后突然死亡。患兔表现突然食欲减退或拒食、精神不振、呼吸困难、体温升高、眼结膜红肿、从鼻孔中流出浆液性鼻液，病程长则流出脓性鼻液，有的病兔出现腹泻，排出水样带血的粪便。

三、病理变化

死兔腹部皮肤呈青紫色，皮下有黄绿色或深绿色渗出物，腹腔内有黄绿色积液（图 5-14-1）。胃、十二指肠和空肠黏膜出血，小肠臌气明显，肠壁变薄（图 5-14-2），盲肠浆膜出血（图 5-14-3），肠内容物呈血样，肝脏有黄绿色脓疱，有的呈大小不一的黄色坏死灶。肺脏也有绿色或黄绿色脓疱，脓疱破溃后流出绿色脓液，肺与肋膜粘连，胸腔有黄绿色积液，气管及支气管黏膜出血（图 5-14-4）。如脓疱较大时挤压肺脏可致血管破裂出血。

四、类症鉴别

1. 多杀性巴氏杆菌病

该病是由多杀性巴氏杆菌引发的胸腔积脓和脓肿，其脓汁相对较稀，颜色灰白，无芳香味。

图 5-14-1　患兔腹水，肝表面可见纤维素渗出（鲍国连 供图）

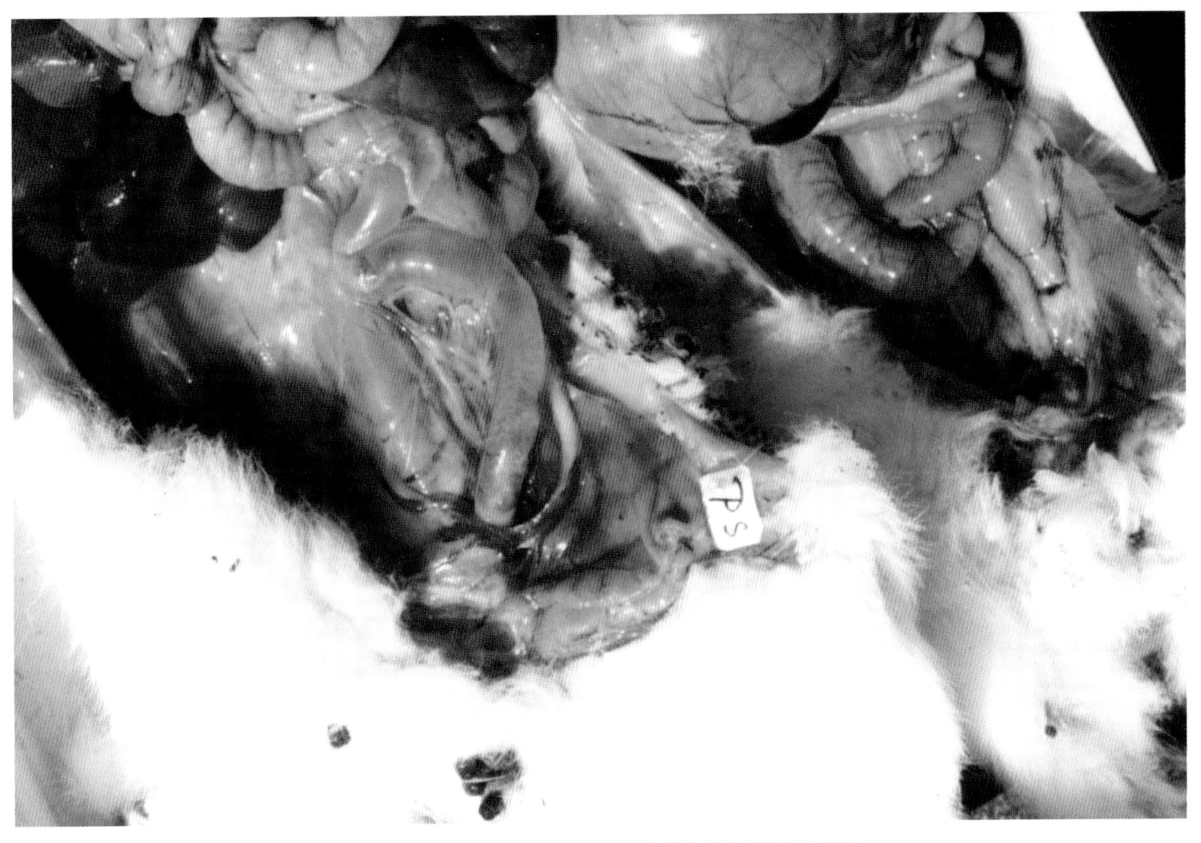

图 5-14-2　小肠臌气明显，肠壁变薄（鲍国连 供图）

图 5-14-3　盲肠浆膜出血严重（鲍国连 供图）

图 5-14-4　肺充血、出血，小肠臌气、肠壁变薄（韦强 供图）

2. 波氏杆菌病

所引起的内脏病变主要在肺和肋膜的脓疱，脓疱被结缔组织所包围，多为独立存在，脓汁相对较干，有时呈豆腐渣样。

3. 葡萄球菌病

所引起的脓疱，脓汁相对较黏稠、乳白色，无芳香味。

4. 产气荚膜梭菌病

急剧腹泻，临死前水泻，粪便呈黑绿色带血液，尿液呈茶色。胃黏膜脱落，胃溃疡，出血性盲肠炎。肠内充满多量褐色稀粪便，有腐败气味。

5. 大肠杆菌病

腹泻粪便带透明胶冻，腹部膨胀，有壶水音，慢性腹泻与便秘交替发生。

五、预防

该细菌在土壤、水和空气中广泛存在，在人畜的消化道、呼吸道和皮肤也有该菌的存在。所以要注意饲料和饮水的卫生，防止污染引起感染。

对污染的兔舍、兔笼和用具等进行彻底消毒，常用的消毒药物为 2% 烧碱液等。

病兔和可疑病兔进行隔离观察和治疗，对死兔要深埋，防止传染。

六、治疗

新霉素每千克体重 2 万 ~ 4 万 IU，2 次 /d，连用 3 ~ 5d；该菌对庆大霉素、丁胺卡那霉素、环丙沙星敏感，可选择应用。

第十五节 兔链球菌病

兔链球菌病（Streptococosis）是一种由溶血性链球菌引起的急性败血症，一年四季均可发生，多呈急性经过，对幼兔危害严重。

一、病原体

该病病原为C型溶血性链球菌，革兰氏阳性球菌，无鞭毛，无芽孢，不能运动，偶见有荚膜存在。该菌在病料中成对或成短链或成长链（图5-15-1），但不成丛，不成团，大小为0.6 ~ 1.2μm。生长要求严格，普通培养基上生长不良，需在培养基中加入血清、血浆、葡萄糖等才能生长。在鲜血培养基上呈露珠状、闪光的小菌落，并呈 β 溶血，在肉汤培养基中常沉淀。能分解葡萄糖、乳糖、蔗糖、产酸不产气。不被胆汁溶解，绝大多数不分解菊糖，对Optochin不敏感。

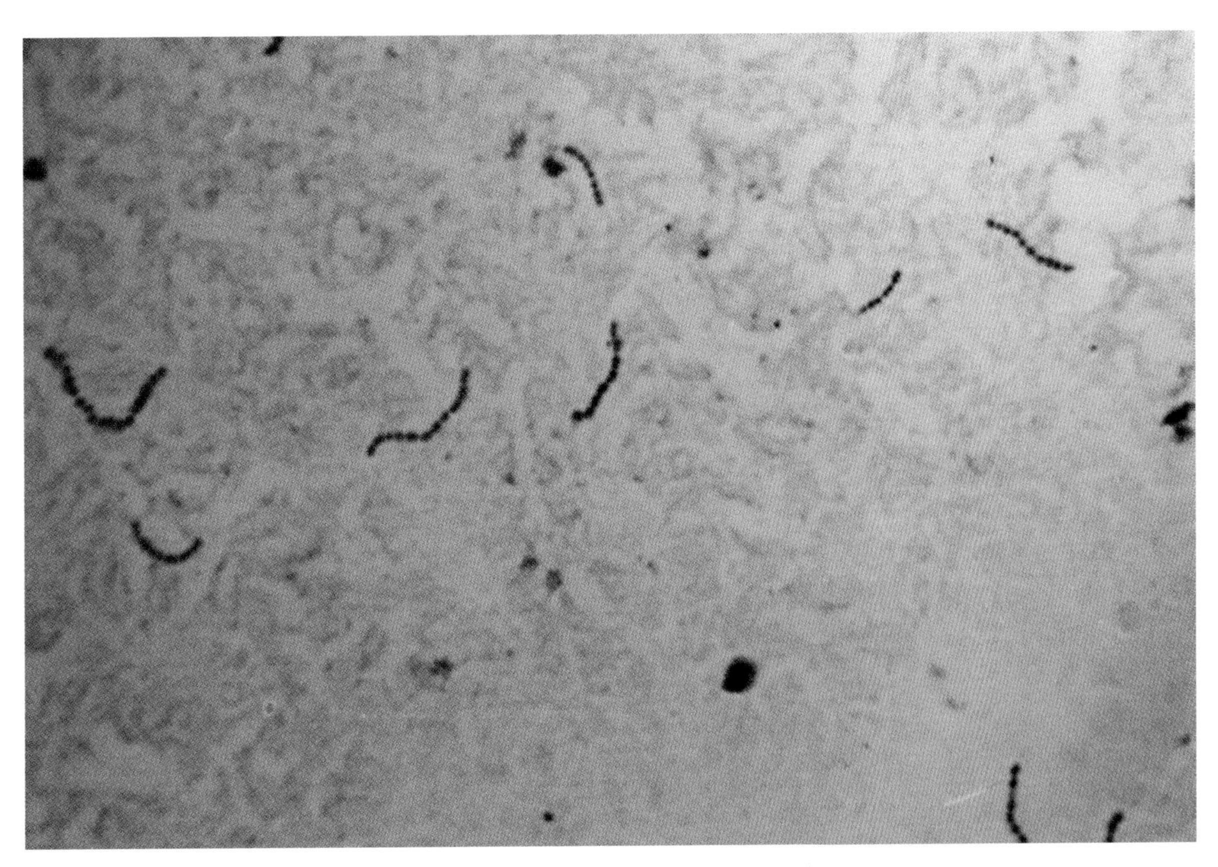

图5-15-1 链球菌的形态（陈怀涛 供图）

二、流行病学

溶血性链球菌在自然界分布广泛，许多动物和家兔呼吸道、口腔及阴道中常有致病性链球菌存在，因此，带菌动物及病兔是主要传染源。病菌随着分泌物和排泄物污染饲料、用具、空气和水源等，经健康家兔的上呼吸道黏膜或扁桃体而传染。当饲养管理不当、受凉感冒、长途运输等使机体抵抗力降低时，也可诱发该病。该病一年四季都可发生，但以春、秋雨季为多见。各种年龄兔均易发病，对幼兔危害最为严重。

三、临床症状

病兔主要表现为体温升高，食欲废绝，呼吸困难，精神沉郁，间歇性下痢（图 5-15-2），排带黏液或血液的粪便。病初表现精神沉郁，体温升高。后期病兔伏卧地面，四肢麻痹，伸向外侧，有的有神经症状，表现为歪头、滚转，强行运动呈爬行姿势。从鼻孔中流出白色浆液性或黄色脓性分泌物，鼻孔周围被毛潮湿并粘有鼻分泌物。有的病兔有眼结膜化脓、生殖道肿胀等症状。病程短、死亡快。

图 5-15-2　下痢（陈怀涛 供图）

四、病理变化

皮下组织呈出血性浆液性浸润（图 5-15-3），脾脏肿胀，出血性肠炎（图 5-15-4），肝和肾脏呈脂肪变性。

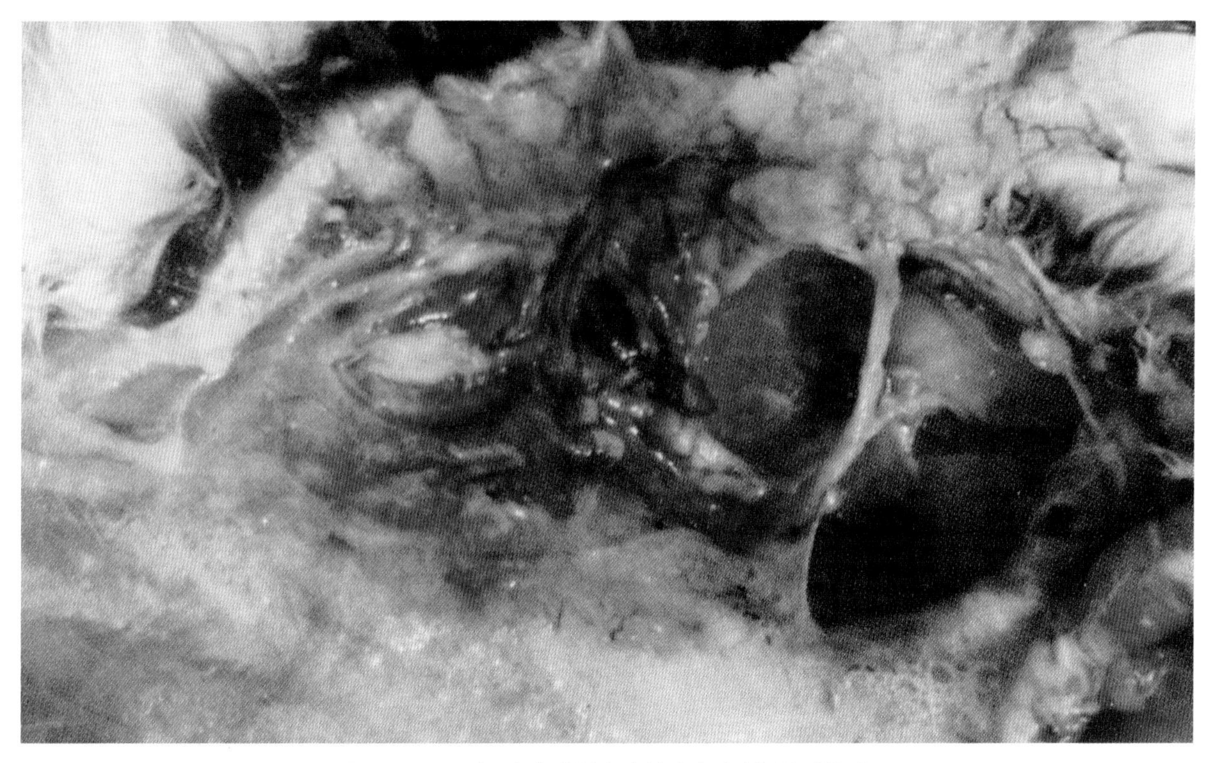

图 5-15-3　皮下组织浆液出血性炎症（陈怀涛 供图）

图 5-15-4　出血性肠炎（陈怀涛 供图）

五、诊断

根据临床症状和剖检变化可对该病做出初步诊断，确诊需要进行实验室检验。

1. 病料采集

选择有病变的组织、化脓灶、鼻咽拭子、肠道内容物等作为被检材料。

2. 显微镜镜检

采取被检材料做涂片或触片，待自然干燥后用火焰固定，进行革兰氏染色，镜检可见革兰氏阳性短链状球菌，如脓灶涂片可见到较长链。

3. 细菌分离培养

无菌取病料接种鲜血琼脂培养基或血清琼脂培养基，于37℃培养24h，观察菌落形态及溶血情况。挑取细小、圆形、凸起、光滑、灰白色菌落作纯培养、镜检及生化鉴定。

4. 动物接种试验

可以采用小鼠或豚鼠进行动物接种试验。

小白鼠：用被检菌株的血清肉汤培养物，皮下注射或腹腔注射每只鼠0.2mL，一般于24 ~ 72h死亡。脾脏肿大，有小出血点；肝脏肿大，有粟粒大的散在性坏死灶；肾肿大，有出血点或瘀血斑，间有小化脓灶；肠道黏膜充血、出血；淋巴结肿大，有出血点；肺卡他性炎症；心外膜有出血点。

豚鼠：用上述培养物注射豚鼠0.5mL/只，皮下注射或腹腔注射，一般于48 ~ 72h死亡。病理变化与小白鼠相似。

六、类症鉴别

1. 兔病毒性出血症和巴氏杆菌病

兔链球菌病病程短、死亡快，与兔病毒性出血症和急性败血型巴氏杆菌病相似，通过病理变化及实验室诊断可以鉴别。

2. 肺炎球菌病

肺炎球菌病是以肺脓肿、纤维素性心包炎和心肌炎为特征，而患链球菌病的兔的鼻孔流出的黏液为黄色，间歇下痢，脾、胃出血，心肌色淡，肺有局灶性出血点。将被检病料接种于鲜血平皿，肺炎球菌的菌落形态较扁平，呈绿色溶血（α 溶血）、两端尖的双球菌，而溶血性链球菌为细小、圆整、凸起、光滑、灰白色的菌落，呈 β 溶血，短链状球菌。进一步鉴别可通过Optochin抑菌试验、胆汁溶菌试验，以及菊糖发酵试验等作鉴别。

3. 金黄色葡萄球菌病

葡萄球菌常引起各器官脓灶，与该病不易鉴别。将脓汁涂片可见革兰氏阳性葡萄状的球菌，为葡萄球菌，而呈短球或链球状的为链球菌。将病料接种于鲜血平皿培养基，如菌落大，并呈金黄色为葡萄球菌，而菌落呈细小、半透明、灰白色，则为链球菌，可作为重要鉴别依据。

4. 兔波氏杆菌病

波氏杆菌引起的肺、肝、肋膜上的脓疱是被结缔组织所包围，脓疱的脓液是乳白色、呈奶油状，而链球菌引起的器官脓肿则无上述变化。

七、预防

改善饲养管理，防止受凉感冒，尽量避免应激因素的发生。发现病兔应立即隔离治疗，兔舍兔笼、场地及用具全面消毒。死亡兔不要剥皮利用，应深埋或焚烧处理。

八、治疗

青霉素，每千克体重20万IU，肌内注射，每天2次，连用3 ~ 4d；卡那霉素，每千克体重4

万 IU，肌内注射，每天 2 次，连用 3 ~ 4d；复方新诺明，每千克体重 20 ~ 25mg，内服；全群用药可用土霉素粉，按 0.2% ~ 0.3% 的比例拌料喂 2 ~ 3d。

第十六节　兔肺炎克雷伯氏菌病

肺炎克雷伯氏菌病是由肺炎克雷伯氏菌（*Klebsiella pneumoniae*）引起的以肺炎和其他器官化脓性炎症为特征的散发性疾病。肺炎克雷伯氏菌广泛分布于自然界，是人和动物肠道、呼吸道的条件致病菌，于 1882 年由 Friediander 首先从患大叶性肺炎病人的肺组织中分离到，当机体免疫力降低或长期大量使用抗生素导致菌群失调时引起感染，可引起肺炎、败血症、脑膜炎、肝脓肿等。在人类感染中目前是除大肠杆菌外的医源性感染最重要条件致病菌。在动物感染中各种家畜家禽、野生动物及水生动物都可感染，家禽中肉鸡、蛋鸡易感染，家畜中猪、牛、羊和兔均可感染。青年兔、成年兔以肺炎及其他器官化脓性病灶为主要病变特征，幼兔以腹泻为特征。

一、病原体

肺炎克雷伯氏菌属于肠杆菌科（Enterobacteriaceae）克雷伯菌属（*Klebsiella*），菌体为大小（0.5 ~ 0.8）μm×（1 ~ 2）μm 的卵圆形的革兰氏染色阴性杆菌。分 3 个亚种：肺炎亚种（*subsp. pneumoniae*）、鼻炎亚种（*subsp.azaenae*）和鼻硬结亚种（*subsp.rhinoscleromatis*）。该菌为兼性厌氧菌，无鞭毛，无动力。有较厚的荚膜。多数菌株有菌毛，具有菌体抗原、荚膜抗原、菌毛抗原等多种主要抗原成分。营养要求不高，在普通培养基上生长的菌落直径 1 ~ 3mm，呈黏液状，相互融合，以接种环挑之易拉成丝，此特征有助于鉴别。37℃生长最佳，但能在 15 ~ 45℃及 pH 值 5.5 ~ 10 范围内生长，最适 pH 值为 7.0 ~ 7.6，pH 值在 5 以下和 11 以上不能生长，50℃以上即被灭活。在无盐条件下生长良好，最大能耐受 8%NaCl。该菌多数菌株具有菌毛，有的属于甘露糖敏感的Ⅰ型菌毛，有的则为抵抗甘露糖的Ⅲ型菌毛，也有的两者兼而有之。该菌具有 O 和 K 两种抗原。K 抗原可用于菌型鉴定，是不含氮的多糖抗原，大多数只含有 1 种带电荷的单糖组分。抗原耐热，100℃ 2.5h 加热仍不能破坏其 O 抗原不凝聚性，因而给该菌属的 O 抗原鉴定和研究带来很多困难。该菌一般对先锋霉素、氨基糖类（链霉素、庆大霉素、卡那霉素等）、氯霉素、多粘菌素等敏感。

二、流行病学

该菌为肠道、呼吸道、土壤、水和谷物等的常在菌，当兔体抵抗力下降或其他原因造成应激时（如忽冷忽热、空气不洁、长途运输、饲料的突然变换等），可促成该病的发生，引起呼吸道、泌尿生殖道以及皮肤的感染。各种年龄、品种和性别的兔均对该菌具有易感性，但以断奶前后仔兔以及妊娠母兔发病率最高，危害也最为严重。该病常呈地方性流行，多为散发，很少能造成大规模流

行。家兔发病后表现出一系列的呼吸道症状，消化紊乱，妊娠母兔发生流产，严重者发生败血症，导致死亡。

三、临床症状

感染肺炎克雷伯氏菌发生肺炎的病兔体温正常，食欲、饮欲没有变化，病情严重时则呼吸困难，食欲减退。发生腹泻的病兔，病程一般为 24 ~ 36h。患兔排褐色糊状稀粪，精神沉郁，食欲废绝。发病后一般药物治疗效果不明显，多以死亡告终。

四、病理变化

发生肺炎的病兔剖检后，可见两侧肺脏出现小叶性肺炎，肺表面散在粟粒大的深紫红色病灶；切面深红色、湿润，有的存在粟粒大的小化脓灶；严重的呈肺实变（图 5-16-1、图 5-16-2），质地硬，切面干燥，紫红色。发生腹泻的病兔剖检后，一般可见盲肠浆膜严重出血，肠系膜淋巴结肿大，肠壁淤血（图 5-16-3），肠腔内有大量黏稠物和气体，腹腔有淡黄色积液。

五、诊断

该病临床症状和病理变化缺乏特征性，所以仅根据临床资料很难做出诊断，只有通过细菌学检查才能确诊，并区别于其他细菌引起的感染。

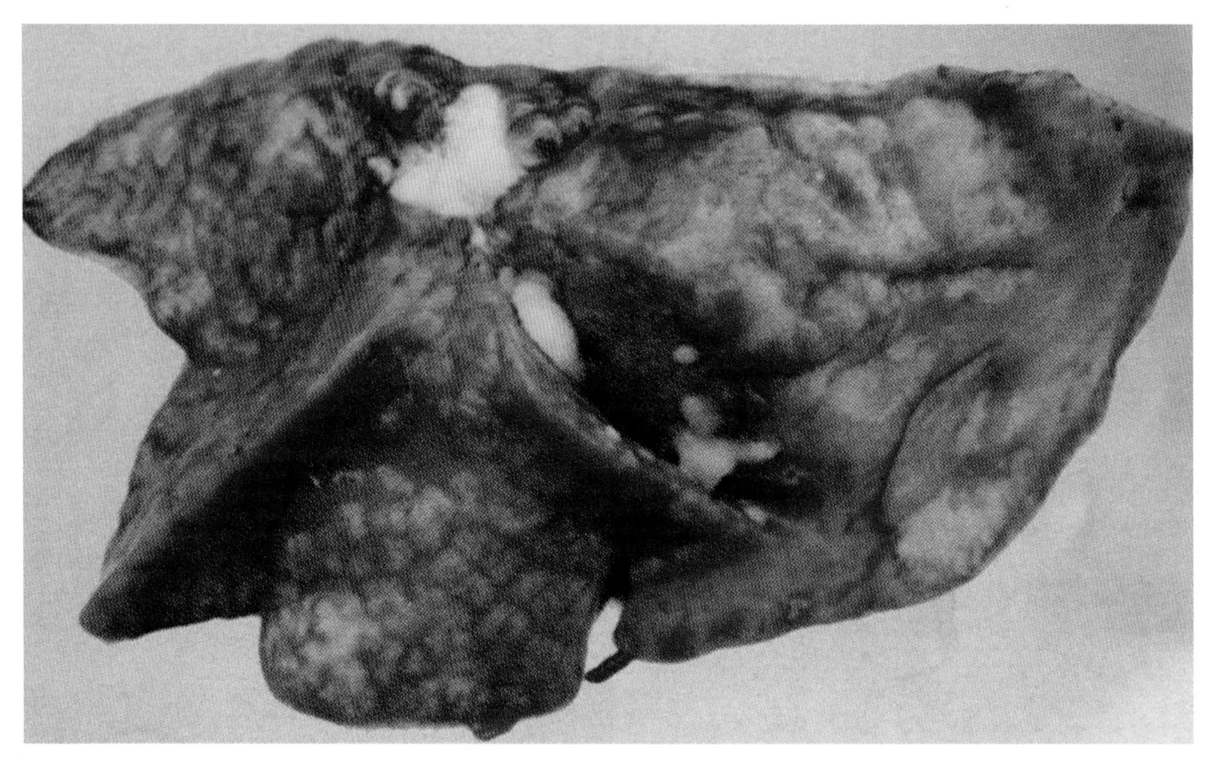

图 5-16-1　化脓性肺炎（任克良 供图）

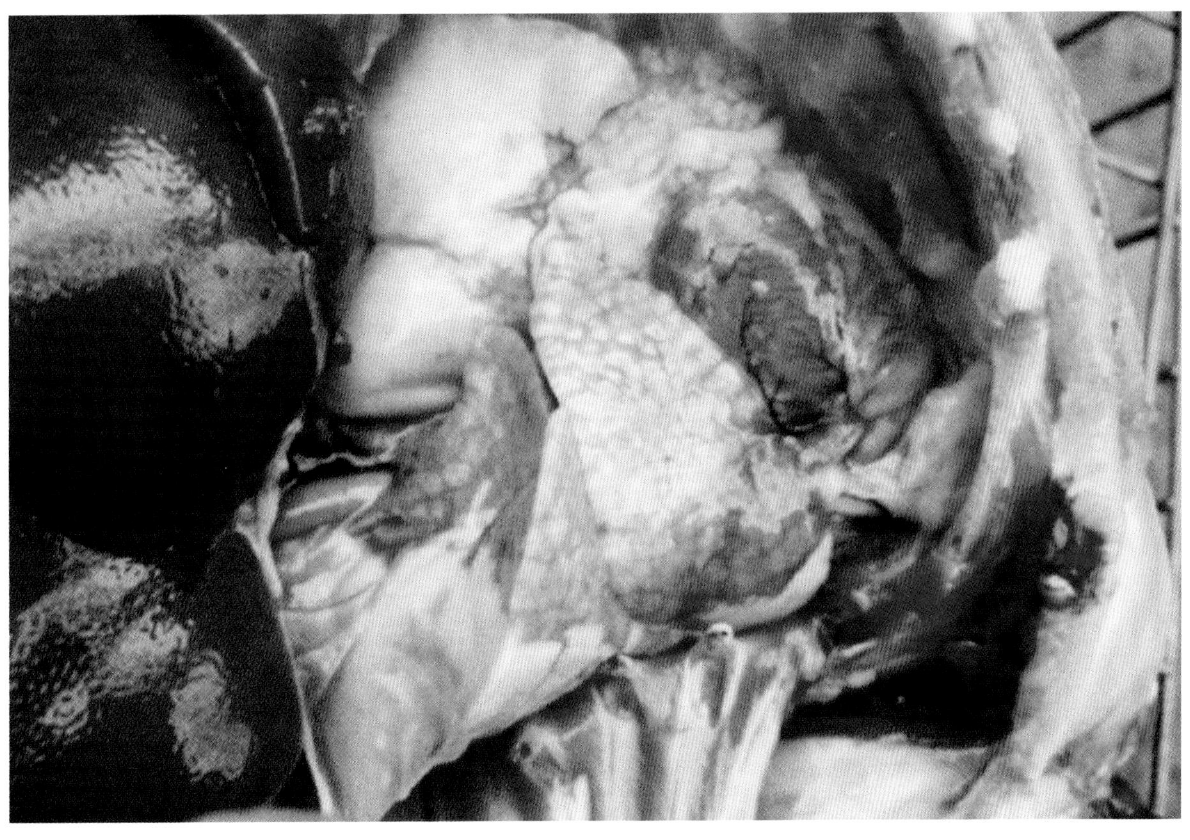

图 5-16-2　肺实变（任克良 供图）

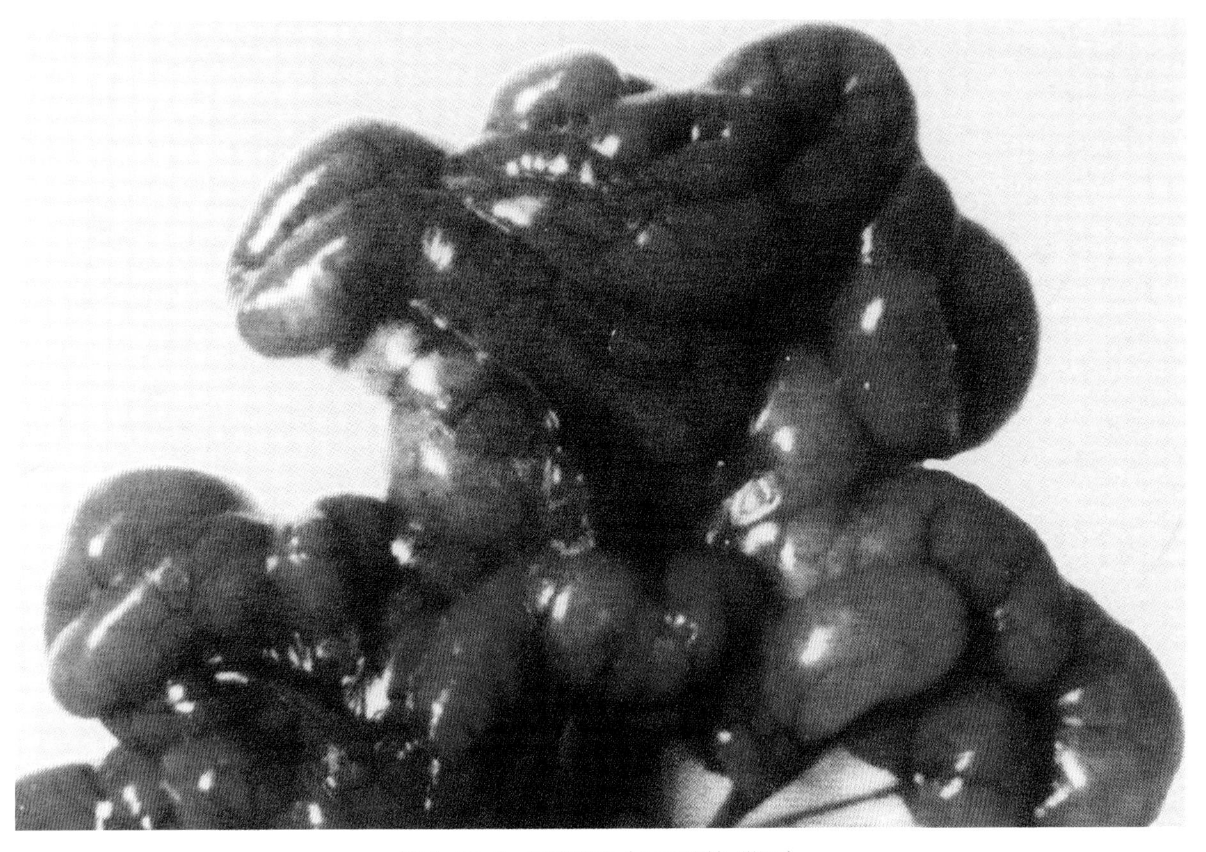

图 5-16-3　肠壁淤血（王云峰等 供图）

1. 染色镜检

采集病兔的病变的组织、上呼吸道分泌物以及血液和化脓灶作为被检材料。将标本直接涂片，或用细菌培养物制成细菌涂片，染色镜检，该菌为革兰氏阴性粗短圆形或杆状成双或短链细菌，大小为（0.5 ~ 0.8）μm×（1 ~ 2）μm。无鞭毛，有菌毛，常有明显的荚膜。一般不能运动。在培养基中菌体较长，常呈多形性，有时可见丝状物。培养时间过长失去其黏稠的荚膜。

2. 分离培养

将被检材料接种到营养琼脂平皿或麦康凯平皿培养基。24h 37℃培养后，培养基上的菌落呈大的黏液状，以铂环挑之易拉成丝。在营养琼脂平板上形成乳白色、湿润、闪光、凸起、丰厚的黏稠的大菌落。菌落可相互融合，以接种环挑之易拉成长丝。斜面上生长后其凝集水变成灰白色黏液状。麦康凯琼脂平皿上呈红色的菌落。肉汤培养基中数天后，长成黏性液体。在 DHL 琼脂平皿上形成的菌落为淡粉色，大而隆起，光滑湿润，呈黏液样，相邻菌落易融合成脓汁样。此时，选取可疑菌落涂片镜检。

3. 生化试验

取可疑病料，进行糖发酵试验以及明胶液化试验、靛基质产生试验、M.R 试验、V-P 试验、硫化氢产气试验等。肺炎克雷伯氏菌对多种糖类均能发酵分解，但菌株之间差异较大。大多数菌株能发酵葡萄糖、甘露醇、水杨苷、蔗糖、肌醇、山梨醇、鼠李糖、阿拉伯糖及棉籽糖，产酸产气。大多数能利用枸橼酸盐为唯一碳源，氨为唯一氮源。M.R 试验阴性，V-P 试验阳性。不液化明胶，不产生吲哚，不形成硫化氢。分解尿素，还原硝酸盐。在克氏双糖铁或三糖铁琼脂 37℃培养 24h，斜面、底层均为黄色，产酸、产气或仅产酸不产气。

4. 荚膜肿胀试验

将 1 滴细菌悬液（10^8/mL）加入 1 滴印度墨汁，与 1 滴 K 抗原抗体在载玻片上混匀，覆以盖玻片，在普通光学显微镜或相差显微镜中观察，如细菌出现荚膜肿胀现象，则表明抗原抗体发生反应。

5. 协同凝集试验

取 1mL10% 金黄色葡萄球菌（能产生 SPA），加 0.25mL 抗血清，室温放置 10min，PBS 洗 2 次，配成含 0.1% 叠氮钠的 10% 金黄色葡萄球菌 PBS 液。取此液 50μl 与等量的含 5×10^8/mL 待检菌的细菌悬液混合，2min 内出现凝集者为阳性。

六、类症鉴别

通过观察临床症状、病理变化及进一步细菌培养鉴定，可确诊，但由于其常常与其他细菌混合感染，需进行鉴别诊断。

1. 波氏杆菌病

细菌形态与生化反应特点：肺炎克雷伯氏菌为革兰氏阴性短粗杆菌，能发酵葡萄糖、蔗糖、乳糖、麦芽糖，无运动力。而波氏杆菌为革兰氏阴性多形性小杆菌，对糖类不发酵，有运动力。临床症状与病理变化：肺炎克雷伯氏菌病主要为体温升高，小叶性肺炎，肺表面有粟粒大红色坏死灶，可形成肝变，呈大理石样。肝肿大，有小坏死病灶。而波氏杆菌病鼻液多为浆液、脓性黏液。一般无体温反应。肺形成脓疱，脓疱液呈黄白色乳脂状，能形成脓胸。肝脏有黄豆至蚕豆大脓疱。

2. 肺炎球菌病

菌体形态上，肺炎克雷伯氏菌为[illegible]兰氏阴性短粗杆菌，而肺炎球菌为革兰氏阳性双球菌。细菌培养上，肺炎克雷伯氏菌可在普通培养[illegible]麦康凯培养基上生长，尿素酶枸橼酸盐反应阳性。而肺炎球菌在普通培养基和麦康凯培养基上不[illegible]，尿素酶枸橼酸盐反应阴性。临床症状与病理变化：肺炎克雷伯氏菌病主要为小叶性肺炎，肺表[illegible]小坏死灶。肝脏有坏死病灶，淋巴结重大。而肺炎球菌病主要为肺部脓肿和出血，肺和肋膜发生[illegible]肝肿大、脂肪变性，多发生于成年怀孕母兔。

七、预防

该病没有特异性预防方法，平时加强饲养管理和卫[illegible]毒及灭鼠工作，妥善保管饲料，不用腐败或污染的饲料喂兔。出现病兔及时隔离治疗，对死亡兔[illegible]焚烧或深埋处理。

八、治疗

庆大霉素，肌内注射，3 ~ 5mg/（kg·bw）；或用链霉素 20mg/[illegible]bw），或用卡那霉素 2 万 IU/（kg·bw）肌内注射，2 次 /d，连用 3d；氟苯尼考 20mg/（kg·bw），或用[illegible]丙沙星，肌内注射，2 次 /d，连用 3d。

第十七节　兔泰泽氏病

泰泽氏病（Tyzzer's disease）是由毛样芽孢梭菌（*Clostridium piliforme*）引[illegible]一种急性传染病，其临诊表现为严重腹泻、脱水和迅速死亡，发病率和死亡率较高。特征病变为[illegible]发性坏死、肠出血性坏死。Tyzzer 首次报道在日本华尔兹小鼠（Japenese Waltzing Mice）群中[illegible]这种致死性流行性疾病以来，相继在兔、猴、猫、犊牛、犬、羔羊、马和人中均有发现。在养兔[illegible]产中，该病已成为兔腹泻的一个重要病原之一。

一、病原体

毛样芽孢梭菌（图 5-17-1），以往称为毛样芽孢杆菌（*Bacillus piliformis*），是兔[illegible]泽氏病的病原菌，为一种细长或多形性的革兰氏阴性细菌，大小 0.5μm ×（4 ~ 6）μm，在细胞[illegible]成芽孢时，菌体可达（0.5 ~ 1）μm ×（10 ~ 40）μm。有密生鞭毛，能运动。只能在活细胞内[illegible]、为专营细胞内寄生菌。该菌存在于感染动物的肝脏和肠道，在感染细胞内呈束状排列。由于[illegible]能在体外无活细胞的人工培养基上生长，而且其自溶性导致该菌在缺乏活体组织、活细胞的情况[illegible]很快自溶，即使在冰水浴中也只能存活几个小时。早期泰泽氏病病原体的传代都是采用活体动物[illegible]染；保存方

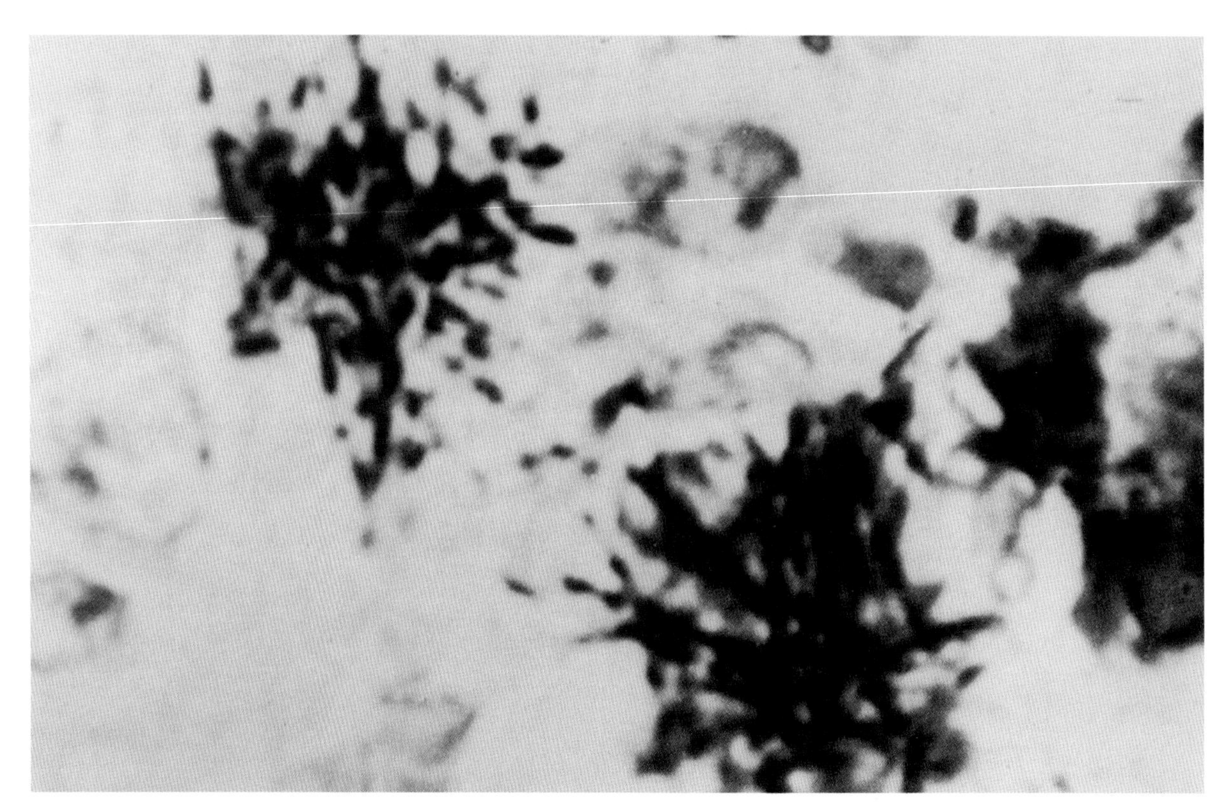

图 5-17-1　毛样芽孢杆菌的形态（日 · 武藤 供图）

法大多数是将富含病原体的肝脏保存在 –70℃以下。这种方式可相对长的时间保持其良好的感染力和致病力。目前在细胞系上成功地培养和传代泰泽氏病病原体，对该菌的研究起了极大的推动作用。

该菌不能在常规或特殊的细菌培养基上生长，但可在鸡胚中生长。将组织匀浆接种到 5 ~ 8 日龄鸡胚卵黄囊内，可进行传代。进一步研究表明，该菌能在成年小鼠肝原代细胞单层上生长，并于接种后 72h 产生类似 CPE 的病变，回归动物实验可引起坏死性肝炎。毛样芽孢梭菌的繁殖体，即在感染细胞中成束、成堆似毛发样的细长杆菌极不稳定。如严重感染的动物死亡后超过 2h，取肝组织制成悬液，不能再感染可的松处理过的动物。感染卵黄囊的提取物，在室温下经 15 ~ 20min 失去活性，37℃时则更快。但其芽孢的形式却相当稳定，在 56℃可存活 Lh。芽孢在接种后死亡的鸡胚卵黄囊中，于室温下可保持感染力达 1 年。粪便中的芽孢体 75℃需 1h 才灭活。在感染动物的垫料中，也可保持相同的时间。因此，可以认为垫料的污染是动物发生自然感染的主要途径之一。该菌对胰酶、酚类杀菌剂、乙醇、新洁尔灭敏感。 福尔马林、碘伏、1% 过氧乙酸、0.3% 次氯酸钠在 5min 内均能灭活菌体。该菌对一般的抗生素有很强的抵抗力，对磺胺类药物不敏感。比较有效的药物有红霉素、四环素、土霉素，且仅能预防症状的出现，不能阻止肝脏病变的产生。

二、流行病学

该病发病率和死亡率都很高，6 ~ 12 周龄的兔发病最为常见，但断奶前的仔兔和成年兔也可染病，以秋末至春初多发。毛样芽孢杆菌从病兔的大便中排出，污染周围环境，健康兔吃到以后即可感染。它侵入小肠、盲肠和结肠的黏膜上皮，开始增殖缓慢，组织损害微小，不出现临床症状。但如这时受到应激因素作用，如过热、过挤和长途运输等引起应激反应，病菌就会迅速繁殖，引起肠黏膜和深层组织坏死。病菌经门脉循环进入肝脏和其他器官，造成严重损害。在感染其他疾病时，也可激发亚临床型的毛样芽孢梭菌的感染。泰泽氏病病原体主要以隐性感染的形式存在于易感动物体内。泰泽氏病的发病不仅与泰泽氏病病原体的感染力和致病力有关，还与宿主的种属、健康状况、周龄、性别、饮食、机体免疫以及宿主所处的周边环境有密切关系。尤其是动物在离乳、卫生情况不好、过分拥挤、糖皮质激素处理以及接受 X 线照射下更容易发病。雌性动物比雄性动物较易感染泰泽氏病病原体；幼小动物比成年动物较易发病；免疫缺陷的动物对泰泽氏病病原体比较敏感；营养良好、环境卫生好有利于预防泰泽氏病的发生。

三、临床症状

病兔发病急，精神萎靡，拒食，严重下痢，在肛门周围和尾巴上有不同程度的粪便污染（图 5-17-2）。粪便呈褐色或暗黑色水样或黏液样，全身迅速脱水，导致病兔显得虚弱、消瘦，多在发病后 24 ~ 36h 内死亡，死亡率达 90% 以上。有的兔无任何症状突然死亡，少数病兔耐过成为僵兔，长期食欲不良、生长停滞。

四、病理变化

图 5-17-2　腹泻（陈怀涛 供图）

盲肠浆膜有弥漫性出血（图 5-17-3），盲肠壁增厚、水肿，黏膜水肿，可见到紫红色溃疡；盲肠黏膜广泛出血，盲肠内有水样或糊状的棕色或褐色内容物，并充满气体，结肠浆膜、黏膜弥漫性充血、出血（图 5-17-4），肠壁水肿；蚓突有粟粒大至高粱粒大黑红色坏死灶，回肠后段、结肠前段大多充血，肠腔内有多量的透明状胶状物，肠系膜淋巴结水肿。心肌有灰白色或淡黄色条纹状坏死（图 5-17-5），肝脏肿大，有大量针帽大小、灰白色或灰黄色的坏死灶（图 5-17-6），脾脏萎缩。

五、诊断

根据发病周龄、典型临床症状和特征性的盲肠、肝脏、心肌变化可做出初步诊断，确诊需做实验室诊断。取病死兔的肝脏坏死组织进行涂片，姬姆萨染色后镜检，在显微镜下可见肝细胞胞浆中有成束的毛样芽孢杆菌，同样，盲肠黏膜涂片染色也可见到毛样芽孢杆菌。此外，还可用酶联免疫吸附试验（ELISA）、原位杂交法、间接免

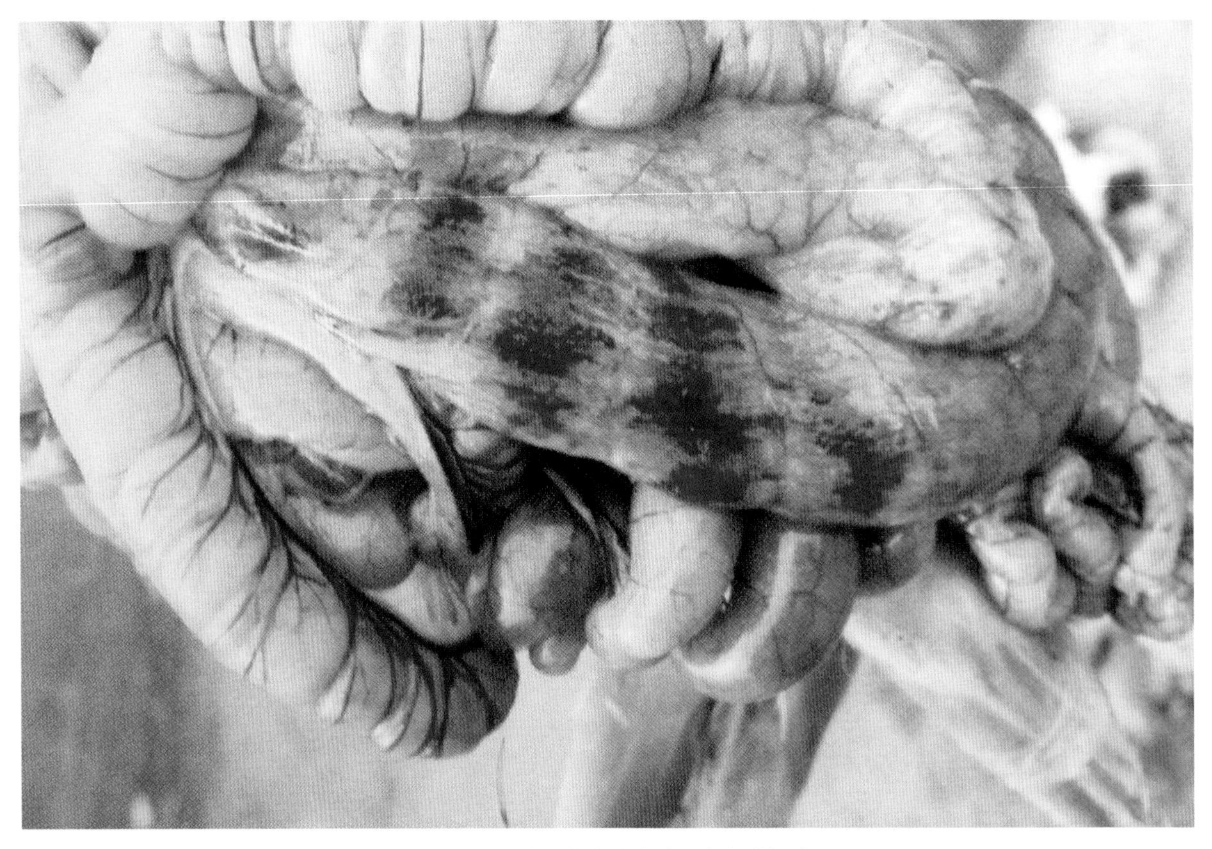

图 5-17-3　盲肠浆膜出血（任克良 供图）

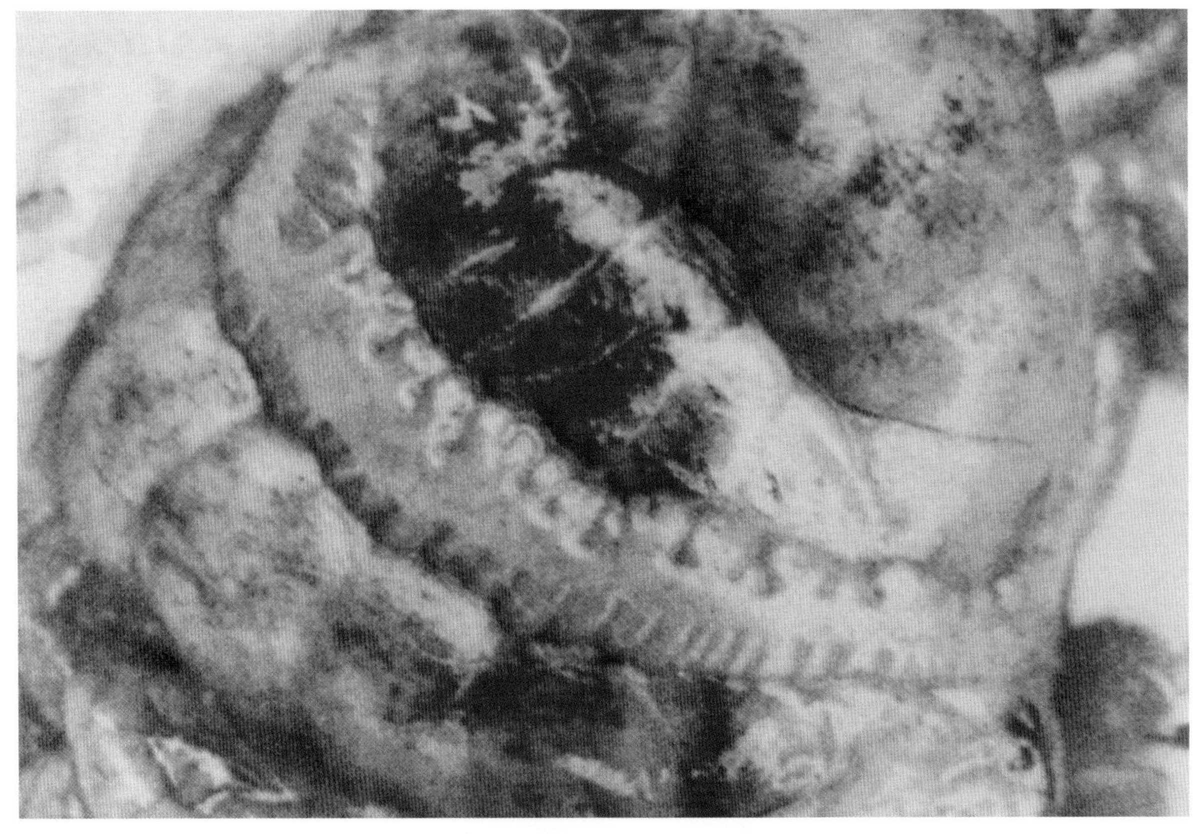

图 5-17-4　结肠浆膜出血（范国雄 供图）

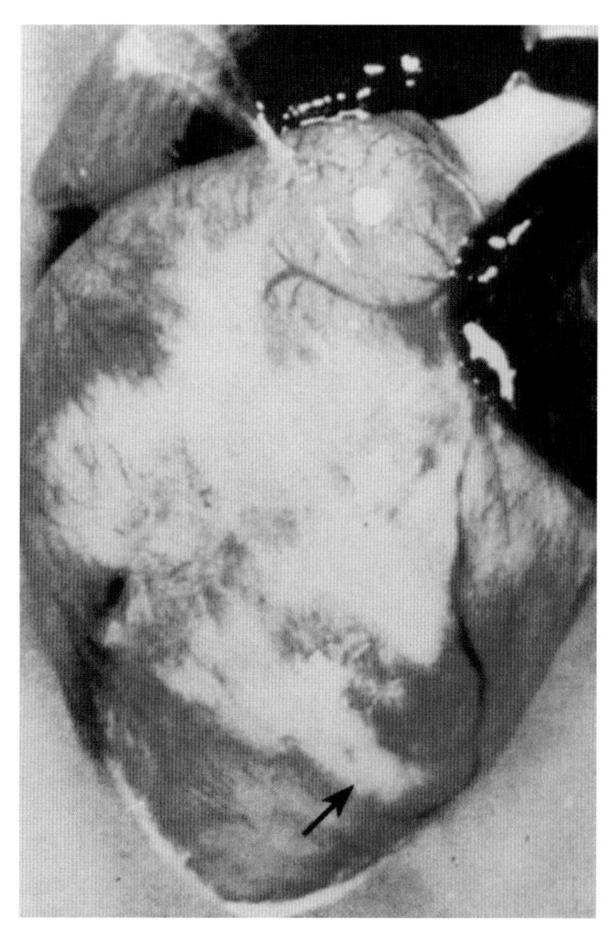

图 5-17-5　心肌坏死（日 · 武藤 供图）

疫荧光法（IFA）、聚合酶链反应等方法进行诊断。

六、类症鉴别

1. 与产气荚膜梭菌病、大肠杆菌病鉴别诊断

由于泰泽氏病能引起消化道的感染，有腹泻症状，出现肠道病变，因而诊断时注意与产气荚膜梭菌病、大肠杆菌病等消化道疾病相区别。产气荚膜梭菌病主要症状为急剧腹泻，临死前水泻，粪便呈黑绿色带血液，尿液呈茶色，胃黏膜脱落，胃溃疡，出血性盲肠炎。肠内充满多量绿色粪便，有腐败气味。大肠杆菌病腹泻粪便呈黏液性，透明胶胨状，腹部臌胀，慢性腹泻与便秘交替发生，十二指肠、空肠充满泡沫状气体，结肠、直肠有大量透明黏液，胶胨状物阻塞，回肠、盲肠可出现血斑。

2. 与绿脓杆菌病、沙门氏菌病、轮状病毒病鉴别诊断

绿脓杆菌病为水样带血液腹泻，胃、十二指肠、空肠出血，内容物含有多量血液。沙门氏菌

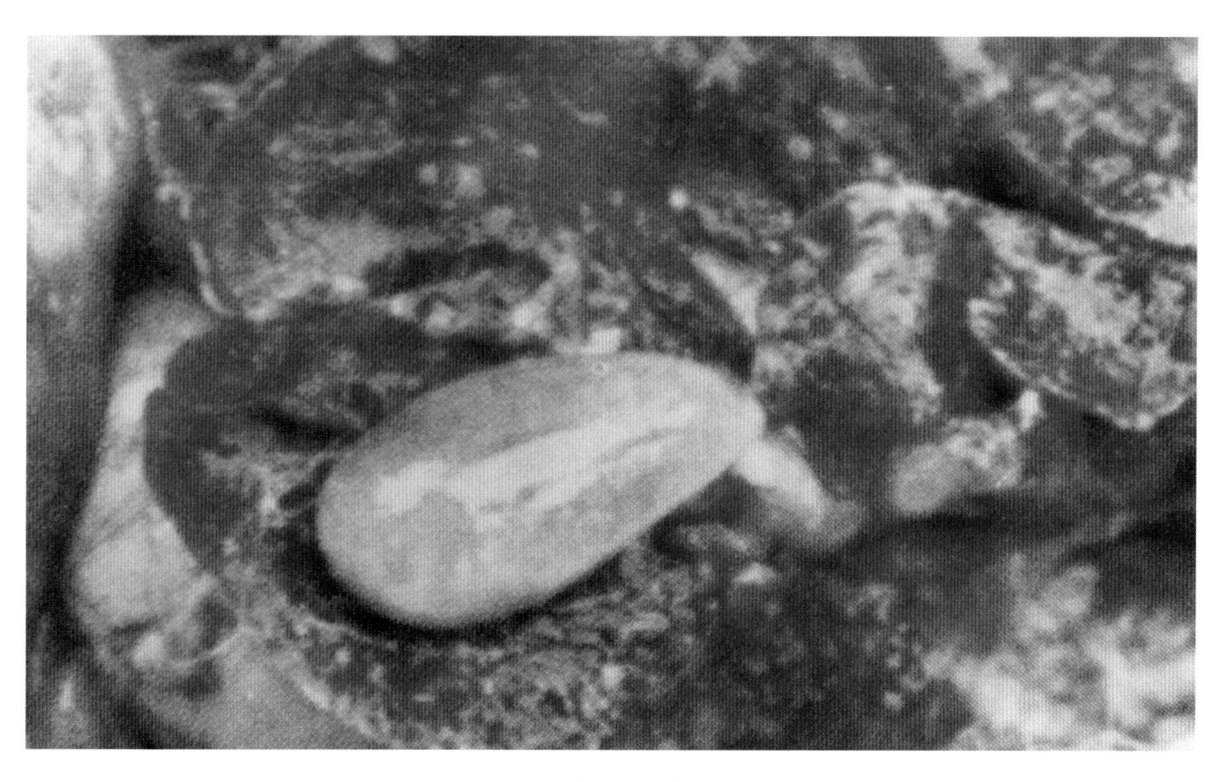

图 5-17-6　肝坏死灶（范国雄 供图）

病引起腹泻的粪便为泡沫状，母兔流产，盲肠、圆小囊有粟粒状灰白色结节，肝脏亦有灰白色坏死病灶。轮状病毒病为水泻，死亡兔血液凝固不良，小肠充血或出血，蚓突和圆小囊有灰白色坏死灶。

七、预防

注意改善饲养管理，加强卫生措施，定期消毒，消除各种应激因素。注意灭鼠，严禁其他动物进入兔场。要及时隔离治疗发病兔，并进行全面彻底消毒，及时淘汰无治疗价值的病兔。对排泄物、污染的场地、兔舍、兔笼彻底清洗消毒，防止病原菌扩散。

八、治疗

发病初期用0.006%~0.01%土霉素饮水，效果较好；强力霉素（以原药计）5g溶于50L水中，全群饮水5d，疗效良好；每千克体重40mg金霉素，5%葡萄糖稀释后静脉注射，每天2次，连用3d；青霉素和链霉素混合，肌内注射，每天2次，连用3d。

第十八节　兔棒状杆菌病

棒状杆菌病（Corynebacteriosis）是由棒状杆菌属的细菌引起的多种动物和人的一些疾病的总称，棒状杆菌的种类不同，动物和人的症状表现也不同，一般以某些组织和器官发生化脓或干酪样的病理变化为特征。兔棒状杆菌病是由鼠棒状杆菌和化脓棒状杆菌所引起，以实质器官及皮下和关节等部位形成小化脓灶为特征的传染病。

一、病原体

棒状杆菌（*Corynebacterium*）为革兰氏阳性、直或微弯多形态的杆菌，常一端比较粗大而呈棒状。有的菌株可染成颗粒样。细菌排列呈“V”字形或栅栏样，也有的球状菌体由于相连而似链球菌。该菌在鲜血培养基经37℃ 18h培养，呈不透明或半透明、凸起、光滑、闪光、边缘整齐的菌落，大多数菌株呈β溶血，也有不溶血菌株。在亚碲酸盐琼脂上，呈微黑色小菌落，带金属光泽，表面低平。能发酵葡萄糖、麦芽糖和蔗糖，能产生过氧化氢酶，有的菌株具有尿素酶。某些菌株初次分离培养时需要二氧化碳。

二、流行病学

该菌广泛分布于自然界中，兔易感性强。主要通过污染的土壤、垫草与剪毛或其他原因发生的外伤接触感染，或通过污染的饲料、饮水等经消化道感染，该病常为散发，冬春季多发。

三、临床症状

病程较长时，出现食欲减退，呼吸困难，流涕。随着病情发展出现体表淋巴结肿大、化脓、破溃、流出白色牙膏样脓汁，随后结成硬痂。有的病例在胸腔、肺、腹腔淋巴结及器官组织中发生化脓和干酪样病灶，此时可见慢性支气管炎症状，出现呼吸困难、流鼻液等症状，有的还可能出现关节炎。

四、病理变化

肺和肾有小脓肿病灶，皮下也有脓肿病灶，切开脓肿后流出淡黄色、干酪样脓液。关节肿胀，有化脓性或增生性炎症。

五、诊断

根据病理变化可做出初步诊断，确诊需做细菌学检测。用脓液涂片，革兰氏染色镜检，可见有多形态的一端较粗大呈棒状的革兰氏阳性杆菌。病料接种于鲜血琼脂培养基和亚碲酸钠琼脂培养基，于37℃培养24 ~ 48h，前者的菌落细小，α 型溶血或 β 型溶血；后者则为微黑色小菌落。必要时还可进一步做生化鉴定及动物试验，予以确诊。

六、类症鉴别

坏死杆菌病。

棒状杆菌病和坏死杆菌病鉴别诊断。

病原体：坏死杆菌病是阴性杆菌，菌体呈丝状，棒状杆菌病为革兰氏阴性菌，菌体呈棒状。

脓液：坏死杆菌病的脓液有恶臭味。而棒状杆菌病的脓汁为灰绿色干酪样，无臭味。

病理变化：坏死杆菌病除肺脏等实质器官脓肿和干酪样坏死外，并有口腔黏膜坏死，这是棒状杆菌病所没有的。

七、预防

目前无特殊预防方法，主要靠加强饲养管理及清洁卫生工作，防止外伤感染。一旦发生外伤，应立即涂碘酊或龙胆紫，以防伤口感染。

八、治疗

用青霉素、链霉素治疗有效。青霉素，10万 ~ 20万IU/(kgbw)，肌内注射，2次/d，连用5 ~ 7d;

链霉素，20 万 IU/（kg·bw），肌内注射，2 次 /d，连用 5 ~ 7d。

第十九节　兔肺炎球菌病

兔肺炎球菌病是由肺炎链球菌引起兔的一种呼吸道疾病，病兔肺部的病变最明显，主要以体温升高、流鼻涕和突然死亡为特征。

一、病原体

该病病原为肺炎链球菌，革兰氏阳性，直径约 1μm。组织涂片或在血清培养基中的细菌，具有明显的荚膜。典型的肺炎链球菌为双排列，菌体呈矛头状，宽端相对，尖端向外。在痰、脓液中可呈单个或短链状。有的毒株在体内形成荚膜。普通染色时荚膜不着色，表现为菌体周围有透明环，无鞭毛，不形成芽孢。菌体衰老时，或由于自溶酶的产生而将细菌裂解后，可呈革兰氏染色阴性。该菌在普通培养基中生长不良，血液及血清培养基中生长良好，能引起溶血。最适温度 37.5℃，最适 pH 值为 7.4 ~ 7.8。有些菌株在培养时需加入 5% ~ 10% 的二氧化碳。发酵葡萄糖、果糖、蔗糖、乳糖、麦芽糖、菊糖，产酸不产气。不发酵木糖、阿拉伯糖、棉籽糖和卫矛醇。该菌能产生自溶酶，故放置时间较长的培养物，可产生溶菌现象。该菌的抵抗力不强，直射日光下 1h 或 52℃ 10min 即可杀死，对一般消毒剂敏感。有荚膜的菌株对干燥的耐受力较强，在干痰中可存活 1 ~ 2 个月。许多消毒药如 5% 石炭酸、0.01% 高锰酸钾等能很快使细菌死亡。病料中的细菌于阴暗处可保存数月仍有活力。

二、流行病学

各品种、日龄、性别的家兔对该病菌都易感，但感染后以仔兔和妊娠兔症状严重，能够引起肺炎、败血症，以及妊娠母兔流产，幼兔可呈地方性流行，成年兔一般散发。发病季节性，以春末夏初和秋末冬初气候多变时发病较多，病死率也高。由于该菌是兔呼吸道的常在菌，当机体的抵抗力下降或者是出现一些严重的应激，如气候突变、长途运输等，可导致细菌大量繁殖，发生内源性感染。此外该菌还可通过空气传播而发生外源性感染。

三、临床症状

兔主要表现为精神沉郁、食欲下降、体温升高、流鼻涕，妊娠母兔可能发生流产，或产弱仔兔，仔兔成活率低，产仔率和受孕率下降。有些兔可发生中耳炎，表现歪头、滚转等症状。

四、病理变化

气管黏膜充血、出血，气管内有粉红色黏液和纤维素性渗出物。肺水肿，有大片出血斑，有些病例出现脓肿，或者整个肺化脓坏死。有纤维素性胸膜炎、心包炎，心包胸膜与肺胸膜常发生粘连。肝肿大，发生脂肪变性，脾肿大，子宫和阴道黏膜出血，兔的两耳也可发生化脓性炎症。新生仔兔常呈败血症死亡。

五、诊断

依据流行特点，临床症状和剖检病变可做出初步诊断，确诊需要进行实验室诊断。将脓性分泌物涂片，革兰氏染色，镜检，如发现革兰氏染色阳性的矛状双球菌或短链状球菌则为肺炎链球菌。

六、类症鉴别

1. 波氏杆菌病

支气管败血波氏杆菌病以引起肺部和肝脏脓疱为特征，脓疱常由结缔组织形成包囊，有些病例还引起胸腔蓄脓和胸膜炎等病理变化。肺炎球菌病的病变主要在呼吸道，多以肺脓肿、纤维素性胸膜炎、心包炎为特征。鉴别诊断时可从病灶中取脓性分泌物涂片、革兰氏染色镜检，支气管败血波氏杆菌为革兰氏阴性、多形态小杆菌；而肺炎球菌的菌落形态较扁平，呈绿色溶血（α 溶血），为革兰氏阴性、两端尖的双球菌。

2. 链球菌病

溶血性链球菌病剖检时可见皮下组织呈出血性浆液性浸润，脾脏肿大，出血性肠炎，肝和肾脏脂肪变性；而肺炎球菌病多以肺脓肿、纤维素性胸膜炎、心包炎为特征。将被检病料接种于鲜血平皿，溶血性链球菌呈细小、圆整、凸起、光滑、灰白色的菌落，呈短链状球菌；而肺炎球菌的菌落形态较扁平，呈绿色溶血（α 溶血）、两端尖的双球菌。进一步鉴别可通过抑菌试验、胆汁溶菌试验，以及菊糖发酵试验等作鉴别。

3. 巴氏杆菌病

可取病灶涂片、革兰氏染色镜检将其区分，多杀性巴氏杆菌为革兰氏阴性、两端钝圆、呈卵圆形的短小杆菌，组织病料涂片，经姬姆萨或瑞特氏法染色，菌体两极着色较深；而肺炎球菌为革兰氏阴性、两端尖的双球菌。

七、预防

保持兔舍笼内清洁干燥，防止兔舍内温度忽高忽低；加强营养，喂兔的饲料要保证清洁、新鲜、多样化；搞好环境卫生，加强消毒。冬季做好兔舍的防护工作，减少应激刺激。经常观察兔群，发现病兔马上隔离和治疗。对未发病的兔可用磺胺类药物或恩诺沙星等药物进行预防。

八、治疗

青霉素，20 万 ~ 40 万 IU，肌内注射，2 次 /d，连用 3 ~ 5d；磺胺二甲基嘧啶，30 ~ 100mg，内服，2 次 /d，连用 3 ~ 5d。

第二十节　兔皮肤真菌病

兔皮肤真菌病（Dermatophytosis）是由致病性真菌引起的以皮肤角化、炎性坏死、脱毛、断毛为特征的传染病。兔皮肤真菌病已成为当前危害养兔业最为严重的皮肤病，近年来在全国各地流行，该病的传染性极强，兔子一旦感染便很快传遍整个兔场，很难根除。该病主要侵害兔皮毛，出现皮屑增多、结痂、脱毛、渗出、毛囊炎及痒感等症状，严重的可引起兔营养不良、生长迟缓、饲料报酬降低等，直接影响兔毛的产量和品质，降低种兔的生产性能和仔兔的成活率，给养兔业生产造成了严重的经济损失。

一、病原体

家兔皮肤真菌病的病原菌是生长在毛和皮肤上的真菌，以皮肤真菌（Dermatophyte）最重要，毛癣菌属（*Trichophyton*）、小孢子菌属（*Microsporum*）和表皮癣菌属（*Epidermophyton*），均属于半知菌亚门，大多以出芽、分枝和断裂或形成无性孢子等无性生殖方式进行繁殖。1997 年，我国首次从患皮肤真菌病的家兔皮肤病料中分离出絮状表皮癣菌。目前分离到的家兔皮肤真菌病病原有絮状表皮癣菌、石膏样小孢子菌、须癣毛癣菌及黄癣菌等（图 5-20-1 至图 5-20-3），此外，念珠菌属的热带念珠菌也可引起该病。

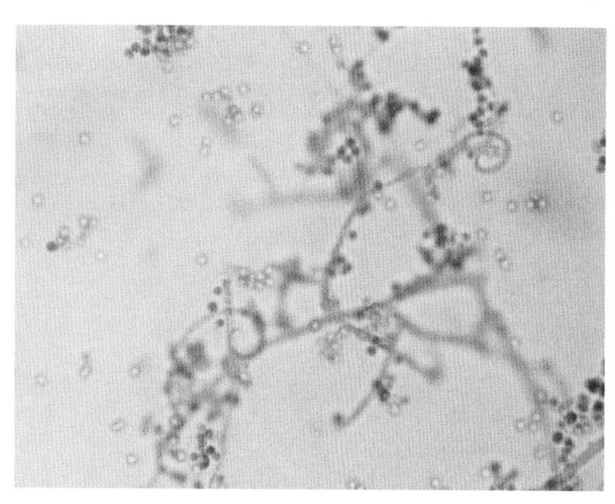

图 5-20-1　须发毛癣菌（1 000 倍）
（高淑霞、崔丽娜 供图）

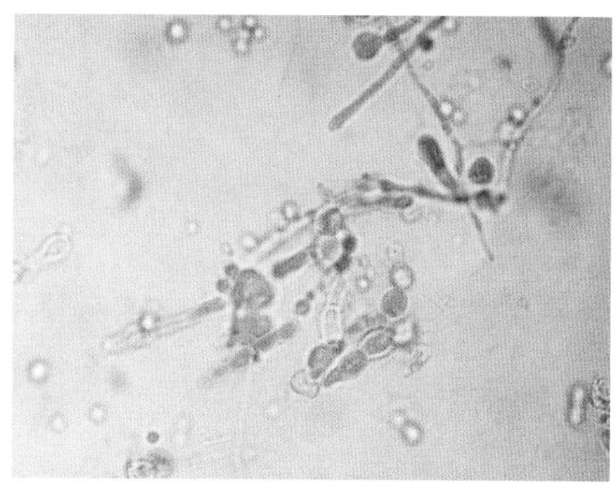

图 5-20-2　石膏样小孢子菌（1 000 倍）
（高淑霞、崔丽娜 供图）

图 5-20-3　犬小孢子菌（1 000 倍）
（高淑霞、崔丽娜 供图）

皮肤真菌分泌的酶能使有机物降解成可溶性营养成分，吸收至细胞内进行新陈代谢。大多数真菌营养要求不高，在沙堡弱葡萄糖琼脂培养基（含 4% 葡萄糖、1.0% 蛋白胨，pH 值 4.0 ~ 6.0），25 ~ 28℃生长良好，大多于 1 ~ 2 周出现典型菌落。有些真菌在不同寄生环境和培养条件下出现两种形态，称二相性真菌，即在机体内或含血培养基中 37℃孵育，呈现酵母型菌落，而在沙保氏培养基上室温孵育，则形成丝状菌落。

皮肤真菌对外界环境因素的抵抗力很强，对一般抗生素和磺胺类药物不敏感，对干燥及日光的抵抗力较强，在干燥环境下可存活 3 ~ 4 个月，在自然环境下可存活 1 年以上。这主要是由于多数真菌能产生孢子，在不利环境下，孢子内的孢浆可以浓缩，孢壁增厚，变成厚壁孢子，增强了对外界的抵抗力。但充分暴露于阳光、紫外线及干燥情况下大多数真菌可被杀死，且对 2.5% 碘酒、10% 福尔马林都敏感，一般可用福尔马林薰蒸被真菌污染的房间。真菌的菌体对热的耐受力与不产生芽孢的细菌相同，在 60℃中 10min 即可被杀死。而胞子较菌体耐热力高出 5 ~ 10 倍。

二、流行病学

兔皮肤真菌病呈世界性分布，散发或流行发生。在一些发病兔场，仔兔生长速度下降 20% ~ 30%，发病率 30% ~ 100%，死亡率可达 20% ~ 40%，断奶后育成率下降 25% ~ 50%。我国养兔生产中皮肤真菌感染相当普遍和严重。徐为中等对我国家兔主要生产区的兔病进行了调查，发现当前兔皮肤真菌病发病率约 1%，仅次于家兔巴氏杆菌病的发生率。

病兔是皮肤真菌病的主要传染源。该病可通过交配、吮乳等兔 – 兔之间接触而直接传播，也可通过污染的土壤、饲料、饮水、用具、脱落的被毛、饲养人员等间接传染。如果兔舍饲养密度过高，感染病兔未能及时隔离治疗，与健康兔密切接触，则可引起疾病传播蔓延。并且该病可以在兔 – 人之间传播，如饲养员、兽医和参与兔产品流通的人员。兔皮肤真菌病病原的感染与兔的年龄有一定的相关性，幼兔比成年兔更易感。一般说来，年龄越小，患病后症状越严重，死亡率越高。随着年龄的增长，其发病率和死亡率会降低。该病的感染与兔的品种没有明显的相关性，不同品种的兔，如长毛兔、獭兔、肉兔等均可感染。

该病一年四季皆可发生，以春季和秋季换毛季节易发，拥挤、阴暗和高温、高湿环境有利于该病的发生。

三、临床症状

1. 须癣毛癣菌病

须癣毛癣菌病多发生在脑门和背部，皮肤的其他部位也可发生。表现为圆形脱毛，形成边缘整齐的秃毛斑，露出淡红色皮肤，表面粗糙，并有灰色鳞屑，有的病兔被毛似剪刀剪过一样。患兔一般没有明显的不良反应。孙融冰的研究结果表明，石膏样毛癣菌（即须癣毛癣菌）可引起全身各部位发病，Ⅰ型主要以脱毛、皮肤红而光亮或覆有少量皮屑、无痂皮、不易感染葡萄球菌而化脓和症状较轻等为特征（图 5-20-4至图 5-20-10）；Ⅲ型主要以脱毛、皮肤粗糙干裂、覆有少量痂皮、较易继发或并发脓肿及症状较重等为特征（图 5-20-11）；Ⅴ型主要以结较厚的石膏样痂皮，很易继发或并发脓肿、不易脱痂及症状较重等为特征（图 5-20-12）。

图 5-20-4　病兔脱毛（薛家宾 供图）

图 5-20-5　皮肤真菌病（毛兔）（薛家宾 供图）

图 5-20-6　爪部脱毛（薛家宾 供图）

图 5-20-7　头部皮肤干裂有少量结痂（薛家宾 供图）

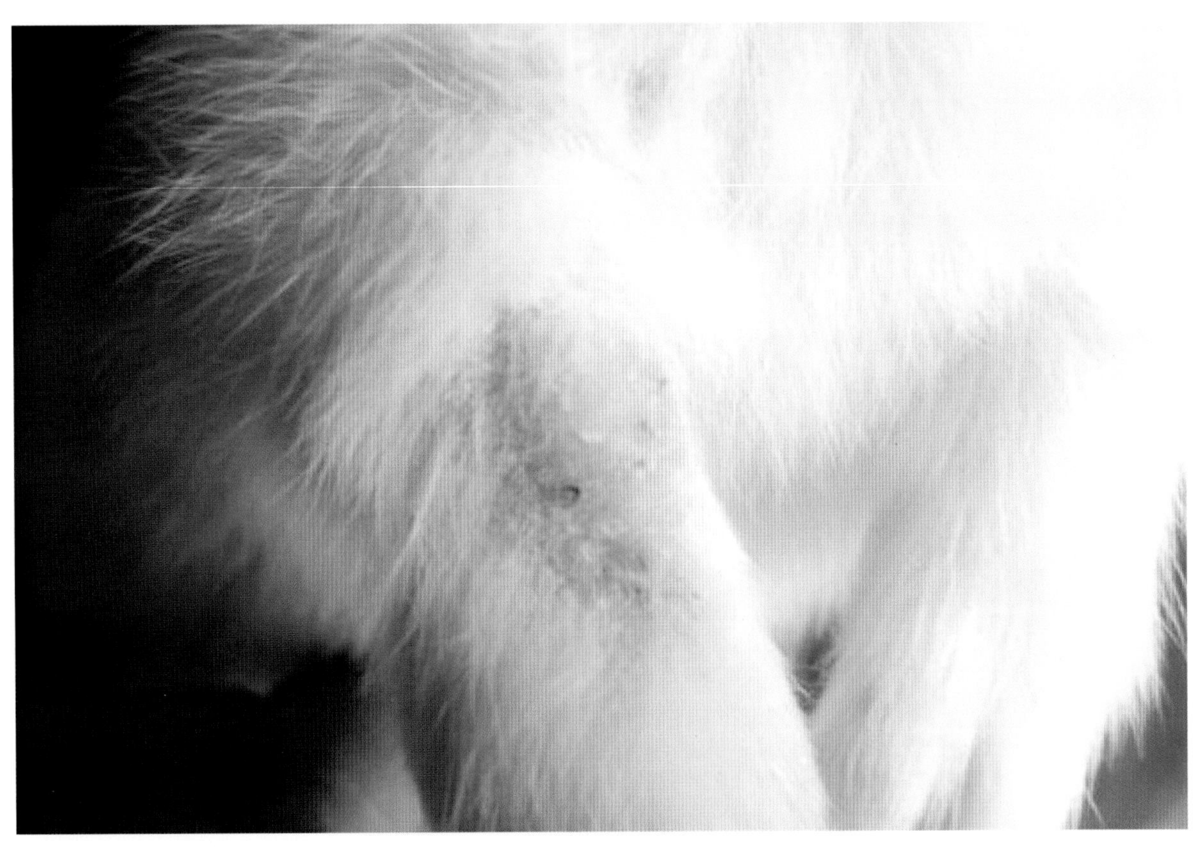

图 5-20-8　前肢皮肤脱毛（薛家宾 供图）

图 5-20-9　耳部皮肤脱毛（薛家宾 供图）

图 5-20-10　头、耳部皮肤脱毛（薛家宾 供图）

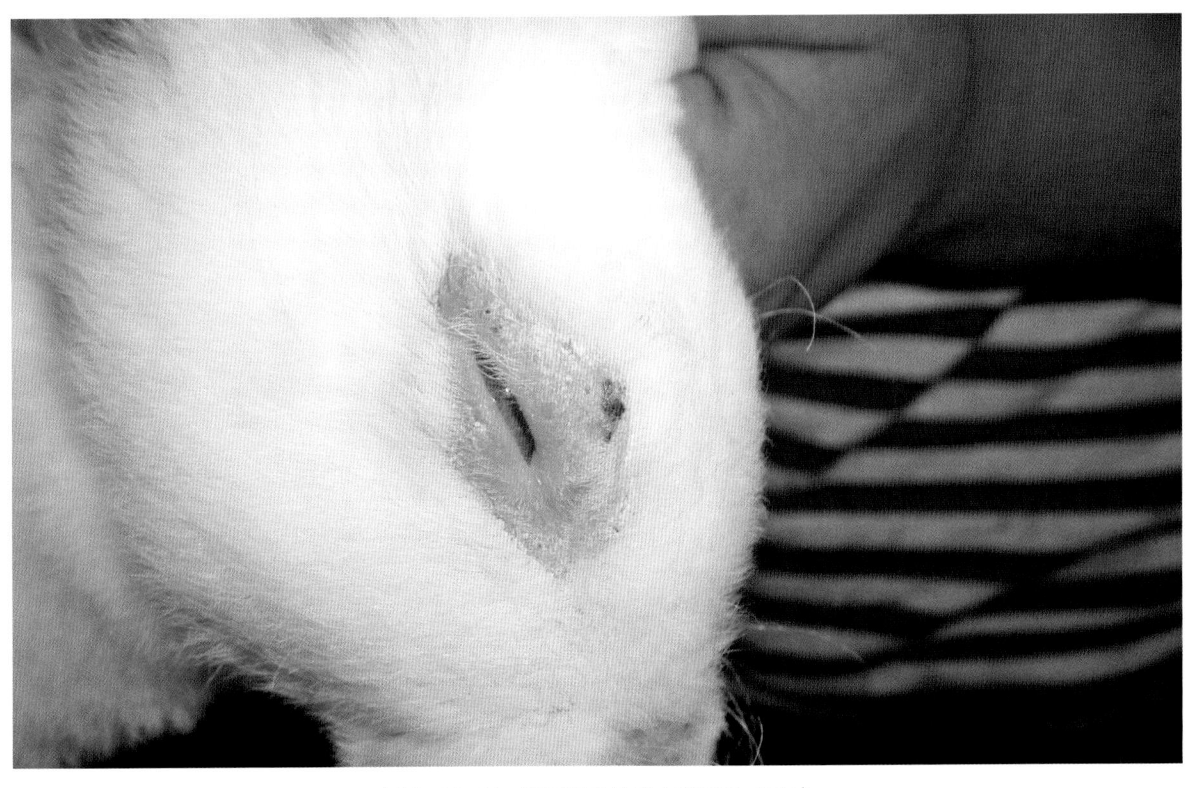

图 5-20-11　眼周脱毛结痂（薛家宾 供图）

图 5-20-12　头面、耳朵有较厚的石膏样痂皮（薛家宾 供图）

2. 石膏样小孢子菌病

患兔病理变化开始多发生在头部，如口、耳朵、鼻部、眼周、面部、嘴以及颈部等，皮肤出现圆形或椭圆形突起，继而感染肢端和腹下（图 5-20-13、图 5-20-14）。患部被毛折断、脱落形成环形或不规则的脱毛区，表面覆盖灰白色片，并发生炎性变化，初为红斑、丘疹、水疱，最后形成结痂，

图 5-20-13　患兔全身感染（薛家宾 供图）

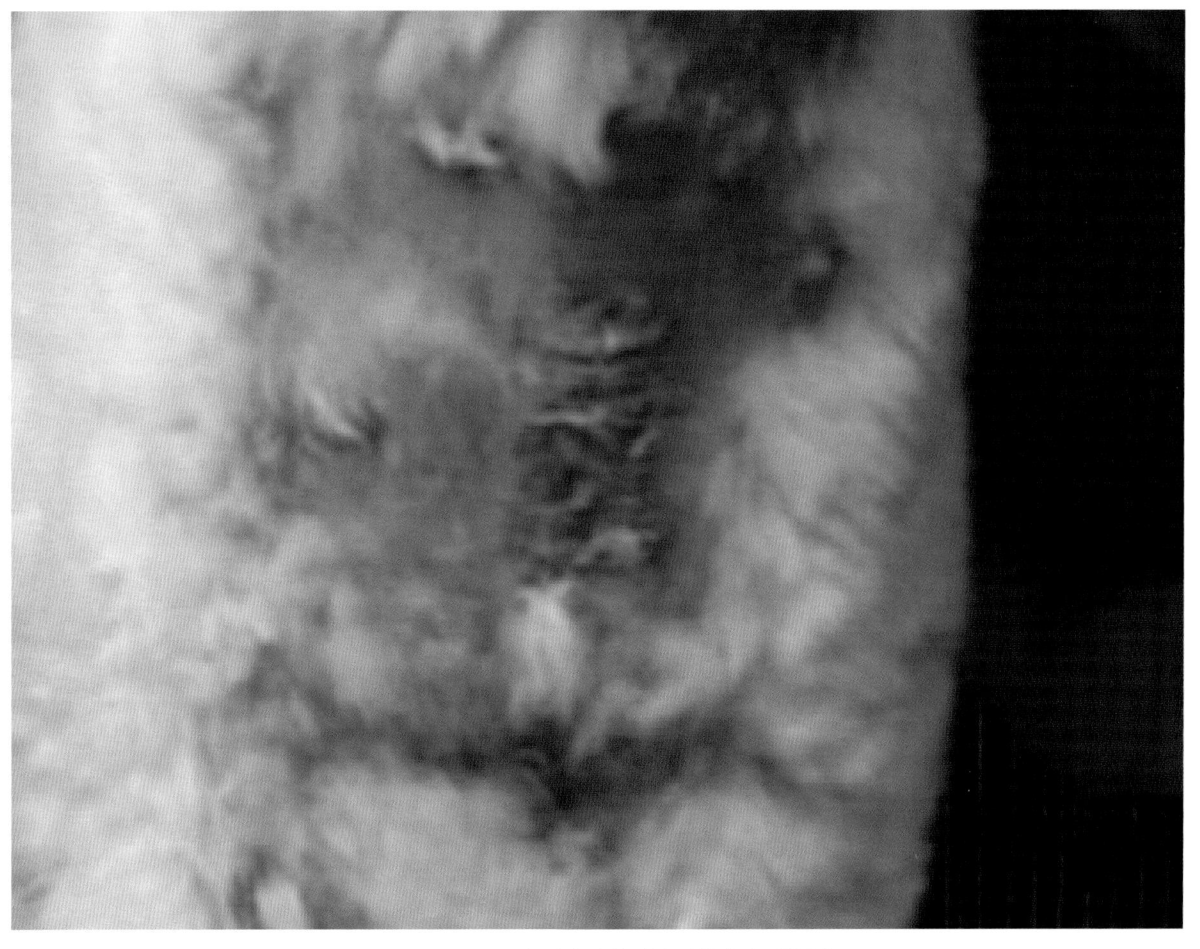

图 5-20-14　母兔乳房真菌感染（薛家宾 供图）

结痂脱落后呈现小的溃疡。患兔瘦弱、被毛粗乱、无光泽、精神不安，时常用后肢抓搔嘴、眼、耳和胸腹部摩擦蹭痒，撕咬，发出尖叫声；或继发感染葡萄球菌或链球菌等，使病情恶化，最终死亡（图 5-20-15、图 5-20-16）。泌乳母兔患病，其仔兔吃奶后感染，在其口、眼睛和鼻子周围形成红褐色结痂，母兔乳头周围有同样结痂。刚断乳幼兔发病常怕冷、扎堆、精神沉郁，常因抵抗力下降发生继发病而死亡。

四、诊断

1. 显微镜检查

用镊子采集患部毛发置载玻片上，然后滴加 10% 氢氧化钾溶液，加盖玻片，微热处理（以不出现气泡为准）后在 400 倍显微镜下观察，可见呈平行链状排列的孢子。紫外线灯检查，小孢子霉菌感染的毛发呈绿色荧光，毛癣真菌感染的毛发无荧光反应。显微镜直接检查法具有简便、省时、省力等优点，目前，该方法已广泛用于兔皮肤真菌病的流行病学调查和初步诊断。

2. 真菌分离培养检查

常用的分离培养基是沙堡弱葡萄糖琼脂，在培养基中事先加入青霉素、链霉素、氯霉素或放线菌酮等，以防止杂菌生长。病料（取皮肤损害边缘的鳞屑、痂皮、病毛等放入无菌的青霉素瓶中，

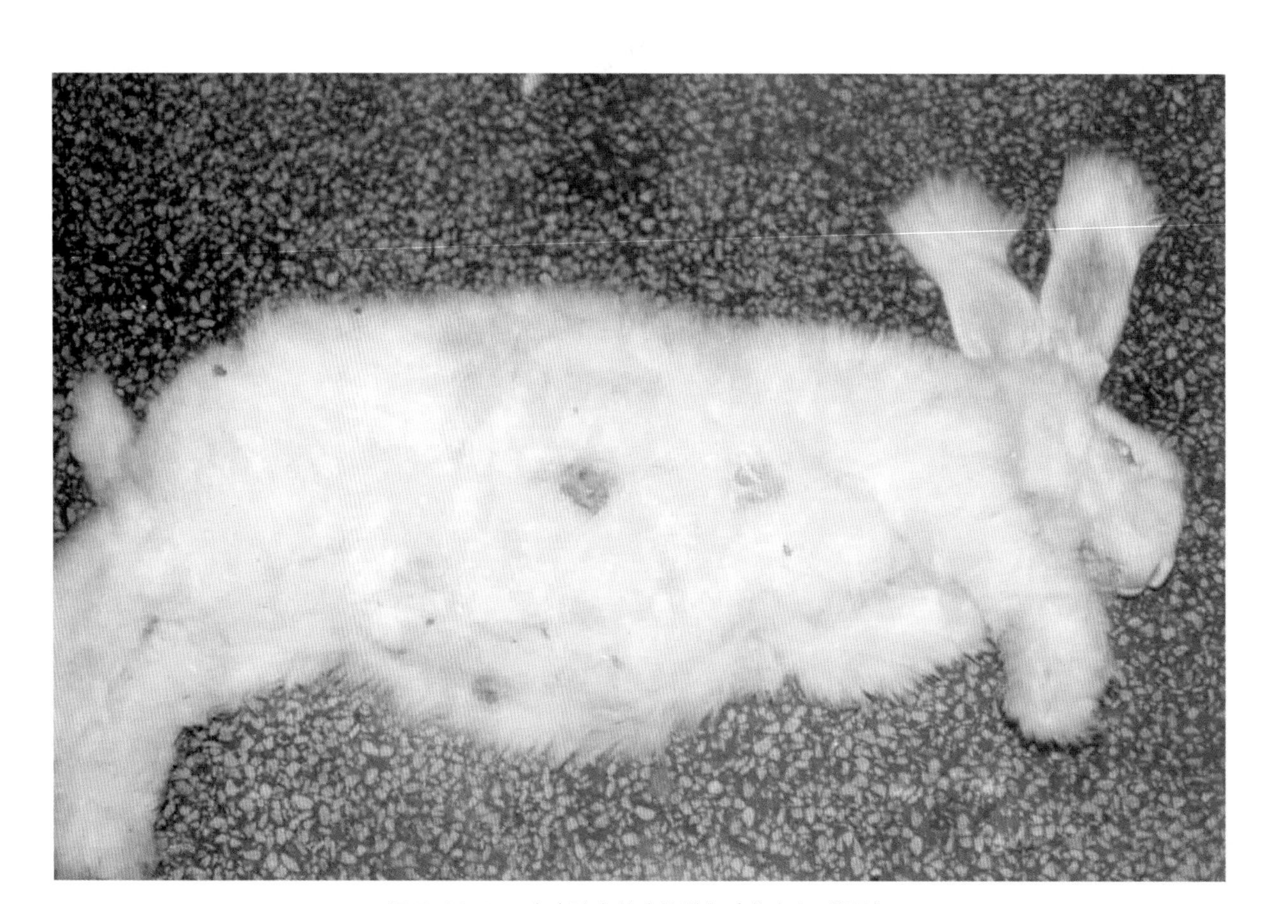

图 5-20-15　患皮肤真菌病的獭兔（薛家宾 供图）

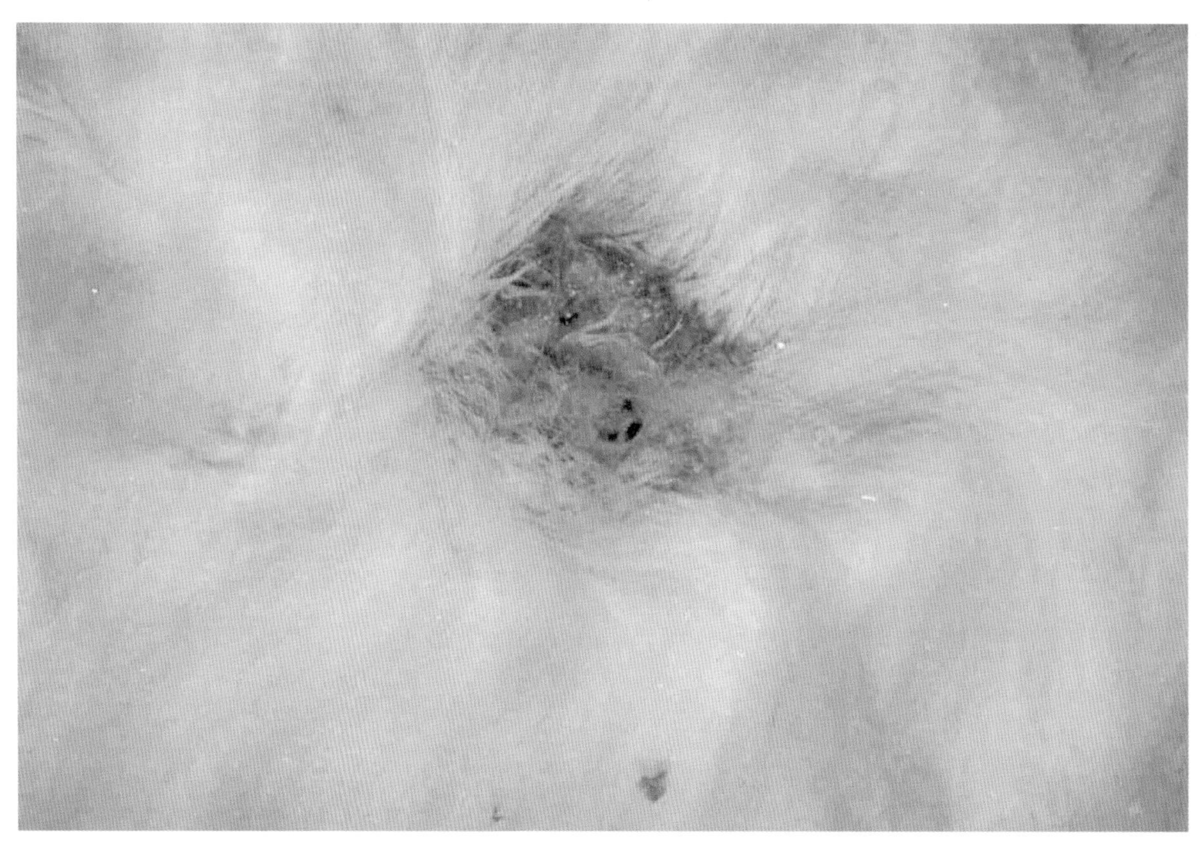

图 5-20-16　獭兔真菌病（局部）（薛家宾 供图）

4℃冰箱保存）经 30℃培养 48h 后，根据在培养基上形成的真菌菌落性状对真菌的属种进行鉴定。为了能观察真菌的某些特殊结构，还可将分离物接种于特殊培养基。根据真菌在培养基上的生长形态、菌落性状、色泽、生化试验和菌丝及孢子形态等来鉴定病原性真菌的属种。

3. 滤过紫外灯检查

该灯又名伍德（Wood）灯，系紫外线通过含有氧化镍的玻璃装置，于暗室里，可见到某些真菌，在滤过紫外线灯照射下产生带色彩的荧光。这样可根据荧光的有无以及色彩不同，在临床上对皮肤真菌病，尤其是对犬小孢子菌感染家兔的诊断提供参考。

4. 免疫学诊断

Zrimsek P 等（2003）研究了自然感染真菌兔的体液免疫反应，采用聚丙烯酰胺十二烷基磺酸钠凝胶电泳（SDS-PAGE）方法显示出 3 个条带；应用免疫标记技术检测该患病兔血清中的 IgG，显示出 8 个条带；采用间接 ELISA 检测自然感染真菌兔体液中的特异性抗体，发现该方法具有敏感性高和特异性强的特点。

目前，应用免疫学方法诊断兔皮肤真菌病的报道较少，但由于该方法具有较高的特异性和敏感性，操作简便且易于掌握，适用于大规模流行病学调查与诊断。因此，该方法具有潜在的应用前景。

5. 分子生物学诊断

近年来，核酸分析技术运用到真菌鉴定中，因病原体的基因型比形态特征更具特异性及精确性，不会因外界影响因素影响而改变，并且敏感度高、快速、简便。分子生物学方法不仅能检测出活的致病菌，而且也能检测出死亡真菌和难以培养的真菌。这些技术包括限制性酶切片段多态性（RFLP）、DNA 探针技术、PCR 和随机扩增多态性 DNA（RAPD）等，已运用到真菌的鉴别、分类学及种系发生学等研究中，其中包括对人类皮肤病真菌的研究。对家兔皮肤真菌病病原的分子生物学研究主要集中于基因结构的分析、基因诊断、基因分类等方面。目前，已在红色毛癣菌等某些癣菌的线粒体 DNA 上发现了重要的呼吸链酶，如细胞色素氧化酶、NADH 脱氢酶的结构基因，以及诸多氨基酸的 tRNA 基因簇；建立了用真菌特异性通用引物或特异性引物聚合酶链反应诊断皮肤真菌病的方法；应用 AFLP、RAPD 等方法进行皮肤真菌的基因分类，分析真菌的种间差异，对一些重要的皮肤真菌（如红色毛癣菌、须癣毛癣菌）还可以进行种内的分型研究。真菌的基因分类，对于了解基因型与表型的联系、基因型与发病率的关系、真菌在不同地理环境中的分布、诊断以及流行病学监测等都有重要意义。目前已运用这些技术对真菌线粒体 DNA、CHS1 基因、rRNA 中的 18S 和 28S 基因进行研究，将皮肤病原真菌与其他真菌相区别，同时对一些皮肤真菌进行种水平及亚种水平的鉴别。

6. 动物实验

该方法主要用于进一步确诊经病原学诊断认为可疑的病例。取纯培养 7d 的菌落，用生理盐水制成胞子悬液。将兔子局部剃毛、消毒，再用砂纸擦皮肤数次，以不出血为度，最后涂上菌液，观察有无病变出现。如出现症状，从感染部位回收到接种病原真菌可确诊。

五、类症鉴别

1. 兔疥癣

相似处：患病兔均有皮肤结痂，被毛脱落等症状。

不同处：兔疥癣患病兔主要病变在四肢爪子，奇痒、结痂、龟裂，患部有炎性渗出物。

2. 营养性脱毛

相似处：患病兔均出现脱毛的症状。

不同处：营养性脱毛患病兔皮肤无异常断毛整齐根部有毛茬，在 1cm 以下，分布在大腿和肩胛两侧，常形成“剪刀痕”。

六、防治

1. 预防措施

（1）彻底消毒。对发病或出现死亡的兔笼、产箱要进行彻底的清理和消毒，消毒最好用火焰周密消毒，病兔所用的食槽要用消毒液浸泡，所排的污物不要扫入粪尿沟，应装入塑料袋深埋或烧毁，使用的用具用完后要及时的消毒。

（2）保持环境卫生。对兔舍、地面、走道、粪尿沟等进行消毒，消毒前应将地面、走道、粪尿沟清扫干净，喷雾消毒液必须充足、均匀，保持湿度 15min 以上，可交替选用 3% ~ 5% 的来苏尔、2% ~ 4% 的火碱溶液等，每隔 5 ~ 7d 消毒一次。对发病兔群，最好采取带兔消毒，如百毒杀等。带兔消毒必须注意加强兔舍的通风换气，寒冷季节应注意保暖。凡是与病兔接触的区域和所有用具都要进行紧急消毒。扫帚、饲料车、推粪车等要每天消毒 1 次。凡是进入兔舍的饲养人员，必须更换工作服、鞋，并洗手、脚踏消毒池后方可入内，防止通过人员传播。

（3）加强饲养管理。产仔窝内垫草要干燥、柔软，忌用发霉垫草。保持兔舍干燥、通风、透光。

若发现个别兔子感染该病，应将整个兔舍的兔子逐只检查，检查出该病的兔应立即隔离饲养，及时治疗或淘汰。严禁从有病的兔场引种。

（4）初生仔兔预防。为了防止仔兔早期感染病原菌，应对仔兔进行药浴。选用 1.5% 克霉唑溶液与 75% 医用酒精按 1∶1 均匀混合（现用现配，以防缓慢分解失效），对初生仔兔（最好出生 12h 以内）进行全身涂抹，对已产或临产母兔腹部进行足量擦抹，气温低时可将药液加温到 36℃左右，经上述处理后，仔兔断奶前后基本不发病。也可以用含抗真菌的撒窝粉，撒在初生兔身上，预防该病的发生。

（5）淘汰重症兔。治疗前，将皮肤炎症严重或已经溃烂严重的病兔应坚决淘汰。重症兔的毛囊损坏已很严重，毛囊自身修复过程缓慢，治疗和兔体带菌时间长，若不淘汰必然成为治疗过程中的传染源。

2. 治疗措施

在做出明确诊断后，应及时对病兔进行治疗或淘汰，对价值不大的病兔，为防病原扩散，可采取淘汰措施。

（1）患部治疗。应首先先剪去患部的周围毛，再用肥皂水或 3% 来苏尔洗干净，可用下列方法处理：

①达克宁软膏加热融化加 10% 水杨酸钠，每日涂擦患部多次。

② 5% ~ 10% 硫酸铜溶液擦患处，直至痊愈。

③碘酊，1 次 /d，连续 2 ~ 3d。或用碘酊与来苏儿按照 1∶1 混匀，涂擦患处，每日一次。

④克霉唑癣药水涂擦患处，2 ~ 3 次 /d。

⑤克霉唑水溶液涂擦患处，3 次 /d，直至痊愈。

⑥制霉菌素软膏涂擦患处，2% 福尔马林软膏，2 次 /d，连用 3d。

⑦ 40% 酒精 80mL、冰醋酸 10mL，碘酊 10mL 配成外用药涂擦患处，连用 3d。

（2）口服药物。

①灰黄霉素（粉剂）：按每千克体重 25mg，拌料，1 次 /d，连续喂服 14d，群体治疗可在每千克饲料中加入 40 ~ 80mg，连喂 15d，停药一周后再用药 15d，可取得较好效果。

②制霉菌素（片剂）：按每只成年兔 5 万 ~ 10 万 IU 口服，幼兔酌减，2 ~ 3 次 /d。

第二十一节　兔支原体病

兔支原体病（Mycoplasmosis）是由兔肺炎支原体引起的兔的一种慢性呼吸道传染病。临床上以呼吸道和关节的炎症反应为主要特征。江苏省农业科学院畜牧兽医研究所毛洪先等于 1991 年从兔肺炎病灶分离到支原体，为国内外首次分离和培养成功，并初步作了鉴定，1993 年又从毛兔活体分离到兔肺炎支原体，证明该病原在兔群中有感染和流行。当前兔支原体病呈散发状态，偶见报道。

一、病原体

支原体无细胞壁，大小为 0.2 ~ 0.3μm，只有 3 层极薄的膜组成的细胞膜，故呈多形态微生物，有环状、球状、点状、杆状和两极状。支原体不易着色，可用吉姆萨或瑞氏染色。支原体在专用培养基上呈荷包蛋状菌落。支原体广泛存在于土壤、污水和组织培养物中，是一种呼吸道寄生菌。支原体有 90 多种，其中 32 种对人、动物和昆虫有致病作用。对外界抵抗力不强，1 ~ 4℃可存活 4 ~ 7d，但耐低温，冻干保存于 −25℃可存活 2 ~ 3 年以上。常用消毒剂能很快将其杀死。对家兔危害严重的主要是肺炎支原体和关节炎支原体。可造成 15% 的家兔发生死亡。支原体对青霉素、先锋霉素有抵抗力。对四环素、强力霉素、红霉素、螺旋霉素、链霉素较敏感。

二、流行病学

该病经呼吸道传播，也可通过内源感染，各品种、年龄的兔均易感，幼兔发病率最高，长毛兔易感性最强。一年四季均可发生，多发于早春和秋冬寒冷季节。兔舍、空气及环境污染，天气突变，受冷感冒，饲养管理不良等均可诱发该病。

三、临床症状

病兔黏液性或浆液性鼻炎（图 5-21-1）、打喷嚏、呼吸促迫、喘气、食欲减少、精神沉郁、不

图 5-21-1　患病兔流黏液性鼻液（薛帮群 供图）

愿活动。有的病兔可见中耳炎症状、表现为斜颈、转圈。有的病兔四肢关节肿大屈曲不灵（图 5-21-2）。

四、病理变化

剖检可见肺特征性部位的病变，即肺心叶、尖叶的下垂部和膈叶前缘部位均有肝变，病肺和健肺交界处有明显的界限（图 5-21-3）。肺部病变严重时，发生脓样病变，或与胸膜粘连，一般都是与巴氏杆菌混合感染造成。

五、诊断

根据临床症状和病理变化可以做出初步诊断，确诊需做微生物学检查。可采取病兔呼吸道分泌物及肺部病变组织，进行支原体分离培养，或做免疫荧光抗体试验、间接血凝试验等进行确诊。

六、类症鉴别

1. 兔巴氏杆菌病

相似处：患病兔均有鼻炎及肺炎的症状。

不同处：兔巴氏杆菌病病兔在发病初有鼻炎及肺炎症状外，还有中耳炎、结膜炎、子宫脓肿、

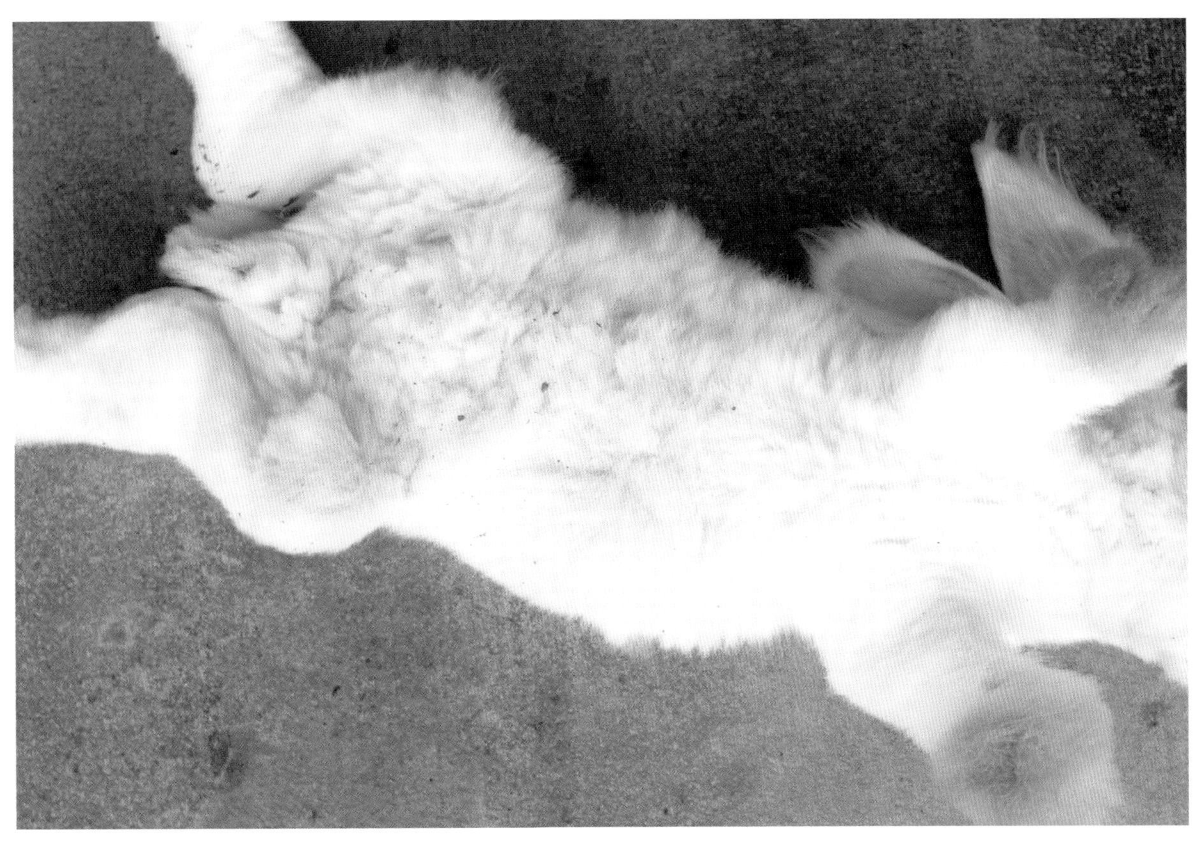

图 5-21-2　患病兔四肢关节肿大（薛帮群 供图）

图 5-21-3　患病兔肺心叶、尖叶的下垂部和膈叶前缘部位均有肝变（薛帮群 供图）

睾丸炎、脓肿及全身败血症等病型；病理变化除肺部病变外，还可见其他实质脏器充血、出血、变性及坏死等。必要时，可采取病料涂片染色镜检，可见两极着色的卵圆形小杆菌，即为多杀性巴氏杆菌，故可与兔支原体病相鉴别。

2. 兔波氏杆菌病

相似处：患病兔均有鼻炎及肺炎的症状。

不同处：病兔除有鼻炎与支气管肺炎症状外，波氏杆菌病还可能出现脓胞性肺炎。剖检可见，肺部有大小不一的脓胞，肝表面有黄豆至蚕豆大的脓胞，还可引起心包炎、胸膜炎、胸腔积脓等。如采取病料涂片染色镜检，可见革兰氏阴性多形态的小杆菌，即为波氏杆菌，故可与兔支原体病相鉴别。

3. 兔肺炎球菌病

相似处：患病兔均有呼吸道及流鼻涕症状。

不同处：兔肺炎球菌病除了有呼吸道及流鼻涕症状外，气管和支气管黏膜充血、出血严重，肺部有大片的出血斑或水肿、脓肿。多数病例呈纤维素性胸膜炎和心包炎。肝脏肿大呈脂肪变性、脾脏肿大，阴道和子宫黏膜出血。病原为肺炎双球菌，革兰染色阳性。

七、防治

1. 选择健康种兔，把好引种关

引进种兔时要求做到：观察兔在安静状态下的呼吸形式、次数，特别注意观察鼻腔内有无浆液性或黏液性分泌物，是否污染鼻腔周围的兔毛。有以上症状的兔不宜作为种兔引进。被选定的兔要一兔一笼隔离运回，并且一兔一笼隔离饲养观察 20d 以上。该病的潜伏期一般在 15~20d，要将可疑兔剔出，进行隔离治疗。

2. 改进饲养管理，增强兔群抗病力

坚持对兔群进行定期免疫，提高抗病力，控制主要传染病的发生。在日常饲养管理中，坚持做到“三净”，即兔舍环境干净、饲槽干净、兔笼干净。根据兔场的实际情况，制定严格的消毒制度，减少疫病发生。在深秋和冬天注意兔舍保暖和适时通风，夏季高温时要做好降温防暑工作。

3. 治疗

恩诺沙星。肌内注射，0.05~0.1mL/ 只，1~2 次 /d，连用 2~3d。

第二十二节　兔衣原体病

兔衣原体病（Chlamydiosis）是由鹦鹉热衣原体引起的一种自然疫源性疾病，临床主要表现为子宫炎、流产、死胎、产弱仔和不孕等。20 世纪 70 年代后国外开始出现兔衣原体病，而我国首次报道于 1989 年，此后兔衣原体病偶有报道。

一、病原体

衣原体包含3个种：鹦鹉热衣原体、猫心衣原体、沙眼衣原体，其中，鹦鹉热衣原体是造成兔衣原体病的病原。衣原体是一类严格在真核细胞内寄生的革兰氏阴性原核细胞型微生物。在宿主细胞内生长繁殖时具有自己独特的发育史，即从较小的原体长成较大的外膜明显的中间体，然后再长大为始体，随之二分裂，分裂后的个体又变成原体。原体，吉姆萨染色呈紫色，吉曼尼兹染色为红色。原体主要存在于细胞外，较稳定，具有高度传染性，直径0.2~0.4μm。始体是繁殖体，颗粒体积较原体大2至数倍，直径0.9~1.2μm，不具有感染性，吉姆萨染色呈蓝色。衣原体可以在鸡胚、部分细胞单层及小鼠和豚鼠等实验动物体生长繁殖。

衣原体对高温的抵抗力不强，在低温下则可存活较长时间，如4℃可存活5d，0℃存活数周。感染的鸡胚卵黄囊在-20℃可保存若干年。严重感染的小鼠和禽类脏器组织在-70℃保存4年，未丧失其毒力。0.1%福尔马林溶液、0.5%石炭酸溶液24h内、70%的乙醇溶液中数分钟、2%来苏尔液5min均能将其灭活。衣原体对青霉素、四环素和红霉素等抗生素敏感，而对链霉素、杆菌肽和磺胺类药物有抵抗力。

二、流行病学

各品种、年龄的兔都可以感染发病，但以6~8周龄的兔发病率最高，长毛兔多见。呼吸道是主要传播途径，还可经口腔及胎盘垂直感染。螨、虱、蚤及蜱为传播媒介。该病一年四季均可发生，呈地方性流行或散发。营养不良、过度拥挤、长途运输、患细菌性或原虫性疾病、环境污染等应激状态时，均可大批发病死亡。

三、临床症状

主要表现为流产、死胎或产弱仔。流产后往往胎衣滞留，流产兔阴道排出分泌物可达数天（图5-22-1）。有些病兔可因继发感染细菌性子宫内膜炎而死亡。流产过的母兔，一般不再发生流产。在该病流行的兔群中，可见公兔患有睾丸炎、附睾炎等疾病。

四、病理变化

流产母兔胎膜水肿、增厚，子宫呈黑红色或土黄色（图5-22-2）。流产胎儿水肿，皮肤、皮下组织、胸腺及淋巴结等处有点状出血，肝脏充血、肿胀，表面可能有针尖大小的灰白色病灶。组织病理学检查，胎儿肺、肾、心肌和骨骼肌血管周围网状内皮细胞增生。

五、诊断

根据流行特点、临床症状及病理变化可作出诊断，确诊需要进行病原学检查和血清学试验。

图 5-22-1　患兔排出的脓性分泌物（薛家宾 供图）

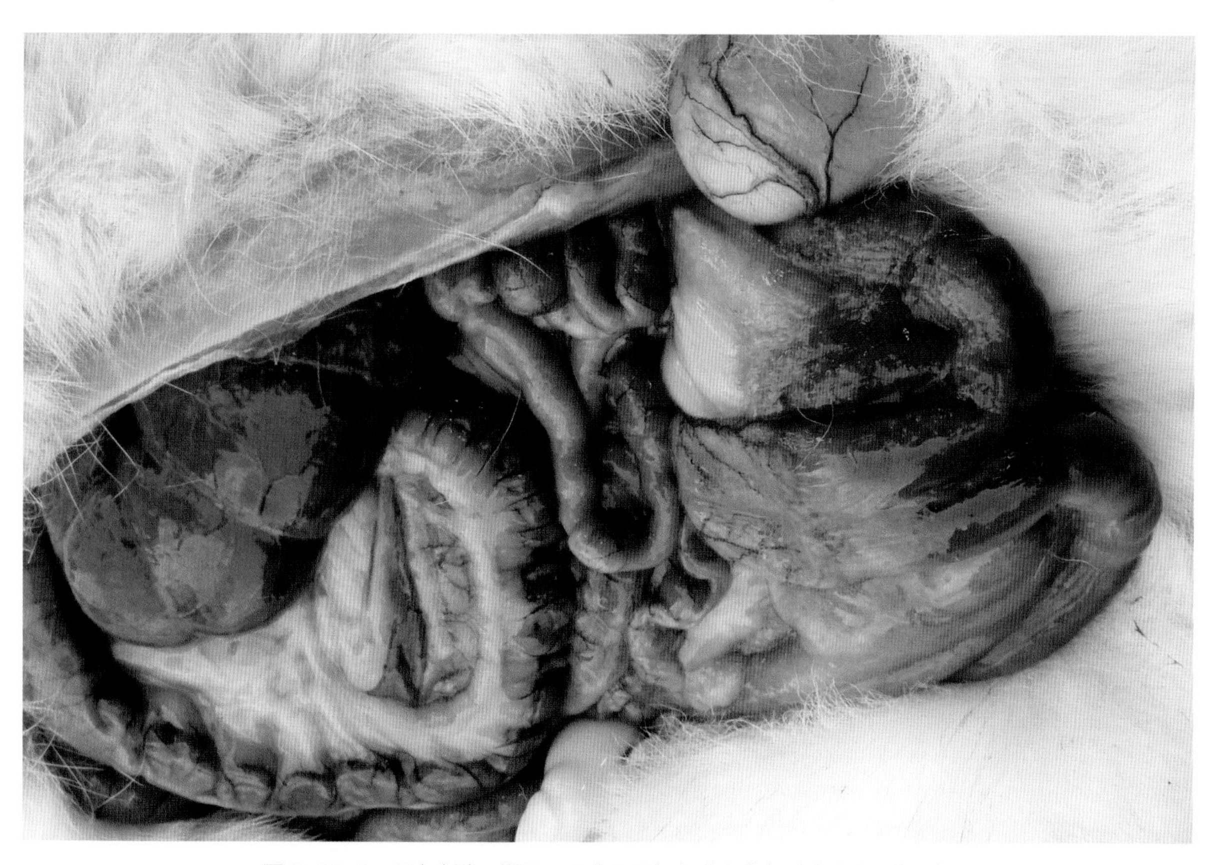

图 5-22-2　子宫水肿、增厚，子宫呈黑红色或土黄色（薛家宾 供图）

1. 病原学检查

病初可采取病兔的分泌物、排泄物或病变组织涂片，用吉姆萨染色，可见上皮细胞里、内有衣原体的包涵体、始体或原体。严重患病动物的血液和大多数脏器均能检查和分离到病原体，但适合的检查材料要从有症状或有病变的脏器采取，如流产胎儿的肝、脾、肾、胎盘和子宫分泌物，关节滑液、脑与脊髓液，支气管分泌物、支气管淋巴结，肠黏膜等。将病料接种于 5~7d 的 SPF 鸡胚卵黄囊内。初次分离时，有些衣原体不能致死鸡胚，在确定为阴性之前，至少须再盲传 2~3 次。

2. 血清学试验

最常用的血清学试验是补体结合试验。因为衣原体属的所有成员均存在共同的属特异性抗原，故通过补体结合试验可检测出动物血清中的属特异性抗体。动物感染衣原体后 7~10d 出现补体结合抗体，15~20d 达到高峰，抗体一般可持续 3~6 个月。个体诊断时，需要双份血清（在病的急性期和恢复期采取），如抗体滴度增高 4 倍以上，即可认为衣原体感染。补体结合试验对诊断黏膜性衣原体感染，如角膜结膜炎、肠炎等不敏感，在具体应用时应予以考虑。补体结合试验还常用于新分离衣原体菌株的抗原性鉴定。此外间接血凝试验、免疫荧光试验、酶联免疫吸附试验等在衣原体病诊断中也得到了广泛应用。

六、类症鉴别

1. 兔沙门氏菌病

相似处：患兔均出现发热，精神沉郁，水样腹泻，鼻流脓性分泌液，孕兔流产等。剖检均可见肠道病变。

不同处：兔沙门氏菌病病原为沙门氏菌，革兰氏阴性杆菌，可在普通培养基上生长，在麦康凯培养基上生长良好。病兔渴欲增加，体温高，沉郁，不食，怀孕母兔发生流产。胎儿体弱，皮下水肿，很快死亡。自阴道流出脓性分泌物。康复兔不易受孕，幼兔病时腹泻排乳白色泡沫臭粪。剖检可见肠黏膜充血出血，肠系膜淋巴结水肿坏死，圆小囊、蚓突有溃疡和小结节。

2. 兔球虫病

相似处：患兔均出现精神沉郁，水样腹泻以及神经症状等症状。

不同处：兔球虫病患兔眼球发紫，结膜苍白、贫血、出现黄疸、腹部臌胀呈青紫色，急性型突然四肢痉挛。死亡兔血液稀薄，凝固不良。十二指肠、回肠、盲肠黏膜充血，肠管扩张，蚓突、圆小囊、肝脏有灰白色坏死病灶。

七、防治

1. 预防

目前尚无预防该病的疫苗，可考虑采取以下措施进行预防。

（1）消除各种应激因子的不良影响，给予全价营养饲料，饮用清洁水，饲养密度适中，兔舍通风良好，搞好环境卫生。

（2）要实行“全进全出”制度，坚持兽医卫生消毒措施，兔场严禁饲养其他动物，灭鼠灭虫。

（3）引进兔种要严格进行检疫，并隔离观察 1 个月，健康者方可混群。

（4）病兔隔离治疗，无治疗价值的一律淘汰，病死兔及分泌物和排泄物要全部烧毁。兔舍、兔笼及用具、场地环境用 2% 苛性钠或 3% 来苏尔全面消毒。流产胎儿及分泌物用 3% 漂白粉消毒处理后深埋。未发病兔进行血清学检查，血清学阳性者应淘汰。

2. 治疗

（1）金霉素。20~40mg/（kg·bw），肌内注射，每日 2 次，连用 3~5d；

（2）土霉素。5~10mg/（kg·bw），内服，每天 2 次；

（3）四环素。每只每次内服 100~200mg，每天 2 次；

（4）红霉素。每只每次肌内注射 50~100mg，每天 3 次，连用 3d；

第二十三节　兔放线菌病

兔放线菌病是由放线菌引起的一种慢性散发性传染病。以头、颈、下颌骨髓炎和皮下脓肿为特征。兔放线菌病在临床上并不常见。

一、病原体

放线菌是介于真菌和细菌之间的原核微生物，引起家兔发病的主要是牛放线菌。放线菌为不规则、无芽孢、革兰氏阳性杆菌，有长成菌丝的倾向，其菌丝直径小于 1μm，细胞壁含有与细菌相同的肽聚糖。不产生芽孢或孢子，菌落由有隔或无隔菌丝组成。在动物组织中呈现带有辐射状菌丝的颗粒性聚集物——菌芝，外观似硫磺颗粒，其大小如帽针头，呈灰色、灰黄色或微棕色，质地柔软或坚硬。涂片经革兰氏染色后，其中，心菌体为紫色，周围辐射状菌丝为红色。该菌抵抗力微弱，一般消毒剂均可将其杀死，对青霉素、链霉素、四环素等抗生素敏感。

二、流行病学

放线菌病的病原不仅存在于污染的土壤、饲料和饮水中，而且寄生于动物口腔、咽部黏膜 、扁桃体和皮肤等部位。因此，黏膜或皮肤上只要有破损，便可以感染。该病一般为散发。

三、临床症状

常见下颌骨肿大，肿胀发展缓慢，最初的症状是下唇和面部的其他部位增厚，经过几个月才在增厚的皮下组织中形成直径达 5mm 左右、单个或多数的坚硬结节，有时皮肤化脓破溃，形成瘘管。病兔不能采食，消瘦，衰弱。舌和咽部感染时，组织肿胀变硬，流涎，咀嚼困难。乳房患病时，呈弥漫性肿大或有局灶性硬结。

四、病理变化

在受害器官的个别部分，有豌豆大小的结节样物，这些小结节聚集而形成大结节，最后变为脓肿，脓肿中含有乳黄色脓液，其中，有放线菌芝。这种肿胀系由化脓性微生物增殖的结果。当细菌侵入骨骼（颌骨、鼻甲骨、腭骨等）表现逐渐增大，状似蜂窝。这是由于骨质疏松和再生性增生的结果。切面常呈白色，光滑，其中，镶有细小脓肿。也可发现有瘘管通过皮肤或引流至口腔。在口腔黏膜上有时可见溃烂，或出现蘑菇状生成物，圆形，质地柔软，呈褐黄色，病程长久的病例，肿块有钙化的可能。

五、诊断

放线菌病的临床症状和病理变化比较特殊，不易与其他传染病混淆，不难诊断。必要时可取脓汁少许，用水稀释，找出硫磺样颗粒，用水净，置载玻片上加一滴 15% 氢氧化钾溶液，覆以盖玻片用力挤压，置显微镜下检查，可看到明显带有辐射菌丝的颗粒状聚集物—菌芝。如欲辩认何种细菌，则可用革兰氏染色后检查判定，若镜下见菊花状菌块，中心为革兰氏阳性的菌丝体，其周围呈棍棒体，定为牛放线菌；菌块中心为革兰氏阴性短小杆菌，其周围的棍棒状呈革兰氏阴性，定为林氏放线杆菌。

六、类症鉴别

兔葡萄球菌病。

类似处：二者患病兔均可以形成脓肿。

不同处：兔葡萄球菌病形成的脓肿，脓液内无硫磺颗粒。借助实验室检查，用革兰氏染色，镜检，葡萄球菌是革兰氏阳性球菌。牛放线菌中间呈紫色，周围辐射状菌丝是红色，革兰氏阳性菌。

七、防治

1. 预防

科学的饲养管理，遵守兽医卫生清洁制度，特别是防止皮肤、黏膜发生损伤。出现伤口时应及时处理。

2. 治疗

硬结可用外科手术切除，若有瘘管形成，要连同瘘管彻底切除。切除后的新创腔，用碘酊纱布填塞，1 ~ 2d 更换一次；伤口周围注射 10% 碘仿醚或 2% 鲁格氏液。内服碘化钾，1 ~ 3g/d，可连用 2 ~ 4 周；在用药过程中如出现碘中毒现象（脱毛、消瘦和食欲缺乏等），应暂停用药 5 ~ 6d 或减少剂量。

抗生素治疗有效，可同时用青霉素和链霉素注射于患部周围，青霉素 10 万 ~ 20 万 U/（kg·bw），链霉素 10mg/（kg·bw），1 次 /d，连用 5d 为一个疗程。

第二十四节　兔曲霉菌病

兔曲霉菌病又称曲霉菌性肺炎，主要由烟曲霉菌引起的一种家兔呼吸道传染病，以肺炎和支气管炎为主要特征。

一、病原体

曲霉菌属丝状真菌，是一种常见的条件致病性真菌。造成兔曲霉菌病的真菌主要包括烟曲霉和黑曲霉等。烟曲霉与其他曲霉菌在形态、结构上相同，菌丝无色透明或微绿，分生孢子梗较短（小于 300μm），顶囊直径 20 ~ 30μm，小梗单层，长 6 ~ 8μm，末端着分生孢子，孢子链达 400 ~ 500μm。分生孢子呈圆形或卵圆形，直径 2 ~ 3.5μm，呈灰绿或蓝绿色。曲霉菌分生孢子呈串球状，在孢子柄顶囊上呈放射状排列。该菌为需氧菌。一般霉菌培养基上均可生长繁殖。曲霉菌和它们所产生的孢子在自然界中分布很广。在稻草、谷物、发霉的饲料、笼子、用具和空气中都有该菌的存在。曲霉菌的孢子抵抗力很强，煮沸后 5min 才能被杀死，在一般消毒液中需经 1~3h 才能灭活。

二、流行病学

幼龄家兔对烟曲霉菌较易感染，常成窝发生。成年家兔则很少见到。家兔曲霉菌病一般呈慢性经过。自然感染一般发生于潮湿、闷热、通风不良的兔舍。有时因不断饲喂发霉饲料，吸入大量霉菌孢子而发病。产箱内的垫料、空气和发霉饲料含有大量烟曲霉菌孢子是引起该病的主因。家兔因受冷致使呼吸道发生卡他性炎症、营养缺乏或其他疾病而抵抗力下降时，霉菌即可大量繁殖引起发病。

三、临床症状

急性病例很少见。多见于仔兔，常成窝发生。慢性病例中病兔逐渐消瘦，呼吸困难，且日见加重，症状明显后几周内死亡。剖检时，在肺部可见粟粒大的圆形结节，其中干酪样物，周围为红晕；或在肺中形成边缘不整齐的片状坏死区（图 5-24-1、图 5-24-2）镜检见到肺呈弥漫性肺炎、局灶性肺炎、血管周围小叶间及肺膜下炎性水肿。结节中心呈均质无结构的坏死区和浓染的细胞，周围形成肉芽肿。

四、诊断

根据发病情况、剖检变化、实验室检验可确诊为兔曲霉菌病。

1. 镜检

取肺部结节少许，置载玻片上，加 1 ~ 2 滴生理盐水或 20% 氢氧化钠溶液，用针拨碎病料，

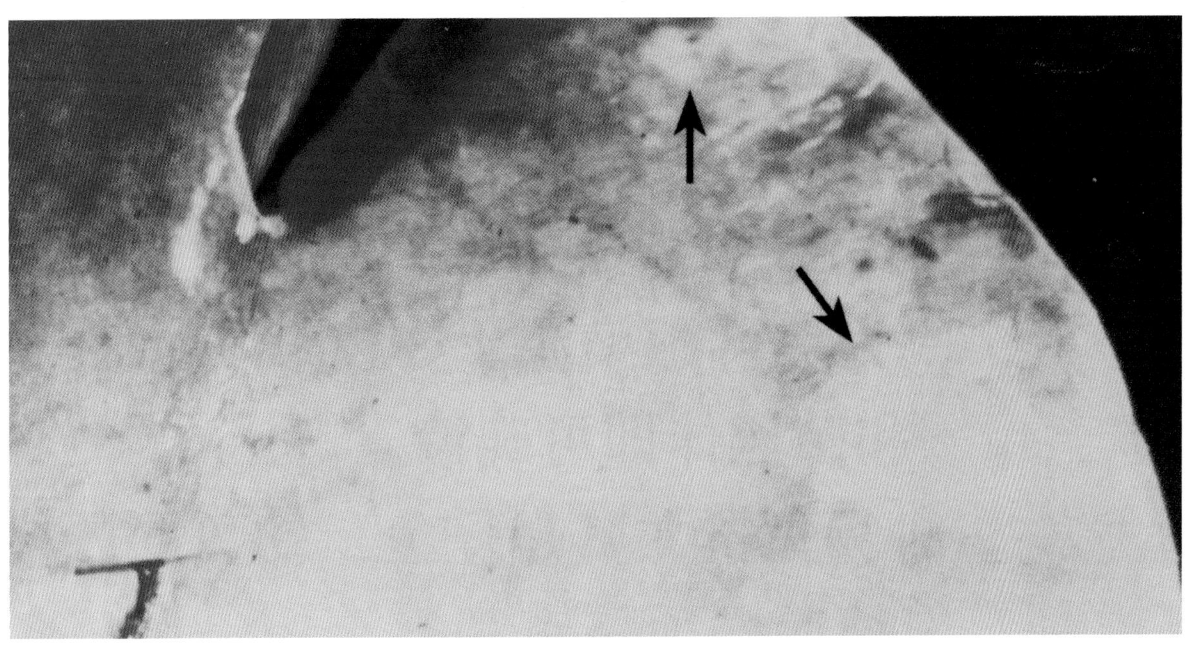

图 5-24-1　病兔肺表面可见大小不等的灰黄色病变（余锐萍　供图）

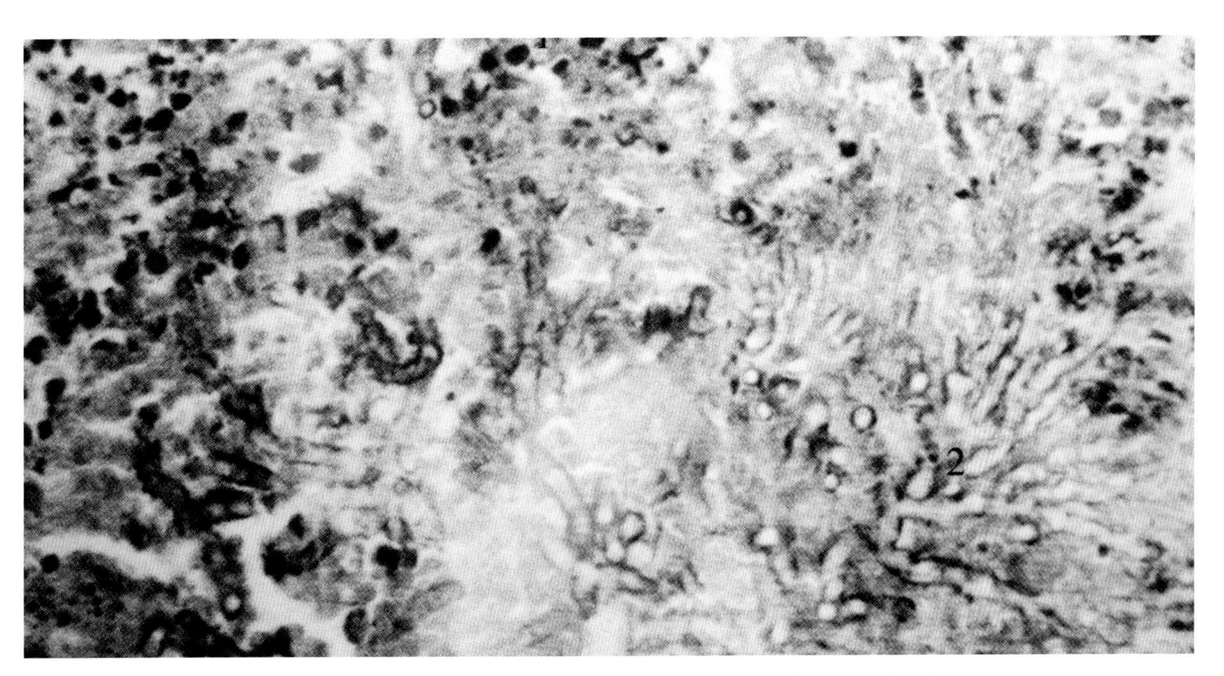

图 5-24-2　病兔肺脏坏死部位出现很多菌丝和孢子（陈怀涛　供图）

混悬于溶液，加盖玻片后在高倍显微镜下观察，可见有粗大分支的菌丝体及孢子。

2. 分离培养

挑取肺部结节内的干酪样物质涂布于鲜血琼脂平板上，37℃恒温培养 48h 后，平板表面长出较松散的灰白色蜘蛛状菌丝，继续培养 1~2d，菌丝上出现灰黑色的孢子，整个菌落颜色变成灰色。为了便于在显微镜下观察培养的菌丝及孢子，用灭菌后的盖玻片 45° 角斜插入鲜血琼脂中，恒温培养至盖玻片上有菌丝生长。

3. 培养物镜检

取出斜插在鲜血琼脂中已经有菌丝生长的盖玻片，轻轻放置于载玻片上，在显微镜下检查，可见菌丝有横隔，顶端菌丝膨大形成顶囊，在顶囊上呈辐射状排列着分生小梗，小梗上有成串的分生孢子。由此可确诊为曲霉菌。

五、类症鉴别

1. 结核病

相似处：患病兔均出现进行性消瘦、呼吸困难、咳嗽、腹泻。

不同处：结核病患病兔除了上述症状外，还表现有明显的四肢关节变形等症状。结核病除了有肺上的结节外，在肝脏、肾脏、肋膜、心包及肠系膜淋巴结上均有结节，而结节的切面有白色干酪样物，并且肺内的结节相互融合能形成空洞。这些病理变化是曲霉菌性肺炎所没有的，而曲霉菌性肺炎仅在肺深部组织的结节病变明显。采集病料涂片，用抗酸染色法染色镜检，可见细长丝状、稍弯曲的红色结核杆菌。

2. 坏死杆菌病

相似处：两种病均呈慢性经过，患病兔均出现进行性消瘦。

不同处：坏死杆菌病由坏死杆菌引起的一种急性、散发性传染病。主要以口腔疾患为特征，病兔不能吃食，流涎，口、唇与齿龈黏膜坏死，形成溃疡。病兔腿部和四肢关节或颌下、颈部、面部以至胸前等处的皮下组织发生坏死性炎症，形成脓肿和溃疡，病灶破溃后发出恶臭味。多数病例在肝脏、脾脏、肺脏等处有坏死灶。

六、防治

立即停喂原饲料，改喂新配饲料，注意饲料营养全价和卫生安全；制霉菌素，每兔 5 万 ~ 10 万 IU/ 只，混于饲料或饮水中，2 次 /d，连用 3 ~ 4d；配以 1：20 000 硫酸铜溶液饮水，连用 3 ~ 4d；饲槽、用具等用清水刷洗、消毒。

第二十五节　兔密螺旋体病

兔密螺旋体病（Treponemosis）又称兔梅毒病，是由兔密螺旋体引起的一种家兔慢性传染病，不感染其他动物。该病主要侵害外生殖器皮肤及黏膜，发生炎症、结节和溃烂。一般只引起局部病理变化，不引起全身病理变化和死亡。但可引起母兔受胎率和产仔量下降，仔兔成活率降低。该病在世界各地兔群中都有发生，我国也发生。

一、病原体

兔密螺旋体病的病原体为兔梅毒密螺旋体。兔密螺旋体细而长，宽 0.25μm，长 6 ~ 14μm，有的可长达 30μm，螺旋长度 1 ~ 1.2μm，共 8 ~ 14 个螺旋，暗视野显微镜检查可见呈旋转运动。将病部渗出液或淋巴液涂片固定，以姬姆萨染色，效果较好，着染为玫瑰红色，当用福尔马林缓冲溶液固定时，普通碱性苯胺染料也可着染。组织切片可用 warthin 法染色。病原体主要存在于兔的外生殖器官病灶中，很难人工培养。对家兔人工接种（皮肤划线再涂以病料）可发生和自然感染相同的病灶。兔密螺旋体至今尚不能用人工方法培养。

二、流行病学

该病只有家兔和野兔发生，病兔是该病的传染源，在配种时经生殖道传染，因此，发病的绝大部分都是成年兔，且育龄母兔比公兔易感，极少见于幼兔。病原随着黏膜和溃疡的分泌液排出体外，污染垫草、饲料、用具等，如有局部损伤可增加感染机会。兔群流行该病时发病率很高，但死亡很少。野兔也可感染该病。

三、临床症状

该病是一种慢性生殖器官传染病，潜伏期 1 ~ 2 周，有的可长达 10 周。表现为生殖能力下降，患病公兔性欲减退，母兔受胎率明显下降。家兔感染后，病原体在黏膜、皮肤及其结合部集中增殖，初期急性经过后，引起慢性炎症反应，有时见到皮肤点状溃疡。最初，通常见外生殖器有病变。然后在颜面、眼睑、耳或其他部位也见到病变。病原体由体表向其他部位扩散，向淋巴结蔓延。公兔的龟头、包皮和阴囊（图 5-25-1 至图 5-25-3），母兔多在阴唇、阴道黏膜上，肛门周围的黏膜发红、肿胀，流出黏液性和脓性分泌物，伴有粟粒大小结节或水泡，由于损伤部位疼痛和痒感，病兔经常用爪抓痒，并把病菌带到鼻、眼睑、唇、爪等部位，使这些部位的被毛脱落，皮肤红肿，形成粟粒大的小结节及溃疡。溃疡表面流出脓性渗出物，并逐渐形成棕色痂皮（图 5-25-4）。

四、病理变化

主要病变部位在生殖器官。在发病初期，公兔多在包皮和阴囊，母兔在阴唇等部位发生炎症，局部呈现潮红肿胀，流出黏液性分泌物，继发感染后可流出脓性分泌物。也有的肛门出现潮红肿胀，伴有粟粒大的结节，严重时可扩展到其他部位的皮肤，使之形成丘疹和疣状物。损伤的鼻、眼睑、唇、爪等部位因抓痒而被毛脱落，皮肤红肿，形成结痂。剥离结痂后可露出溃疡面，湿润凹下、边缘不整齐，易出血。公兔阴囊水肿、皮肤呈糠麸状。

五、诊断

兔密螺旋体病的病变主要在种用公母兔的生殖器官，主要通过交配感染，一般不易引起化脓等

图 5-25-1　龟头与包皮红肿（陈怀涛 供图）

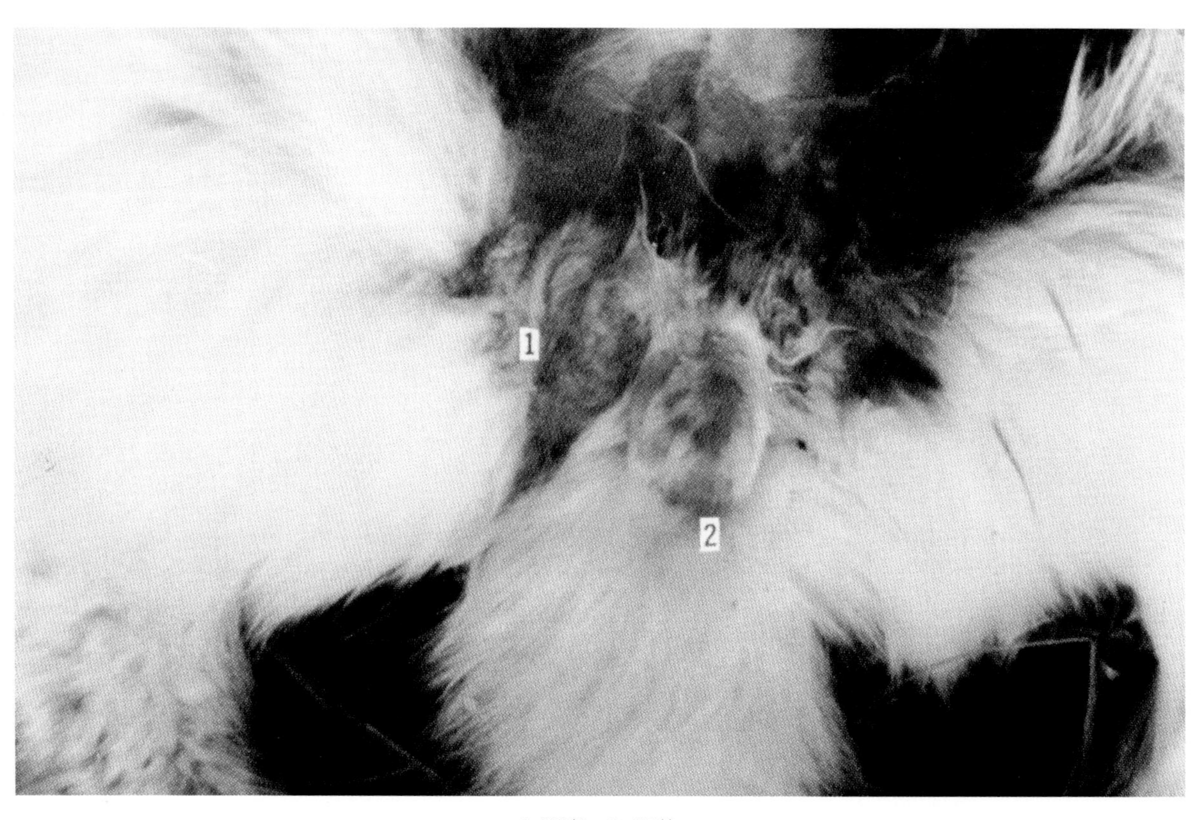

1. 阴囊；2. 阴茎
图 5-25-2　阴囊与阴茎肿大，其皮肤上有结节性坏死病变（陈怀涛 供图）

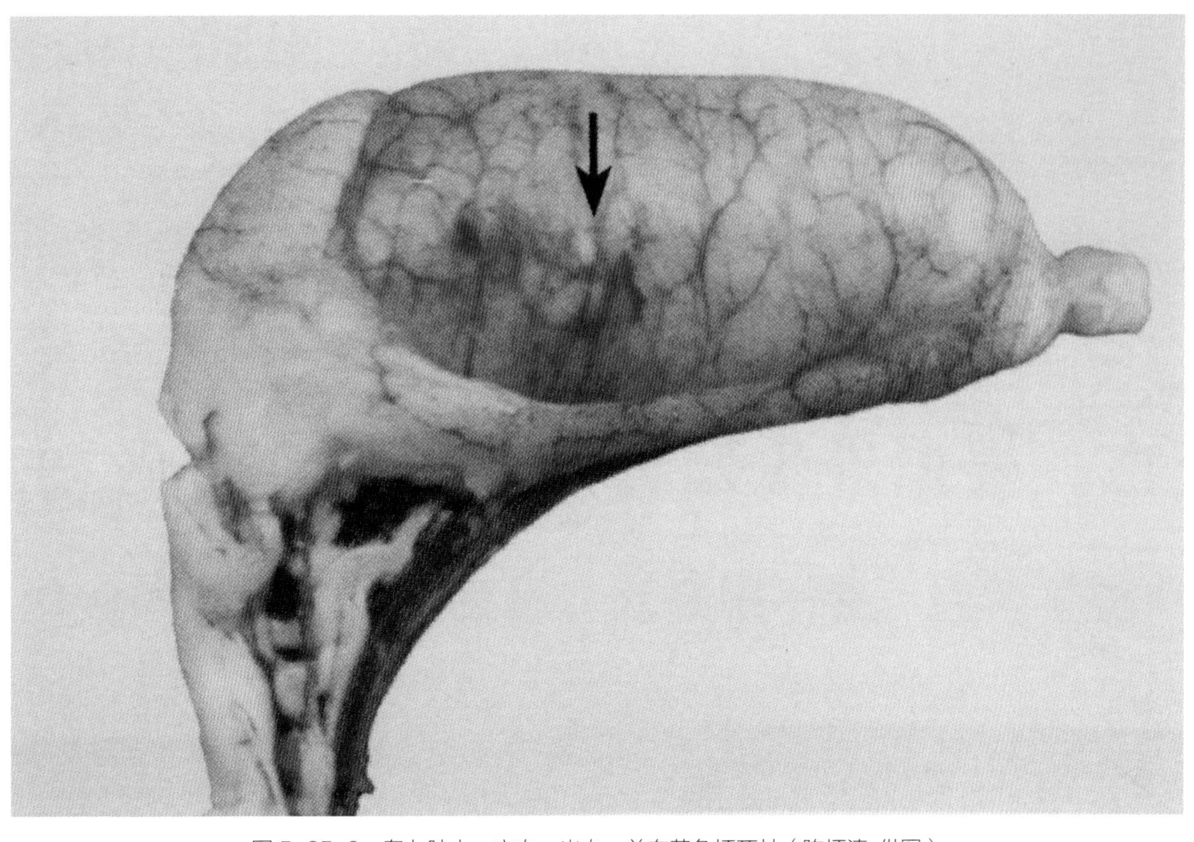

图 5-25-3 睾丸肿大、充血、出血，并有黄色坏死灶（陈怀涛 供图）

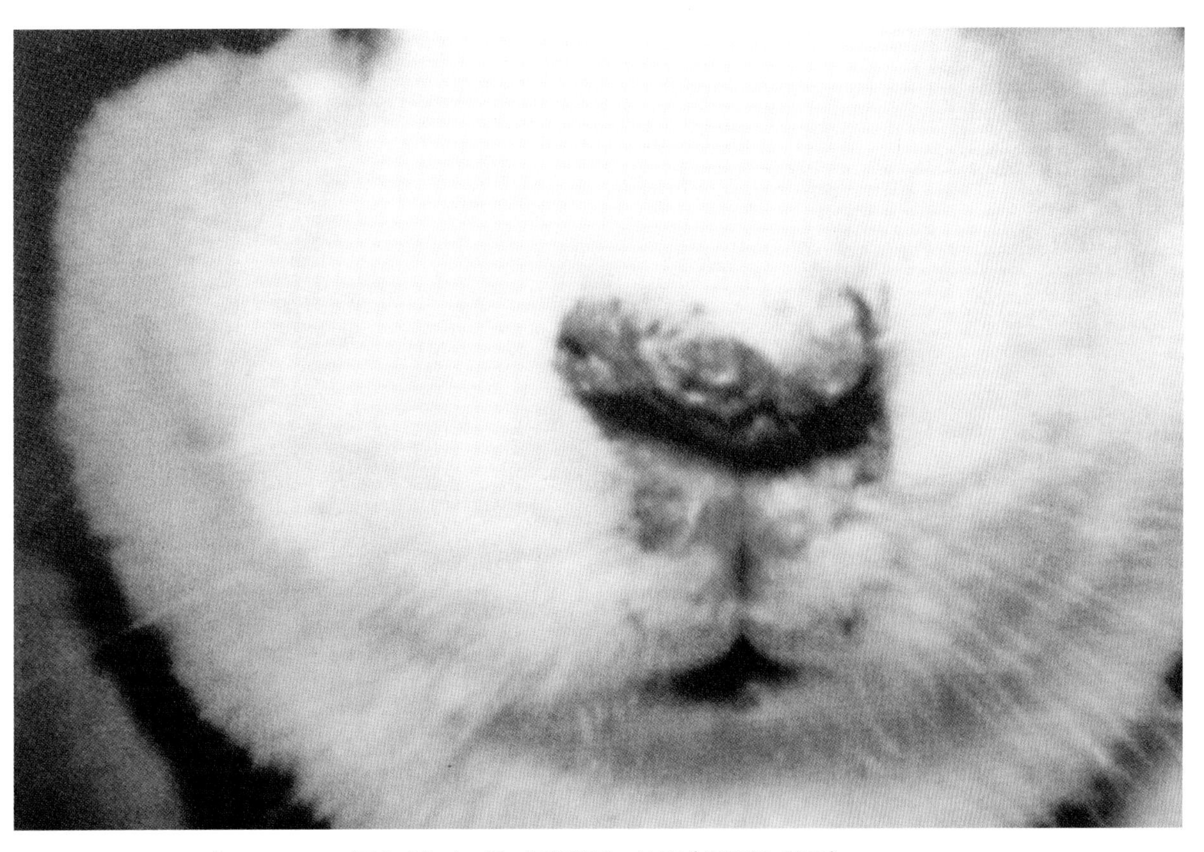

图 5-25-4 鼻、唇部发炎、结痂（程相朝 供图）

病理变化，因此，临床上诊断不难。显微镜涂片检查兔密螺旋体，可从病灶刮取病料制成涂片，用姬姆萨染色后镜检，观察到大量的病原体即可确诊。

六、类症鉴别

兔疥螨。

相似处：患病兔均出现被毛脱落及皮肤结痂等症状。

不同处：兔疥螨多发生于无毛或少毛的足趾、耳壳、耳尖、鼻端以及口腔周围等部位的皮肤。患部皮肤充血、出血、肥厚、脱毛，有淡黄色渗出物、皮屑和干涸的结痂，而外生殖器官部位的皮肤和黏膜均无上述病变。

七、防治

1. 预防

（1）防止该病的主要措施包括清除带菌的各种动物，消毒和清理被污染的水源、场地、饲料、兔舍、用具等，以防传染和扩散。

（2）交配前认真检查公母兔，凡是患有密螺旋体病的兔不准进行交配。

（3）发现病兔要隔离治疗，已失去种用功能的种兔直接淘汰处理。污染的场所和用具等用 2% 氢氧化钠或 3% 来苏尔等消毒。

2. 治疗

（1）青霉素，肌内注射，20 万 IU/（kg·bw），2 次 /d，连用 5d。

（2）患部处理：用 2% 硼酸水或 0.1% 高锰酸钾液消毒后，再涂上青霉素药膏或 3% 碘甘油。

第六章

兔寄生虫病

第一节　兔原虫病

兔原虫病是由兔脑炎原虫引起的一种寄生虫病，一般为慢性或隐性感染，临床诊断常无症状，有时出现脑炎等症状。

一、病原体

脑炎原虫的成熟孢子呈杆状，两端钝圆，或呈卵圆形。脑炎原虫成熟孢子的大小为 2.5μm × 1.5μm，核致密深染，位于虫体一端。在一些组织细胞内如神经细胞等可发现无囊壁虫体假囊（图 6-1-1、图 6-1-2）。

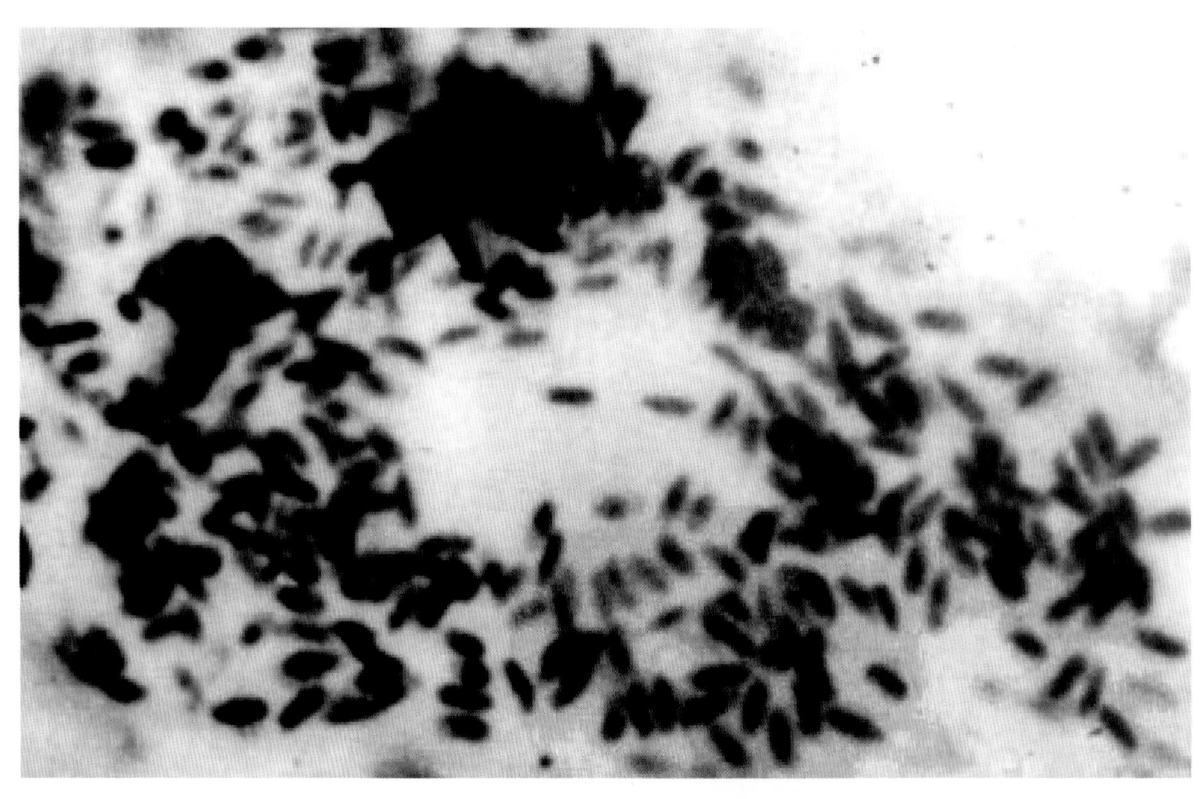

图 6-1-1　兔脑炎原虫的形态（范国雄 供图）

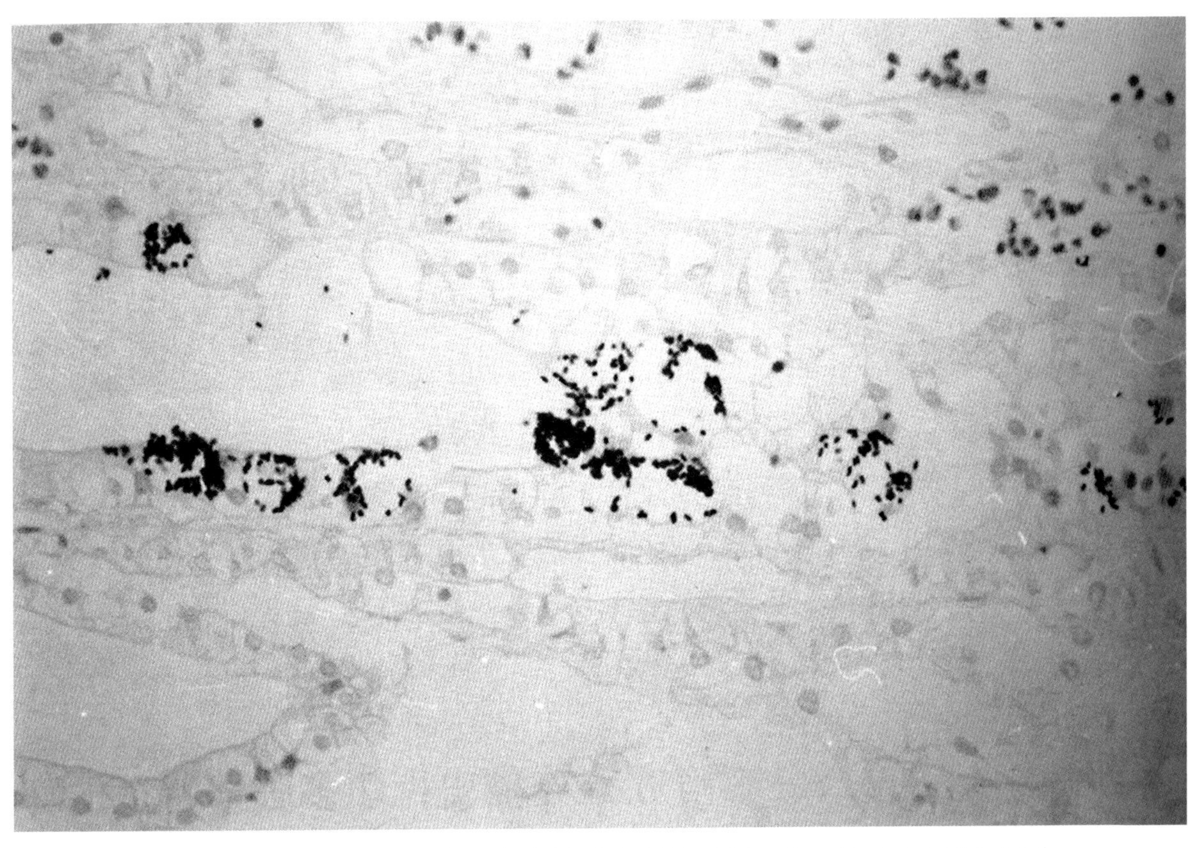

图 6-1-2　兔脑炎原虫在肾小管上皮细胞中的分布（革兰氏染色蓝色 ×100）（潘耀谦 供图）

二、流行病学及生活史

一般认为兔的感染是由于吞食感染动物排出的含脑炎原虫的粪或尿液，也可经胎盘和伤口感染。兔脑炎原虫成熟孢子侵入宿主体内，成熟孢子在宿主细胞膜上的虫体空泡中生长发育。虫体成熟后，从宿主细胞逸出，随粪便或尿液排到外界。

兔原虫病通常秋冬季节多发，各年龄兔均可感染发病。

三、临床症状

临床症状常见脑炎引发的斜颈、站立不稳、肾炎、昏迷、平衡失调等（图 6-1-3 至图6-1-5）。

四、病理变化

剖检常见脑肉芽肿，肾表面有大小不等的凹陷状病灶，病变严重时肾表面呈颗粒状或高低不平。

五、诊断

主要观察脑组织和肾脏眼观的变化，并且从脑肉芽肿的坏死中心和肾小管上皮细胞中可见脑炎

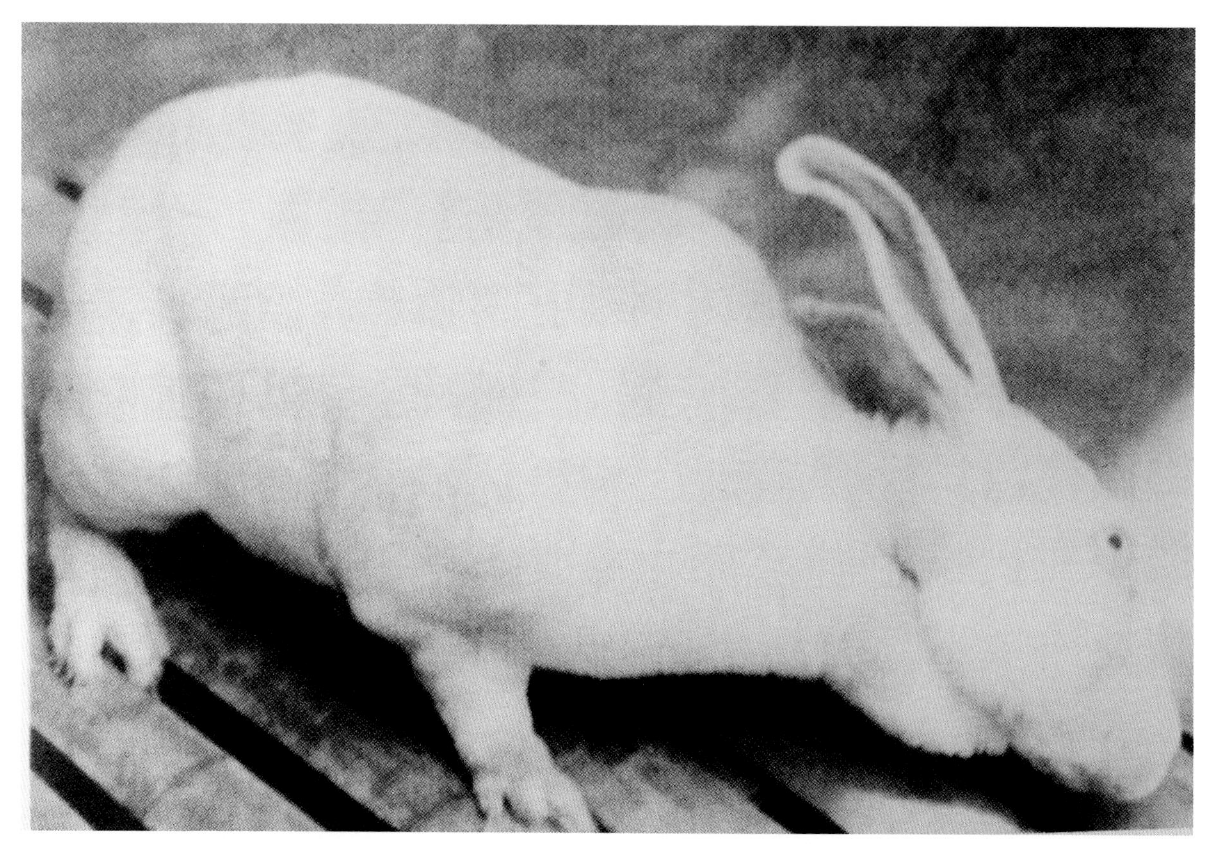

图 6-1-3　兔脑炎症状斜颈（任克良 供图）

图 6-1-4　运动障碍站立不稳，转圈运动（潘耀谦 供图）

图 6-1-5 肾凹陷病灶，肾表面有大小不一的凹陷病灶（任克良 供图）

原虫，并伴随如惊厥、斜颈、昏迷、平衡失调等临床症状。

六、预防

加强兽医卫生管理，防止尿液和粪便的污染；及时淘汰病兔，加强防疫。

七、治疗

给病兔饲喂芬苯达唑，按每天每千克体重 20mg，饲喂 4 周。

第二节 兔球虫病

兔球虫病（Coccidiosis）是由顶复门、孢子虫纲、真球虫目、艾美耳科、艾美耳属（Eimeria）的一种或多种球虫感染引起的消化道寄生虫病。兔球虫病多发生于断奶前后的幼兔，主要临床特征为腹泻和消瘦，严重感染者死亡。该病全年发生，感染率高，在世界范围内普遍流行，给养兔业造

成的经济损失巨大。我国将兔球虫病列为二类动物疫病。

一、病原体

目前，公认的兔球虫有 11 个有效种，其中，斯氏艾美耳球虫寄生于肝胆管上皮，其余 10 种均寄生于肠道上皮（表 1）。

表 1　11 种兔球虫及其主要生物学特征

种名（拉丁名称）	卵囊形状	寄生部位	潜隐期 (d)	致病性
黄艾美耳球虫（*E. flavescens*）	卵圆形	盲肠近端、回肠	9	高
肠艾美耳球虫（*E. intestinalis*）	梨形	空肠、回肠	9	高
小型艾美耳球虫（*E. exigua*）	球形	回肠	7	低
穿孔艾美耳球虫（*E. perforans*）	椭圆形	十二指肠、空肠近端	5	中等
无残艾美耳球虫（*E. irresidua*）	扁卵圆形	空肠、回肠	9	中等
中型艾美耳球虫（*E. media*）	椭圆形	空肠、回肠	5	中等
维氏艾美耳球虫（*E. vejdovskyi*）	长卵圆形	回肠	10	低
盲肠艾美耳球虫（*E. coecicola*）	长卵圆形	肠相关淋巴样组织	9	无
大型艾美耳球虫（*E. magna*）	卵圆形	空肠、回肠	7	中等
梨形艾美耳球虫（*E. piriformis*）	梨形	结肠	9	中等
斯氏艾美耳球虫（*E. stiedai*）	椭圆形	肝脏，胆管	14	高

兔艾美耳球虫的发育需要经过裂殖生殖、配子生殖和孢子生殖三个阶段。前两个阶段在肠上皮细胞（或胆管上皮细胞）内进行，最后一个阶段在外界环境中完成。家兔因食入外界环境中的孢子化卵囊而感染，卵囊在胃肠道内破裂释放出的孢子囊在胆汁和胰酶的作用下，其中的子孢子脱囊后进入上皮细胞（或经肝门静脉迁移后再侵入胆管上皮细胞）并开始内生发育。依次经过 3 ~ 6 代的裂殖生殖（不同虫种代次不一）后进入配子生殖阶段，大小配子结合形成的合子进一步发育为有卵囊壁的未孢子化卵囊，后者随粪便排出体外后在适宜的温度、湿度及氧气条件下完成孢子生殖，成为内部含有 4 个孢子囊、每个孢子囊有 2 个子孢子的具有感染性的孢子化卵囊。

二、流行病学及生活史

各品种家兔对兔球虫都有易感性。兔球虫的感染途径为经口感染。污染卵囊的兔笼以及被卵囊污染的饲料或饮水是主要的传染源。哺乳幼兔也常因为哺乳时吃入母兔乳房上沾染的卵囊而感染。此外，饲养人员、鼠类和蝇蚊的机械搬运作用以及被污染的用具等也在兔球虫病的传播中起重要作用。

兔球虫病可全年发生，感染强度视温度和湿度条件而定，常在温暖湿润的季节流行，南方早春及梅雨季节高发，北方一般在 7—8 月，呈地方性流行。但现代规模化养殖对兔舍环境可实现较精准控制，使得气候因素对该病的影响变小。该病主要危害断奶后至 3 月龄的幼兔，其感染率可达 100%；患病后其死亡率可达 80% 左右，少数耐过幼兔长期不能康复，生长发育受到严重影响。成年兔一般可以耐过，但体重增长受到影响。

三、临床症状

如表1所示，由于各个虫种的艾美耳球虫的潜在期差异较大，且球虫病往往发生在卵囊开始排出之后，故肝型球虫病一般为感染14d后出现，肠型球虫病则一般是感染5~10d后不等。临床症状的严重程度与球虫种类、食入卵囊数量和兔年龄阶段有关，根据球虫种类和寄生部位可分为肠型、肝型和混合型3种类型。

肠型：多发生于幼兔。主要表现为不同程度的腹泻，或腹泻和便秘交替出现，后期出现混有黏液和血液的水泻图6-2-1A和6-2-1C。病兔精神沉郁，食欲减退，喜卧懒动，后肢和肛门周围被粪便污染，见图6-2-1B。死亡原因主要是间歇性腹泻导致的脱水，代谢性酸中毒以及继发感染细菌。需要强调的是肠球虫感染引起的水和电解质失衡常出现在肉眼病变出现之前，尤其以水和钠流失为主。与其他动物不同的是，兔的钠流失会被血液中的钾补偿，结果导致低血钾而引起急性死亡。

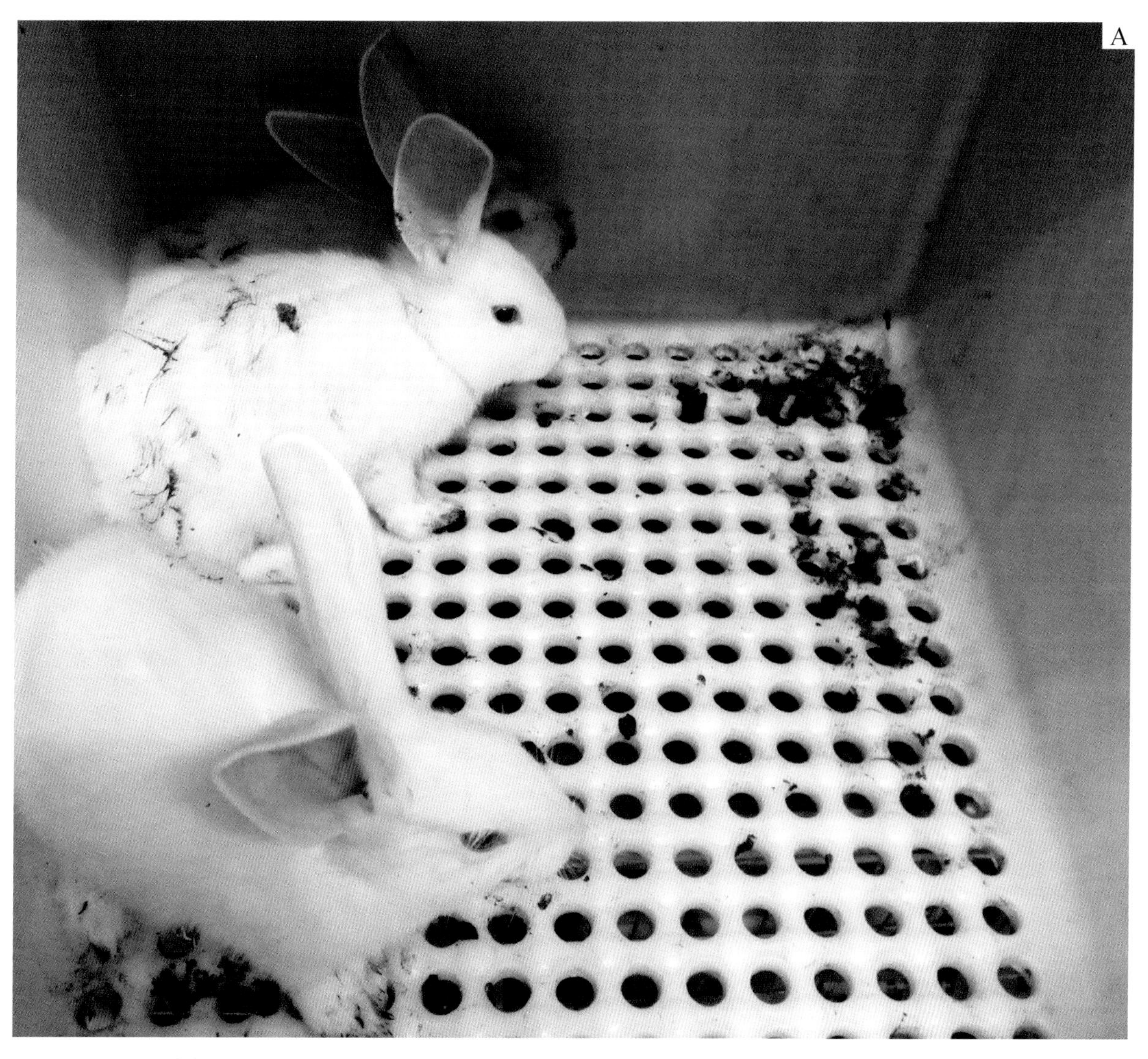

图6-2-1A　家兔感染大型艾美耳球虫后的临床症状和病理变化，家兔腹泻，导致笼具和皮毛脏污（刘贤勇 供图）

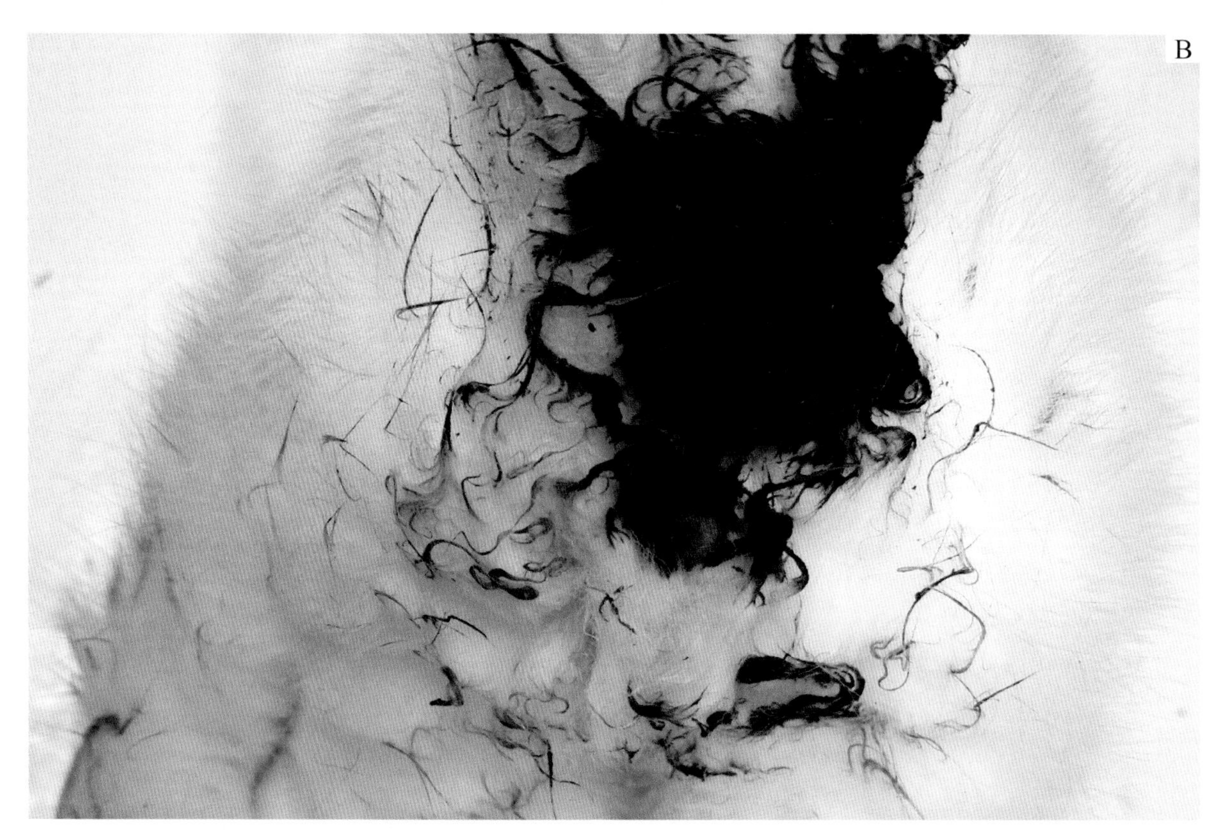

图 6-2-1B　家兔感染大型艾美耳球虫后的临床症状和病理变化，腹泻导致糊肛和肛门周围脏污（刘贤勇 供图）

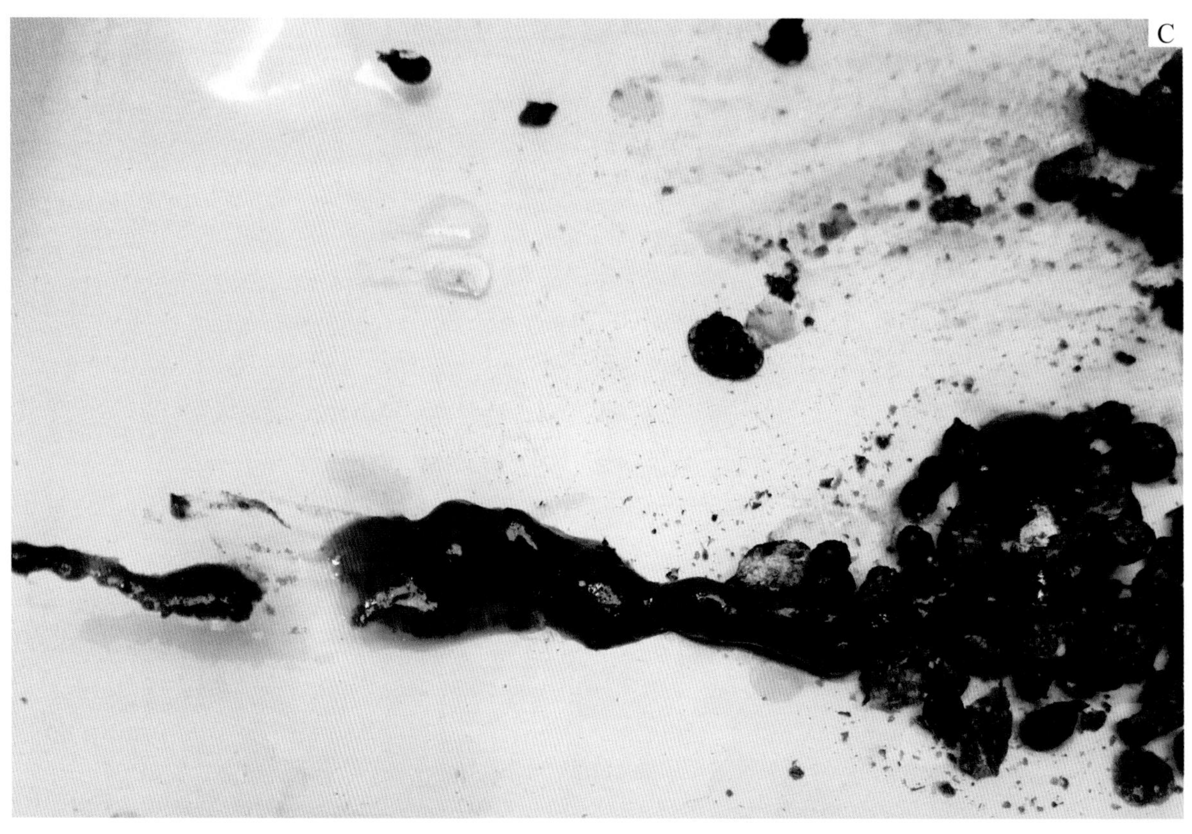

图 6-2-1C　家兔感染大型艾美耳球虫后的临床症状和病理变化，粪便稀薄（刘贤勇 供图）

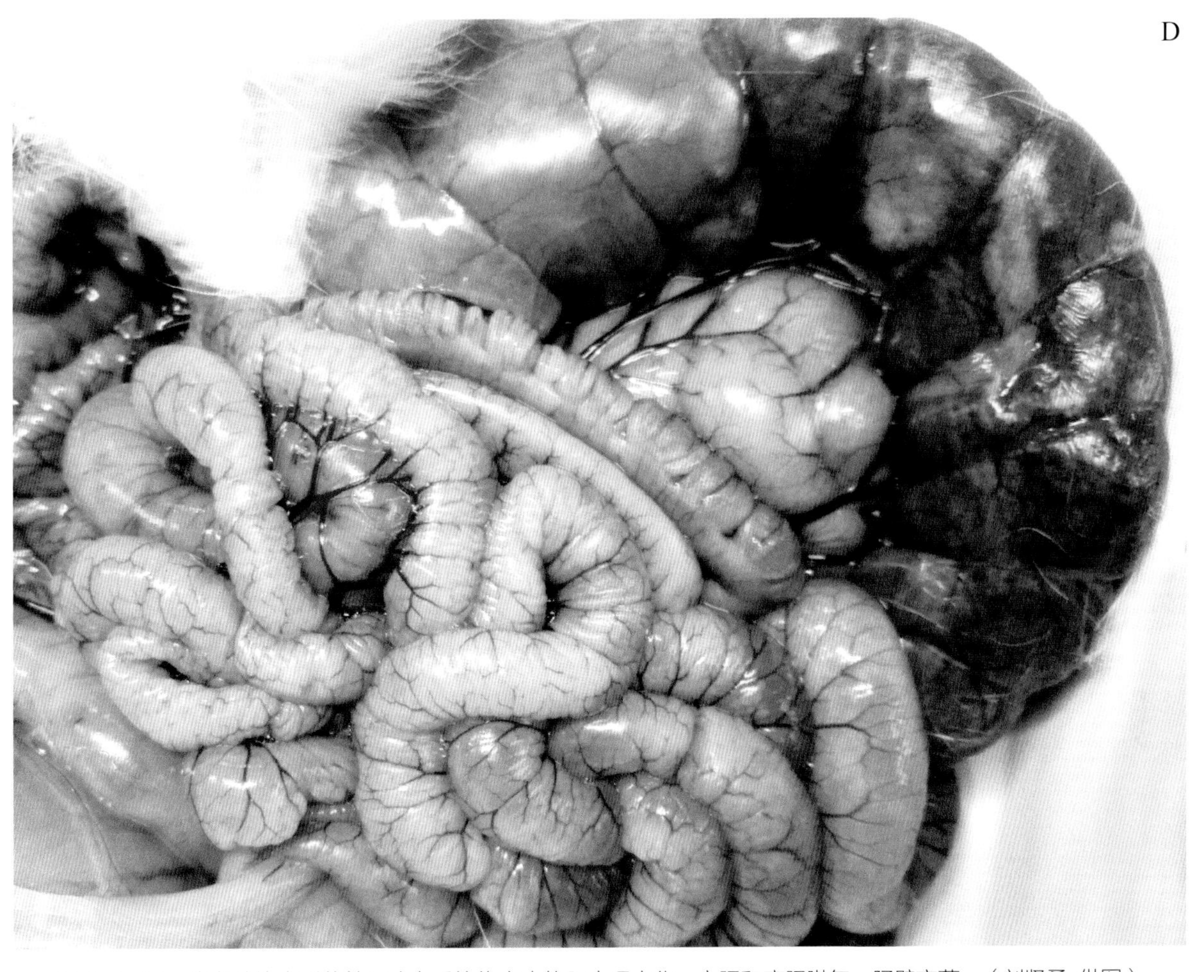

图 6-2-1D 家兔感染大型艾美耳球虫后的临床症状和病理变化。空肠和盲肠臌气，肠壁变薄。（刘贤勇 供图）

肝型：病兔厌食、精神不济、腹泻或便秘，肝肿大和腹水导致腹围增大，肝区触诊有痛感。口腔、眼结膜轻度黄染。发病后期，幼兔还会出现四肢痉挛或麻痹，除幼兔严重感染外，极少死亡。在现代规模化兔场，肝型球虫病鲜见。

混合型：发病初期，病兔食欲降低，精神萎靡，伏卧不动，虚弱消瘦。眼、鼻分泌物增多，唾液分泌增加，口腔周围被毛潮湿。后开始腹泻或腹泻与便秘交替出现，病兔尿频或常作排尿姿势。由于肠臌胀，膀胱积尿和肝肿大而呈现腹围增大，肝区触诊疼痛。可视黏膜苍白或黄染。幼兔有时出现痉挛等神经症状，多因极度衰竭而死亡。

兔球虫病病程从 10 余天至数周不等。耐过兔则长期消瘦，发育迟缓。当体重降低 20% 时，常发生惊厥和瘫痪，并在 24h 内死亡。

四、病理变化

尸体外观消瘦，可视黏膜苍白，肛周污秽。

肠型球虫病，兔的病变主要在肠道，剖检可见肠道血管充血，肠黏膜充血并有密集出血点。十二指肠肿胀，肠黏膜增厚并发生卡他性炎症；回肠和空肠炎症和水肿明显，见图 6-2-1D。小肠内

充满气体和大量黏液，有时肠黏膜表面覆盖淡红色黏液。慢性病例可见肠黏膜呈灰白色，形成许多小而硬的白色结节，压片镜检可发现大量卵囊，肠黏膜上或可见化脓性、坏死性病灶。

胆囊和胆管肿大，见图 6-2-2A，黏膜有卡他性炎症，胆汁色暗浓稠，内含脱落的上皮细胞及大量的球虫卵囊。肝型球虫病的病变集中在肝脏。肝脏眼观肿大，表面和实质分布许多白色或微黄色结节，豌豆大小，圆形，质地坚硬，压片镜检可见不同发育阶段的虫体，见图 6-2-2B。陈旧病灶中内容物变稠变模糊，形成细粉样钙化物。肝脏结缔组织增生，见图 6-2-2C，肝细胞萎缩，发生间质性肝炎。

混合型则兼具上述两种特征。

五、诊断

根据临床症状，实验室诊断，病理剖检结果和流行病学调查，可做出初步诊断。确诊需进行病原学检测。

最简单实用的实验室诊断方法是饱和盐水漂浮法和肠黏膜（肝结节）压片法。饱和盐水漂浮法是最常用、检出率最高的方法。最为简单直接的是直接漂浮法，具体操作为：取疑似病兔的新鲜兔粪压碎后加适量饱和食盐水搅匀，然后静置 15 ~ 30min，待卵囊浮在液体表面时，吸取表层液体，滴在载玻片上进行显微镜观察。如在视野中发现大量卵囊，即可确诊球虫感染。如采用麦克马斯特计数板进行计数，其具体操作为：取疑似病兔的新鲜兔粪，捣烂搅匀后称量 2 ~ 5g 放入烧杯中，

图 6-2-2A　胆管肿胀增生（刘贤勇 供图）

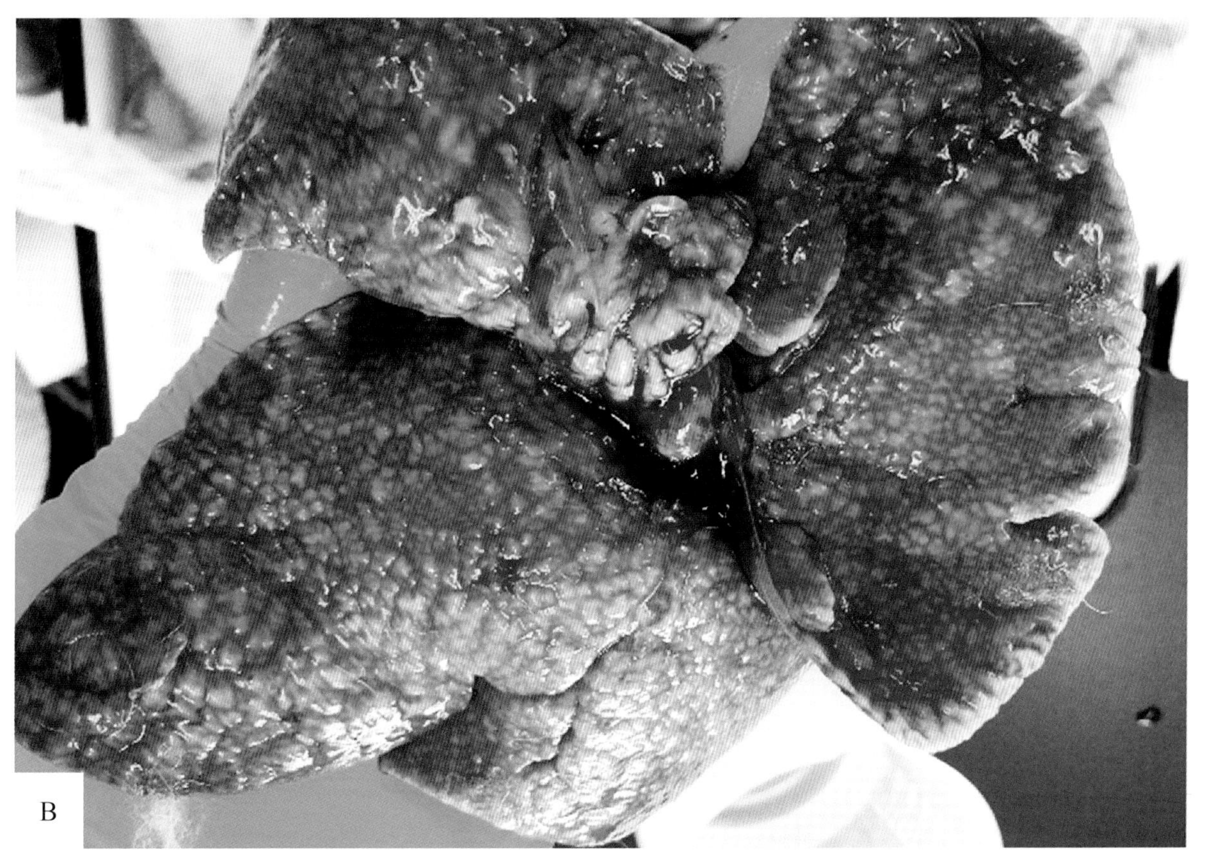

图 6-2-2B　肉眼可见的大量结节（刘贤勇 供图）

图 6-2-2C　肝脏肿胀和结节（刘贤勇 供图）

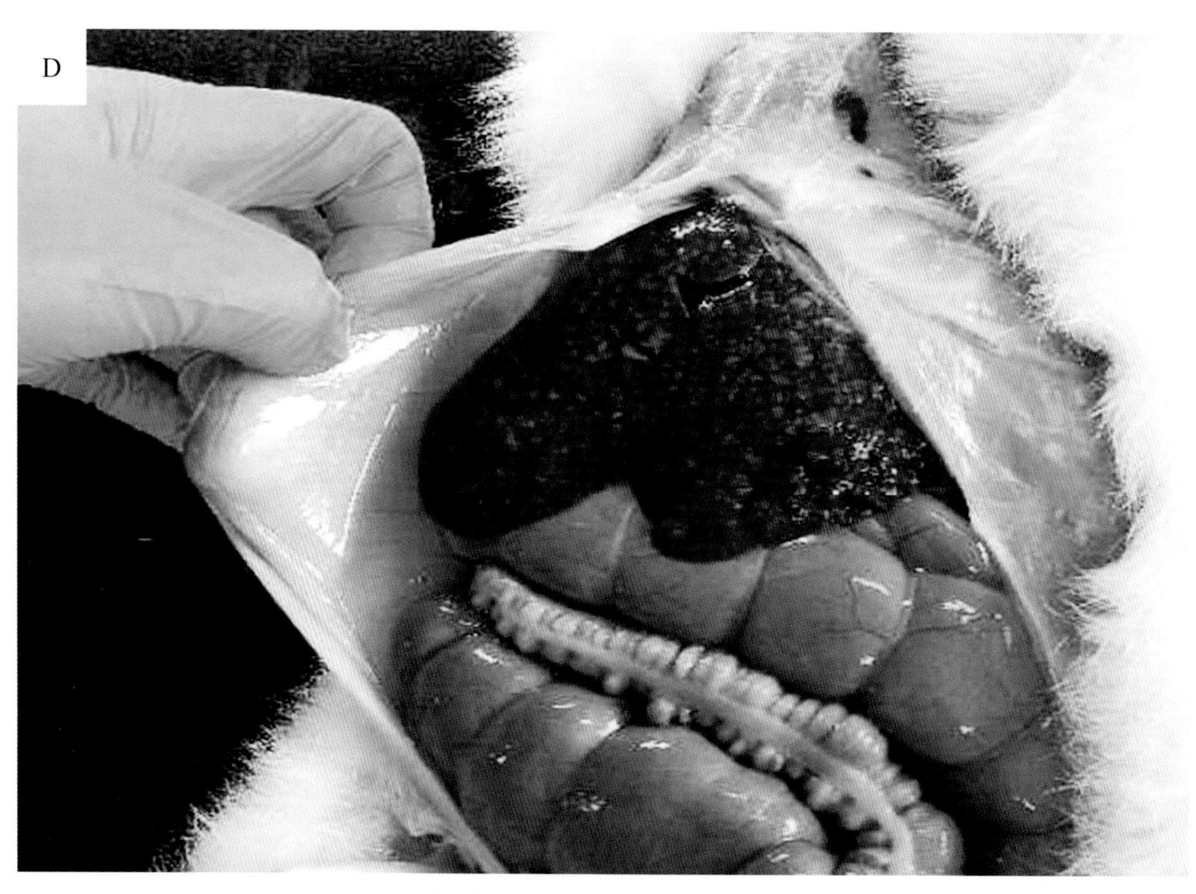

图 6-2-2D　肝球虫病造成的腹腔积液（箭头所示）（刘贤勇 供图）

加入 10mL 自来水搅拌均匀，再加入 50mL 饱和盐水，搅拌混匀即刻吸取混悬液充入麦克马斯特计数板的两个计数室内，静止 3~5min 后进行卵囊的 OPG 计数。压片法适用于肝脏有病变或者无新鲜粪便的肠型病例，刮取肝脏病灶或者肠黏膜及肠内容物，制成压片，镜检发现不同阶段的球虫即可确诊，见图 6-2-3 和图 6-2-4。

近年来，随着分子生物学技术的蓬勃发展，PCR 技术已经广泛应用于兔球虫病的诊断和鉴别。现已设计出针对兔艾美耳球虫的全基因扩增引物和种类特异性引物，用于兔球虫的分子生物学诊断，运用多重 PCR 技术还可以快速的诊断或鉴别几种不同的兔艾美耳球虫。

六、类症鉴别

根据相关的实验室研究结果，11 种兔球虫的致病性有较大差异。研究发现肠艾美耳球虫和黄艾美耳球虫的致病性较强，斯氏艾美耳球虫和其他虫种的致病性与感染剂量有关。另外，由于肠型球虫病往往为混合感染，粪便样品或者剖检所检测到的卵囊形态具有多样性，目前，显微镜检查和临床诊断很难准确鉴定球虫的种类。因此，需结合当地的流行病学史和发病情况进行综合判断，不能仅凭借检出大量虫卵就指导球虫病的治疗及防制。兔球虫不同种类之间的鉴别可利用分子生物学技术实现（详见上述）。同时，注意将该病与兔豆状囊尾蚴病（由豆状带绦虫的中期幼虫寄生在兔子内脏所致，在肝脏形成大小不同，形状各异的黄白色坏死灶）、附红体病（体温升高、可视黏膜黄染，贫血消瘦、尿黄）以及其他可导致家兔腹泻或者肝脏病变的疾病区分开来。

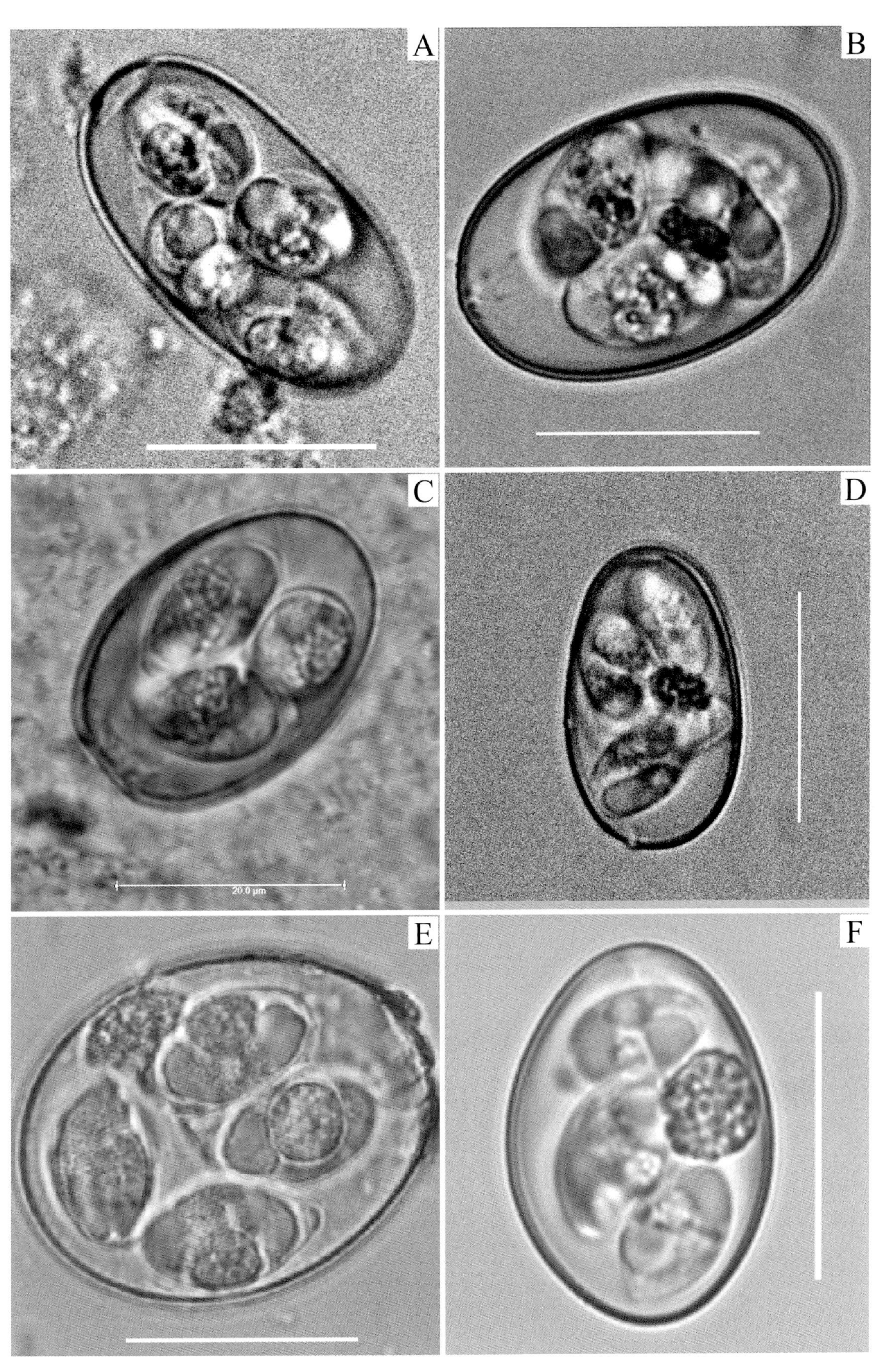

A. 斯氏艾美耳球虫；B. 无残艾美耳球虫；C. 黄艾美耳球虫；D. 中型艾美耳球虫；
E. 大型艾美耳球虫；F. 肠艾美耳球虫。标尺 =20μm
图 6-2-3　6 种兔艾美耳球虫的孢子化卵囊（图片为共聚焦显微镜拍摄，李超、陶鸽如 供图）

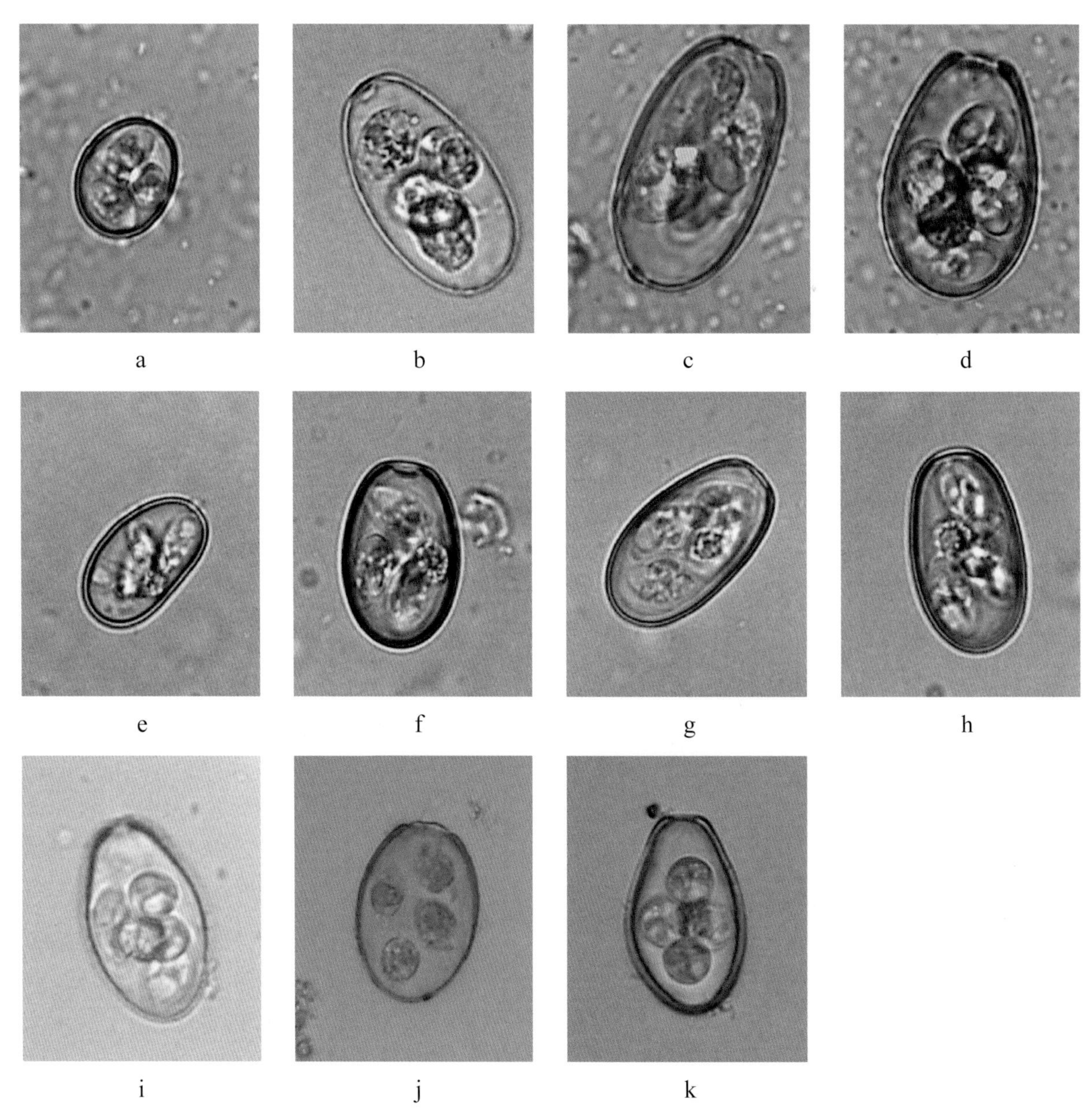

a. 小型艾美耳球虫（*E.exigua*）；b. 斯氏艾美耳球虫（*E.stiedai*）；c. 无残艾美耳球虫（*E.irresidua*）；d. 大型艾美耳球虫（*E.magna*）；e. 穿孔艾美耳球虫（*E.perforans*）；f. 中型艾美耳球虫（*E.media*）；g. 维氏艾美耳球虫（*E.vejdovskyi*）；h. 盲肠艾美耳球虫（*E.coecicola*）；i. 肠艾美耳球虫（*E.intestinalis*）；j. 黄艾美耳球虫（*E.falvescens*）；k. 梨形艾美耳球虫（*E.piriformis*）

图 6-2-4　11 种艾美耳球虫孢子化卵囊（闫文朝　供图）

七、防治

兔球虫病的防治必须结合兔场综合管理和抗球虫药物使用。在综合防控方面，兔场选址应干燥向阳，舍内保持清洁，通风良好。不同年龄段兔要分开饲养。及时并且彻底清理粪污并做发酵等无害化处理。对感染球兔实施隔离。

目前，兔球虫病的预防主要依靠使用抗球虫药物（表 2）。常使用的抗球虫药物为盐霉素（Salinomycin）、氯苯胍（Robenidine）、地克珠利（Diclazuril）和 Lerbek（为甲基萘葵酯和氯羟

表2 兔球虫虫种 PCR 鉴定引物 *

种属	引物序列 5’-3’
艾美耳属 .	GGGAAGTTGCGTAAATAGA CTGCGTCCTTCATCGAT
盲肠艾美耳球虫	AGCTTGGTGGGTTCTTATTATTGTAC CTAGTTGCTTCAACAAATCCATATCA
小型艾美耳球虫	GAATAAGTTCTGCCTAAAGAGAGCC TATATAGACCATCCCCAACCCAC
黄艾美耳球虫	GAATATTGTTGCAGTTTACCACCAA CCTCAACAACCGTTCTTCATAATC
肠艾美耳球虫	TGTTTGTACCACCGAGGGAATA AACATTAAGCTACCCTCCTCATCC
无残艾美耳球虫	TTTGGTGGGAAAAGATGATTCTAC TTTGCATTATTTTTAACCCATTCA
大型艾美耳球虫	TTTACTTATCACCGAGGGTTGATC CGAGAAAGGTAAAGCTTACCACC
中型艾美耳球虫	GATTTTTTTCCACTGCGTCC TTCATAACAGAAAAGGTAAAAAAAGC
穿孔艾美耳球虫	TTTTATTTCATTCCCATTTGCATCC CTTTTCATAACAGAAAAGGTCAAGCTTC
梨形艾美耳球虫	ACGAATACATCCCTCTGCCTTAC ATTGTCTCCCCCTGCACAAC
斯氏艾美耳球虫	GTGGGTTTTCTGTGCCCTC AAGGCTGCTGCTTTGCTTC
维氏艾美耳球虫	GTGCTGCCACAAAAGTCACC GCTACAATTCATTCCGCCC

* 引自 Oliveira et al.，2011

吡啶的混合物）。我国目前应用最为广泛的为地克珠利，通常使用剂量为以每 100kg 饲料混和 0.1% 地克珠利预混剂 100g。其他可选用的药物包括：

三字球虫粉（含 30% 磺胺氯吡嗪钠），每千克水加 200mg 供断奶仔兔饮用，连用 30d；或混饲，2kg/t，连用 15d。

盐酸氯苯胍预混剂（含 10% 盐酸氯苯胍），每千克饲料加入 10～15g 预混剂，从断奶开始连喂 45d。

盐霉素，每千克饲料添加 50mg，连续喂服。

莫能菌素，0.003% 混饲。

球安（拉沙洛西钠预混剂，含量 15%），混饲，113g/ 吨饲料。

如果发生兔球虫病，需及时用抗球虫药进行治疗。常用的药物为磺胺间甲氧嘧啶及甲氧苄啶复方合剂，二者按 5 ∶ 1 混合后，每千克饲料加 1～1.25g，连喂 3d，或在 1L 水中加入 21mg，连饮 8d。而氯苯胍和地克珠利也可用于治疗，剂量通常为预防剂量的 2～3 倍。

第三节 兔豆状囊尾蚴病

兔豆状囊尾蚴病（Cysticercosis pisiformis）是由扁形动物门、绦虫纲、圆叶目、带科、带属的

豆状带绦虫（*Taenia pisiformis*）的中绦期幼虫豆状囊尾蚴（*Cysticercus pisiformis*）寄生于兔的肝脏、大网膜、肠系膜、直肠浆膜和腹腔等处引起的一种体内寄生虫病。兔感染豆状囊尾蚴后可加大生长兔的死亡风险，显著降低日增重、饲料报酬和屠宰性能，造成养殖利润的降低。

一、病原体

豆状囊尾蚴：白色卵圆形囊泡，大小如豌豆，（6~12）mm×（4~6）mm。囊壁半透明，囊内充满液体，透过囊壁可见到嵌于囊壁上的白色头节。头节上有四个吸盘和两圈角质沟（图 6-3-1）。

图 6-3-1　兔豆状囊尾蚴病——豆状囊尾蚴（杨光友 供图）

豆状带绦虫：新鲜时为白色或淡黄色，长 60~150cm，头节细小，4 个吸盘不突出。顶突上有 2 圈相间排列的角质沟，共计 28~36 个。成熟节片内有睾丸 250~273 个，卵巢分为两叶。生殖孔不规则地交互开口于节后的侧缘。孕卵节片的子宫每侧有 8~14 个分枝，每个分枝再分小枝（图 6-3-2）。

豆状带绦虫的终末宿主为犬、狼、狐、北极狐等肉食动物。中间宿主为家兔、野兔及其他啮齿动物。成虫寄生于终末宿主的小肠，孕卵节片随粪便排至外界。虫卵随污染的青草、饮水被中间宿主吞食后，卵内的六钩蚴在消化道逸出，钻入肠壁，随血流到达肝实质中发育 15~30d，然后移行到腹腔及浆膜上发育为成熟的豆状囊尾蚴（图 6-3-3 和图 6-3-4）。当终末宿主吞食了含有豆状囊尾蚴的中间宿主或其脏器后，囊尾蚴即以其头节附着于小肠壁上，约经 1 个月发育为成虫。

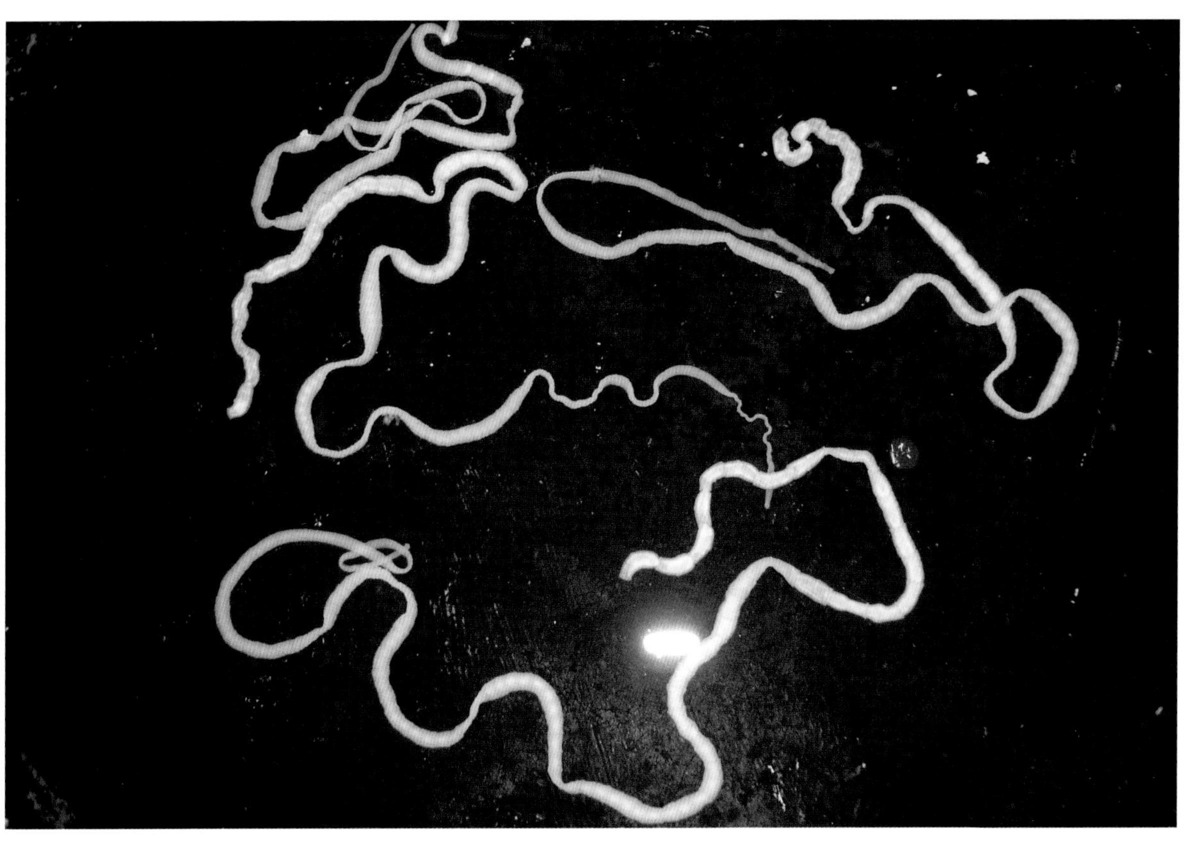

图 6-3-2　兔豆状囊尾蚴病——豆状带绦虫（杨光友　供图）

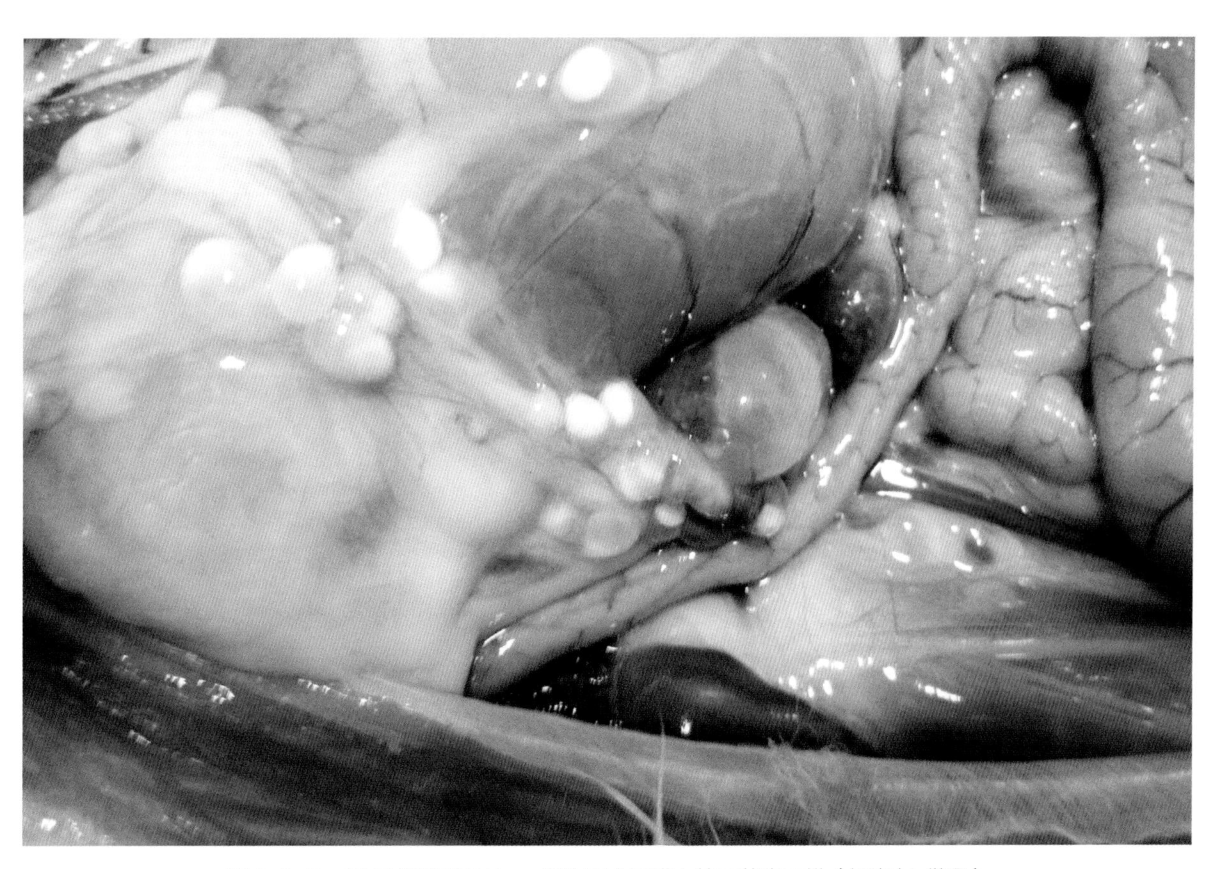

图 6-3-3　兔豆状囊尾蚴病——寄生于大网膜上的豆状囊尾蚴（杨光友　供图）

图 6-3-4　兔豆状囊尾蚴病——寄生于直肠浆膜上的豆状囊尾蚴（杨光友 供图）

二、流行病学及生活史

豆状囊尾蚴病是家兔常见的一种寄生虫病，广泛分布于世界各养兔国家，在我国四川、山东、江苏、贵州和云南等共 23 个省区均有该病的发生与流行。该种广泛流行主要同兔的饲养方式、犬的喂养和养兔者缺乏预防该病的常识有关。在流行地区，家兔多为农户散养，饲养又以割自野外的青草或废弃的蔬菜为主，同时，农村又常有喂养犬的习惯。由于犬的四处活动，其排出的孕卵节片造成饲草的广泛污染，这种带有虫卵的青草、蔬菜又被直接用于喂兔，就导致了家兔感染豆状囊尾蚴。而在剖杀家兔时，又常将带有豆状囊尾蚴的兔内脏喂犬或随地丢弃而被犬吞食，这就导致了犬感染豆状带绦虫。这种犬和家兔之间的循环感染就造成了该病的流行。

三、临床症状

大量感染时，幼虫在肝脏移行，造成肝脏的损伤，严重时可引起突然死亡。慢性病例则表现为消化紊乱、腹部膨胀、消瘦等症状。

四、病理变化

兔在感染豆状囊尾蚴初期，肝脏、脾脏和肾脏均呈急性出血性炎症变化，肝细胞空泡变性，形成肉芽肿（图 6-3-5）；感染 1 个月后，在肝组织内可见囊尾蚴移行道，肝细胞严重空泡变性；感染后期，肝细胞空泡变性和颗粒变性。同时，还可出现间质性肝炎、肾炎、肺炎及心肌纤维萎缩等变化。此外，感染豆状囊尾蚴家兔的胃肠中黏膜上皮细胞脱落，肠绒毛变短，上皮轻度脱落，肠腺中杯状细胞增多，淋巴细胞浸润，淋巴小结肿大，集合淋巴小结明显。

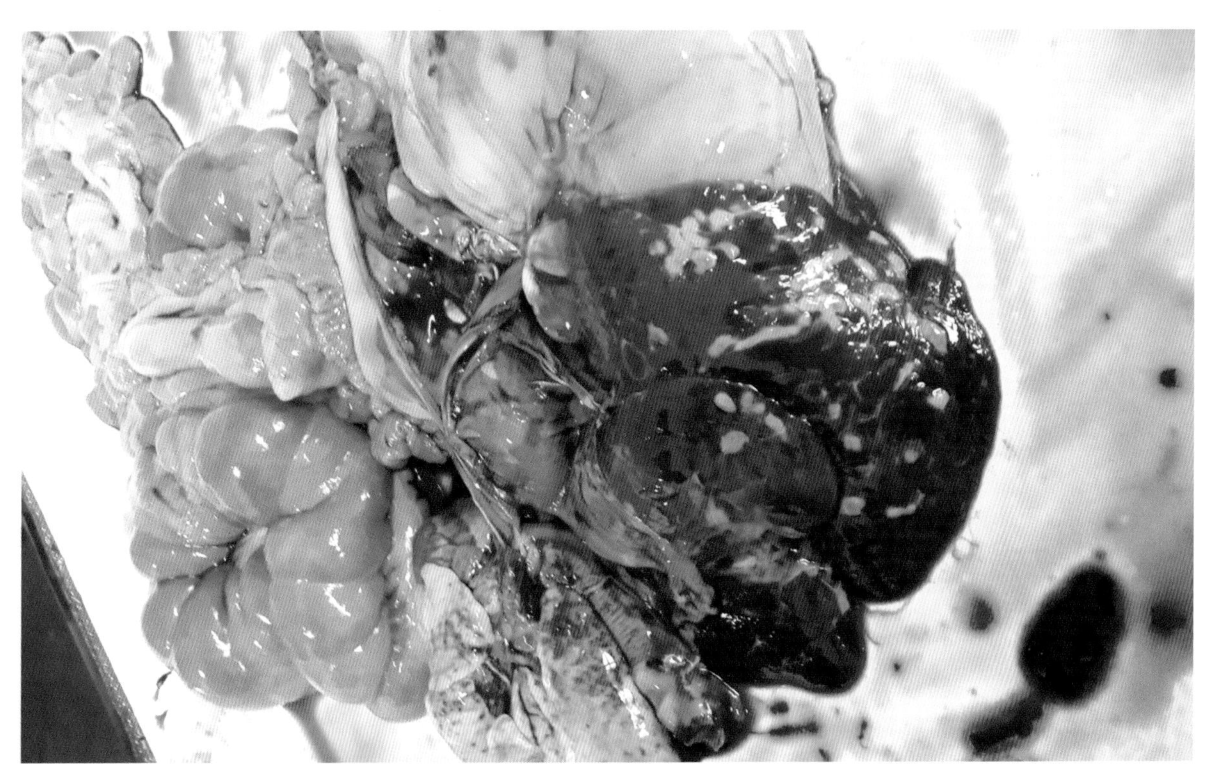

图 6-3-5　兔豆状囊尾蚴病——豆状囊尾蚴在肝组织移行引起的增生性病变（杨光友 供图）

五、诊断

生前诊断可采用 ELISA 等血清学方法检测血清中出现了特异性抗体（IgG），感染后 3 周即可检测出特异性抗体。屠宰或死亡后剖检发现豆状囊尾蚴可确诊。

六、防治

该病应以预防为主，主要措施：

提倡少养或不养犬，控制野犬，对必须留下的生产用犬可用吡喹酮（按 10~20mg/（kg·bw），1 次口服）等药物进行定期驱虫；防止犬吞食含有豆状囊尾蚴的兔内脏；注意兔的饲料及饮水卫生，禁止用犬粪污染的牧草、饲料、饮水喂兔。

对感染严重的发病兔可选用以下药物治疗：

芬苯达唑（Fenbendazole）按 20~30mg/（kg·bw），拌入饲料内饲喂，喂 1 次 /d，连喂 3d；甲苯咪唑（Mebendazole）按 35~40mg/（kg·bw），拌入饲料内饲喂，喂 1 次 /d，连喂 3d。

第四节 兔肝片吸虫病

兔肝片吸虫病（Fascioliasis hepatica）是由吸虫纲、复殖目、片形科的肝片吸虫（*Fasciola hepatica*）寄生于兔肝脏和胆管引起的一种吸虫病。该病主要流行于散养兔，或饲喂被囊蚴污染的青草或饮用被囊蚴污染的水的兔群。主要引起急性或慢性肝炎和胆管炎，危害严重，可以引起大批兔死亡。

一、病原体

肝片吸虫虫体背腹扁平，外观呈树叶状，活时呈棕红色。大小为（21 ~ 41）mm×（9 ~ 14）mm。虫体前端有一个三角形的锥状突，在其底部有 1 对"肩"。口吸盘呈圆形，位于椎状突的前端。腹吸盘较口吸盘稍大，位于其稍后方。消化系统由口吸盘底部的口孔开始，下接咽和食道及两具有盲端的肠管。肠管分枝。雄性生殖器官包括两个多分枝的睾丸，前后排列于虫体的中后部，每个睾丸各有一根输出管，两条输出管上行汇合成一条输精管，进入雄茎囊，囊内有贮精囊和射精管，其末端为雄茎，通过生殖孔伸出体外，在贮精囊和雄茎之间有前列腺。雌性生殖器官有一个鹿角状的卵巢，位于腹吸盘后的右侧。输卵管与卵模相通，卵模位于睾丸前的体中央，卵模周围有梅氏腺。曲折重叠的子宫位于卵模和腹吸盘之间，内充满虫卵，一端与卵模相通，另一端通向生殖孔。卵黄腺由许多褐色颗粒组成，分布于体两侧，与肠管重叠。左右两侧的卵黄腺通过卵黄腺管横向中央，汇合成一个卵黄囊与卵模相通。无受精囊。体后端中央处有纵行的排泄管（图 6-4-1、图 6-4-2）。

虫卵较大，（133 ~ 157）μm×（74 ~ 91）μm。呈长卵圆形，黄色或黄褐色，前端较窄，后端较钝，常有小的粗隆。卵盖不明显，卵壳薄而光滑，半透明，分两层。卵内充满卵黄细胞和一个胚细胞。

二、流行病学及生活史

肝片吸虫的终末宿主主要为反刍动物，兔也可以感染。中间宿主为椎实螺科的淡水螺，在我国最常见的为小土窝螺，此外还有截口土窝螺、斯氏萝卜螺、耳萝卜螺和青海萝卜螺等。成虫寄生于终末宿主的胆管内，虫卵随胆汁进入肠道，随粪便排出体外。在适宜的温度（25 ~ 26℃）、氧气和水分及光线条件下，虫卵经 10 ~ 20d，孵化出毛蚴在水中游动，遇到适宜的中间宿主即钻入其体内。毛蚴在螺体内，经无性繁殖，发育为胞蚴、母雷蚴、子雷蚴和尾蚴几个阶段，最后尾蚴逸出螺体，这一过程需 35 ~ 50d。侵入螺体内的一个毛蚴经无性繁殖可以发育形成数百个甚至上千个尾蚴。尾蚴在水中游动，在水中或附着在水生植物上脱掉尾部，形成囊蚴。

兔饮水或吃草时，连同囊蚴一起吞食而遭感染。囊蚴在十二指肠脱囊，一部分童虫穿过肠壁，到达腹腔，由肝包膜钻入到肝脏，经移行到达胆管。另一部分童虫钻入肠黏膜，经肠系膜静脉进入肝脏。

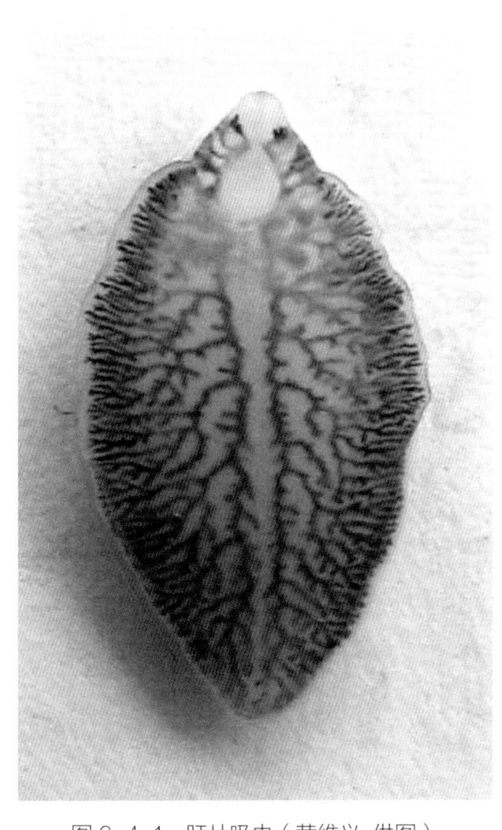

图 6-4-1　肝片吸虫（黄维义 供图）

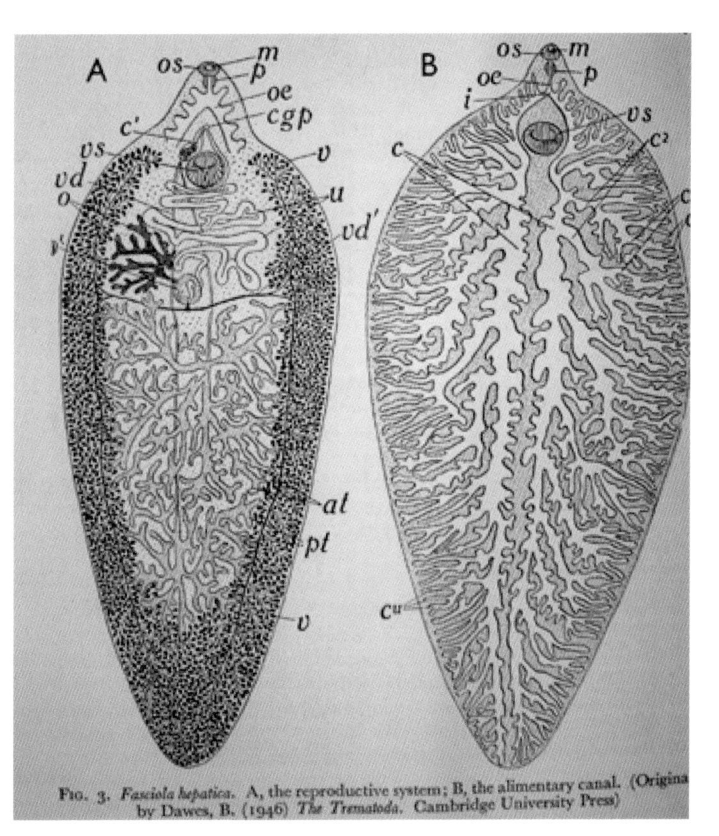

图 6-4-2　肝片吸虫结构模式图（《家畜寄生虫病》）

肝片吸虫病呈世界性分布。其宿主范围广泛，主要寄生于黄牛、水牛、牦牛、绵羊、山羊、鹿、骆驼等反刍动物，猪、驴、兔及一些野生动物也可感染，但比较少见。患畜和带虫者不断地向外界排出大量虫卵，污染环境，成为该病的感染源。

兔肝片吸虫病主要发生于散养兔，或饲喂被囊蚴污染的新鲜青草或者饮用囊蚴污染的水（如池塘水、河水）的圈养兔群。不具备上述流行条件的兔群，不会发生肝片吸虫病。

该病的流行与外界自然条件关系密切。椎实螺类在气候温和、雨量充足的季节进行繁殖，晚春、夏、秋季繁殖旺盛，这时的环境条件对虫卵的孵化、毛蚴的发育和在螺体内的增殖及尾蚴在牧草上的发育也很适宜。因此，该病主要流行于春末、夏秋季。南方的温暖季节较长，感染季节也长，有时冬季也可发生感染。

三、临床症状

患兔的采食量下降，有的兔甚至食欲废绝，体温升高，有的达到 41~42℃，运动无力，被毛松乱，胃肠臌气，便秘与腹泻交替发生，很快出现贫血，可视黏膜苍白、黄染，有部分病兔胸腹下出现水肿，严重者死亡。

四、病理变化

剖检可见肝脏表面布满红色略带白色、光亮的纤维素性渗出物，与横膈膜、胃、肠、肾、腹膜

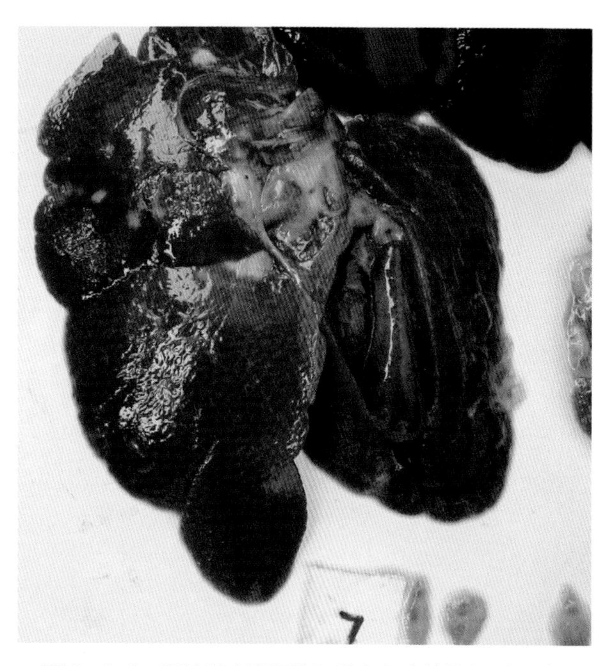
图 6-4-3　肝片吸虫引起的肝脏病变（黄维义 供图）

粘连，肝各叶之间互相粘连，表面凹凸不平，有大小不等、颜色不同的病灶。切开病灶，可见一层厚壁如虫窝状，内有灰白、黑紫、黄绿色的颗粒状或液状物质。肝脏严重肿大，硬化。切开肝实质，可见流出暗红色液体。有的部位肉变、化脓、坏死、腐烂如泥。剪开胆管，可见胆管变窄，管壁变厚、变硬，胆管内发现有磷酸（钙、镁）盐等的沉积，并可发现虫体（图 6-4-3）。

五、诊断

肝片吸虫病的诊断要根据临床症状、流行病学调查、粪便检查及死后剖检等进行综合判定。急性病例时，可在腹腔和肝实质等处发现童虫，慢性病例可在胆管内检获多量成虫。

六、类症鉴别

兔病毒性出血症。

相似处：病死率高，肝病变。

不同处：

流行病学不同。兔病毒性出血症在兔群中很常见，该病一年四季均可发生，传染性极强，可通过呼吸道、消化道、伤口和黏膜等途径进行传播。兔肝片吸虫病经口感染，不会在兔群内进行传播，主要发生于夏、秋季节。

临床症状不同。兔病毒性出血症有呼吸道症状和神经症状。兔肝片吸虫病一般不会出现呼吸道症状和神经症状。

病理变化不同。兔病毒性出血症的患兔肝脏淤血、肿大、质脆，表面呈淡黄色或灰白色条纹，切面粗糙，流出多量暗红色血液；胆囊充盈，充满稀薄胆汁；胆管变化不明显；其他脏器也有肿大、出血的病变。兔肝片吸虫病的病变主要在肝脏，胆管增粗、管壁增厚，管内有胆汁盐沉积，有虫体。

确诊方式不同。兔病毒性出血症可用免疫学方法和分子生物学方法进行确诊；兔肝片吸虫病主要靠病原学方法进行确诊（即检出肝片吸虫虫体或虫卵）。

七、防治

治疗肝片吸虫病，应在早期诊断的基础上及时治疗患病家兔，方能取得较好的效果。可用以下药物进行治疗。

硝氯酚，粉剂。4 ~ 5mg/（kg·bw），1 次口服。针剂：0.75 ~ 1.0mg/（kg·bw），深部肌内注射。

丙硫咪唑，15 ~ 20mg/（kg·bw），1 次口服，对成虫有良效，但对童虫效果较差。

三氯苯唑，按 12mg/（kg·bw），经口投服。该药对成虫、幼虫和童虫均有高效驱杀作用，亦可用于治疗急性病例。

预防兔肝片吸虫病最有效的措施是保持兔的饮水和饲草卫生，不要饮用停滞不流的沟渠、池塘有椎实螺及囊蚴滋生的水，最好饮用井水、自来水或质量好的流水，将低洼潮湿地的牧草割后晒干再喂兔，或给兔饲喂干草或颗粒饲料等。

第五节　兔弓形虫病

兔弓形虫病（Toxoplasmosis）是由顶复门、类锥体纲、真球虫目、住肉孢子虫科、弓形虫亚科的刚地弓形虫（*Toxoplasma gondii*）引起的一种机会性致病性人兽共患病。弓形虫最早由法国学者 Nicolle 及 Manceaux 于 1908 年在刚地梳趾鼠的肝脾单核细胞内分离得到。因其外形呈弓形而得名。兔主要通过食入病原污染的饲料及饮入病原污染的水而发生感染。急性感染以急性、热性和败血性症状为主，死亡率高。慢性感染则往往不呈现发病症状。该病也可经胎盘传播，引起先天性弓形虫病。弓形虫除感染兔外，也能感染其他家畜，比如牛、羊、马等。

一、病原体

弓形虫根据发育阶段及寄生宿主的不同，主要有 5 种不同的形态。在兔体内有速殖子和包囊两种形态；在终末宿主猫体内有裂殖体、配子体和卵囊 3 种形态。其中，速殖子、包囊和卵囊与传播疾病有关。目前，大多数学者认为弓形虫只有一个种，但有不同的亚型。根据弓形虫对小鼠的致病力强弱，弓形虫又可分为经典型和非经典型，经典型包括Ⅰ型、Ⅱ型和Ⅲ型。Ⅰ型虫株致病力最强，一个虫子即可杀死小鼠；Ⅱ型虫株的致病力较弱，半数致死量区间为 10^3 ~ 10^4 个速殖子；Ⅲ型虫株对小鼠致病力最弱，其半数致死量则大于 10^5 个速殖子。除了这三种经典型虫株，还有很多非典型虫株，比如中国Ⅰ型等。

速殖子呈典型的香蕉形、月牙形或弓形。虫体一端钝圆，一端尖细，大小为 (4 ~ 7) μm × (2 ~ 4) μm（图 6-5-1）。细胞核位于钝圆的一端。电镜下可以清楚的看到虫体的结构，包括极环、类锥体、棒状体、高尔基复合体、细胞核和线粒体等。速殖子也被称为滋养体，是弓形虫增殖阶段的主要形式。当速殖子侵入细胞后，就会以内出芽等二分裂的方式增殖，形成一个含有多个速殖子的假包囊。包囊呈圆形或椭圆形，其形成的时间不同，大小也不一样。小到几微米，大到一百多微米。据统计，宿主感染 16 周后的脑组织包囊平均为 42μm。包囊具有一层弹性囊壁，内含几个到几千个缓殖子。缓殖子形态与速殖子相似，只是由于彼此挤压，显得比较细长。包囊常见于慢性感染期的脑和肌肉等组织中，可存活数年甚至终生。当宿主免疫力下降时，缓殖子可转变成速殖子而使得宿主出现急性发病症状。裂殖体见于终末宿主的肠绒毛上皮细胞内，呈圆形或椭圆形，直径为 8 ~ 40μm。未成熟的裂殖子可见多个细胞核，而成熟的裂殖子呈香蕉状，但是比速殖子要小一些，大小为（4 ~ 6.5）μm ×

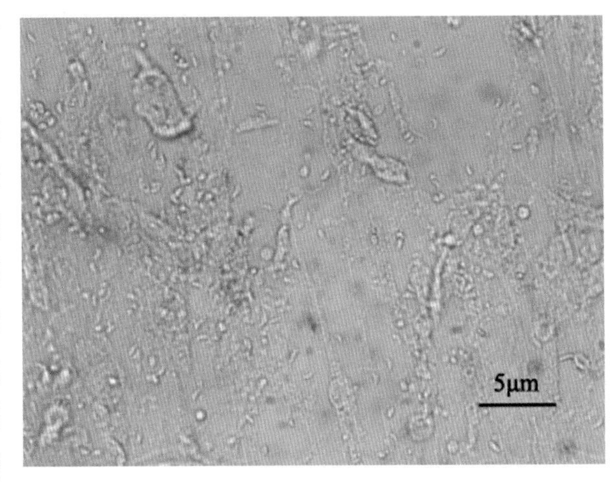

图 6-5-1　弓形虫速殖子（滋养体）（周春雪 供图）

（1.1 ~ 3）μm。通常情况下，成熟的裂殖体含有 4 ~ 29 个裂殖子，以 10 ~ 15 个居多，多呈扇形排列。配子体分为雄配子体和雌配子体。雄配子体又叫小配子体，成熟后形成 12 ~ 32 个雄配子。雄配子两端细长，长约 3μm，电镜下可见鞭毛结构。雌配子体又叫大配子体，成熟后成卵圆形的雌配子，直径 10 ~ 30μm 不等。卵囊成球形，直径 9 ~ 12μm，外表有清晰的囊壁。未孢子化的卵囊稍小一些，此时囊内充满均匀颗粒（图 6-5-2），然后形成两个孢子囊，最终每个孢子囊内形成 4 个成熟的子孢子（图 6-5-3、图 6-5-4）。

二、流行病学及生活史

弓形虫病呈世界性分布。几乎所有的温血动物，包括哺乳类、爬行类和鸟类等都能自然感染。各种家畜以猪的感染率较高，在养殖场中可大批发病，死亡率高达 60% 以上，多呈猪瘟症状。而家兔感染也有报道。但是随着集约化养殖的推广，感染率和发病率逐年下降。

带虫兔是弓形虫病的主要传染源。猫科动物是弓形虫的终末宿主，是家畜的主要传染源。猫在

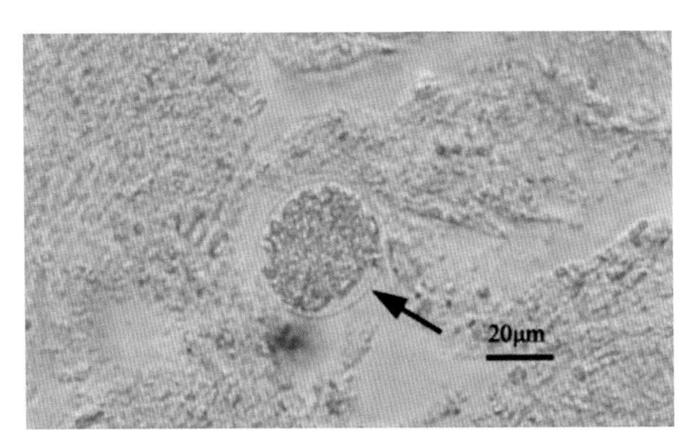

图 6-5-2　弓形虫包囊（周春雪 供图）

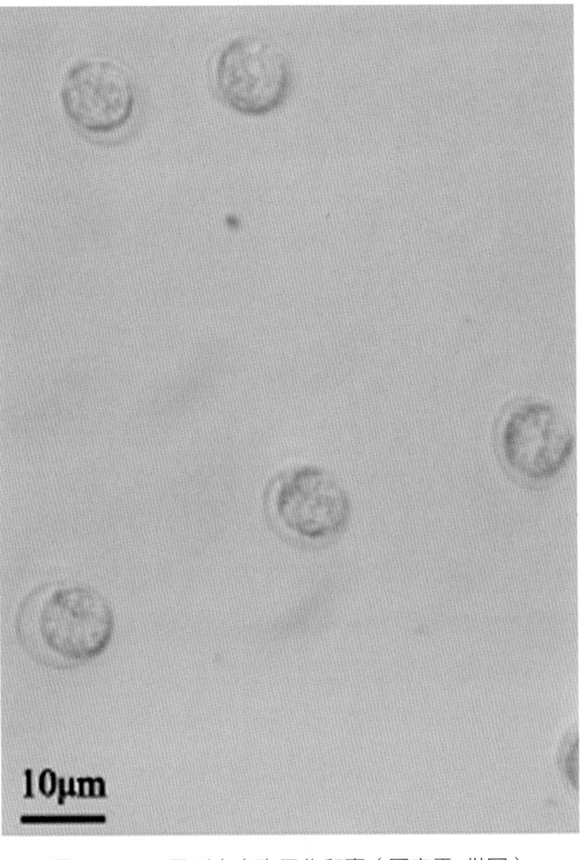

图 6-5-3　弓形虫未孢子化卵囊（周春雪 供图）

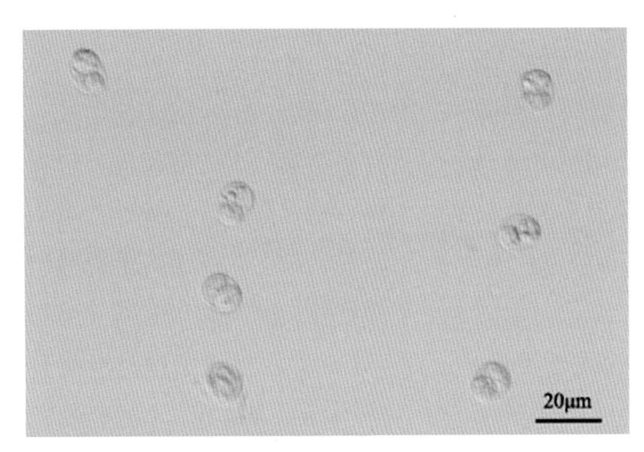

图 6-5-4　弓形虫孢子化卵囊（周春雪 供图）

初次感染弓形虫后可以每日排出 1 000 万的卵囊，并可持续 10d 以上。卵囊在室温条件下可存活半年以上，而在猫的粪便中则可存活一年以上。卵囊对外界环境具有十分顽强的抵抗力，能够抵御各种理化因子的破坏作用，比如极寒、极干燥、紫外线照射、臭氧氧化等。卵囊的这种能力主要归咎于卵囊壁的保护。但是卵囊在高温环境下则很快出现结构破坏而死亡。弓形虫的卵囊还能被某些食粪昆虫机械性传播。带有速殖子和包囊的肉尸及带虫动物的分泌物或排泄物也是重要的传染源。包囊结构在冷冻及干燥的条件下不易存活，但是在低温环境则可存活数十日。而速殖子的抵抗力非常差，在外界环境中很快就会死亡。

经口感染是兔获得弓形虫感染的主要方式。在自然条件下，兔误食弓形虫卵囊污染的粮草或饮用卵囊污染的水是发生弓形虫感染的主要原因。孕兔感染弓形虫后，可经胎盘传给后代，使其出现先天性弓形虫病。另外，速殖子也能通过损伤的皮肤或黏膜进入宿主体内，引起感染。

三、临床症状

兔感染弓形虫后，其症状表现取决于虫体的毒力、感染数量和兔的免疫力等。临床上大多数为隐性感染，无明显的症状和体征。这就是临床上常见的血清学检测阳性率很高但发病率很低的原因。多数弓形虫病为获得性或先天性两类。

1. 获得性弓形虫病

通常兔子在食入少量卵囊后，呈一过式发病，症状不明显。有时也会出现食欲减退、逐渐消瘦、淋巴结肿大和贫血等症状。在病兔免疫功能低下时，还会出现脑炎、脑膜脑炎、癫痫和精神异常等。另外，有时病兔还会出现视网膜脉络炎，表现为视力下降和挠眼等症状。兔子在食入大量卵囊后表现为急性发作，症状与兔瘟相似。潜伏期为 4 ~ 10d，病兔体温升高，达 41 ~ 43℃，呈稽留热型。病兔呼吸困难、精神萎顿、嗜睡、食欲减退或废绝，有时病兔眼内出现浆液性或脓性分泌物（图 6-5-5）。病兔在后期可能会出现下痢、排水样或黏液样恶臭粪便。病重兔 10d 之内死亡。死前有时出现神经兴奋症状，倒地后划动四肢呈游泳状继之昏迷，频死时抽搐，角弓反张。

2. 先天性弓形虫病

怀孕母兔在妊娠期感染弓形虫可能会出现发热、厌食和精神萎顿等症状。如果母兔在妊娠前期感染，可造成胎儿流产、早产、死产或脑积水等。妊娠后期感染胎儿多表现为隐性感染，出生后即患有先天性弓形虫病。患有先天性弓形虫病的新生兔有时会出现大脑钙化灶、视网膜脉络炎和运动障碍等。

四、病理变化

急性病兔会出现全身性病变，淋巴结、肝脾等脏器肿大，并有出血点和坏死灶。当病兔出现腹泻症状时，肠黏膜可见充血和扁豆大小坏死灶。通过脏器涂片检查法，还可以在肠腔或腹腔液中可以检测出弓形虫速殖子。

淋巴结：淋巴结肿大是获得性弓形虫病的最常见临床症状，见图 6-5-6。全身淋巴结髓样肿大，灰白色，切面湿润，以颌下、颈后及肠系膜淋巴结最为显著。

肺：出血，不同程度水肿（图 6-5-7），肺小叶间质增厚，气管和小气管内有黏液性泡沫。

图 6-5-5　患兔消瘦、精神萎顿症状（周春雪　供图）

图 6-5-6　患兔肠系膜淋巴结肿大（周春雪　供图）

肝脏：肿大，呈灰黑色，常见针尖大到米粒大坏死灶（图 6-5-8）。

脾脏：肿大、充血、棕红色或褐色（图 6-5-9），散在的点状坏死灶。

脑：常表现为脑炎和脑膜脑炎。病兔会出现癫痫和精神异常等。

眼：局限性视网膜脉络炎。兔子视力下降，可见挠眼症状，对外界食物反应迟钝，也可出现斜视、色素膜炎等症状，常见双侧性病变。

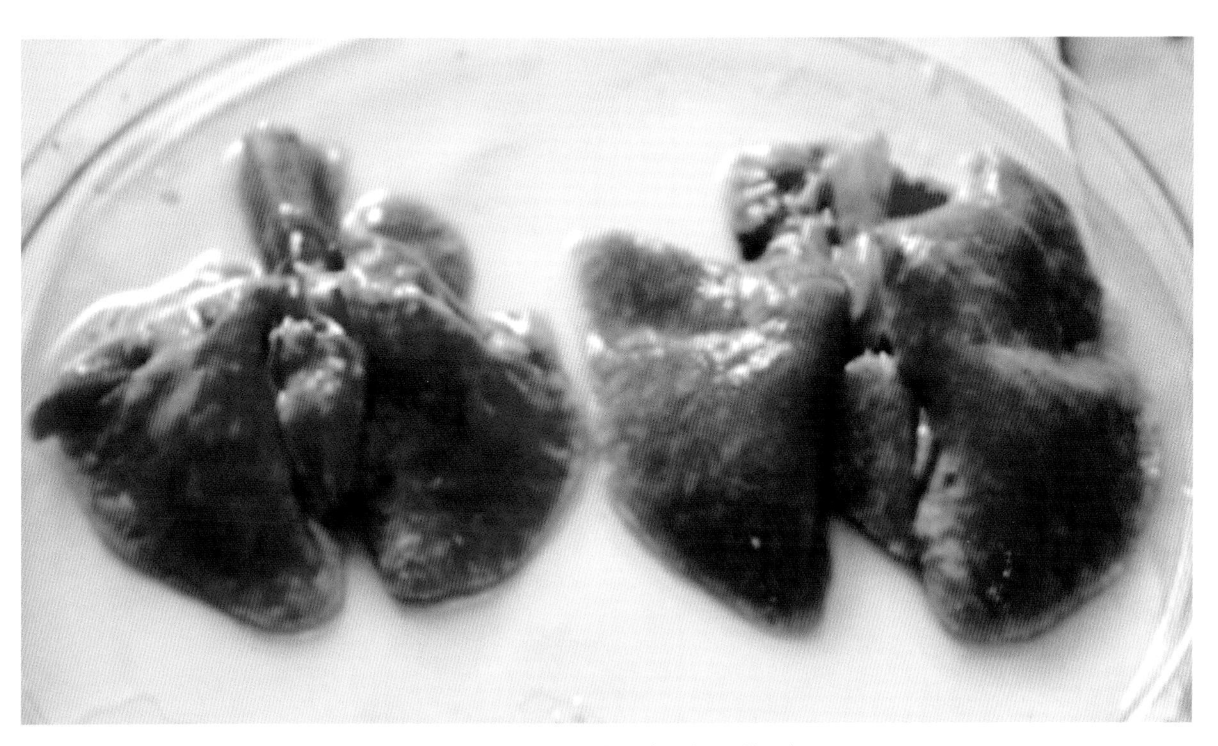

图 6-5-7　患兔肺水肿（周春雪 供图）

图 6-5-8　患兔肝肿大（周春雪 供图）

五、诊断

兔弓形虫病的症状与很多疾病类似，确诊需结合病原学检查、血清学诊断及分子生物学诊断。

1. 病原检查

（1）涂片染色法。取急性病兔体液经离心、取沉淀涂片，也可对活组织进行穿刺涂片，经吉氏染色，镜检弓形虫速殖子。此法简便，但检出率不高。

（2）动物接种或细胞培养。将病兔的脏器或淋巴结进行研碎，加适量生理盐水后接种于小鼠腹腔内。小鼠出现被毛粗乱等症状后取腹腔液进行涂片染色观察镜检。如初代小鼠不发病，按上述方法盲传三代，从病鼠腹腔液中发现速殖子便能确诊。

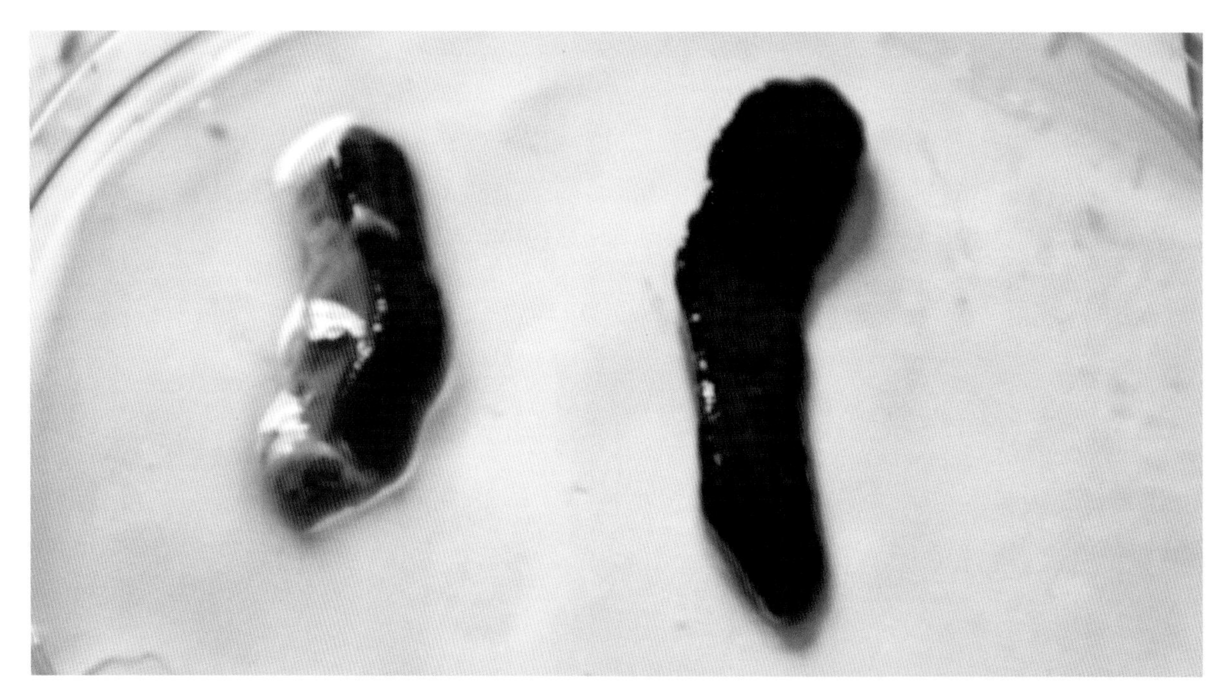

图 6-5-9 兔弓形虫病兔病毒性出血症—病兔脾脏肿大、黑紫色（周春雪 供图）

2. 血清学检查

国内外已经研究出多种血清学诊断方法供流行病学调查和疾病诊断。目前比较常用的是间接血凝试验（IHA）和酶联免疫吸附试验（ELISA）。

（1）间接血凝试验。此法有较高的特异性、敏感性，广泛用于流行病学调查和临床诊断。

（2）酶联免疫吸附试验。用于临床检测宿主特异抗体及虫体抗原，同时也应用于早期急性感染和先天性弓形虫病诊断。

（3）间接免疫荧光抗体实验（IFAT）。以整虫为抗原，用荧光标记的二抗检测特异抗体。此法可以检测不同型别虫株，也可应用于临床早期诊断。

由于血清学阳性只能说明该兔感染过弓形虫，因此为了弄清是否为弓形虫急性感染，需在第一次采血检测后两到四周再血检一次，如果 IgG 抗体滴度提高四倍以上，则可说明宿主处于急性感染期。如果抗体滴度不发生变化，则表明该兔处于弓形虫慢性感染期或是以前有过感染。

3. 分子生物学诊断

近年来弓形虫分子生物学研究逐步深入，PCR 技术在弓形虫病检测中得到了快速应用。PCR 技术具有灵敏、特异、快速、简便等优点，是实验室常用的分子生物学诊断技术。

六、类症鉴别

兔瘟。

相似处：弓形虫急性感染症状与兔瘟急性期症状类似。病兔表现为体温升高、食欲减少或拒食、精神萎靡、蜷缩不动、兔毛杂乱和结膜潮红等。死前病兔体温急剧下降，呼吸非常急促，抽搐，临死前病兔瘫软、不能站立，但也短时间内表现为兴奋，撞击笼架，挣扎，高声尖叫，迅速死亡。死后尸体四肢僵直躯体后弯，鼻孔流出带泡沫的血样液体。

不同处：

流行病学不同。兔瘟只有家兔感染，特别是青年兔和成年兔，死亡率高达95%以上，哺乳仔兔不发病，其他动物不发病，新疫区和非免疫兔群多为暴发性；兔瘟病毒可以通过呼吸道、消化道、皮肤等途径传播；而弓形虫病为人畜共患病，兔主要通过消化道发生感染，并多呈散发流行，多与牲畜混养，特别是家猫管理不当有关。患病兔没有明显的年龄界限。

病理变化不同。兔瘟死兔呼吸系统病变显著，脾脏、肝脏和肾脏略微肿大，淋巴结肿大，有针尖大小出血点。而弓形虫病中病兔多为隐形感染，症状不明显。

确诊方式不同。兔瘟确诊主要利用血清学试验，包括血凝（HA）和血凝抑制试验（HI）；而弓形虫病确诊除可利用血清学诊断外还能利用涂片染色和动物接种分离或细胞培养等方法。

七、防治

1. 治疗

弓形虫病的治疗以化学药物为主。乙胺嘧啶和磺胺类药物对增殖期弓形虫有明显的抑制作用，两药联合应用可提高疗效。但是磺胺类药物有明显的致畸作用，孕兔感染应首选螺旋霉素。如果适当配伍使用免疫增强剂，则可提高疗效，降低胎儿感染率，但是这并不能阻断垂直传播。另外，阿奇霉素、氯林可霉素和二甲胺四环素也有一定的疗效。很遗憾的是这些药物对慢性感染期的弓形虫没有抑制作用。

2. 预防

弓形虫病重在预防。应加强猫的饲养管理，防止猫及其粪便污染兔舍、饲料和饮水。流产的胎儿及其母兔，以及死于该病的可疑尸体应严格处理。弓形虫病的根本防治手段是研制行之有效、使用方便的弓形虫疫苗。近年来，尽管在疫苗预防弓形虫感染方面取得了长足进展，但尚无有效的应用于兔弓形虫病疫苗的报道。

第六节　兔肝毛细线虫病

兔肝毛细线虫病是由肝毛细线虫寄生于兔的肝脏所引发的疾病。

一、病原体

肝毛细线虫属毛线科，毛线属。虫卵椭圆形，大小一般为（63～68）μm×（30～33）μm。成虫较为纤细。

二、流行病学生活史

成熟的雌虫、雄虫在宿主肝脏内产卵，虫卵积淀于肝脏不发育，直到含有虫卵的肝脏被犬、猫等动物吞食，虫卵从裂解的肝脏中散出。虫卵随动物的粪便排出。污染虫卵的饲料和水源，被兔吞食后，卵壳在肠内被消化，幼虫钻入肠壁，随血流入肝，发育为成虫。

三、症状

病兔食欲降低，消瘦，精神沉郁。

四、病理变化

剖检可见肝脏肿大或发生肝硬变，肝表面有黄色条纹状或斑点状结节，呈绳索状。

图 6-6-1　肝脏有黄色条纹状或斑点状结节（柴家前，兔病快速诊断防治彩色图册，1998）

五、诊断

由于虫卵沉积于肝脏无法排出，所以只能依靠剖检在肝脏中发现虫体或虫卵来确诊。

六、预防

由于虫卵的传播依靠其他动物的吞食，所以要防止犬猫等动物的粪便污染兔舍、饲料、饮水和用具。另外，兔舍还要做好灭鼠工作，防止病鼠的死亡导致的虫卵散布。病兔的肝脏不宜喂食其他动物。

七、防治

治疗采用甲苯咪唑，100 ~ 200mg/（kg·bw），口服，1 次 /d，连用 4d。

第七节　兔日本血吸虫病

日本分体吸虫病（Schistosomiasis japonica）是由扁形动物门、吸虫纲、复殖目、裂体科、裂体属的日本血吸虫（*Schistosoma japonicum*）感染兔引起的一种寄生虫病。该病引起兔下痢、贫血，感染兔消瘦、发育不良，严重者出现死亡。主要病理变化是由虫卵引起，受损最严重的组织是肝和肠。20 世纪中下叶，我国一些流行区野兔感染血吸虫较普遍，家养兔感染少见。

一、病原体

生活史包括虫卵、毛蚴、母胞蚴、子胞蚴、尾蚴、童虫、成虫 7 个不同发育阶段。成虫寄生于人、牛、羊、兔等 40 余种哺乳动物的肝门静脉和肠系膜静脉内，寿命一般 1 ~ 4 年。雌虫在寄生的宿主血管内产卵，一部分虫卵随血流至肝脏，另一部分逆血流沉积在肠壁。虫卵随坏死的肠组织落入肠腔，再随宿主粪便排出体外。血吸虫虫卵在有水的环境和适宜的条件下孵出毛蚴。毛蚴侵入中间宿主钉螺，经母胞蚴和子胞蚴两个阶段发育成尾蚴，并自钉螺体内逸出。人和动物由于生产活动、放牧等接触到含有尾蚴的水而感染血吸虫。尾蚴侵入皮肤后即转变为童虫，童虫进入宿主小血管和淋巴管，随着血流经右心、肺动脉到达肺部，然后经肺静脉入左心至主动脉，随大循环经肠系膜动脉、肠系膜毛细血管丛进入门静脉中寄生。雌雄虫一般在入侵后 14 ~ 16d 开始合抱，21d 左右发育成熟，23 ~ 25d 后雌虫开始排卵。兔是日本血吸虫的适宜宿主，兔接触到含有尾蚴的水而感染血吸虫。尾蚴感染兔后一般 50% ~ 70% 虫体可发育为成虫（图 6-7-1）。

成虫雌雄异体，通常雌雄虫合抱，雌虫位于雄虫的抱雌沟内（图 6-7-2）。虫体呈圆柱状。雄虫粗短，大小为（12.0 ~ 18.0）mm ×（0.44 ~ 0.51）mm，乳白色，虫体向腹侧弯曲。雄虫睾丸椭圆形，位于腹吸盘背后部，呈串珠状排成一行，多数雄虫有 7 个睾丸。雌虫细长，前细后粗，大小为（13.0 ~ 20.0）mm ×（0.24 ~ 0.3）mm，呈黑褐色。卵巢呈长椭圆形，大小为（0.50 ~ 0.68）mm ×（0.14 ~ 0.17）mm，位于虫体中部偏后方两侧肠管之间，不分叶。

虫卵（图 6-7-3）呈椭圆形或近圆形，淡黄色，大小为（70 ~ 100）μm ×（50 ~ 65）μm。卵壳较薄，无卵盖，有一钩状侧棘。成熟卵内有纤毛颤动的毛蚴。

毛蚴（图 6-7-4）平均大小 99μm × 35μm，活动时细长，静止时或固定后呈卵圆形或略似瓜子形，体表覆盖着具有纤毛的纤毛板。

早期母胞蚴呈囊状或袋状，两端纯圆而透明。胞腔内含胚细胞、体细胞、胚团和子胞蚴。子胞蚴呈袋状，长度 300 ~ 3 000μm 或更长。早期子胞蚴体内多为单细胞的胚细胞群，后发育为不

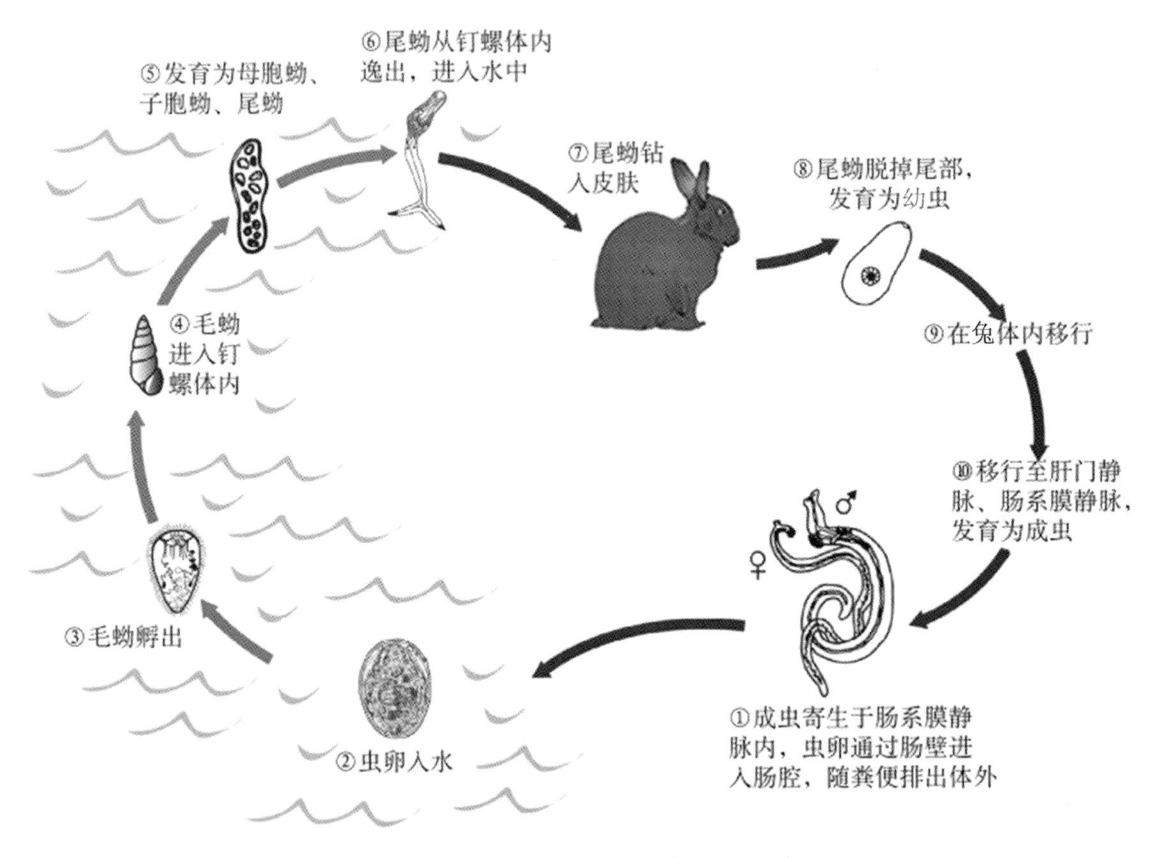

图 6-7-1　日本血吸虫生活史（洪炀 供图）

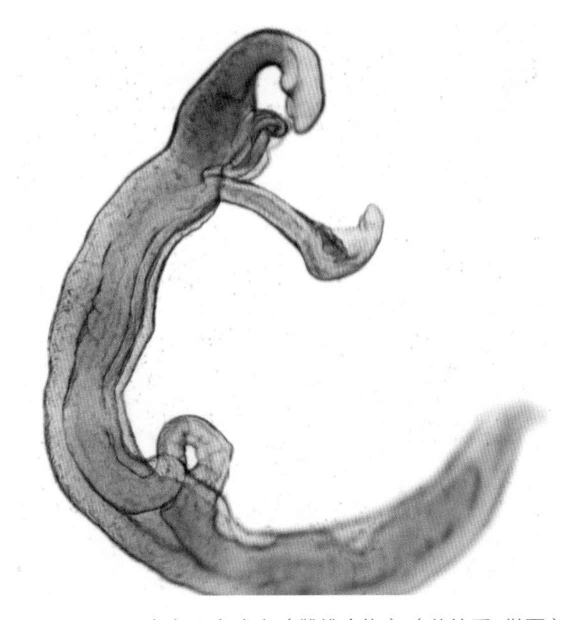

图 6-7-2　日本血吸虫成虫（雌雄合抱）（苑纯秀 供图）

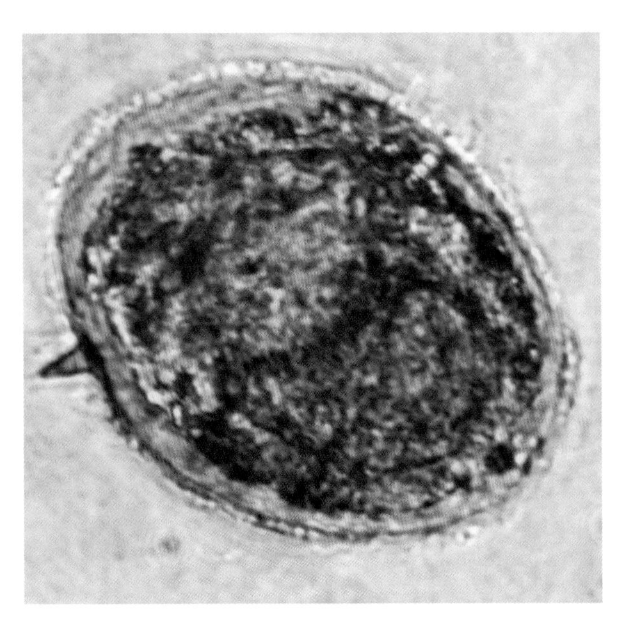

图 6-7-3　日本血吸虫虫卵（洪炀 供图）

同成熟程度的尾蚴。

血吸虫尾蚴属叉尾型，由体部和尾部二部分组成（图 6-7-5）。尾部又分尾干与尾叉。尾蚴大小为（280 ~ 360）μm ×（60 ~ 95）μm，体长 100 ~ 150μm，尾干长 140 ~ 160μm，尾叉长 50 ~ 70μm。

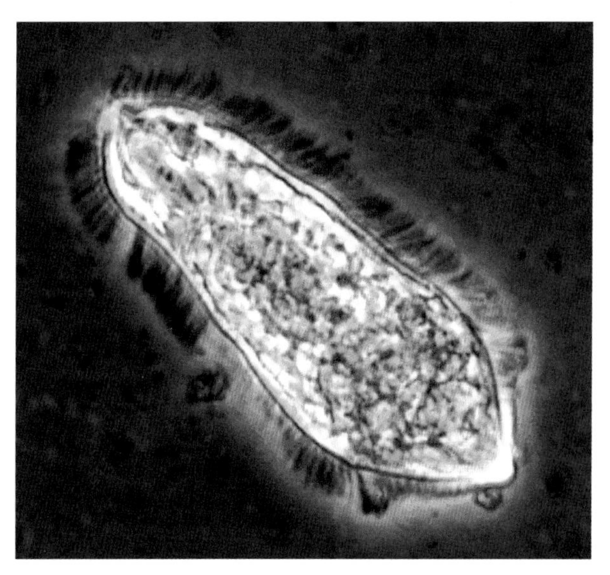
图 6-7-4　日本血吸虫毛蚴（洪炀 供图）

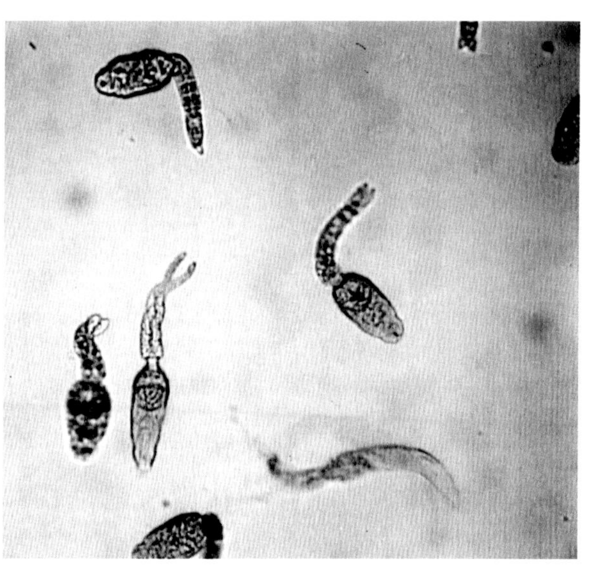
图 6-7-5　日本血吸虫尾蚴（林矫矫 供图）

血吸虫尾蚴侵入终宿主后直至发育成熟为成虫前这一阶段称为童虫。童虫在随血流移行至肺、肝、门静脉系统等部位的过程中，形态结构不断发生变化，有曲颈瓶状、纤细状、腊肠状、延伸状等（图 6-7-6）。

日本血吸虫有 8 对染色体，其中，7 对为常染色体，1 对为性染色体，雌虫是异配性别（ZW 型），雄虫是同配性别（ZZ 型）。全基因组序列长约 1.682×10^9 个碱基。在日本血吸虫基因组框架图中，识别出 13 469 个编码蛋白基因。

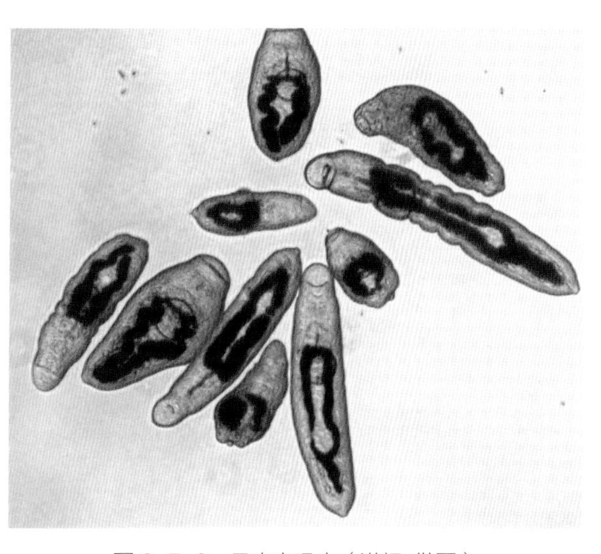
图 6-7-6　日本血吸虫（洪炀 供图）

二、流行病学及生活史

日本血吸虫病曾在我国长江流域及以南的上海、江苏、浙江、安徽、江西、福建、湖南、湖北、广东、广西、四川及云南 12 个省（市、自治区）的 451 个县（市、区）流行，现广西、广东、福建、上海和浙江 5 省（市、自治区）已先后消灭了血吸虫病。台湾省流行的日本血吸虫属动物株，不感染人。

日本血吸虫终末宿主广泛，除人以外，还有牛、羊、兔等哺乳动物，共计 7 个目 28 个属 40 余种。湖北钉螺（*Oncomelania hupensis*）是我国日本血吸虫病唯一的中间宿主（图 6-7-7）。

图 6-7-7　日本血吸虫中间宿主钉螺（林矫矫 供图）

含有血吸虫虫卵的粪便污染水源，钉螺的存在，以及人畜在生产、生活活动过程中接触含有尾蚴的疫水，是血吸虫病传播的3个重要条件。根据该病传播的相关因素，血吸虫病只在我国长江流域及以南有钉螺分布的地区流行。春末夏初和秋季是血吸虫感染高峰期。

野兔主要是在易感地带接触到含有日本血吸虫尾蚴的"疫水"，或吞食含尾蚴的草和水而感染了血吸虫病。流行病学调查表明，我国一些流行区野兔日本血吸虫感染曾较普遍。如20世纪50－60年代，江苏省东台和大丰野兔感染率为19.9%，江西省星子县华南兔的感染率为26.1%。20世纪90年代在安徽5个湖沼型流行村开展日本血吸虫保虫宿主调查，发现野兔的血吸虫病感染率为18.2%。家养兔没有接触含日本血吸虫尾蚴"疫水"的机会，极少见感染。

三、临床症状

该病以腹泻下痢、贫血、肝硬化、消瘦为特征症状。兔大量感染日本血吸虫时，往往出现急性感染症状，表现为体温升高，精神沉郁，食欲不振，腹泻下痢，日渐消瘦，严重者衰竭死亡。慢性感染病兔表现为消化不良，粪便夹带血液、黏液，被毛粗乱，行动迟缓，消瘦，贫血，发育缓慢。感染较轻患兔症状不明显，食欲及精神尚好，但可见消瘦、时有排稀便症状。

四、病理变化

血吸虫尾蚴侵入宿主皮肤后会出现尾蚴性皮炎反应，主要由I型和IV型超敏反应引起。童虫在宿主体内移行时，会因机械性损伤而引起弥漫性出血性肺炎等病理变化。童虫和成虫的排泄分泌物和更新脱落的表膜，在宿主体内可形成免疫复合物，引起Ⅲ型超敏反应。

血吸虫感染导致的主要病变是由虫卵引起，受损最严重的组织是肝和肠。虫卵内毛蚴释放的可溶性虫卵抗原经卵壳上的微孔渗到宿主组织中，引起淋巴细胞、嗜酸性粒细胞等趋向、集聚于虫卵周围形成细胞浸润，并逐渐生成虫卵结节或肉芽肿（Ⅳ型超敏反应）（图6-7-8、图6-7-9），严重时导致宿主肝硬化和肠壁纤维化，直肠黏膜肥厚和增生性溃疡，消化吸收机能下降等一系列病变。同时，血吸虫成虫持续地吸血，大量吞噬宿主的红血球，其代谢产物、排泄物引起的免疫效应和毒性作用是造成宿主贫血、消瘦、发烧、精神沉郁的原因之一。

五、诊断

根据兔临床表现和流行病学资料可做出初步诊断，但确诊要靠病原学检查；血清学检测可作为辅助诊断手段。

病原学诊断方法有粪便直接涂片检查法、粪便沉淀集卵检查法、粪便尼龙筛集卵检查法、直肠黏膜检查法、粪便毛蚴孵化法和动物解剖诊断等。目前，最常用的是粪便毛蚴孵化法和动物解剖诊断。粪便毛蚴孵化法的主要操作步骤如下：先把5～10g兔粪用水浸泡、捣碎，经40目铜筛粗滤去除部分杂质后，将沉淀粪渣放入三角烧瓶或球形长颈烧瓶直接进行毛蚴孵化，或先放入260目尼龙绢袋中，经水反复淘洗，富集粪便虫卵，再放入三角烧瓶或球形长颈烧瓶进行毛蚴孵化，孵化温度以20～30℃为宜。在孵化后第1、第3、第5h各观察一次毛蚴。每份样品中观察到的

图 6-7-8　血吸虫病兔兔肝（血吸虫病兔兔肝上有许多由虫卵引起的白色小结节）（林矫矫 供图）

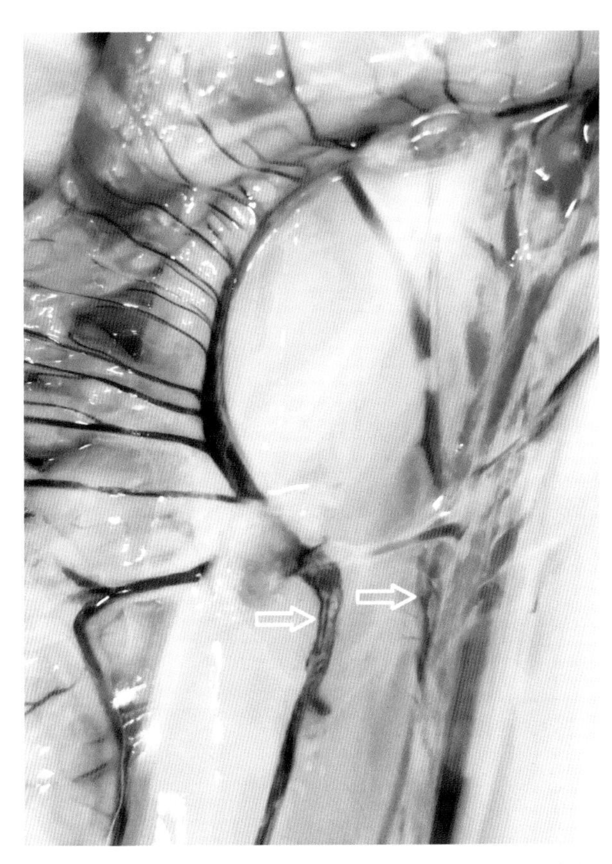

图 6-7-9　血吸虫病兔肠系膜静脉（寄生于兔肠系膜静脉中的血吸虫成虫，白色箭头所指）（林矫矫 供图）

毛蚴数量可作为判断动物感染强度的参考依据。为提高检出率，通常采用一粪三检。在进行粪便毛蚴孵化诊断时，要注意和水中的草履虫区分，日本血吸虫毛蚴大小均匀，多在孵化瓶距水面 3cm 范围内呈直线运动。动物剖检可从肝门静脉和肠系膜静脉查找成虫，或通过肝脏和直肠黏膜压片查找虫卵。

目前，在现场应用较多的动物血吸虫病血清学诊断方法有试纸条法、间接血凝试验和酶联免疫吸附试验等。

六、防治

可用吡喹酮（Praziquantel，PZQ）对兔日本血吸虫病进行治疗，以 60mg/kg 体重一次口服，减虫率达 99.6%，减雌率达 100%。

防控可采取以下措施：

不要让兔在有钉螺滋生的湖滩、洲滩等易感地带活动和吃草，以避免兔感染血吸虫病；

从易感地带割回来的草先晒干后再饲喂兔，以免兔吞食含有血吸虫尾蚴的草料；对血吸虫病兔及其他病畜和病人及时进行药物治疗，驱除体内虫体，减少粪便虫卵对环境的污染；消灭饲养环境周围的钉螺。

第八节　兔栓尾线虫病

兔栓尾线虫病，又称兔蛲虫病（Oxyuriasis）是由线形动物门、尾感器纲、尖尾目、尖尾科、钉尾线虫属（*Passalurus*）线虫寄生于家兔、雪兔、北极兔等多种兔的大肠，主要是盲肠内引起的一种寄生虫病，又称兔蛲虫病。该病呈世界性分布，在我国许多省市均有报道。该病影响兔的生长发育，严重时可导致兔的死亡。

一、病原体

已见报道的栓尾线虫属线虫有2种：兔栓尾线虫（*Passalurus ambiguus*）和似栓尾线虫（*Passalurus assimilis*），在我国以前者最为常见。成虫半透明，细长针状，头端有2对亚中乳突和1对小侧乳突。头部具狭小的翼膜。口囊浅，底部具有3个齿。食道前部呈柱状，向后渐大，再缩小后接发达的食道球。雄虫长3.81~5.00mm，尾尖细，有由乳突支撑着的尾翼，有1根长90~130μm，呈弯曲状的交合刺。雌虫长7.75~12.00mm，阴门位于虫体前1/5处；肛门后有1个细长的尾部，上有40个环纹。

虫卵大小为（95~115）μm×（43~56）μm，一边稍平直，如半月形，产出时已发育至桑葚期（图6-8-1、图6-8-2）。

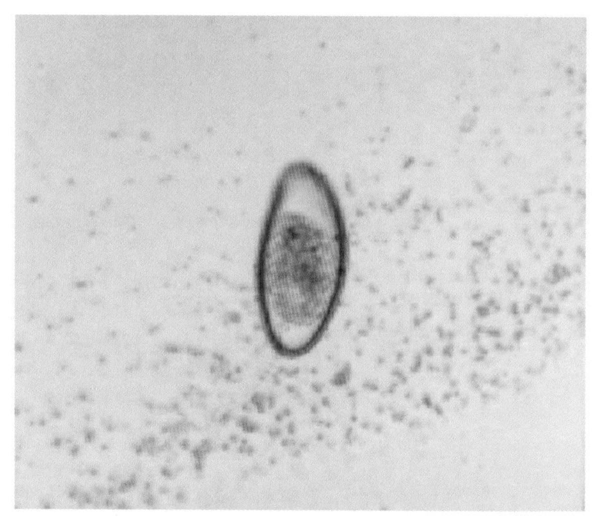
图6-8-1　兔栓尾线虫虫卵（闫文朝 供图）

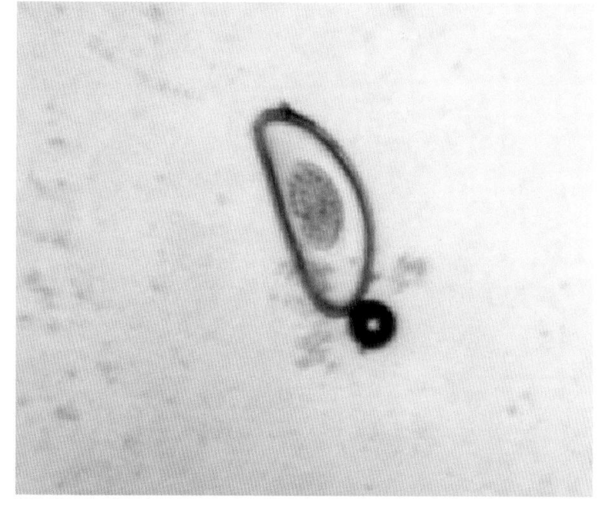
图6-8-2　兔栓尾线虫虫卵（闫文朝 供图）

二、流行病学及生活史

兔栓尾线虫可以感染獭兔、长毛兔、肉兔、野兔等各种兔；呈世界性分布，在我国黑龙江、山东、河南、陕西、湖南、江苏、四川和福建等地均有报道。兔主要是通过感染性虫卵污染饲料或饮水，然后被兔食入而感染。在温暖潮湿的夏秋季节高发。

兔栓尾线虫属直接发育型。成虫寄生于各种兔的大肠内。雌虫产出的虫卵已处于桑葚期。虫卵在35~36℃下发育迅速，经1d发育为第3期幼虫，幼虫包在卵壳中，此时的虫卵为感染性虫卵。感染性虫卵被兔吞食后，经胃到肠，幼虫在盲肠腺窝中发育。经56~64d虫体发育成熟，在肠腔中可以生存106d。

三、临床症状

轻度感染时症状不明显。严重感染时，家兔表现为心神不安，因肛门有蛲虫活动而发痒，啃尾部，尾脱毛；采食和休息受到影响，食欲下降，导致营养不良，贫血，消瘦，被毛粗糙；新鲜粪便中出现白色半透明的线头状虫体（图6-8-3），剖检大肠内容物中也有虫体。

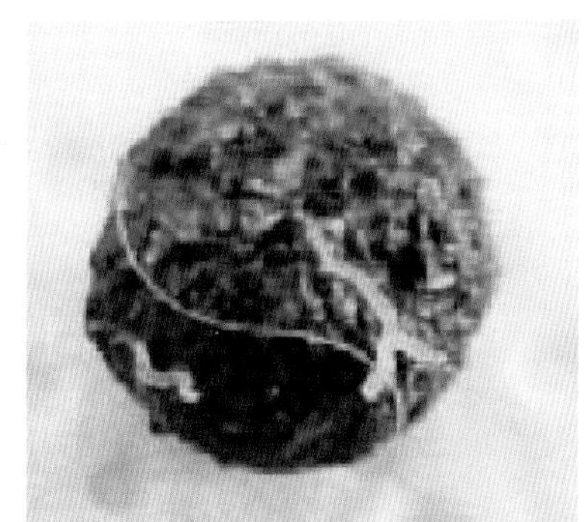

图6-8-3　附着在新鲜粪球表面的兔栓尾线虫成虫，呈白色半透明状（程相朝，2009）

四、诊断

根据患兔经常用嘴啃舔肛门的症状可怀疑该病，在肛门处、新鲜粪便中和剖检大肠内看到虫卵或虫体即可确诊。另外，用饱和食盐溶液漂浮法或麦克马斯特虫卵计数板检查兔粪便，显微镜下观察到虫卵也可确诊。

五、防治

加强兔舍、兔笼卫生管理，对食槽、饮水用具定期清洗、消毒，粪便及时清理、堆积发酵处理。兔群每年定期驱虫2次。

阿苯达唑，按10mg/（kg·bw），1次拌料喂服；芬苯达唑，按50mg/（kg·bw），拌料喂服，1次/d，连用5d；伊维菌素，按0.2~0.3mg/（kg·bw），1次拌料喂服或皮下注射；磷酸哌嗪，成年兔按0.5g/

（kg·bw），幼兔按 0.75g/（kg·bw），1 次 /d，混于水或饲料中连用 2d。

第九节　兔螨病

兔螨病是由兔螨寄生于兔引发的体外寄生虫病，根据寄生螨的种类，主要分为兔痒螨、兔疥螨和兔皮刺螨。其中，兔痒螨寄生于兔的耳道内，兔疥螨和兔皮刺螨寄生于兔的皮肤表皮内。

一、病原体

痒螨呈长圆形，体长（500 ~ 900）μm×（200 ~ 520）μm。刺吸式口器较长，呈圆锥形。螯肢细长，两趾上有三角形齿；须肢亦细长。肛门位于躯体末端。足较长，特别是前两对足较后两对足粗大。雄螨第 1、第 2、第 3 对足上有吸盘，吸盘位于分三节的柄上，第 4 对足特别短，无刚毛和吸盘。躯体末端有两个大结节，上有长刚毛数根；腹面后部有两个吸盘；生殖器居于第 4 基节之间。雄螨有性吸盘和尾突。雌螨第 1、第 2、第 4 对足上有吸盘，第 3 对足上各有两根长刚毛。躯体腹面前部有一个宽阔的生殖孔，后端有纵裂的阴道；躯体末端为肛门，位于阴道背侧（图 6-9-1）。

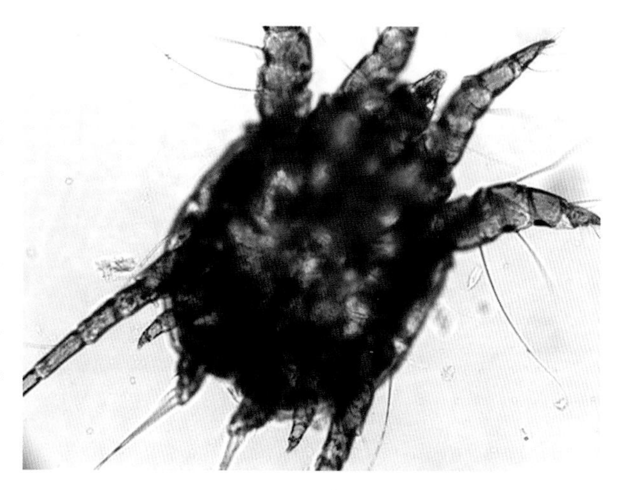

图 6-9-1　兔痒螨（杨光友 供图）

兔疥螨雌性异体，虫体较小，乳白色，呈近圆形或龟形，背面隆起似半球形，腹面扁平，身体上有横、斜的皱纹。雄螨大小为（200 ~ 300）μm×（150 ~ 200）μm。第 1、第 2、第 4 对足上有吸盘，第 3 对足上仅有一根长刚毛；生殖孔位于虫体第 4 对足之间，周围有呈倒“V”字形的几丁质构造。雌螨大小为（300 ~ 500）μm×（250 ~ 400）μm。第 1、第 2 对足上有吸盘，第 3、第 4 对足上各有一根长刚毛；生殖孔（产卵孔）位于虫体腹面中央，近末端有一阴道。若螨与成螨相似，4 对足，仅体形较小，生殖器尚未显现。虫卵呈长椭圆形，灰色，壳很薄透明，内含卵胚或幼螨，大小约 180 μm×80 μm（图 6-9-2）。

目前，皮刺螨属已报道 24 个种，这些螨虫主要寄生于鸟类，但也见于兔等哺乳动物。虫体呈长椭圆形，后部略宽，吸饱血后虫体由灰白色转为红色或红褐色。体表有细皱纹并密生短毛，背面有盾板 1 块，假头和附肢细长，螯肢呈细针状。雌螨大小为（720~750）μm×400μm，吸饱血后可长达 1.5mm。腹面的胸板非常扁，前缘呈弓形，后缘浅凹，肛板呈三角形，前缘宽阔，肛门偏于后端。雄螨大小为 600μm×320μm，胸板与生殖板愈合为胸殖板，腹板与肛板愈合成腹肛板，两板相接。腹面偏前方有 4 对较长的足，足端有吸盘（图 6-9-3）。

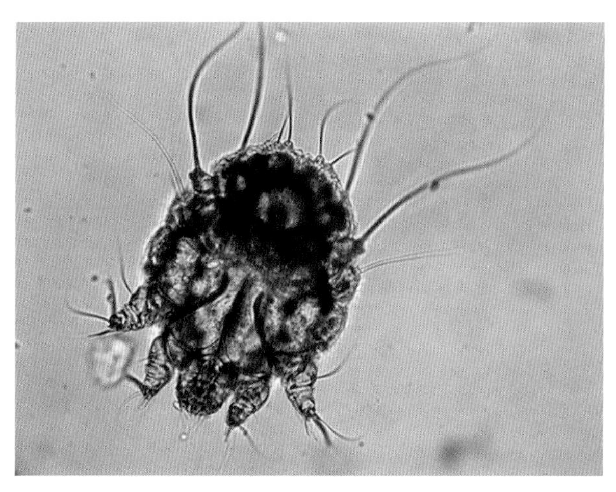

图 6-9-2　疥螨（杨光友 供图）

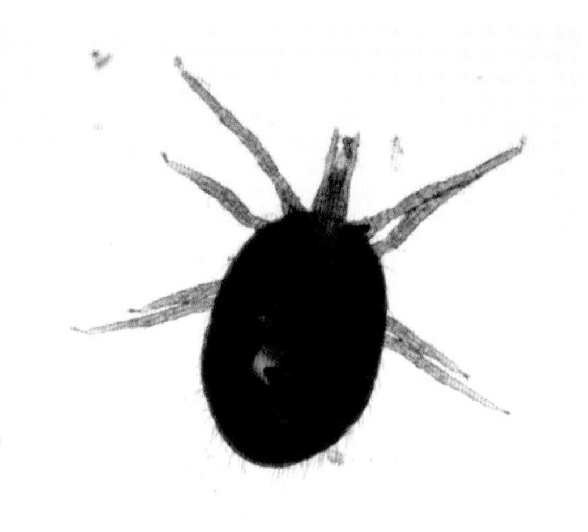

图 6-9-3　兔皮刺螨成虫（闫文朝 供图）

二、流行病学及生活史

痒螨：整个生活史过程与疥螨相似，包括虫卵、幼螨、若螨和成螨 4 个阶段。痒螨寄生于宿主的皮肤表面，吸食患部渗出液和淋巴液，不在皮肤内挖掘隧道。雌螨产卵于患部皮肤周围，卵呈灰白色、椭圆形，借助特殊物质黏着于上皮的鳞屑上。虫卵在 36 ~ 37℃时经 2 ~ 3d 孵出幼螨，幼螨采食 24 ~ 36h 后蜕皮成为第一期若螨。若螨采食 24h 后，蜕皮成为雄螨或第二期若螨。雄螨常以肛吸盘与第二期雌性若螨后部的一对瘤状突起相接进行交配。交配后第二期雌性若螨进一步发育为成年雌螨，此后采食 1 ~ 2d 便开始产卵。痒螨整个发育过程 10 ~ 12d，寿命约 42d。

该病呈世界性分布，在我国各地等均有该病的报道。各品种和各种年龄段的兔均可感染该病。该病一年四季均可发生，尤多发于秋、冬季节。该病主要通过患病兔和健康兔的接触而感染，其次是通过被患病兔污染的圈舍、围栏、场地及各种饲养用具等。有的还可以通过工作人员的衣服和手，把病原体传播给健康兔而引起感染。该病季节性很强，多发于寒冷的冬季和初春季节，夏季和温暖的春初及秋季发病率较低，即使发病症状也较轻。老年兔的发病率高于幼年兔。

疥螨：生活史属于不完全变态，发育过程包括虫卵、幼螨、若螨和成螨 4 个阶段，其中以幼螨的致病能力最强。疥螨的 4 个阶段均在宿主身上发育，属终生寄生虫。疥螨整个发育过程为 8 ~ 22d，平均 15d。

各品种和各个年龄段的兔均可感染与发病。该病主要通过病兔与健康兔直接接触而感染。如密集饲养、配种可传播该病。其次是通过被病兔污染的笼舍、产箱、各种饲养用具等把病原传播给健康兔而引起感染。

疥螨病的流行具有季节差异，一般春冬季发病率明显高于夏秋季节。幼年动物比成年动物更易遭受疥螨侵害，发病较严重，随着年龄的增长，抗螨力也随之增强。体质瘦弱，抵抗力差的动物易受感染。反之，体质强壮、抵抗力强的动物则不易感染。潮湿、阴暗、拥挤的笼舍，饲养管理差和卫生条件不良，是促使螨病蔓延的重要因素。

皮刺螨：生活史包括虫卵、幼螨、若螨和成螨 4 个阶段，属于不完全变态发育。皮刺螨白天隐藏在地板、墙壁和粪块等的裂隙内，夜晚则成群爬到于兔体表，在毛丛中吮吸血液。雌螨吸饱血后 12 ~ 24h 在宿主居住的环境裂隙或粪块碎屑等处产卵，在 20 ~ 25℃环境中卵经 2 ~ 3d 孵化出幼螨，

幼螨不吸血，1 ~ 2d 内蜕化为第 1 期若螨，第 1 期若螨吸血后经 1 ~ 2d 蜕化为第 2 期若螨，第 2 期若螨吸血后经 1 ~ 2d 蜕化为成螨。每只雌螨一昼夜可产卵 4 个，一生可产卵 30 ~ 40 个卵。皮刺螨完成 1 个生活周期所需时间随温度不同而异，在夏季最快为 1 周，较寒冷天气需要 2 ~ 3 周。成螨能耐受饥饿，不吸血亦能生存 82 ~ 113d。

皮刺螨在不同温度和湿度条件下，完成其生活史所需时间有差异。在相对湿度 70% ~ 85%，15℃、20℃、25℃、30℃和 35℃条件下，完成生活史分别需要 28d、11d、7d、6d 和 7d，其中，30℃为最佳发育温度，此时各阶段的存活时间最长和所需发育时间最短；在相对湿度 60% ~ 70%、26.6 ~ 28.3℃条件下，雌螨完成生活周期需要 8 ~ 9d；在相对湿度 80%、25℃条件下，雌螨完成生活周期需要 7 ~ 10d。

三、临床症状

痒螨：兔患病时主要发生在外耳道内，可引起猛烈的外耳道炎；耵聍过盛分泌，干涸成痂，厚厚地嵌在耳道内如纸卷样，甚至完全堵塞耳道；耳变重下垂；病变部发痒，病兔摇头，搔耳；还可能延至筛骨及脑部，引起癫痫发作（图 6-9-4、图 6-9-5）。

疥螨：常发于四肢，后蔓延到嘴及鼻周围等处。患病兔出现剧痒，不停地用嘴啃咬脚部或用脚抓嘴、鼻等处。随着病程的发展，病兔出现消瘦，患部皮肤上形成痂皮；患病部皮肤脱毛、增厚、弹性降低等（图 6-9-6 至图 6-9-13）。

皮刺螨：感染皮刺螨的病兔出现瘙痒不安，脱毛，皮炎，消瘦，贫血，严重的引起死亡。

图 6-9-4　耳道内黄褐色痂皮（杨光友 供图）

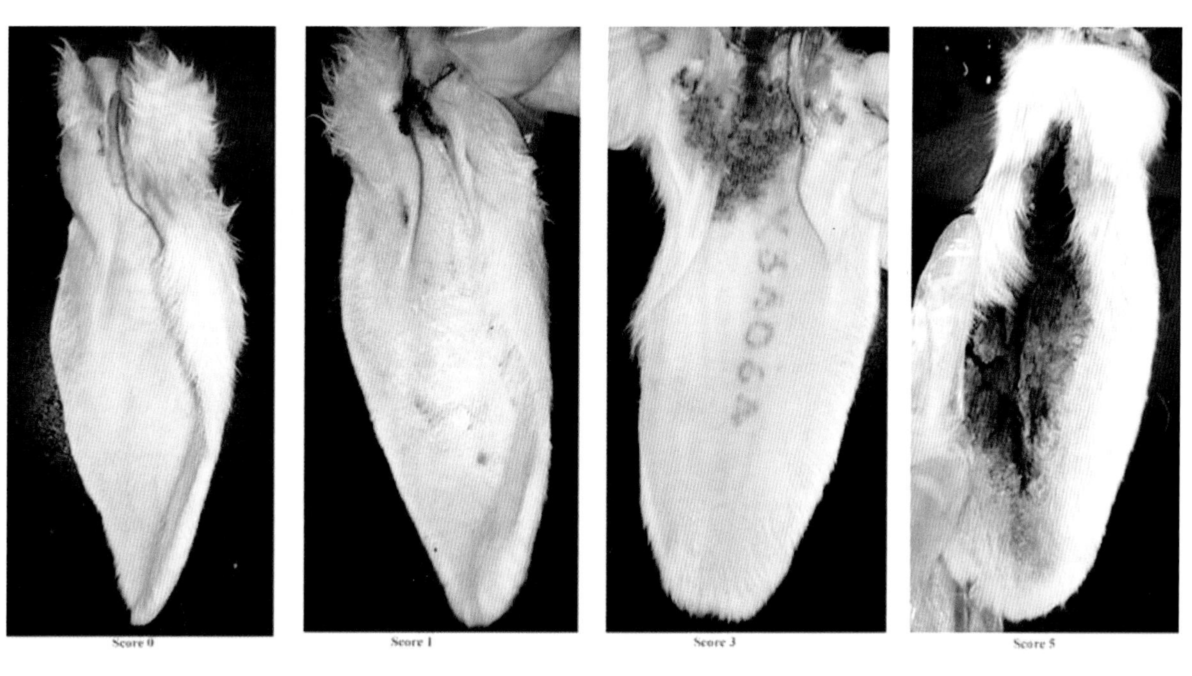

图 6-9-5　不同感染程度病兔耳道内黄褐色痂皮（古小彬 供图）

图 6-9-6　鼻端及脚趾部病变（发病初期）（杨光友 供图）

图 6-9-7　鼻端及脚部痂皮（发病后期）（杨光友 供图）

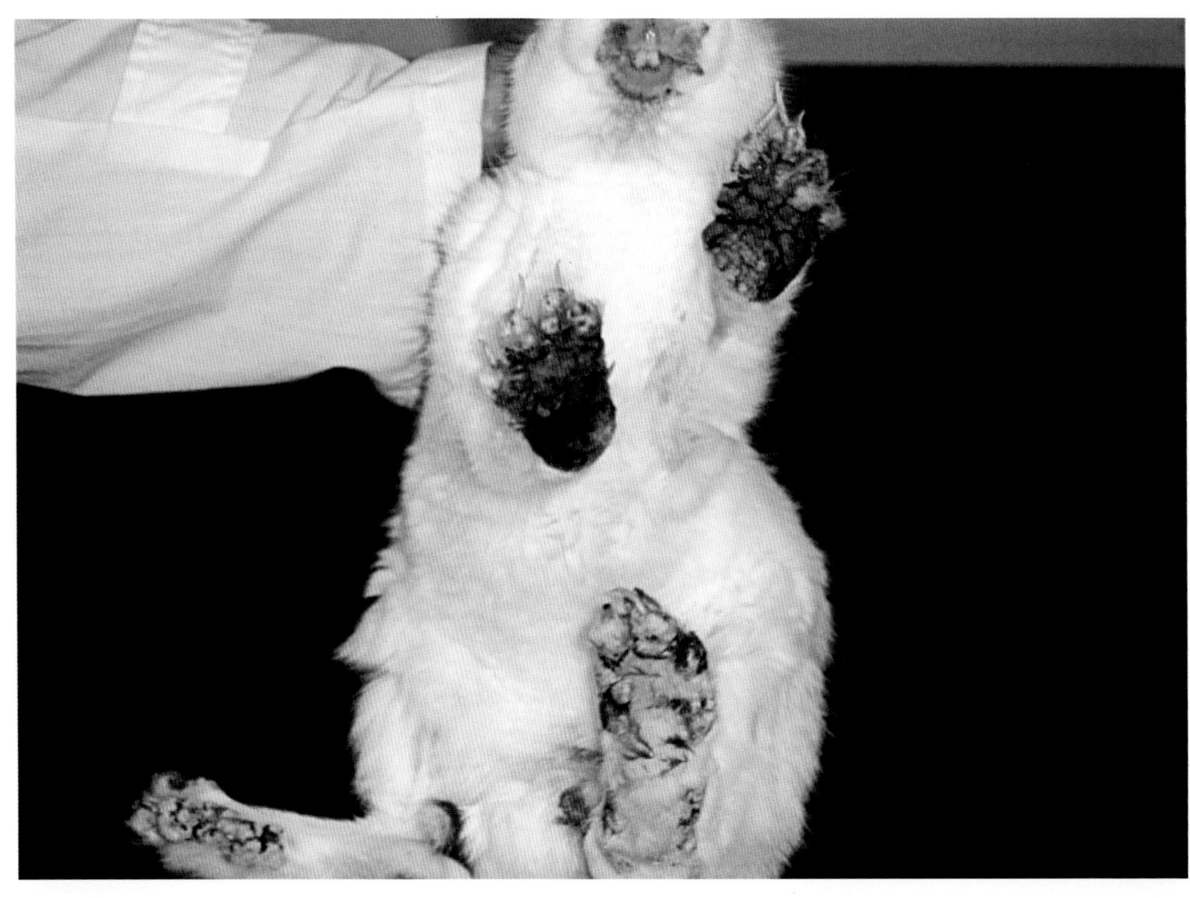

图 6-9-8　脚部痂皮（发病后期）（杨光友 供图）

图 6-9-9　耳缘部痂皮（杨光友 供图）

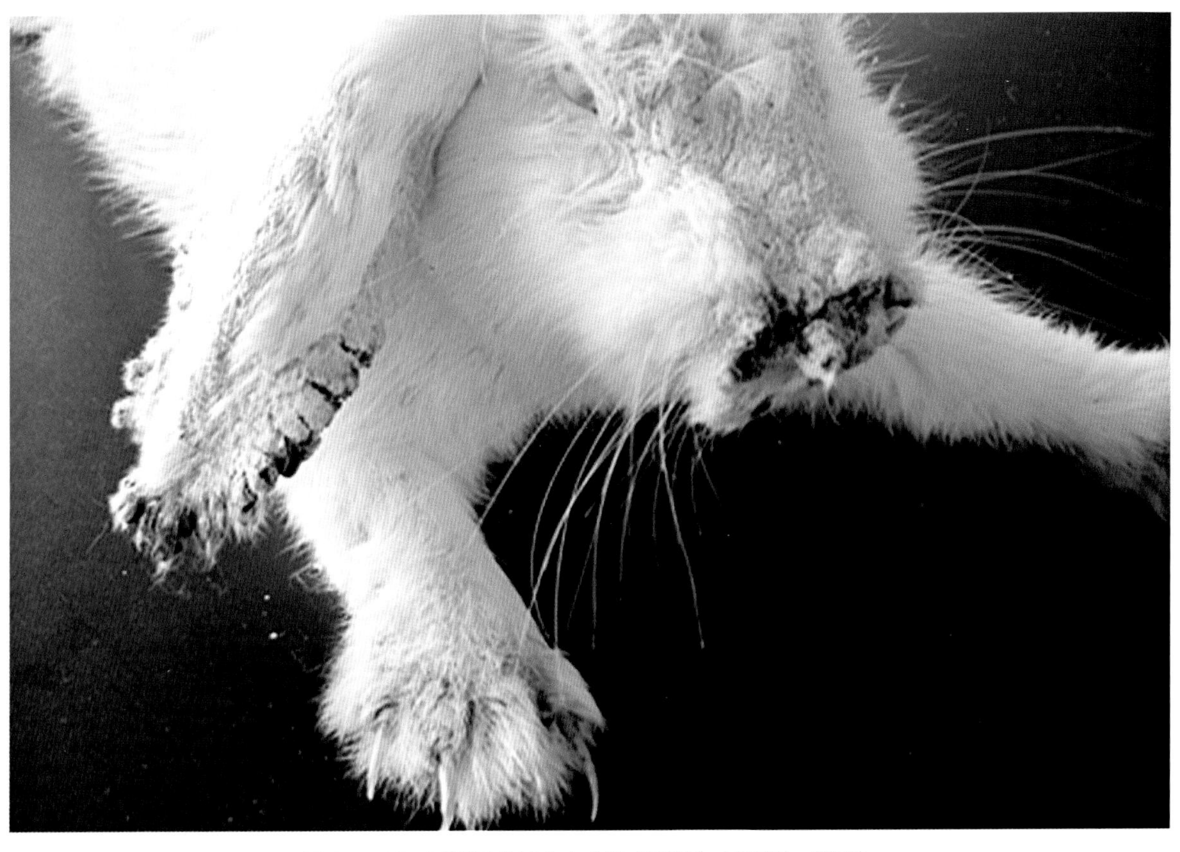

图 6-9-10　耳部及鼻部痂皮（发病后期）（杨光友 供图）

图 6-9-11　耳部及鼻端部痂皮（杨光友 供图）

图 6-9-12　脚趾部痂皮（杨光友 供图）

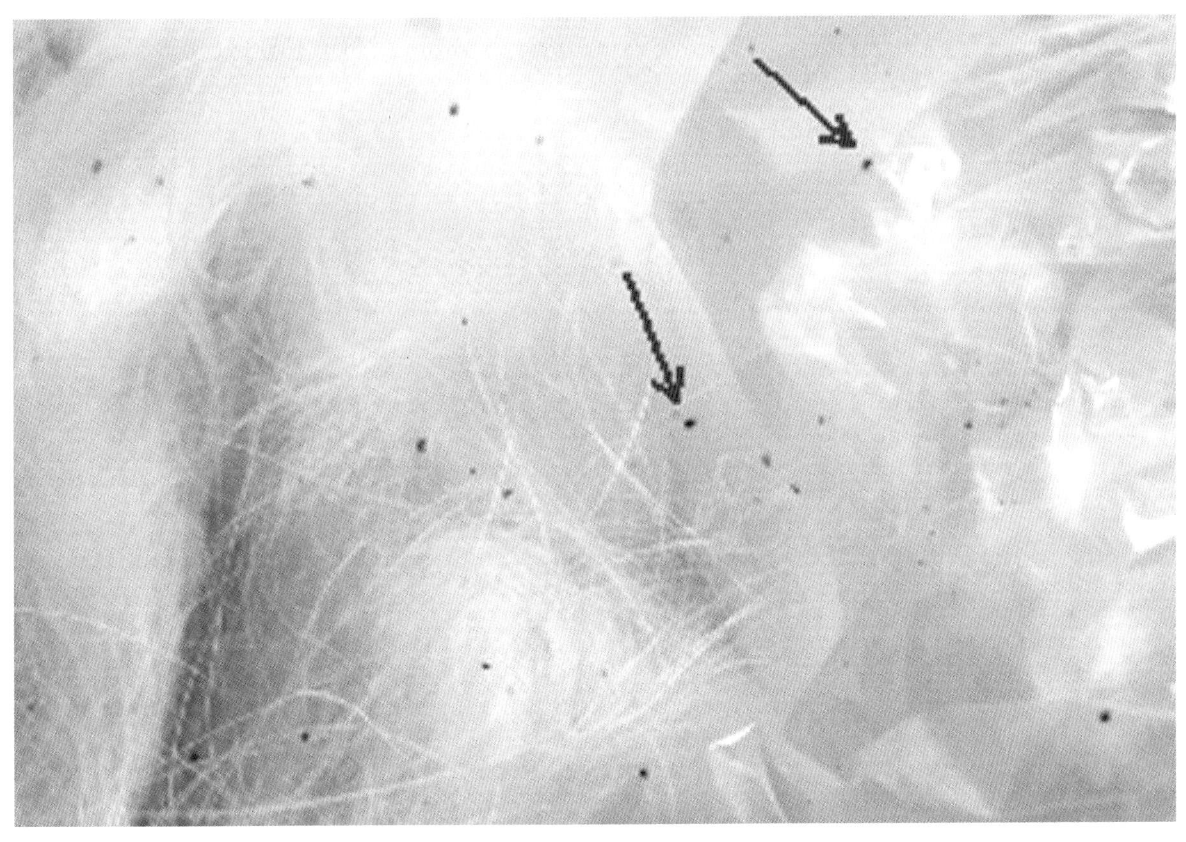

图 6-9-13　附着在长毛兔兔毛上的皮刺螨（箭头所指）（闫文朝 供图）

四、病理变化

痒螨：主要以增生性病变为主，表现为棘层增生；真皮浅层中有嗜酸性粒细胞、淋巴细胞、浆细胞、巨噬细胞的浸润，并伴随着肥大细胞的增生。

疥螨：患病部出现红肿，初期皮肤表面形成丘疹，后因渗出液渗出形成水疱。当动物擦痒时导致水疱破溃，流出的渗出液与脱落的上皮细胞、被毛及污垢粘连，干燥后形成痂皮。随病情的发展，宿主的毛囊、汗腺受损，导致患部发生脱皮。皮肤角质层角化过度从而增厚，皮下组织亦增生，导致皮肤变厚，弹性降低，在皮肤紧张部位形成龟裂，在松弛部位则形成皱褶。

五、诊断

痒螨：根据临床症状可初步诊断。常规病原学检查方法是：用镊子夹取外耳道内的痂皮，将待检的痂皮放于培养皿内或黑纸上，放入 25 ~ 37℃的培养箱内 0.5 ~ 1h 后，移出皮屑，用肉眼观察可见白色虫体在黑色背景下移动。也可放显微镜下确认。

疥螨：根据临床症状可做出初步诊断，但确诊需要进行病原学检查。

检查时，先剪去患部和健康部皮肤交界处的毛，用消毒后的小刀垂直于皮肤面用力刮取交界处痂皮，直至刮处皮肤微有出血痕迹，刮破处涂碘酊消毒，将刮取物收集到容器内，经以下方法检查疥螨各阶段虫体或虫卵：

热源法。将上述刮取的皮屑放入平皿内，将平皿放入 25 ~ 37℃的恒温箱中 0.5 ~ 1h。疥螨虫体具有热倾向性，从皮屑内爬出。将平皿置于显微镜下检查；直接涂片检查法将上述刮取的皮屑放置于载玻片上，滴加 1 滴 5% 甘油（丙三醇）水溶液，加盖载玻片，搓压玻片至病料散开，分开载片，加盖片后置显微镜下检查。

此外，还可采用 ELISA 等血清学方法检测血清中出现了特异性抗体（IgG），感染后 1 周即可检测出特异性抗体。

皮刺螨：发现兔群焦躁不安，啃舔体毛，脱毛比较明显时可怀疑皮刺螨病。在兔体表毛丛中或笼具上找到褐色或红褐色针尖大小会活动虫体，且在显微镜下看到皮刺螨虫体（图 6-9-14）即可确诊。

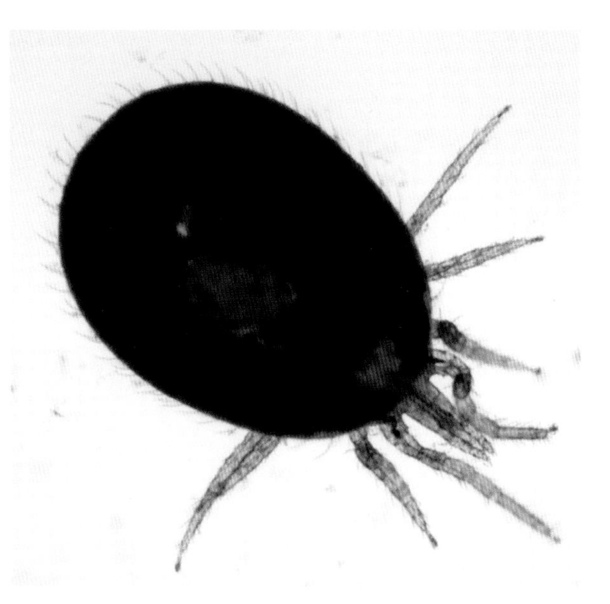

图 6-9-14　兔皮刺螨（闫文朝 供图）

六、类症鉴别

与疥螨、痒螨、虱和蚤的鉴别：

疥螨：多寄生于兔的面部和四肢脚爪部，肉眼可见脱毛、皮屑等症状；刮取痂皮压片镜检可以看到特征性兔疥螨虫体（图 6-9-15）。

痒螨：多寄生在兔的耳道内，肉眼可见棕色的痂皮，严重的呈卷纸状；刮取痂皮压片镜检可以看到特征性兔痒螨虫体（图 6-9-16）。

兔虱：寄生于兔的体表毛根部，用手拨开病兔被毛，肉眼可见浅黑色小兔虱（图 6-9-17）和淡黄色的、附着在毛根部的虫卵。

兔蚤：在兔体表被毛上、毛根部和兔笼上均可发现虫体，腿部高度发达，善于跳跃。虫体较皮刺螨大（图 6-9-18）。

七、防治

目前尚无相关疫苗问世，成功控制和净化疥螨的关键是淘汰病兔，发现有兔感染后全群使用杀螨药物，采用正确的剂量和控制程序。在治疗患病兔的同时，还应注意笼舍及兔场地面环境的杀螨处理。预防重点在于搞好兔舍卫生，经常保持兔舍清洁、干燥、透风；在引进兔时，要先严格隔离检查。一般病兔建议淘汰，治疗良种病兔可选用以下药物：

伊维菌素（Ivermectin）。按每千克体重 0.2 ~ 0.3mg，1 次口服或皮下注射；间隔 7d 后进行第 2 次用药治疗；多拉菌素（Doramectin）按每千克体重 0.3mg，1 次肌内注射。

同时，使用溴氰菊酯（Deltamethrin）50 ~ 60mg/L、氰戊菊酯（Fenvalerate）80 ~ 200mg/L 等外用杀虫药物进行笼舍及兔舍地面环境的处理。

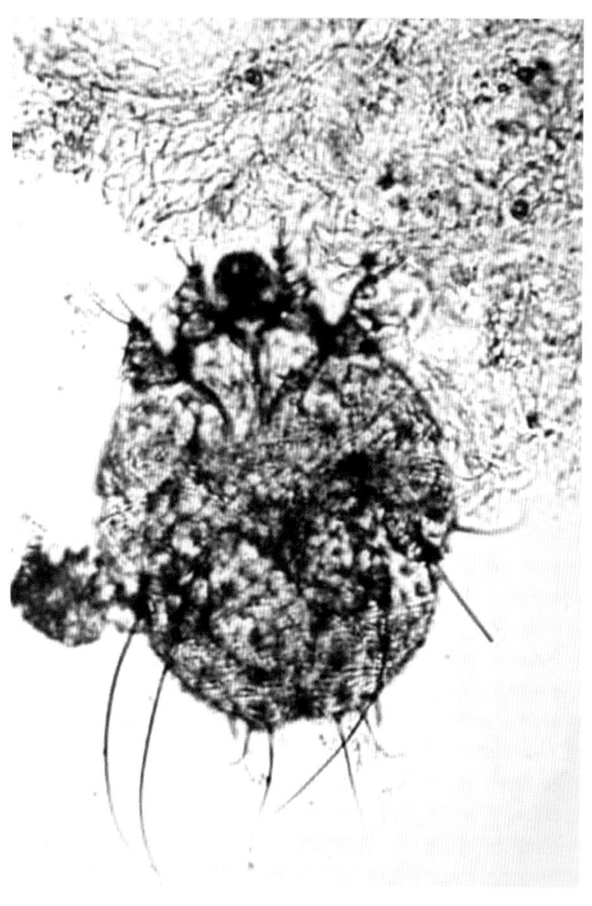

图 6-9-15　兔疥螨（程相朝，2009）

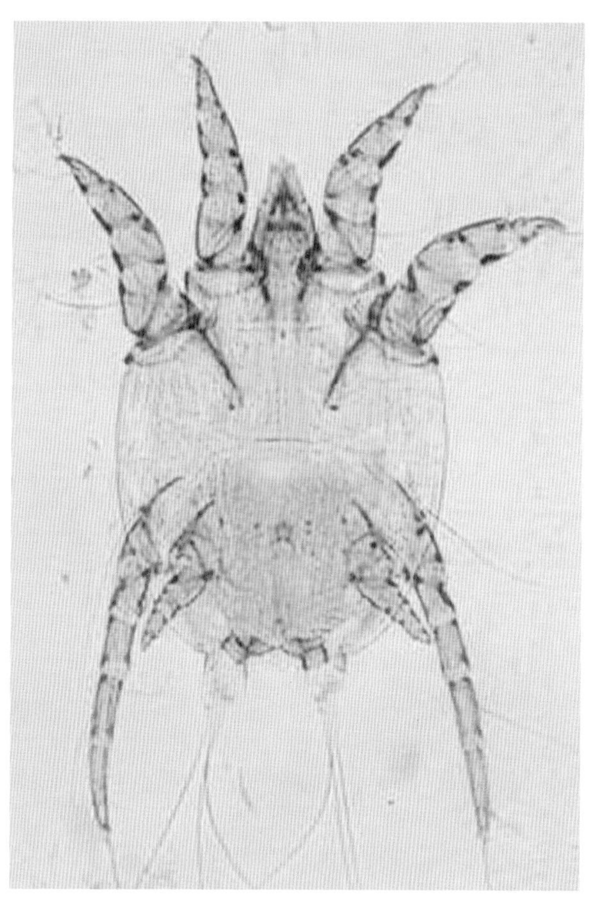

图 6-9-16　兔痒螨（闫文朝 供图）

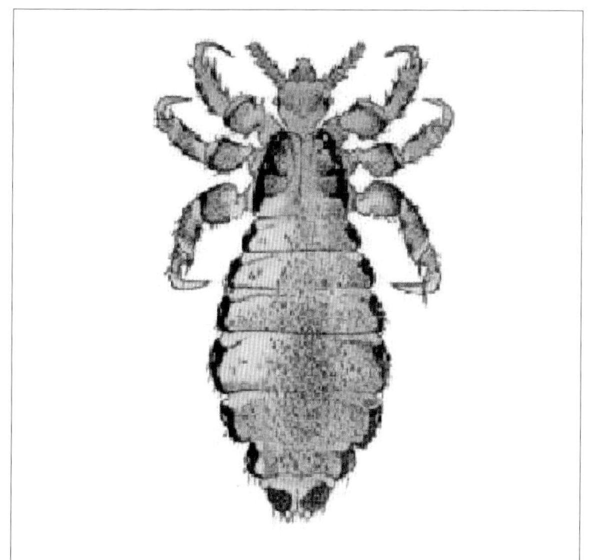

图 6-9-17　兔嗜血虱（http://image-baidu-com）

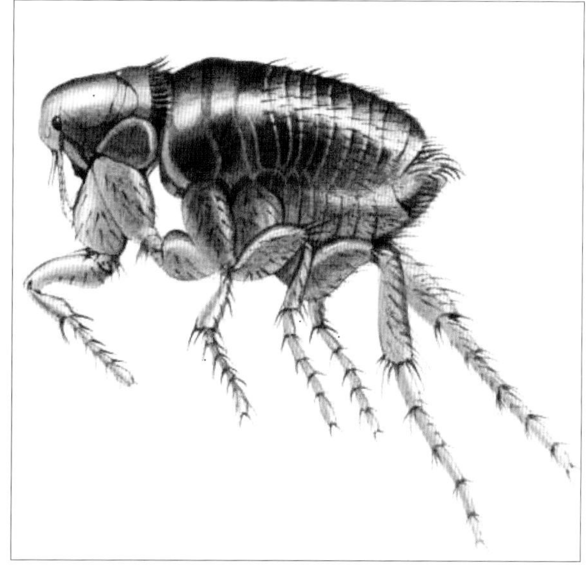

图 6-9-18　兔蚤（http：//image.baidu.com）

第十节 兔虱病

兔虱病（Pedicular disease）是由虱目、兔虱属的巨腹兔虱（*Haemodipsus ventricosus*）寄生于兔体表引起的一种外寄生虫病。以瘙痒，兔子啃咬、挠蹭，皮肤出血为特征，严重时可引起死亡。主要通过接触感染。在阴暗、潮湿、污秽的环境中，容易发生兔虱病。

一、病原体

虱子主要有两类：一类为虱亚目的吸血虱；另一类为钝角虱亚目、细角虱亚目和喙虱亚目的食毛虱或称之为咀嚼虱。寄生于家兔体表的血虱主要是兔嗜血虱（*Haemodipsus ventricosus*），亦称大腹兔虱。

兔嗜血虱个体较小，雌虱体长为 1.9～2.7mm；雄虱体长 1.5～1.9mm。未吸血的虱子呈土灰色，吸血后颜色变深。虱背腹扁平，无翅、无眼。触角 1 对，3～5 节。头部圆锥形，宽度小于胸部；3 对足，足末端为爪；足和爪很粗壮，便于其吸血时附着在宿主身上；刺吸式口器（图 6-10-1）。

二、流行病学及生活史

兔血虱病不太常见。但在阴暗、潮湿、卫生条件差的环境中，比较容易发生兔虱病。嗜血虱寄生于兔体表，以宿主的血液为营养，终生都生活在宿主的体表。其发育阶段包括卵、幼虫、成虫，属不完全变态发育，发育周期为 25～29d。卵附着在被毛基部上，卵期为 10～20d，卵期的长短取决于季节和被毛的微环境。主要通过接触感染。兔嗜血虱是野兔热（tularemia，病原为土拉弗朗西斯菌）的传播媒介。

三、临床症状和病理变化

兔嗜血虱以吸血为生，1 只虱子 1d 可吸食兔血 0.2～0.6mL，大量寄生时，可引起兔贫血。兔嗜血虱叮咬兔时，会分泌出含毒素的唾液，刺激兔皮肤的神经末梢，引起瘙痒。兔子常用嘴啃咬或用爪抓发痒部位。咬破或抓破皮肤，皮肤上有微小的出血点，溢出的血液干后形成结痂，因而易脱毛、脱皮、皮肤增厚和发生炎症等，严重时可引起兔贫血。皮肤可出现小结节，小出血点甚至坏死灶。严重感染时，兔虱会造成病兔食欲不振、消瘦及抵抗力减弱，幼兔发育不良，兔笼壁上常常悬挂着脱落下来的兔毛。

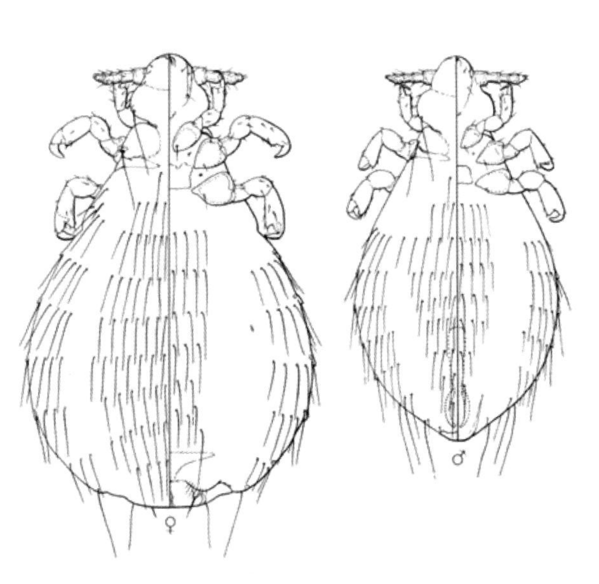

图 6-10-1　兔嗜血虱
（引自 http://dora-missouri-edu/rabbits/lice/）

拨开兔子患部的被毛，检查其皮肤表面和绒毛的下半部，可找到很小的黑色虱，在兔绒毛的基部可找到淡黄色的虱卵。

四、诊断

根据临床症状和病理变化可做出初步诊断。兔嗜血虱多寄生于兔背部、腹部和骨盆部的体表。确诊时，需要从病兔的这些部位的体表采集可疑虫体或虫卵，在显微镜进行观察，根据虫体或虫卵的形态特征进行确诊。也可采集病兔的毛发，置于体视镜下检查有无虱子或虫卵。

五、类症鉴别

兔疥螨病。

相似处：皮肤病，脱毛，皮肤结痂，增厚，瘙痒，消瘦。

不同处：

流行病学不同：兔疥螨病传染性很强，在兔群中很常见，特别是规模化养殖的兔群；兔虱病传染性不是很强，在管理良好的规模化养殖的兔群中罕见。

病理变化不同：兔疥螨病皮肤结痂、增厚、脱毛现象很明显，瘙痒更剧烈。兔嗜血虱引起皮肤出现小结节、小出血点。皮肤结痂多由抓挠引起，脱毛和瘙痒较轻微。

确诊方式不同：兔虱子及其虫卵肉眼可见，而兔疥螨肉眼几乎看不见，需要借助显微镜进行观察。在显微镜下，兔疥螨和兔嗜血虱在形态方面存在明显的区别。

六、防治

要保持兔舍干燥、清洁、卫生、通风良好。定期检查兔的体表，做到早发现、早隔离、早治疗。有报道表明，用有机磷类药物（辛硫磷、倍硫磷）给兔进行药浴，每隔 8d 药浴 1 次，连续药浴 3 次，可彻底杀灭兔体上的血虱。给兔皮下注射 0.2～0.4mg/（kg·bw）的伊维菌素，每隔 7～10d 给药 1 次，连续给药 3 次，可有效杀灭兔嗜血虱。

第十一节　兔蜱虫病

兔蜱虫病（Tick infestation）主要是由节肢动物门、蛛形纲、硬蜱目、硬蜱科的蜱类寄生于兔体皮肤的一种外寄生虫病。蜱又称草爬子、狗豆子，是一种专性吸血的体外寄生虫。我国各地都有蜱侵袭兔群的报道。

一、病原体

可以寄生于兔的蜱有许多种，主要是硬蜱科的蜱类，在我国主要有草原革蜱、森林草蜱、中华草蜱、微小牛蜱、扇头蜱、璃眼蜱等。不同种的蜱的形态不同，共同的形态特点是未吸血的蜱背腹扁平，多呈前窄后宽的卵圆形或近圆形，体长 2~13mm。头部、胸部和腹部界限不清，通常分假头和躯体两部分。假头是 1 对柱状须肢，中间腹面是 1 个口下板，背面是 1 对须肢。成蜱和若蜱有 4 对足（图 6-11-1、6-11-2），而幼蜱有 3 对足。

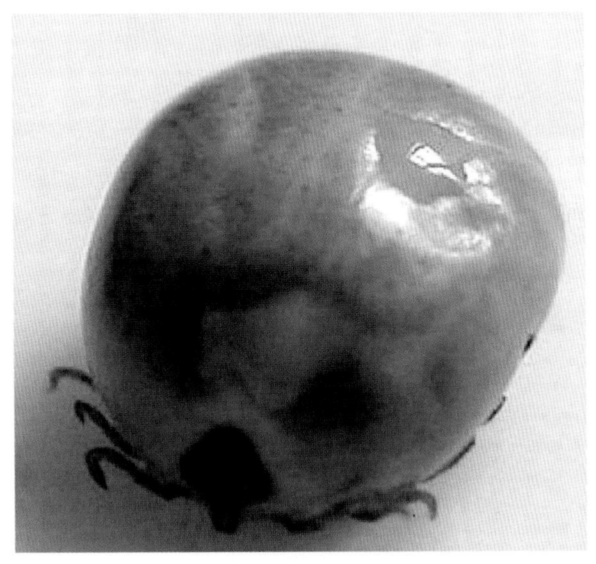

图 6-11-1　硬蜱成蜱背面观
（http://image.baidu.com/）

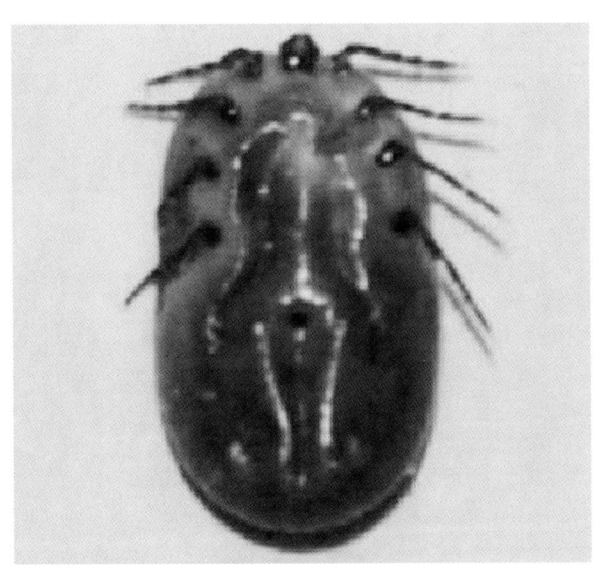

图 6-11-2　硬蜱成蜱腹面观（闫文朝 供图）

二、流行病学及生活史

蜱的发育分虫卵、幼蜱、若蜱及成蜱 4 个阶段，各发育阶段均需吸血，经蜕皮完成变态。成蜱能耐饥饿，不吸血仍能存活 1~3 年。

不同地区、不同种类的蜱，其活动周期也不相同。在我国北方，一般是春季、夏季、秋季活动，南方全年都可有蜱活动。通常在温暖季节多发，寒冷季节不发或少发。

三、临床症状

硬蜱寄生在兔的体表，叮咬皮肤吸血，造成皮肤机械性的损伤，寄生部位痛痒，使家兔躁动不安，影响采食和休息（图 6-11-3、图 6-11-4）。在硬蜱吸食固着的部位，易造成继发感染。蜱大量寄生时，可引起贫血，消瘦，发育不良，皮毛质量下降。硬蜱的唾液中含有大量毒素，大量叮咬时，可以造成家兔麻痹瘫痪，被称为蜱麻痹，主要表现为后肢麻痹。蜱可以传播许多病毒、细菌、立克次氏体和血液原虫等疾病，在临床上表现更严重的症状和后果。

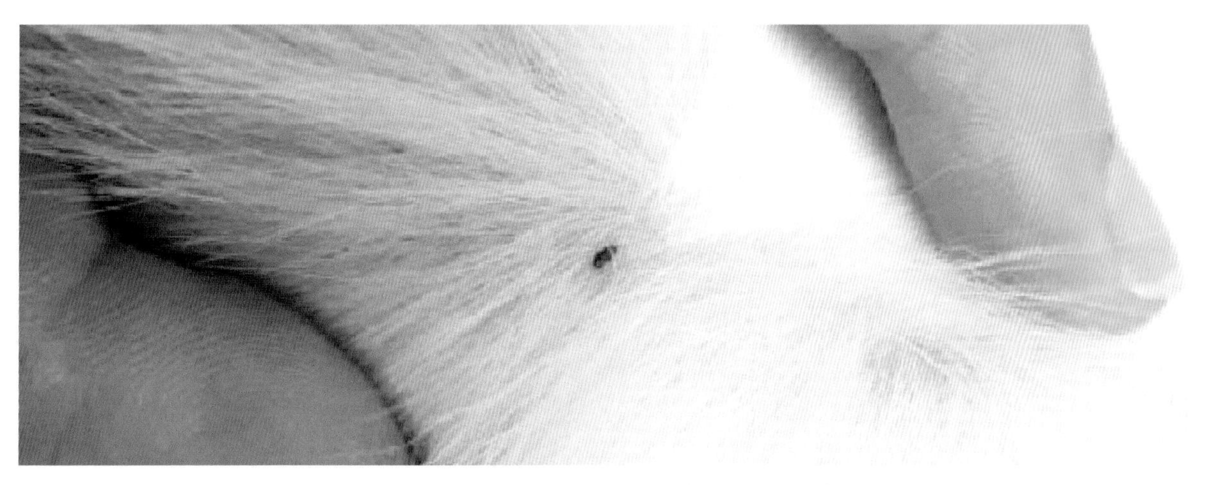

图 6-11-3　兔背部皮肤上蜱虫（闫文朝 供图）

图 6-11-4　兔面部和耳部皮肤上的蜱虫（http://image.baidu.com）

四、诊断

蜱可寄生于兔的全身各个部位。由于蜱的个体大，检查时用手扒开兔毛，肉眼就可以辨认。

五、防治

消灭兔体上的蜱：发现兔体上有蜱寄生时，可用乙醚、煤油、凡士林等涂于蜱体，等其麻醉或窒息后再拔除。拔除蜱时，应保持蜱体与动物体表成垂直方向，向上拔除，否则蜱的口器会断落在皮肤内，引起局部炎症。也可以用伊维菌素每千克体重 0.02mg，一次皮下注射治疗；或 0.0025%~0.005% 溴氰菊酯、0.0025% 二嗪农等杀虫剂喷洒或涂擦兔体。

消灭兔舍内的蜱：兔舍是蜱生活和繁殖的适宜场所，通常生活在舍内墙壁、地面的缝隙内。可用石灰水（1kg 石灰和 5L 水）加 1g 敌百虫粉喷洒这些缝隙，也可用 2% 敌百虫液洗刷。另外，消灭兔舍周围环境中的蜱是非常必要的。

第七章

兔内科病

第一节　兔臌胀病（胃扩张）

该病又称积食症，多发于断乳后至6月龄的家兔。

一、病因

主要因贪食过多含露水的豆科饲草、易膨胀的饲料以及腐烂、霉变、冰冻的饲料。

二、流行病学

多发于断乳后至6月龄的家兔。

三、临床症状

患兔常于采食后数小时开始发病。患兔伏卧不动，表现痛苦，眼半闭或睁大、磨牙、呼吸困难、心跳加快、结膜潮红，呈犬坐姿势，腹部膨大，叩诊呈鼓音，反射性地流口水。最后因窒息或胃破裂死亡。临床上常继发便秘和大肠臌气。

四、防治

平时饲喂要定时、定量，禁喂腐烂、霉变或冰冻的饲料，更换适口性好的饲草、饲料时应逐渐增加。发病后应停喂饲料并及早治疗。

植物油：10~20mL 加香醋 5~10mL 灌服。

小苏打或大黄苏打片：1~2 片研末灌服。

在服用上述药物后应驱赶患兔运动或按摩其腹部以减轻症状。

第二节　兔便秘

便秘主要是因难消化的粗纤维饲喂过量、青饲料或饮水不足，或因患毛球病等而引起胃肠蠕动减弱所致。有些急性或热性病、下痢后可继发便秘。

一、临床症状

患兔食欲不振或废绝，肠音减弱或消失，触诊腹部，肠管内容物较硬，成圆筒状，排粪困难或排粪量少，粪球小，甚至不排粪。

二、病理变化

在盲肠、结肠、直肠中可见干硬的肠内容物或粪便，肠壁菲薄，有时出血。

三、防治

平时应注意饲料营养的合理搭配，供给充足饮水，定时定量饲喂，防止贪食过量。

治疗：可一次灌服植物油 10~20mL。或用人工盐 5g、蒜泥 5g 加香醋 10mL 灌服。皮下注射硝酸毛果芸香碱 0.5~1mL（1~2mg）可促进胃肠蠕动，排出积粪。必要时实施温肥皂水灌肠，以促使粪便排出。操作方法为：患兔头部稍低，后躯抬高，用粗细能插入患兔肛门的塑料软管，头部应光滑，涂上油后轻轻插入肛门内 5~8cm 处，缓缓灌以 40℃温肥皂水 50~100mL 后，慢慢拔出软管，用手捏住肛门封闭数分钟后，任其粪水流出即可。

该病发现早较易治疗，病程长、体质差的兔很难治愈。故发现粪粒较小时就应及早治疗。

第三节　兔感冒

该病是由寒冷刺激引起的，以发热和上呼吸道黏膜表层炎症为主的一种急性全身性疾病。是家兔常见的呼吸道疾病之一，若治疗不及时，容易继发支气管炎和肺炎。

一、病因

主要原因是寒冷的天气突然侵袭而致病。如兔舍冬季保温不良，突然遭到寒流袭击；或早春、晚秋季节，天气骤变，日夜间温差过大，机体不适应而抵抗力降低等；运输途中被雨水淋湿；兔舍内氨气等有害气体含量超标和灰尘过多也可引发此病。

二、临床症状

病兔精神沉郁，不爱活动，眼呈半闭状，食欲减退或废绝，鼻腔内流出多量水样黏液；打喷嚏，鼻尖发红，呼气时鼻孔内有肥皂状黏液鼓起；继而四肢无力，体温升高至40℃以上，四肢末端及耳鼻发凉，出现怕寒、战栗；结膜潮红，有时怕光，流泪。若治疗不及时，鼻黏膜可发展为化脓性炎症，鼻液浓稠，呈黄色，呼吸困难，进而发展为气管炎或肺炎。

三、类症鉴别

1. 传染性鼻炎

类似处：患病兔均出现打喷嚏、呼吸困难等症状。

不同处：传染性鼻炎为巴氏杆菌、支气管败血波氏杆菌等混合感染所致。患病兔流浆液性、黏性或脓性鼻液，持续时间长，鼻腔内蓄脓、糜烂、鼻甲软骨出血坏死。

2. 兔肺炎

类似处：患病兔均出现呼吸困难等症状。

不同处：肺炎患病兔呼吸困难，呼吸、脉搏加快。死亡兔可见肺脏呈大叶性肺炎，病变呈紫红色。感冒患病兔流清亮鼻液，有时体温升高。

3. 兔中暑

类似处：患病兔均出现眼结膜潮红，呼吸极度困难等症状。

不同处：中暑患病兔口腔、鼻腔、眼结膜潮红、充血，呼吸极度困难，脚步不稳，摇晃不定，随后出现四肢间歇性震颤、抽搐，突然虚脱，昏倒，全身痉挛。

四、防治

1. 预防措施

加强日常饲养管理，供给充足的饲料和饮水，使之保持良好的体况，增强其抵抗能力。兔舍保持干燥，清洁卫生，通风良好。定期清理粪便，减少不良气体刺激，同时，又要避免冷风和过堂风的侵袭。在天气寒冷和气温骤变的季节，要做好防寒保暖工作，夏季也要做好防暑降温工作。运输途中要防止淋雨受寒，同时还应注意禁止在阴雨天气剪毛或药浴。

2. 治疗措施

单纯的感冒，可让患兔内服阿司匹林片，1片/d，分2次服，连服3d。也可让其内服安乃近片，0.5片/次，2次/d，连用2～3d。也可取复方氨基比林注射液2～4mL，青霉素按20万IU/只·次，混合肌内注射，2次/d，连续2d，以控制炎症发生。也可用柴胡注射液给其肌内注射，2mL/d，2次/d，连续2d。

第四节 兔脱毛症

脱毛是养兔生产中较为常见的现象。通常来讲，生理性的脱毛，是家兔正常的生理现象，不会对家兔造成不良影响。但是，由于疾病或其他原因所导致的脱毛，则可能对家兔造成一定的危害，如：脱毛会使家兔因采食兔毛而发生毛球病，进一步诱发消化系统疾病；冬季脱毛，易使家兔受凉发生感冒；脱毛还会诱发皮肤病以及其他一些疾病。

一、病因

1. 日粮中蛋白质水平过低，含硫氨基酸缺乏

动物不论是处在季节性换毛期还是年龄性换毛期，对蛋白质的需要量与其他时期相比都处于较高水平，蛋白质不足或含硫氨基酸缺乏，会使被毛生长迟缓。如果被毛的生长速度较脱落速度慢，便会出现皮肤裸露现象。

2. 幼兔处于乳毛脱换期

幼兔在45 ~ 90日龄，正处于乳毛脱换期，此阶段被毛的脱换速度很快，需要提供大量的蛋白质，才能满足被毛生长的需要。此阶段幼兔的皮肤代谢机能还不十分完善，如果日粮中蛋白质不足或皮肤血液循环不佳就会引起脱毛速度明显快于被毛生长速度。

二、临床症状

生长缓慢，消瘦，食欲不振，性成熟晚，免疫力下降。家兔一旦患上脱毛症后会出现全身及局部断毛、脱毛（见图7-4-1至图7-4-4），被毛出现秃斑，患部有白色皮屑和炎症，毛易断，皮肤有痂皮。患部有炎症渗出液，出现断毛，长短不一，无毛等症状。

图7-4-1 兔全身脱毛（薛家宾 供图）

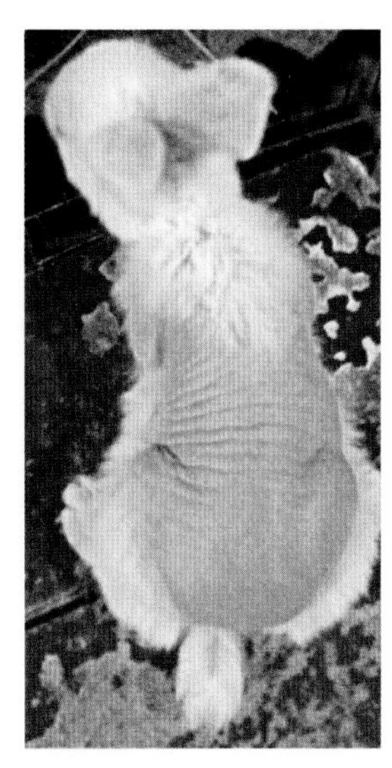

图7-4-2 兔全身严重脱毛（薛家宾 供图）

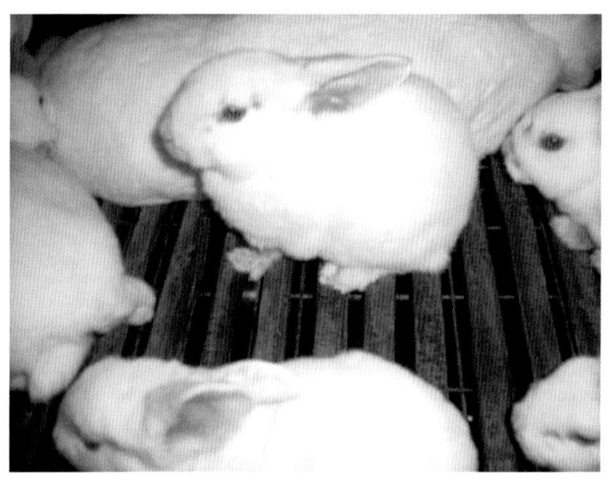

图 7-4-3　兔头部脱毛（薛家宾 供图）

图 7-4-4　兔下肢脱毛（薛家宾 供图）

三、诊断

根据临床症状可对该病做出诊断。

四、类症鉴别

1. 螨病

相似处：患病部位出现脱毛。

不同处：螨病依其发生部位不同，分为体螨和耳螨两种。体螨是由疥螨和背肛疥螨引起的。体螨主要感染脚趾及周围皮肤。患部皮肤肿胀，逐渐变肥厚，局部脱毛，进一步形成白色粗糙的厚痂皮，趾甲变细长。随着患部范围的扩大，由于发痒，病兔骚动不安，引起食欲减退，消瘦得很快，严重者死亡。

2. 湿性皮炎

相似处：患病兔均出现被毛脱落等症状。

不同处：湿性皮炎患病兔皮肤局部脱毛，并因被毛长期潮湿而引起炎症。多发生在颌下、颈下、会阴、后肢，被毛经常潮湿，皮肤发炎，脱毛糜烂，甚至溃疡，坏死。

3. 兔皮肤真菌病

相似处：患病兔均出现脱毛的症状。

不同处：兔皮肤真菌病是由多种真菌引起的，其特征为家兔的皮肤呈不规则的块状或圆形的脱毛、断毛及皮肤炎症。一年四季、各品种的家兔均可发生，尤以幼兔发病居多。病兔脱毛开始时多发生在头部、口鼻周围及耳朵，继而感染四肢、背及腹部等，患部以环形、突起、带灰色或黄色痂为特征，以后痂皮脱落，呈现小的溃疡，造成毛根和毛囊的破坏。

五、防治

在饲养管理过程中，应保证日粮中营养成分的全面、科学、合理。当发生属于缺乏某种元素或

营养物质而脱毛时，只要根据实际情况，适当添加某种元素或营养物质，便可收到良好的效果。保证充足、全面的营养供应，也要特别注意含硫氨基酸和矿物质的供给。

第五节　兔胃肠炎

胃肠炎是胃肠黏膜及其深层组织（黏膜下层、肌层以至浆膜层）的出血性、纤维素性、坏死性炎症的疾病。以重度胃肠功能障碍、自体中毒和明显全身症状为特征。不同年龄的兔均可发生，以幼兔发病后死亡率高。

一、病因

该病病因分为原发性和继发性 2 种。原发性多是因为饲养管理不当引起的。如发生在长途运输和更换饲养环境，应激反应和更换饲料的刺激引发的胃肠炎等。兔适应环境的能力不强，尤其是仔兔的抗病能力和消化能力很弱，所以，在长途运输和更换饲料时应该遵循由少到多、逐渐过渡的方法，可以减少环境和饲料变化引发的胃肠炎。在饲养管理过程中，除了饲料突然变换因素外，机体营养不良，兔舍较潮湿、污秽，饲料、饮水不洁净以及贼风侵入等均可降低兔的抵抗能力，导致肠胃炎的发生。如误食有毒植物或被农药污染过的草料或用药不当，比如滥用抗生素等都能引起该病。继发性是由于卡他性胃肠炎、出血性胃肠炎和肠梗阻以及某些传染病和寄生虫病的发生或发展过程中继发而来。

二、临床症状

兔胃肠炎的病程长短不一，一般为 1~7d，急性发作 10h 便死亡。症状表现为初期病兔急性消化不良，如食欲减退，肠音增强，粪便干或稀软并混有黏液。

病兔精神萎顿，食欲废绝，先便秘而后拉稀；也有些病兔无便秘现象就拉稀，排稀糊状或水样粪，散发臭味，且混有黏液，肛门和后肢周围沾污稀粪；身体蜷缩，胃、肠有不同程度的臌气，肠音响亮。体温一般变化不大，仅有少数病例可上升到 41℃左右。病后期肠音减弱或停止，肛门松弛，排粪失禁，脱水，眼球下陷，目光无神，皮肤弹性消退，被毛粗乱无光泽，尿量少或不见排尿，心跳弱，心律不齐，呼吸短促，脉搏快而弱，可视黏膜发绀，全身淤血。接着体温可降至常温以下，多在全身痉挛或昏迷状况下虚脱而死。

三、病理变化

胃肠道出现卡他性炎症，黏膜显现增厚，较多或较少发红，胃和肠内容物散发恶臭，并混有黏液、血液、脱落黏膜等，肠黏膜下水肿、出血或坏死，剥离坏死组织后见遗留下的烂斑或溃疡。粪呈深褐色至黑色，若含大量血液则呈茶色样。

病理学检验，血液白细胞总数增多，中性粒细胞比例增大，出现核左移，若机体脱水，则红细胞增多，血红蛋白含量和红细胞压积容量增高。

四、诊断

根据严重的消化不良，临诊上以重度胃肠功能障碍、自体中毒和明显全身症状为主要特征，结合现场调查、病因分析和典型病变可确诊。

五、防治

1. 预防措施

保持兔舍的清洁干燥和饲草卫生。兔胃肠炎的预防要从日常的饲喂入手，平时应禁喂冰冻饲料，不饮冰冻的水。必须注意饲料的质量，尤其是夏季，一旦发现饲料霉败变质，应立即停喂并及时更换饲料。喂兔的青绿饲料，应干净，要防止青绿饲料中有农药或露水，以保证家兔健康。

2. 治疗措施

（1）兔胃肠炎的治疗原则为清理胃肠，保护胃肠黏膜，制止胃肠内容物的腐败发酵，补液、解毒和强心。清理胃肠和保护胃肠黏膜，在病兔排粪迟滞，或虽排恶臭稀粪而胃肠内仍有大量异常内容物积滞时，可酌情应用缓泻剂，用硫酸钠或人工盐 3~5g，加适量水灌服；或灌服石蜡油或植物油 5~10mL。

（2）收敛止泻，若胃肠内容物已基本排尽，粪的臭味不大而仍剧泻不止的病例，可用矽碳银 1~2g，淀粉糊适量，混合灌服；或用鞣酸蛋白 2~5g，加适量水灌服以保护胃肠黏膜。若腹痛明显，可内服颠茄酊 0.5~1.0mL。

（3）制止胃肠内容物腐败发酵，抑制肠内致病菌增殖，消除胃肠炎症过程。可选用磺胺脒 100~300mg/（kg·bw），分 2~3 次灌服，或肌内注射庆大霉素 2.0 万 ~4 万 IU，2~3 次 /d。

（4）补液、解毒和强心，可用 5% 葡萄糖生理盐水 20~30mg、5% 碳酸氢钠注射液 5~10mL、10% 安钠咖注射液 1mL，静脉注射，1 次 /d。也可用口服补液盐（氯化钠 3.5g、碳酸氢钠 2.5g、氯化钾 1.5g、葡萄糖 20g，加常水 1 000mL）让其自由饮用。

（5）对经过治疗而正在恢复的家兔，可应用苦味健胃剂，如内服龙胆酊 1~2mL/ 次，或用芳香性健胃药物，如内服陈皮酊 2~4mL/ 次。

（6）对病情较轻，不需治疗的病兔，要限制其采食，至少禁食 12~24h，在此期间可给少量的饮水，然后少喂多添，直到病兔完全恢复为止。

第六节　兔毛球病

毛球病是兔采食了多量兔毛，食物与毛缠结，在胃或肠内形成毛球，造成消化道阻塞的一种疾病。其特征是长期消化不良，便秘，粪便带毛。

一、病因

毛球病发病原因有以下几种：

梳毛、采毛不及时，兔毛脱落，粘在食槽和饲料上被兔吃下去，引发此病。

兔间互相咬舔或吞食兔毛而引起此病。

母兔在分娩后吃兔毛，易得此病。

饲料中缺少维生素和钙、磷等矿物质，缺乏青绿饲料，运动不足，使兔体内少量的兔毛不能及时排出，久而久之形成毛团，积存在胃肠中。

家兔患有食毛癖。

二、临床症状

食欲不振，喜饮水，精神倦怠，喜卧。粪球大小不一或形成一串一串的粪球（图 7-6-1），粪便中有兔毛。因饲料发酵，使胃臌胀。胃内容物形成坚硬的毛球（图 7-6-2），阻塞幽门口，或进入小肠后造成肠阻塞，出现腹痛不安，继而导致胃肠破裂而死亡。

三、防治

1. 预防措施

饲养管理要精心，把脱落的毛拾起来，严防混入饲料中。及时补充含维生素和矿物质丰富的饲

图 7-6-1　形成一串粪球（薛帮群 供图）

料。兔笼要宽敞，防止互相啃毛。

2. 治疗措施

（1）灌服豆油或花生油 40mL，或服蓖麻油 20mL，以便于排出毛球。

（2）用温肥皂水深部灌肠，灌 50~100mL，2 次 /d，连续 3d。

（3）口服大黄苏打片，或服龙胆酊片，3 片 / 次，幼兔减半，1 次 /d，连续 3d。

（4）严重时可行手术从胃内把毛球取出来。

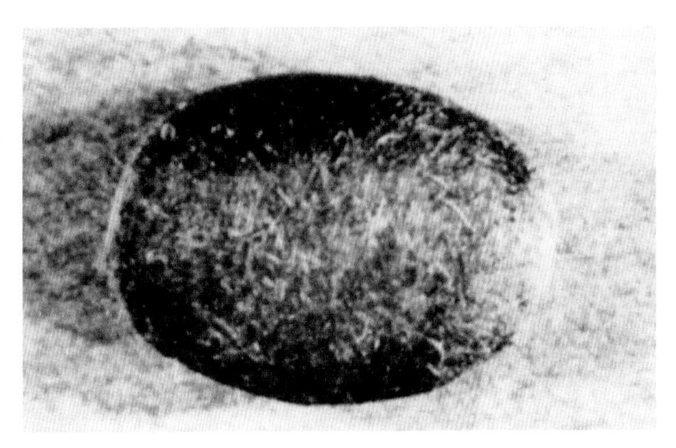

图 7-6-2　胃内取出的毛球（薛帮群 供图）

第八章

兔营养缺乏症

第一节 兔维生素缺乏症

维生素是动物机体正常生长、繁殖、生产及维持自身健康所需的微量有机物质，是维持正常代谢机能所必需的一类低分子有机化合物，也是家兔重要的营养要素之一。家兔对维生素的需要量虽然很少，但对维持健康、保持机体正常生理活动是十分必要的。在饲养生长过程中维生素缺乏带来的危害不容忽视。

一、兔维生素 A 缺乏症

维生素 A 又叫抗干眼病维生素。它的主要生理功能为维持一切上皮组织的完整、促进结缔组织中黏多糖的合成、维持细胞膜及细胞器线粒体、溶酶体膜结构的完整及正常的通透性以及构成视觉细胞内感光物质的成分。维生素 A 缺乏症是由于动物体内维生素 A 不足而引起的以生长发育受阻、视觉障碍和器官组织上皮细胞角质化为特征的一种代谢病。在生产实践中，仔兔、幼兔和母兔多发，常于冬末春初青绿饲料缺乏时发生。

1. 病因

一是饲料中维生素 A 或胡萝卜素长期缺乏或不足；二是饲草料储存的时间过长，造成饲料中过氧化脂肪酸和抗氧化剂的减少，从而造成维生素 A 的破坏；三是肝脏受到损伤时，肝内贮备的维生素 A 减少会造成维生素 A 的缺乏；四是矿物质、微量元素的缺乏影响体内胡萝卜素的转化和维生素 A 的储存；五是妊娠或哺乳期对维生素 A 的需求量增加，如不及时补充会缺乏；六是长期腹泻，罹患热性病时维生素 A 的排出和消耗增多，如不及时补充会造成缺乏；七是饲养管理条件差，圈舍污秽不洁、寒冷、潮湿、通风不良，过度拥挤均可引起该病。

2. 临床症状

病兔生长缓慢，严重病例体重减轻，头倒向一侧或后仰，并无复原能力或头颈缩起，四肢麻痹，偶尔还可以看见惊厥。时间拖长的病例自发运动减少，最后不运动。有时出现相似于中耳炎的症状，如转圈，头转向一侧或两侧来回摇摆。成年兔和仔兔均可出现眼的病变（图 8-1-1），并以成年兔出现最早。角膜表面出现模糊的白斑或白带，通常在角膜中央或其附近，上下眼睑之间呈平行走向。眼睛周围积有干燥的痂皮样眼垢。

缺乏维生素 A 的母兔常发生不孕，或即使怀孕也易发生流产、死产或畸形。幼兔有时在出生几周后出现脑积水（图 8-1-2）。

8-1-1　眼疾整窝仔兔出生后眼角膜浑浊失明（任克良 供图）

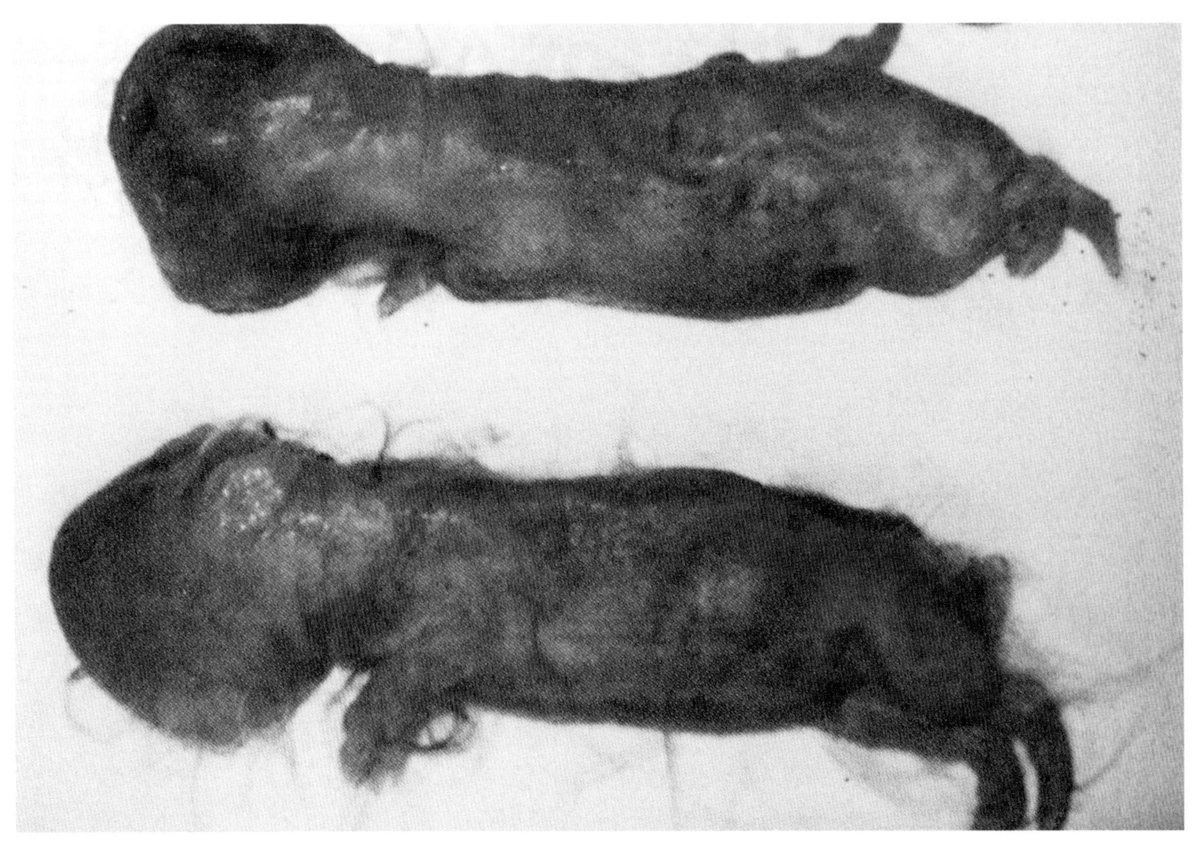

图 8-1-2　脑积水胎儿头颅膨大（任克良 供图）

3. 病理变化

病理剖检中，维生素 A 缺乏的明显损害为眼和脑。慢性维生素 A 缺乏，由于动物机体抵抗力下降和继发感染，经常发生肺炎和肾炎。患病母兔所生仔兔，刚生下时就有脑内积水的情况（图 8-1-3），其颅弯窿前囟宽软，由少量成骨结缔组织组成，头部背侧可见一突出的隆起。小脑通过枕骨孔形成疝，大脑半球变薄、易脆。生后能存活几周的幼兔，不出现头大症状，但移去颅骨后，易发现脑水肿。成年家兔维生素 A 缺乏不发生脑水肿，而眼的损害不论在成年兔或生后几月龄幼兔都能发现。维生素 A 缺乏兔的臼齿，有凹凸不平的磨损。

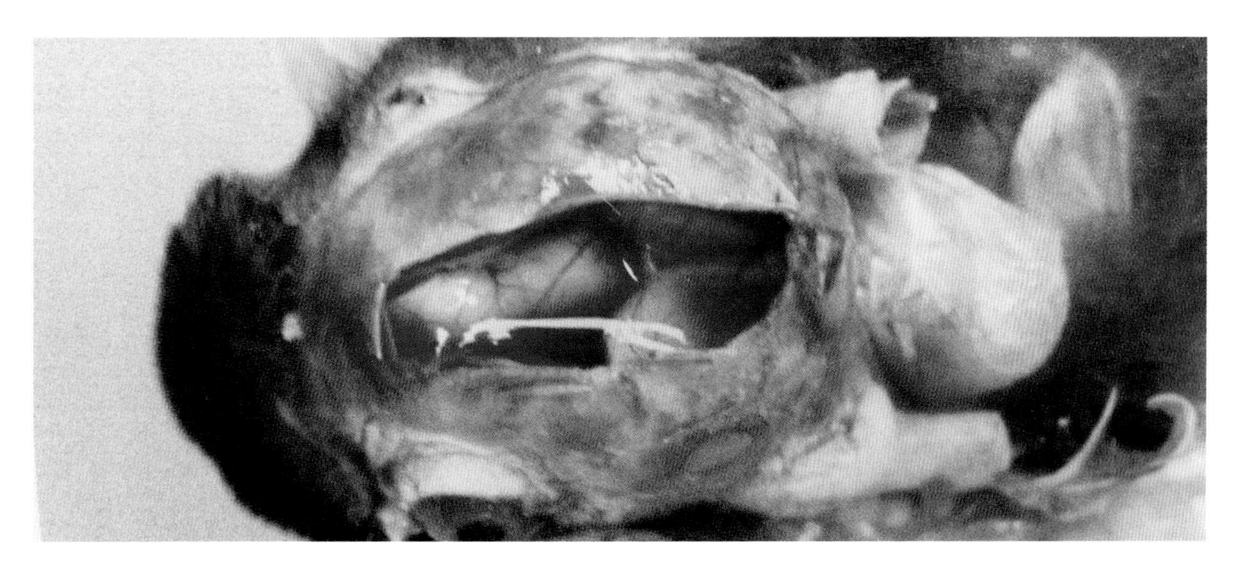

图 8-1-3　颅腔积水，大脑萎缩（任克良 供图）

病理组织学检查，角膜和球结膜上皮角化，角膜上皮偶尔发生囊肿变性和溃疡，角膜基质水肿、血管增生和炎性细胞浸润。此外，神经系统、骨骼和肾脏等也有明显的组织学变化。

4. 诊断

饲料中长期缺乏青饲料或维生素 A 含量不足。有发育迟缓、视力、运动、生殖等功能障碍。测定血浆中维生素 A 的含量，低于每 100mL 20 μg 为维生素 A 缺乏。该病的症状在多种疾病都有可能出现，因此，诊断时在排除相关疾病后，应和饲料营养成分不足联系起来进行分析。

5. 类症鉴别

（1）产后麻痹。产后麻痹是在产仔后出现跛行，四肢或后躯突然麻痹。而维生素 A 缺乏症是各种年龄兔，包括公兔都可发生，它除有神经麻痹症状外，还可能出现夜盲、干眼、皮肤干燥、被毛粗乱等一系列症状。

（2）妊娠毒血症。妊娠毒血症的显著特点是顽固拒食，粪便变形，有黏液，恶臭，尿液少而呈黄白色，肝、肾、心肌颜色苍白。这些是维生素 A 缺乏症所没有的。

6. 防治

（1）加强兔的饲养管理，科学配制兔全价饲料。在兔的日粮中，要添加富含维生素 A 原的饲料，如在兔的日粮（饲料）中添加黄玉米、胡萝卜、南瓜、青绿的豆科植物等饲料，或在混合饲料（干）中添加维生素 A10 000 IU/kg。添加维生素 A 不可过量，若添加过量，轻者出现精神沉郁，食欲不振，体重明显下降，骨骼畸形，严重者会“中毒”致死。严禁给兔饲喂贮藏过久或腐败变质的饲料。

（2）预防兔慢性胃肠炎、球虫病等消化系统的慢性病。这样，就可使兔维持肠对维生素 A 的正常吸收、转化与利用机能，维持肝对维生素 A 的正常贮存机能。

（3）治疗方法。群体饲喂时每 10kg 饲料中添加鱼肝油 2mL。个别病例可内服或肌内注射鱼肝油制剂。

二、兔维生素 B_1 缺乏症

兔维生素 B_1 缺乏症又称硫胺素缺乏症，是由机体内硫胺素缺乏或不足而引起的以消化系统障碍和神经症状为特征的一种营养代射疾病。该病发病率可 20%，发病后容易误诊，造成兔的死亡。

1. 病因

硫胺素广泛存在于兔饲料中，谷物、米糠、麦麸及青绿牧草含量丰富，兔大肠微生物可以合成硫胺素，通常不易缺乏，但是由于抗营养因子的存在，饲养实践中硫胺素缺乏的病例经常出现。

（1）兔饲料中粗纤维含量不足，使大肠微生物区系紊乱，菌群在种类和数量上已偏离了正常的生理组合，影响硫胺素在肠道的合成。1~3 月龄的幼兔大肠合成硫胺素的能力较差，长期饲喂低纤维饲料，会产生消化不良，影响肠道对硫胺素的吸收。

（2）兔饲料中长期低剂量的添加抗生素容易引起肠道敏感菌获得耐药性，耐药菌株的形成，不仅扰乱了生态平衡，而且有可能选择出一些有广泛耐药性的流行菌株，从而引起兔发病，影响硫胺素的合成和吸收。兔饲料中不合理的使用抗球虫药，容易引发硫胺素缺乏症。

（3）在细菌和霉菌污染的饲料中，可能含有硫胺素酶，硫胺素酶破坏肠道的硫胺素；霉变饲料中霉菌所产生的霉菌毒素会使肠黏膜上皮细胞变性、水肿，影响硫胺素在肠道的吸收，引发兔的维生素 B 缺乏症。

（4）兔盲肠微生物能合成维生素 B_1。在兔软便中，含有丰富的维生素，所以也叫做维生素粪。如家兔不吃软便，或者是兔粪每天被很快清理掉，易发生维生素 B_1 缺乏症。

2. 临床症状及病理变化

病兔消化机能紊乱，粪便变软和便秘交替出现，全身肌肉松弛。后来造成神经系统损害，麻痹、抽搐，运动失调，躯体向一侧倒伏，不能站立，头向后仰，生长发育受阻。病兔面部肌肉麻痹，咀嚼无力，影响食物的吞咽，后期病兔出现心率不齐而死。病理变化：后肢瘫痪，心肌变性，胃肠道充血、水肿，脑灰质软化。

3. 诊断

根据临诊症状和脑灰质软化的病理变化，结合对病因的分析，补充硫胺素后症状改善可确诊。

4. 类症鉴别

（1）兔李氏杆菌病。

相似处：二者均有被毛松乱，食欲不振，四肢无力，行动不稳，有神经症状，怀孕母兔流产等临床症状。

不同处：兔李氏杆菌病的病原为李氏杆菌，具有传染性。病兔精神沉郁，食欲减少或废绝，被毛松乱，多数病兔体温在 40℃以上，鼻腔流出黏液性分泌物。死前常有挣扎现象。有的病兔全身颤抖，做转圈运动，头颈偏向一侧，运动失调，倒地后四肢呈游泳状划动。怀孕母兔流产，从阴道内流出红色或棕色的分泌物，出现中枢神经机能障碍等症状。有的病兔眼内有白色分泌物，眼球浑暗。剖检可见肝肿大，呈紫红色，质地脆弱。肝、脾、肾有散在性或弥漫性针尖大的淡黄色或白色的坏死点。

（2）兔维生素 B_2 缺乏症。

相似处：二者均有行走困难，食欲不振，生长不良，消瘦等临床症状。

不同处：兔维生素 B_2 缺乏症的病因是日粮中维生素 B_2 缺乏。病兔表现食欲不振，腿足无力，生长受阻，口腔黏膜炎症不易康复，黏膜发黄、流涎，全身无力，视力减退、流泪，消瘦、厌食，频繁腹泻，贫血，痉挛和虚肥，有的出现口炎、阴道炎。繁殖能力下降。被毛粗乱，脱色，局部脱毛，乃至大片脱毛。

（3）兔弓形虫病。

相似处：二者均有食减，消瘦，运动失调，神经症状等临床症状。

不同处：兔弓形虫患病兔初期主要表现为突然不食、精神沉郁；体温升高 41℃以上，常呈稽留热型；呼吸困难，多呈腹式呼吸型；有浆液性或脓性的鼻液与眼屎。患病兔在后期表现为嗜睡，并出现全身性惊厥、后肢麻痹的神经症状，最后衰竭而死亡。该型弓形虫病的病程通常不超过 7d。中老龄患病兔主要表现为厌食、精神不振，身体逐渐消瘦，并可出现后躯麻痹的中枢神经症状。该型弓形虫病的病程通常较长，死亡率也较低。

5. 防治

预防此病要加强饲养管理，清除霉变饲料，饲喂维生素 B_1 含量较为丰富的饲料，如啤酒酵母、花生饼、米糠和麦麸等。对维持料而言，维生素 B_1 含量不低于 7mg/kg，对繁殖料而言，日粮中维生素 B_1 含量要达到 10mg/kg。病兔可内服维生素 B_1 药片 1~2 片（每片含维生素 B_1 10mg）或肌内注射维生素 B_1 制剂，如盐酸硫胺素注射液、丙酸硫胺素注射液，用药 7~10d。

三、兔维生素 B_2 缺乏症

兔维生素 B_2 缺乏症又称核黄素缺乏症，是由机体内核黄素缺乏或不足而引起的一种营养代谢病。维生素 B_2 属于水溶性维生素，为橙黄色结晶化合物，水溶液呈现黄绿色荧光。对热稳定，在碱性溶液中易被破坏。

1. 病因

饲料中维生素 B_2 含量较为丰富，较少出现缺乏，许多蔬菜和豆荚中都含有维生素 B_2，核黄素是动物机体许多酶系统的重要组成部分，动物机体核黄素不足可引起物质和能量代谢紊乱。饲粮中缺少维生素 B_2，饲料变质或加工不当，或患胃肠道疾病和吸收障碍时也可以发生该病。

2. 临床症状

发病初期，一般精神不振，食欲减退，生长发育缓慢，体重低下。皮肤增厚、脱屑、发炎，被毛粗糙、脱色，局部脱毛乃至秃毛。黏膜黄染，流泪，流涎。长期缺乏可引起母兔不育或所产仔兔畸形，泌乳减少，繁殖力下降。

3. 诊断

主要根据饲料因素、临诊症状进行诊断。

4. 类症鉴别

（1）兔锰缺乏症。

相似处：二者均有生长缓慢，不能行走，胚胎畸形等临床症状。

不同处：锰缺乏症患病兔骨骼发育异常，前肢弯曲，肱骨短而脆，骨骼重量、密度、长度和灰分含量均降低。幼兔生长受阻，有的共济失调，严重时母兔发生繁殖障碍。组织学检查，臂骨近端骨骺板变薄，骨小梁稀疏，钙化软骨针状结构减少。

（2）兔维生素 B_1 缺乏症。

相似处：二者均有行走困难，食欲不振，生长不良，消瘦等临床症状。

不同处：兔维生素 B_1 缺乏症的病因是日粮中维生素 B_1 缺乏。病兔消化机能紊乱，粪便变软和便秘交替出现，全身肌肉松弛、麻痹、抽搐，共济运动失调，躯体向一侧倒伏，不能站立，头向后仰，生长发育受阻，消瘦，昏迷，渐进性水肿。病兔不出现厌食，能吃一些青草、树叶，但是，由于面部肌肉麻痹咀嚼无力，影响食物的吞咽，后期病兔出现心率不齐而死。母兔妊娠期发病，产仔下降，弱仔，死胎，烂胎，生后缺陷，仔兔发育迟缓，死亡率高。病理变化可见患病兔脑灰质软化。

5. 防治

合理调配日粮，适当添加酵母、补充核黄素添加剂，能有效地预防该病的发生。治疗可及时给予维生素 B_2，按每千克饲料 20mg 添加，连用 1~2 周后减半，或肌内注射维生素 B_2，一般连用 1 周。

四、兔维生素 E 缺乏症

维生素 E 又叫生育酚、抗不孕维生素。兔维生素 E 缺乏症主要是机体内维生素 E 缺乏所引起的一种表现形式多样的营养代谢病，以肌肉营养不良（尤其以背部、后躯肌肉消瘦和苍白为特征）、麻痹以及母兔繁殖障碍、流产、死胎为特征。各种动物均可发生，以幼龄动物多发，且往往与硒缺乏症并发，特称硒 - 维生素 E 缺乏症。

1. 病因

饲料中维生素 E 含量不足，不饱和脂肪酸含量过高，或脂肪酸酸败，破坏了饲料中的维生素 E，或因肝病影响维生素 E 的贮存和吸收。在全价配合饲料的日粮中，维生素 E 的供给量是一个不容忽视的问题。维生素 E 是一种抗氧化剂，不仅对繁殖产生影响，而且参与新陈代谢的调节，影响腺体和肌肉活动。维生素 E 缺乏可导致营养性肌肉萎缩。

2. 临床症状

肌肉僵直，进行性肌无力（图 8-1-4），体重下降，随衰竭而死亡。病程可分为 3 个时期。第 1 期以肌酸尿、增重波动不大及采食减少为特征。临诊体征开始于第 2 期，有的兔前肢僵直而头稍回缩，有时保持数小时，此时体重急剧下降，饲料消耗大幅减少，到此期终了，或下一时期开始时则食欲废绝。第 3 期为急性营养不良，持续 1~4d，最后死亡。病兔的脚迅即撑起，经过一度有力挣扎后保持竖立姿势，有的在呈现这些症状时死去，而有的在死前数日陷于全身衰竭，这些病兔爬起时全身不显紧张。另有涉及中枢神经系统受害的症状，如转圈、共济失调、头弯向一侧和衰竭而处于趴卧状态。母兔受胎率降低，流产或死胎。公兔可导致睾丸损伤和影响精子的产生。

3. 剖检特征

大体变化常限于骨骼肌，心肌也不免受害。以椎旁肌群、咬肌、膈肌和后肢随意肌的受害最为常见。肌肉萎缩，呈苍白色（图 8-1-5），呈透明样变性、坏死，肌纤维有钙化倾向。腰肌群含小的苍白色斑点，杂有出血纹理和大块易碎的黄色坏死组织。心肌一般看不到大体病变，间或有显微变化。但在严重病例，可见心肌损害，心室壁、乳头状肌、间或心肌有界限分明的灰色区。有的可

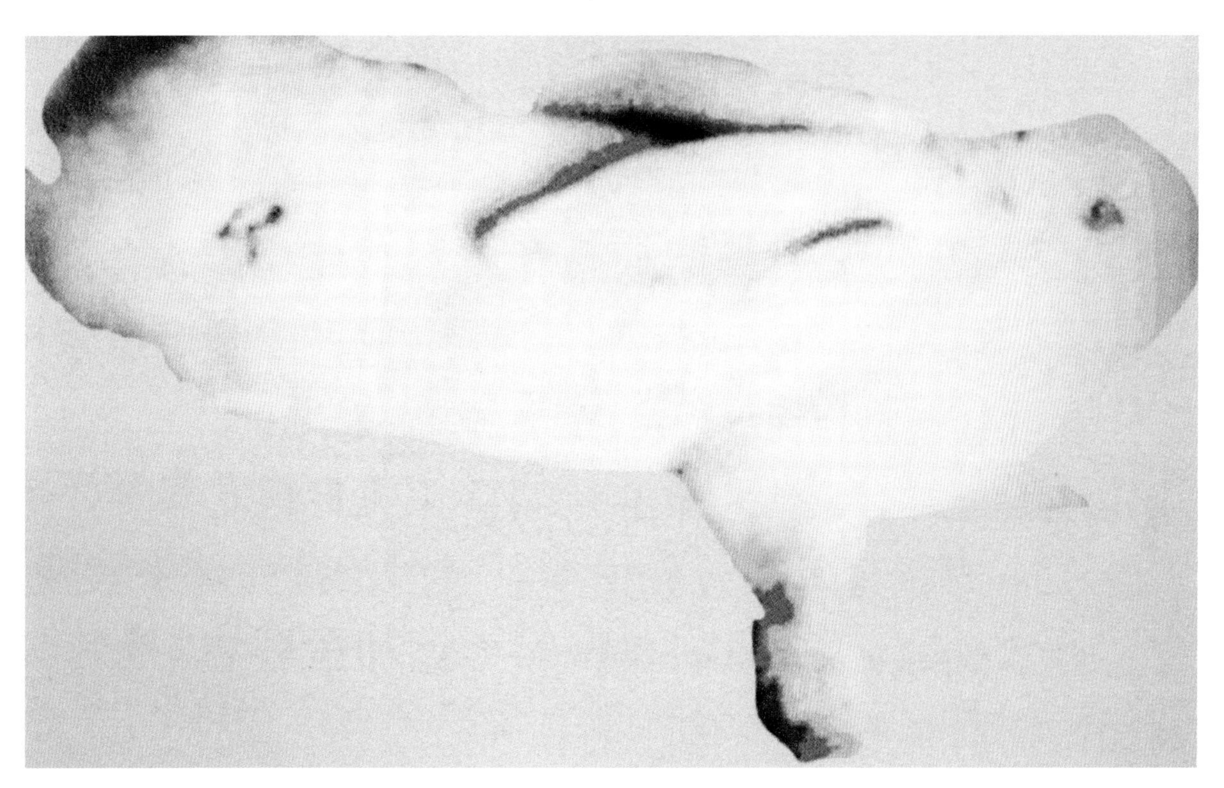

图 8-1-4　病兔肌肉无力，两前肢向外侧伸展（王云峰 供图）

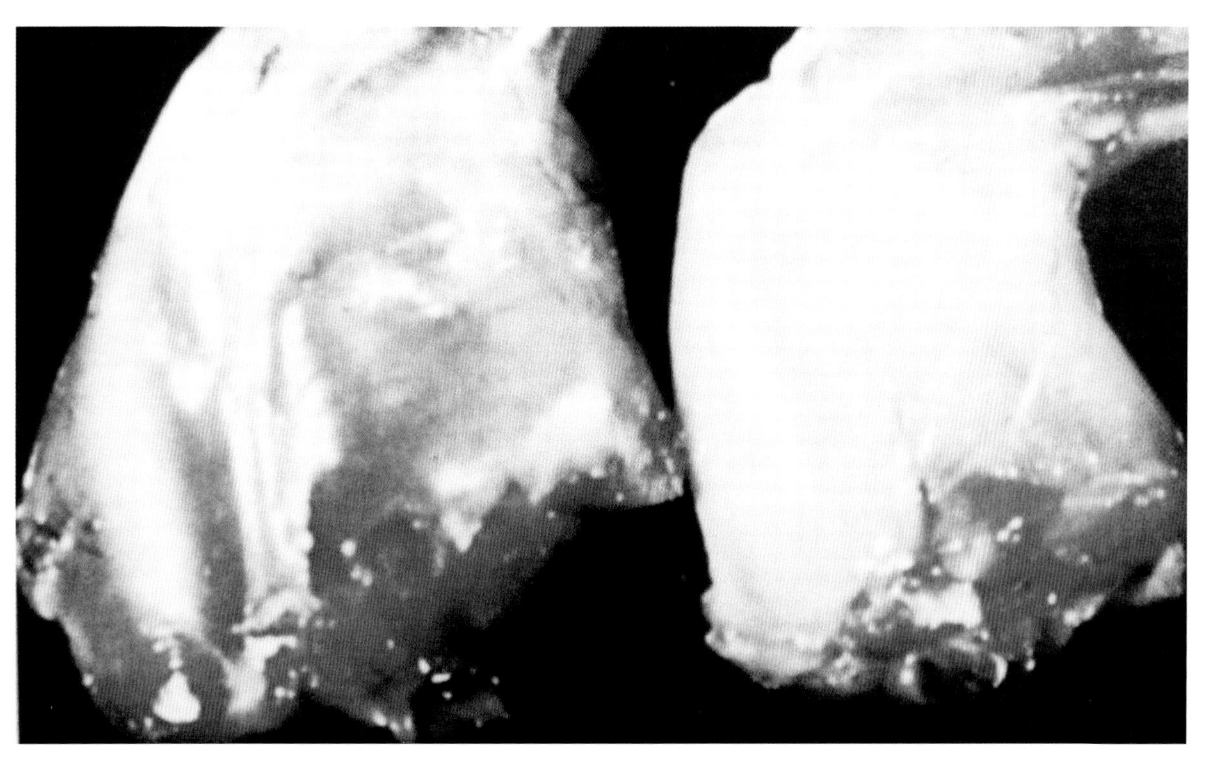

图 8-1-5　横纹肌透明变性、苍白（程相朝 供图）

见皮下组织和内脏黄染，急性病例肝脏呈紫黑色，比正常大 1~2 倍，质脆易碎，呈豆腐渣样。慢性病例的肝脏表面凹凸不平，正常肝小叶和坏死肝小叶混合存在，体积缩小，质地变硬。

骨骼肌的组织学变化，以初期的肌细胞肿胀、横纹消失的透明变性，肌浆凝集及肌纤维断裂或萎缩为特征。有的肌纤维发生空泡变性，并有脂类沉着物和钙化颗粒蓄积，同时有异嗜白细胞和巨噬细胞构成的炎性细胞浸润。在肌膜管内也可见含色素和碎屑的巨噬细胞。心肌的变化包括肌变性和炎症反应，即横纹消失和肌纤维凝固性坏死；核固缩和核破裂；水肿、出血和单核细胞浸润。有时可见营养不良性钙化的颗粒。临诊病理学检查血清肌酸磷酸激酶水平以及尿液肌酸 / 肌酐比值增高。血液谷脱甘肽过氧化物酶活性降低，肝脏和肾脏硒含量低于正常值，由于心肌损伤，心电图改变。

4. 诊断

根据心肌营养不良、肌肉变性、出血性素质、繁殖障碍的临诊症状和病理变化，结合测定病兔血清肌酸磷酸激酶水平、尿液肌酸 / 肌酐比值及血液谷脱甘肽过氧化物酶活性，日粮中维生素 E 含量及肝脏和肾脏硒含量有助于该病的诊断。

5. 类症鉴别

兔维生素 B_6 缺乏症。

相似处：二者均有神经症状，瘫痪，不能站立，母兔受胎率降低，流产或死胎。公兔可导致睾丸损伤和影响精子的产生。

不同处：兔维生素 B_6 缺乏症的病因是日粮中维生素 B_6 缺乏。多因饲料暴晒遭紫外线照射而致维生素 B_6 缺失。患病兔耳朵周围皮肤增厚和出现鳞片，鼻端和爪出现疙瘌，眼睛发生结膜炎。骚动不安，瘫痪，最后死亡。母兔表现性周期紊乱，不发情或空怀率增高，死胎增加，妊娠后半期出现尿石症。公兔睾丸萎缩，无精子或性功能丧失。仔兔高度生长发育滞后，虚弱，死亡率增高。

6. 防治

（1）预防措施。预防上要注意保证饲料中维生素 E 的供应。平时注意补充青绿饲料，日粮中添加大麦芽、苜蓿、植物油或 α - 生育酚。避免喂给酸败饲料。低硒地区的家兔，日粮配合时必须添加硒和维生素 E。当饲料贮存时间过长或发生酸败、饲料中脂肪较多、肝发生病变或母兔因怀孕而对维生素 E 需求增加时，可考虑在饲料中直接补充维生素 E，并及时治疗肝球虫病及其他肝脏疾病。

（2）治疗措施。维生素 E 和硒有协同作用，当出现该症时要考虑到是否有硒的缺乏。特别对于肌营养不良、心肌炎、肝坏死，在治疗时补充硒制剂和维生素 E 有很好的效果。在日粮中按 0.32~1.40mg/（kg·bw）添加维生素 E，让兔自由采食。肌内注射维生素 E 制剂，1 000 IU/ 次，2 次 /d，连用 2~3d。肌内注射 0.2% 亚硒酸钠溶液 1mL，每隔 3~5d 注射 1 次，共 2~3 次。在饲料中加入右旋生育酚 19~22mg/kg，或加入混旋生育酚 24~28mg/kg。

病兔群饲料中补加硒 - 维生素 E，每吨饲料中加 0.22g 亚硒酸钠和 100~150mg 维生素 E，也能收到与注射相同的疗效，更适于群体的防治。还可用 0.1% 亚硒酸钠生理盐水溶液 1~2mL，深部肌内或皮下注射，10~20d 注射 1 次，连用 2~4 次，剂量不可过大，以防中毒。

五、兔维生素 D 缺乏症

兔维生素 D 缺乏症又称佝偻病，是幼龄兔生长骨板软骨骨化障碍及骨基质钙盐沉着不足的慢性代谢性疾病。以生长发育不良、骨骼发育畸形和易骨折为特征。该病可分为先天性佝偻病和后天性佝偻病。兔需要维生素 D，它有调节钙、磷代谢的作用，促进钙、磷的吸收，调整血液中钙、磷水平，促进骨骼的形成。因此，维生素 D 不足会造成骨的钙化不良或停止，钙、磷比例失调，利用率降低，使骨骼生长缺乏原料，长得不硬，故又称软骨病，主要发生在幼兔。维生素 D 在体内必须经过肝和肾 2 次羟化变成 1，25- 二羟胆固醇后才具有生理作用。

1. 病因

幼兔饲料中维生素 D 缺乏；病兔患肝脏及胃肠疾病，对维生素的吸收、转化、贮存、利用发生障碍；矿物质等微量元素缺乏，影响体内维生素的转化和吸收。

2. 临床症状

（1）先天性佝偻病。仔兔出生后体质软弱，肢体异常、变形，前肢呈“O”形或后肢“X”形。与同龄兔相比能站立起的时间延迟，且站立不稳，走路摇摇晃晃。四肢向外倾斜（图 8-1-6）。

（2）后天性佝偻病。精神不振，食欲减退，逐渐消瘦，生长发育缓慢。随病情发展出现骨骼的改变，主要是弓腰凹背，四肢关节疼痛，出现跛行，长管骨干骺端膨大，关节肿大（图 8-1-7）。在体重的负荷之下，四肢骨骼逐渐弯曲。肋骨与肋骨结合处肿大（图 8-1-8），出现特征性佝偻病“骨

图 8-1-6　四肢向外倾斜，身体呈匍匐状，凹背（任克良 供图）

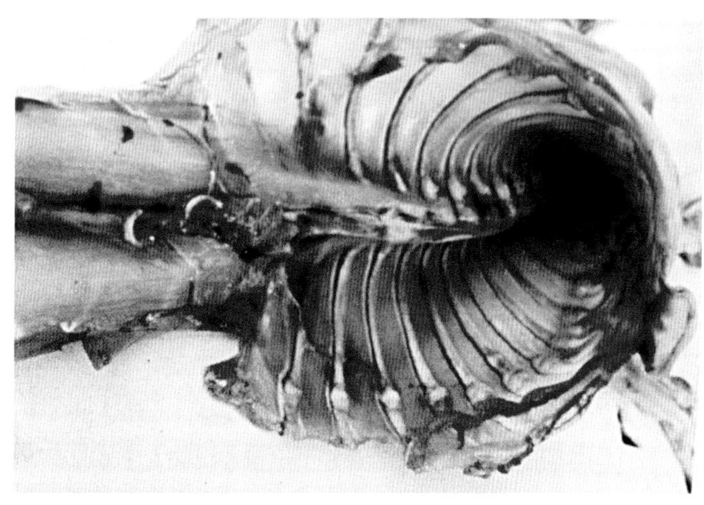

图 8-1-8　肋骨与肋软骨结合处形成结节肿大（任克良 供图）

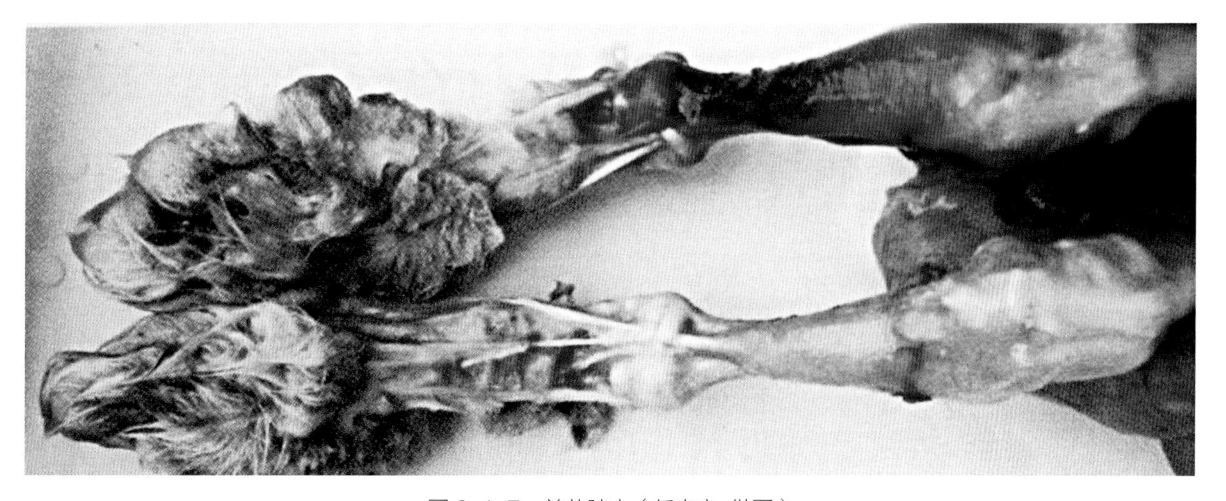

图 8-1-7　关节肿大（任克良 供图）

串珠”。由于肋骨内陷胸骨凸出形成“鸡胸”。

（3）骨质疏松。“X”线摄影表明，腿骨骨髓板挠骨、尺骨和股骨远端、股骨近端进行性增宽。这种变化由软骨细胞增生和骨样组织的不全钙化所致易发生骨折。

严重病例因血钙降低而出现抽搐，随后死亡。临诊病理学检查血清磷水平下降和碱性磷酸酶活性升高，血清钙含量变化不明显，仅在病后期才有所下降。

3. 诊断

检测饲料中钙、磷含量；根据先天性仔兔体质软弱、肢体异常、变形，走路摇晃，四肢向外倾斜，后天性弓腰凹背、四肢骨骼弯曲，易骨折，出现特征性“骨串珠”“鸡胸”等可确诊；治疗性诊断，即补钙剂疗效明显。

4. 类症鉴别

兔锰缺乏症。

相似处：二者均有生长迟缓，消瘦，行走吃力，常以附关节着地等临床症状。

不同处：兔锰缺乏症的病因是日粮中锰缺乏。患病兔骨骼发育异常，前肢弯曲，肱骨短而脆，骨骼重量、密度、长度和灰分含量均降低。幼兔生长受阻，有的共济失调，严重时母兔发生繁殖障碍。组织学检查，臂骨近端骨骺板变薄，骨小梁稀疏，钙化软骨针状结构减少。

5. 防治

（1）预防措施。注意饲料多品种配合，钙、磷比以（1~2）：1 为宜。兔对维生素 D 的需要量在很大程度上取决于日粮中的钙、磷比例，偏离最佳范围，均要满足维生素 D 需要量。日粮中补给蛋壳粉、骨粉、石粉等无机盐类。

（2）治疗措施。维生素 D 胶性钙，1 000~2 000 IU/（只·次），肌内注射，1 次 /d，连用 5~7d。维生素 AD 注射液，0.3~0.5mL/（只·次），肌内注射，1 次 /d，连用 3~5d。饲料中钙、磷含量分别应达 0.22%~0.4% 和 0.22%。

六、维生素 B_6 缺乏症

维生素 B_6（吡哆素）缺乏症是由于日粮中吡哆素不足或遭到破坏而导致转氨酶及脱羧酶合成受阻，蛋白质代谢障碍，以公兔无精子、母兔空怀或死胎、仔兔生长发育迟缓为特征的一种代谢性疾病。

1. 病因

饲料中维生素 B_6 含量不足，饲料加工贮存不当，饲料中的维生素 B_6 大量破坏，配合饲料时不重视添加维生素添加剂都能造成维生素缺乏症。另外，患病兔的肝脏及胃肠道疾病，对维生素 B_6 的吸收、转化、贮存和利用发生障碍；矿物质等微量元素的缺乏，影响兔体内维生素 B_6 的转化和吸收。长期轻度缺乏维生素 B_6，并不一定表现出临床症状，但可使兔的活动能力下降，对疾病的抵抗力降低，因此饲料中含有合理维生素 B_6 量，不仅能预防维生素 B_6 缺乏症的发生，而且还能不断增进健康水平。

2. 临床症状

患病兔耳朵周围皮肤增厚和出现鳞片，鼻端和爪出现疮痂，眼睛发生结膜炎。骚动不安，瘫痪，最后死亡。母兔表现性周期紊乱，不发情或空怀率增高，死胎增加，妊娠后半期出现尿石症。公兔睾丸萎缩，无精子或性功能丧失。仔兔生长发育滞后，虚弱，死亡率增高。

3.病理变化

公兔睾丸变小，实质萎缩，其内发生变性过程和完全无精。母兔卵巢发育不良，贫血，皮下组织水肿。

4. 诊断

根据尿液有黄酸盐、血液转氨酶活性显著降低以及临诊症状表现，结合日粮分析可作出诊断。

5. 类症鉴别

兔维生素 E 缺乏症。

相似处：二者均有神经症状，瘫痪，不能站立，母兔受胎率降低，流产或死胎。公兔可导致睾丸损伤和影响精子的产生。

不同处：维生素 E 缺乏患病兔的体征僵直，进行性肌无力，对饲料的消耗减少，体重下降，随衰竭而死亡。另有涉及中枢神经系统受害的症状，如转圈、共济失调、头弯向一侧和衰竭而处于趴卧状态。幼兔生长发育停滞，有的急性死亡。母兔受胎率降低，流产或死胎。公兔可导致睾丸损伤和影响精子的产生。

6. 防治

合理调配日粮，适当加入维生素 B_6 添加剂或复合多种维生素添加剂，每千克日粮中含 0.6~1.0mg 维生素 B_6，可有效地预防该病的发生。治疗用维生素 B_6 制剂，发情期 1.2mg/kg；被毛生长前期 0.9mg/kg，被毛生长后期 0.6mg/kg，可获得良好的治疗效果。

第二节　兔矿物质缺乏症

一、兔硒缺乏症

硒作为人和动物机体必需的微量元素，在保护机体组织和抗氧化方面发挥着重要的作用。机体硒含量不足会引起各类动物和人的疾病。家兔硒缺乏会引起以肌肉变性、生殖机能障碍为主要特征的疾病（称为兔硒缺乏症）。

1. 病因

（1）地球化学成分的差异和硒的不均衡分布形成了硒缺乏地区。地表土壤环境硒的不足或缺乏，导致在该地区生长的作物和牧草硒含量缺乏，对草食动物兔而言，这是造成缺硒的主要原因。

（2）硫在动物体内能与硒竞争性拮抗，影响动物对硒的吸收。汞、铅、锌、银、镉、铜、铝、锡、砷、铁等金属元素均属于硒的拮抗元素。饲料、饲草或动物机体内这些元素配合比例不科学或含量过高都会造成硒缺乏。

2. 临床症状

患兔被毛稀疏，食欲减退。成年兔体重下降，幼兔生长发育迟缓、精神不振，对外界刺激反应

明显迟钝。重症病例，身体僵直，肌肉乏力，运动平衡失调，转圈，神经系统发生障碍，头弯向一侧，全身痉挛或昏睡。兔多因极度衰竭而亡。

3. 病理变化

骨骼肌对称性出现白色条纹，心肌变性、坏死，以右心室的肌肉变性、坏死最为明显；肝肿胀，呈土黄色，质地硬而脆，并出现局部性坏死。

4. 诊断

（1）在硒缺乏区，除家兔发生硒缺乏症外，如其他畜禽或经济类动物均发生硒缺乏的症状，并伴有维生素 E 缺乏时，即可作初步诊断。

（2）实验室检验可见，血浆 GSH-Px 活性降低，血清谷草（丙）转氨酶活性升高，动物血及饲料中的硒含量降低（低于 0.05mg/kg）。

（3）用适量硒制剂注射或将硒添加到饲料中，如疗效显著，即可根据治疗结果作出诊断。

5. 类症鉴别

兔维生素 B_2 缺乏症。

类似处：患病兔均出现食欲不振，生长缓慢，脱毛，身体僵直，神经症状等。

不同处：兔维生素 B_2 缺乏症的病因主要是日粮中维生素 B_2 含量过少，患病兔主要症状是初期一般精神不振，食欲减退，生长发育缓慢，体重低下；皮肤增厚、脱屑、发炎，被毛粗糙、脱色，局部脱毛乃至秃毛；眼流泪、结膜炎、角膜炎，口唇发炎；继则出现神经症状，共济失调、痉挛、麻痹、瘫痪以及消化不良，腹泻，脱水，心脏衰弱，最后死亡。

6. 防治

治疗措施：需补充硒和维生素 E。患兔肌内注射 1% 的亚硒酸钠水溶液 0.1~0.5mL，连用 2d；或口服亚硒酸钠 0.5mg，每周给药 1 次；或内服维生素 E，按 0.6~1.0mg/（kg·bw），1 次 /d。

预防措施：饲料中添加微量元素硒，每千克饲料添加 0.05~0.1mg，同时按营养标准添加各种常量或微量元素，以防硒的拮抗物过量。

二、兔锌缺乏症

兔锌缺乏主要是由于兔的日粮中锌含量不足、代谢或排泄障碍所致的体内锌含量过低的现象。

1. 病因

锌的贮存、摄入量减少，消化道疾病妨碍锌的吸收，锌的丢失过多及遗传因素等可导致兔锌缺乏。

2. 临床症状

成年兔食欲下降，体重减轻，皮肤粗糙、增厚、起皱，严重者出现皮炎，被毛褪色，甚至脱落。幼兔生长发育不良，部分被毛脱落，皮肤出现鳞片，口腔周围肿胀、溃疡和疼痛，下颚和颈部被毛变湿。幼兔成年后繁殖能力丧失。母兔排卵障碍，受胎率下降，或分娩时间延长，胎盘滞下，仔兔多数难以存活。公兔睾丸萎缩，影响精子生成。病理学检查，血清锌浓度低于正常，血清碱性磷酸酶活性降低。

3. 诊断

根据有低锌和高钙日粮史、生长缓慢、脱毛及繁殖障碍等临诊表现，补锌后效果迅速可确诊。必要时可进行饲料中锌、钙等相关元素含量的测定。测定组织、血清锌含量有助于确诊。

4. 防治

预防上，应保证日粮中含足够的锌，并适当限制钙的水平。治疗上，营养性锌缺乏症可用于二价锌治疗，一个疗程为 3 个月。锌过量可影响铜、铁离子代谢，导致铜缺乏症，故必须适量服用锌剂。

三、兔铜缺乏症

家兔铜缺乏是由于饲料中铜含量不足造成的营养缺乏症，以被毛脱落、无光，腹泻，消瘦为特征。

1. 病因

长期饲喂铜缺乏土地生长的牧草，而且饲料和饮水中铜含量不足，机体对铜的吸收和利用受阻而发生的铜缺乏。另外饲料中硫酸盐、过磷酸钙含量过高，以及组织中钼、锌、铁、铅等含量过高均能降低铜的吸收。

2. 临床症状

被毛褪色是最易发现的症状，深色毛颜色变浅，黑毛变为棕色或灰白色，甚至白色（图 8-2-1），常见于眼睛周围、面部及躯体前部和脚部。被毛稀疏，弹性差，无光泽，严重者脱毛，并发生皮炎。腹泻，黏膜苍白，呈小细胞低色素性贫血。骨骼异常，常见骨骼弯曲，关节肿大，四肢易骨折。幼兔生长发育迟缓，母兔发情异常，不孕，甚至流产。

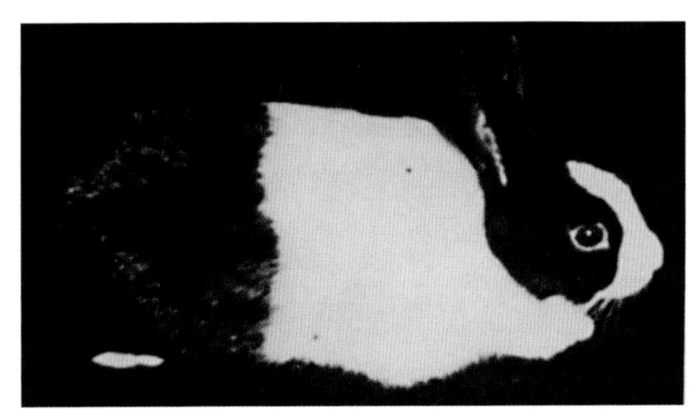
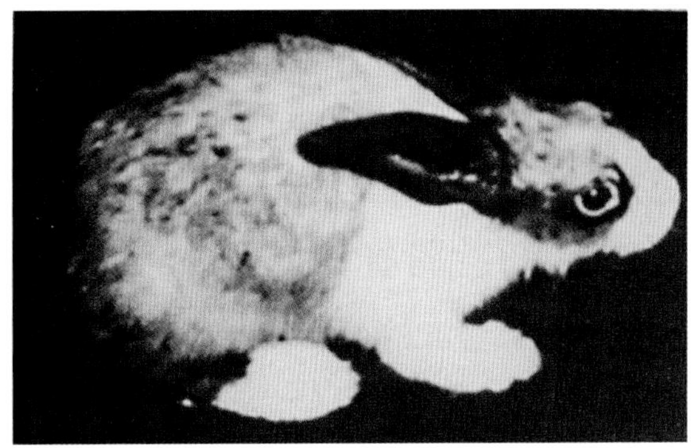

图 8-2-1　病兔被毛无光泽、脱落左图正常对照，右图为病兔（程相朝 供图）

3. 诊断

根据临诊症状、饲料检测及补铜后症状有明显改善，可做出初步诊断。可进行血液和组织铜浓度的测定。

4. 类症鉴别

（1）兔锌缺乏症。

相似处：患病兔均出现营养不良，被毛粗糙，褪色，脱毛，怀孕母兔流产等症状。

不同处：锌缺乏成年兔食欲下降，体重减轻，皮肤粗糙、增厚、起皱，严重者出现皮炎，被毛褪色，甚至脱落。幼兔生长发育不良，部分被毛脱落，皮肤出现鳞片，口腔周围肿胀、溃疡和疼痛，下颚和颈部被毛变湿。幼兔成年后繁殖能力丧失。母兔排卵障碍，受胎率下降，或分娩时间延长，

胎盘滞下，仔兔多数难以存活。公兔睾丸萎缩，影响精子生成。病理学检查，血清锌浓度低于正常，血清碱性磷酸酶活性降低。

（2）兔锰缺乏症。

相似处：患病兔均出现生长发育迟缓，骨骼弯曲，关节肿大，四肢易骨折等临床症状。

不同处：锰缺乏患病兔骨骼发育异常，前肢弯曲，肱骨短而脆，骨骼重量、密度、长度和灰分含量均降低。幼兔生长受阻，有的共济失调，严重时母兔发生繁殖障碍。组织学检查，臂骨近端骨骺板变薄，骨小梁稀疏，钙化软骨针状结构减少。

5. 防治

预防要加强饲养管理，补充饲喂含铜量较高的饲料。保证维持饲料中铜含量不低于 9.0mg/kg，繁殖料中铜含量不低于 14.0mg/kg。治疗上，口服 1% 的硫酸铜 1～3mL，每周 1 次，连用 3 周。

四、兔锰缺乏症

锰缺乏是由于日粮中锰含量过少所致的一种矿物质营养代谢病。锰缺乏症表现为兔生长发育不良，前肢弯曲，易骨折，骨质疏松，灰分含量减少。繁殖能力下降，发情异常。

1. 病因

锰缺乏症分原发性和继发性两种。原发性锰缺乏主要是由于日粮中缺乏锰，如在地区性缺锰的土壤上生长的作物籽实含锰量很低，饲料原料中玉米、大麦的含锰量较少；配方不当，无机锰补充量不足。继发性锰缺乏，主要是由于家兔对饲料中锰的吸收率和利用率降低，而诱发锰缺乏症。

2. 致病机理

锰是多种酶的组成成分，同时又是多种酶的激活剂。当锰缺乏时，细胞色素酶、胆碱脂酶、碱性磷酸酶的活性减弱，使相关物质代谢障碍。同时，多糖聚合酶和半乳糖转移酶的活性降低，导致硫酸软骨素合成障碍，影响骨骼的形成。

3. 临床症状

患病兔骨骼发育异常，前肢弯曲，肱骨短而脆，骨骼重量、密度、长度和灰分含量均降低。幼兔生长受阻，有的共济失调。缺锰时，繁殖障碍，母兔不孕，公兔性欲降低，精子形成受阻。

4. 病理变化

组织学检查，臂骨近端骨骺板变薄，骨小梁稀疏，钙化软骨针状结构减少。

5. 诊断

该病无典型症状，临床诊断困难。日粮中补充锰后症状明显好转等可做出进一步诊断。

6. 类症鉴别

兔佝偻病。

相似处：患兔均出现骨骼发育异常的症状，骨骼弯曲，共济失调。

不同处：佝偻病患兔主要症状是骨骼软化。四肢、脊椎、胸骨等出现不同程度的弯曲和脆弱。骨骼常常变粗，形成突起。因关节疼痛，行进时步态强拘、跛行，起立困难，特别是后肢行走时受到障碍。可见骨变形，关节肿胀。异食癖，消化障碍，消瘦。

7. 防治

补充硫酸锰。母兔每天补饲硫酸锰 2g，对繁殖性能有较好的效果。仔兔连续投服硫酸锰每天

4g，有预防作用。注意投服剂量不要过大，否则可导仔兔生长缓慢和血红蛋白含量的减少。

五、硫缺乏症

硫缺乏症是兔因营养紊乱而发生的以嗜食被毛成癖为特征的营养缺乏症，其特征为病兔啃毛与体表缺毛。

1. 病因

饲料中含硫氨基酸（蛋氨酸和胱氨酸）不足，忽冷忽热的气候是诱发原因，以断乳至 3 月龄的生长兔最易发病。

2. 典型症状与病理变化

该病多发于 1~3 月龄的幼兔。常见于秋冬或冬春季节。主要症状为病兔头部或其他部位缺毛。自食（图 8-2-2）、啃食其他兔（图 8-2-3）或相互啃食被毛的现象。食欲不振，好饮水，大便秘结，粪球中常混有兔毛。触诊时可感到胃内或肠内有块状物，胃膨大。由于家兔食入大量兔毛，在其胃内形成毛团（图 8-2-4），堵塞幽门或肠管，因此，偶见腹痛症状，严重时可因消化道堵塞而致死。剖检见胃内容物混有毛或形成毛球（图 8-2-5），有时因毛球阻塞胃而导致肠内空虚现象（图 8-2-6），或毛球阻塞肠道而继发阻塞部前段肠臌气。

3. 诊断要点

有明显食毛症状，有皮肤少毛、无毛现象，生前可见腹痛、臌气症状，剖检胃、肠可发现毛团或毛球。

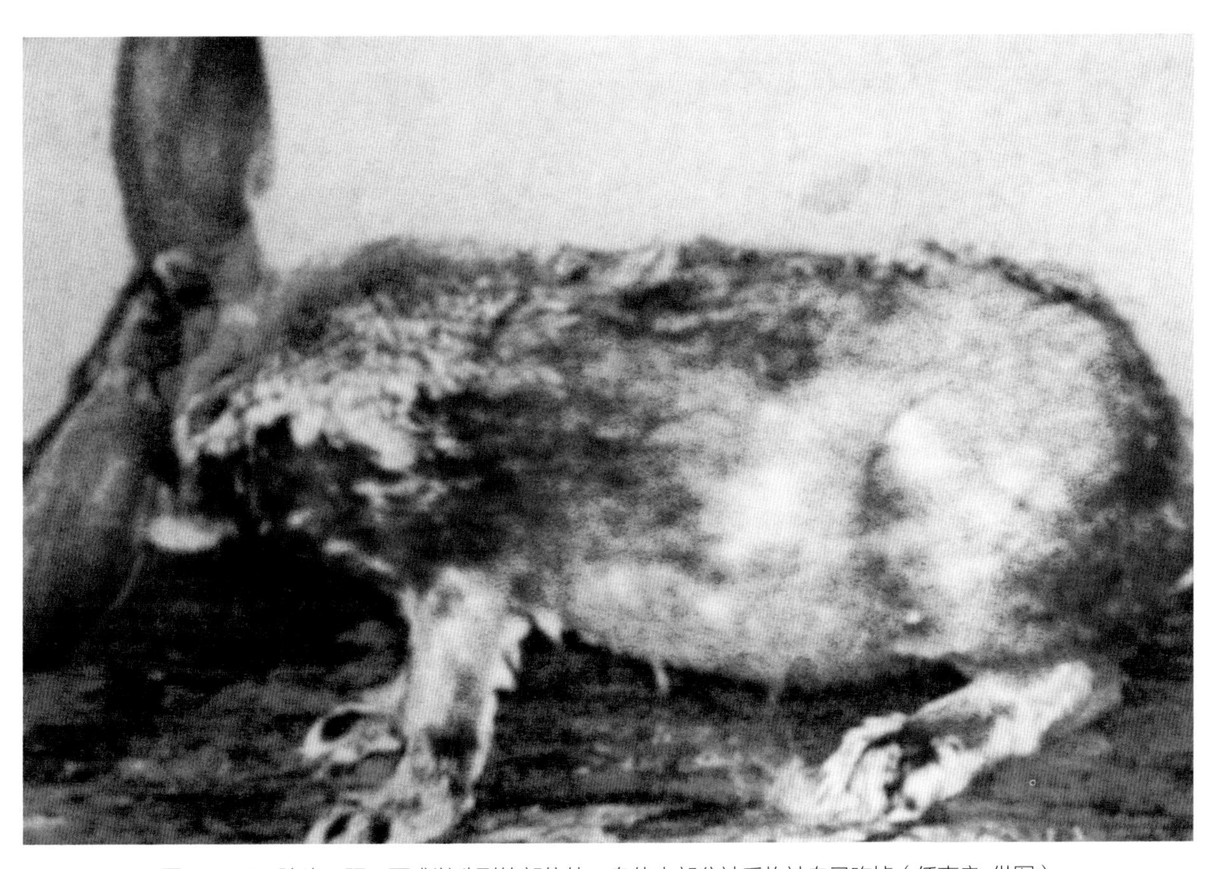

图 8-2-2　除头、颈、耳难以啃到的部位外，身体大部分被毛均被自己吃掉（任克良 供图）

图 8-2-3　右侧兔正在啃食左侧兔的被毛，左侧兔体躯大片被毛已经被啃食掉（任克良 供图）

图 8-2-4　胃内容物中混有大量兔毛（任克良 供图）

图 8-2-5 从胃中取出的大块毛团（任克良 供图）

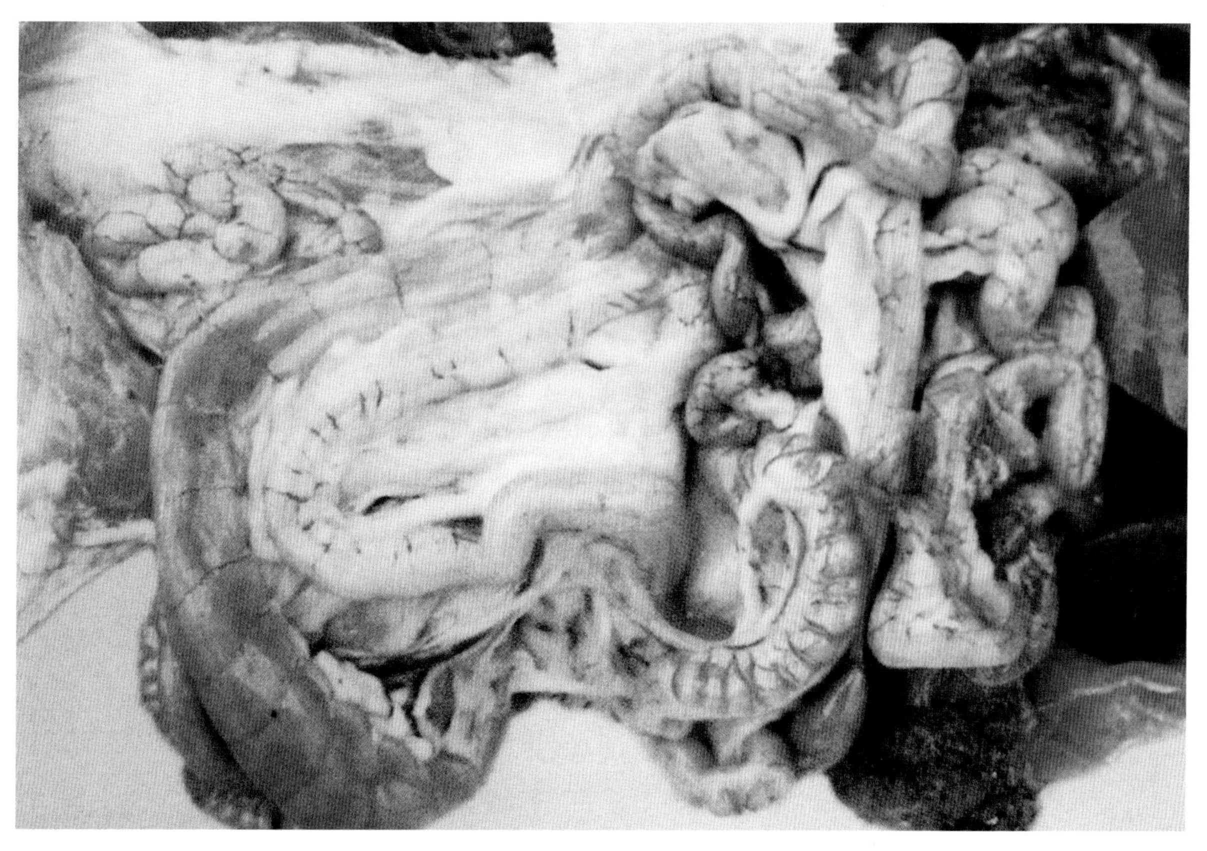

图 8-2-6 毛球阻塞胃使肠道空虚（任克良 供图）

4. 防治措施

日粮营养要平衡，精粗料比例要适当。供给充足的蛋白质、无机盐和维生素。饲养密度要适当。及时清理掉在饮水盆和垫草上的兔毛。兔毛可用火焰喷灯喷烧。每周停喂 1 次饲料可以有效控制毛球的形成，也可在饲料中添加 1.87% 氧化镁，防止食毛症的发生。

治疗：应及时将患兔隔离，减少密度，并在饲料中补充 0.1%~0.2% 含硫氨基酸，添加石膏粉 0.5%，硫黄 1.5%，补充微量元素等，一般 1 周左右，即可以停止食毛。诊疗注意事项：该病的诊断不很困难，但预防和治疗应重视多种营养成分的供给。

第九章

兔中毒病

第一节　兔土霉素中毒

土霉素是一种广谱抗生素，临床上应用广泛，不仅价格便宜，而且能获得很好的疗效，但在用药不当时，即使使用正常剂量，也会造成中毒。临床上中毒兔，以腹泻、排黏液状或水样稀粪为主。

兔属单胃草食动物，其盲肠是所有家畜中比例最大的。盲肠很像一个天然的发酵袋，其中繁殖着大量的微生物和原虫，起着反刍动物第一胃的作用，对粗纤维有较强的消化能力。土霉素是一种广谱抗菌素，用量过大，服用时间长，易引起动物中毒死亡，土霉素进入机体后吸收快，排泄达 12h 以上，故不论一次大剂量或多次连续超剂量用药，都能引起中毒。土霉素直接对消化道有刺激作用，刺激肠黏膜发炎。从病理剖检上看，胃肠黏膜严重出血，坏死，脱落，主要是药物直接刺激所致。而且土霉素破坏了消化道正常的微生物群系，使敏感菌受到抑制，消化系统蠕动减弱，因而出现食滞性消化不良等症状，病情继续发展加重了肝、肾代谢的负担，引起肝脏发生脂肪变性，对肝酶系统发生不利影响。呈现代谢障碍，损伤肝、肾、脾和肺等实质器官，故这些器官均有不同程度的肿胀、出血和淤血等一系列病理变化，从而导致病畜死亡。

一、病因

在使用土霉素治疗疾病时，用量过大；长期连续服用土霉素，超过 5d 以上；土霉素饲料预混剂添加动物日粮过量。每吨饲料最高添加量：促生长作用可用 50g，防病作用可用 100g。

二、临床症状

兔精神沉郁，被毛杂乱，身体消瘦，呆立无神，食欲减少或废绝，体温正常或稍微升高，口流黏性唾液，有的口角有褐色黏液，眼结膜潮红，呼吸加快，肺泡音粗劣。起卧不定，腹泻，排黏液状或水样粪便，肛门周围被毛有粪污，尿液呈锈红色。中毒严重的病兔卧地不起呈半昏迷状态，角膜反射迟钝，共济失调，弓背歪颈，瘫痪，死前尖叫，角弓反张。

三、病理变化

剖检见胸腔积水（图 9-1-1），气管和支气管有少量白色泡沫液，弥漫大量点状出血，肺水肿，肺小叶呈红褐色，心脏有少量淤血块，心脏血液凝固不良，呈紫黑色。肝肿大，呈黄褐色，质脆，脾肿胀，有少量点状出血。胃肠出血，胃内壁黏膜脱落，有大面积溃疡和出血点，内容物腐臭，小肠出血性炎症，肠壁及黏膜红肿，严重出血，黏膜易剥落，肾肿大，质地柔软，并有弥漫性出血点。

图 9-1-1　患兔胸腔积水（薛家宾 供图）

四、诊断

根据兔场曾经在兔配合饲料中添加超大剂量土霉素，投喂后家兔很快发病，临床表现、病理解剖和血液生化指标异常而诊断土霉素中毒。

五、预防

饲喂大剂量抗菌素药是不正确的做法，应引起广大养殖户注意。在使用抗生素拌料饲喂时，应做小范围的试验，当确定剂量安全时才可全群使用。应尽量减少抗生素的使用。因兔体小，服用土霉素的量应按体重计算，一般治疗量：口服剂量：30 ~ 50mg/kg/d，肌内注射 25mg/kg。

六、治疗

先停喂添加土霉素的饲料，采取保肝解毒，利尿，排毒，抗过敏及对症治疗等综合抢救措施进行救治。

立即停止饲喂混有超大剂量土霉素的配合饲料，重新配制饲料饲喂。并尽快确定有毒成分。尽量投喂新鲜的青绿饲料，增加水的供应。

保肝解毒，强心补液。对未发病兔饲喂电解多维和 5% 葡萄糖生理盐水。连用 5d。

病危兔，静脉注射 5% 碳酸氢钠注射液，大兔 20mL，中兔 15mL，小兔 10mL；25% 葡萄糖静脉注射液 10~20mL/ 只，1 次 /d；地塞米松用 2mL/d，2mL 维生素 C 针剂肌内注射，1 次 /d。乳酶生 1 片，碳酸氢钠 1 片，活性碳 0.5g，1 次口服。

第二节　兔亚硝酸盐中毒

兔亚硝酸盐中毒是由于兔摄食了含大量亚硝酸盐的青饲料后引起的中毒症。各种青绿饲料、白菜、小白菜、芥菜、菠菜、萝卜、苋菜、灰灰菜等植物，含有大量硝酸盐。若土壤中重施化肥、除草剂或植物生长刺激剂可促进植物中亚硝酸盐的蓄积；若日光不足、干旱或土壤中缺少硫或磷阻碍植物内蛋白质的同化过程，可使硝酸盐在植物中蓄积；在一定条件下，由于饲料、植物的贮存或加工调制不当，可产生有毒的亚硝酸盐。在自然界广泛存在的硝酸盐还原菌是导致家兔亚硝酸盐中毒的必备条件，如温度为 20 ~ 40℃，pH 值 6.3 ~ 7.0 的潮湿环境中该菌可将硝酸盐还原为亚硝酸盐。当动物采食了这类饲料时，即可引起亚硝酸盐中毒。

亚硝酸盐属于一种强氧化剂毒物，一旦被兔吸收入血液后，就会使体内正常低铁血红蛋白变为高铁血红蛋白。三价铁与羟基结合较为牢固，流经肺泡时不能氧合，流经组织时不能氧解离，致使血红蛋白丧失正常携带氧气的功能，而引起全身性缺氧。因此，就会造成全身各组织，尤其是脑组织受到急性损害。此外，亚硝酸盐具有扩增血管的作用，导致兔外围循环衰竭，加重组织缺氧、呼吸困难及神经功能紊乱。

一、病因

亚硝酸盐中毒又称高铁血红蛋白血症，主要是由于富含硝酸盐的饲料在硝酸盐还原菌的作用下，经还原作用生成亚硝酸盐，进入血液后引起兔血液输氧功能障碍。常见病因：

一方面青绿饲料、菜类饲料堆放时间过长，发霉腐烂。保存时间过长的青绿饲料、菜类等，均会使其中的硝酸盐转变为毒性较强的亚硝酸盐，兔群食入这种饲草后即可引起中毒。

另一方面当兔本身消化不良，胃内酸度下降，可使胃肠内硝化细菌大量生长繁殖，胃肠内容物发酵，将硝酸盐还原为亚硝酸盐，可引起兔群中毒。

二、临床症状

初期采食量减少和腹泻。继而黏膜发绀，耳、嘴等部皮肤呈蓝紫色，血液褐变，呼吸困难，行走不稳，耳廓呈乌青色，体温下降，口流白沫，磨牙，腹痛，最终全身抽搐而亡。

三、病理变化

剖检血液呈褐红色，凝固不良。胃内容物较多、酸臭，胃、小肠黏膜有不同程度的充血、出血，肠道积气明显，内有大量黏液（图 9-2-1），脾淤血呈褐色，质脆，胃黏膜充血（图 9-2-2）。肝肿大、淤血、质脆（图 9-2-3）。

四、诊断

根据病兔有饲喂过青绿饲料，菜类饲料的病史，采食后突然发病，眼结膜发绀，血液呈褐红色、凝固不良等特征，可做出初步诊断。必要时，可进行亚硝酸盐和血液高铁血红蛋白的检验。

1. 重氮偶合反应

取 0.1g 甲萘胺、1g 对氨基苯磺酸，8.9g 酒石酸，研细均匀，存于棕色瓶中备用。检验时，可取胃内容物、饲料的水浸液、血清、腹水等 2 ~ 3mL，加格氏试剂 0.2 ~ 0.3g，若出现红色则表示

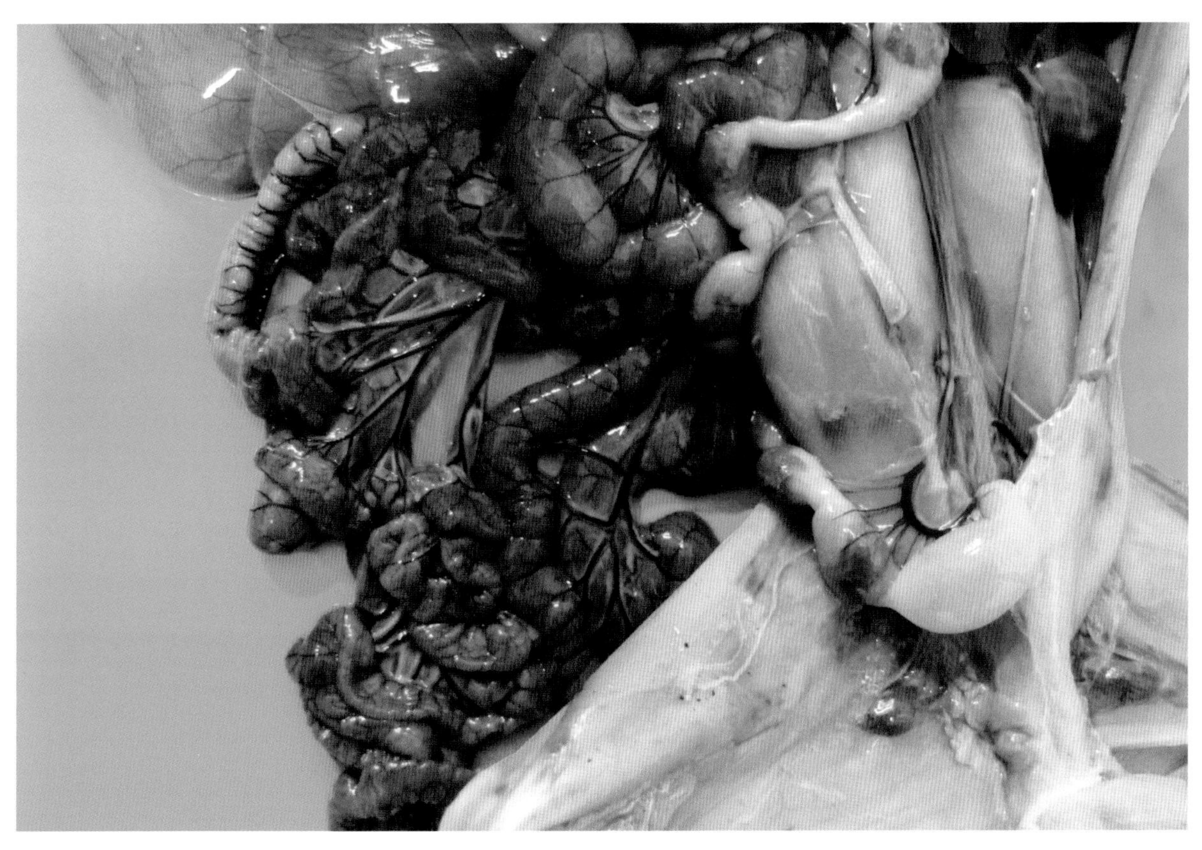

图 9-2-1　小肠充血、出血（薛帮群 供图）

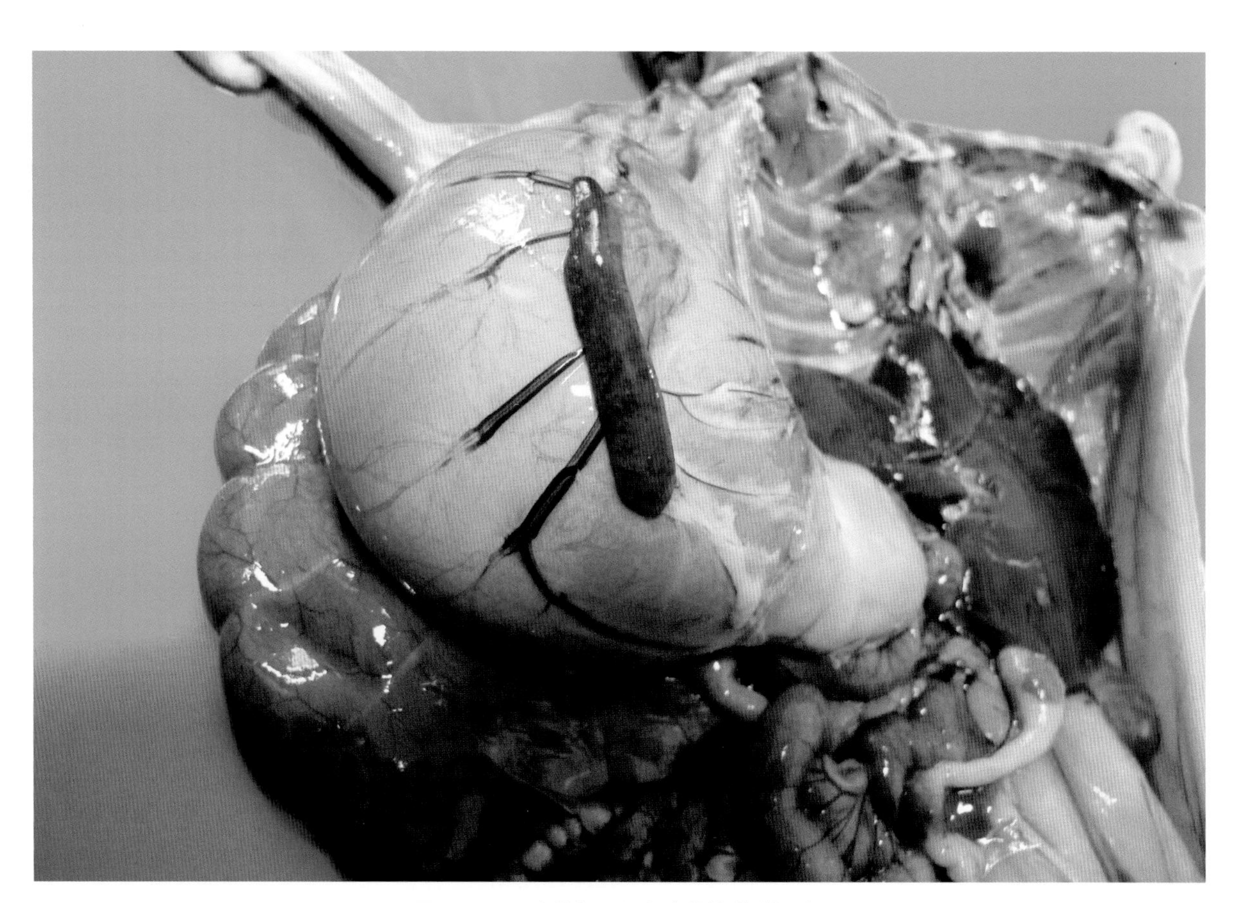

图 9-2-2　脾淤血、出血（薛帮群 供图）

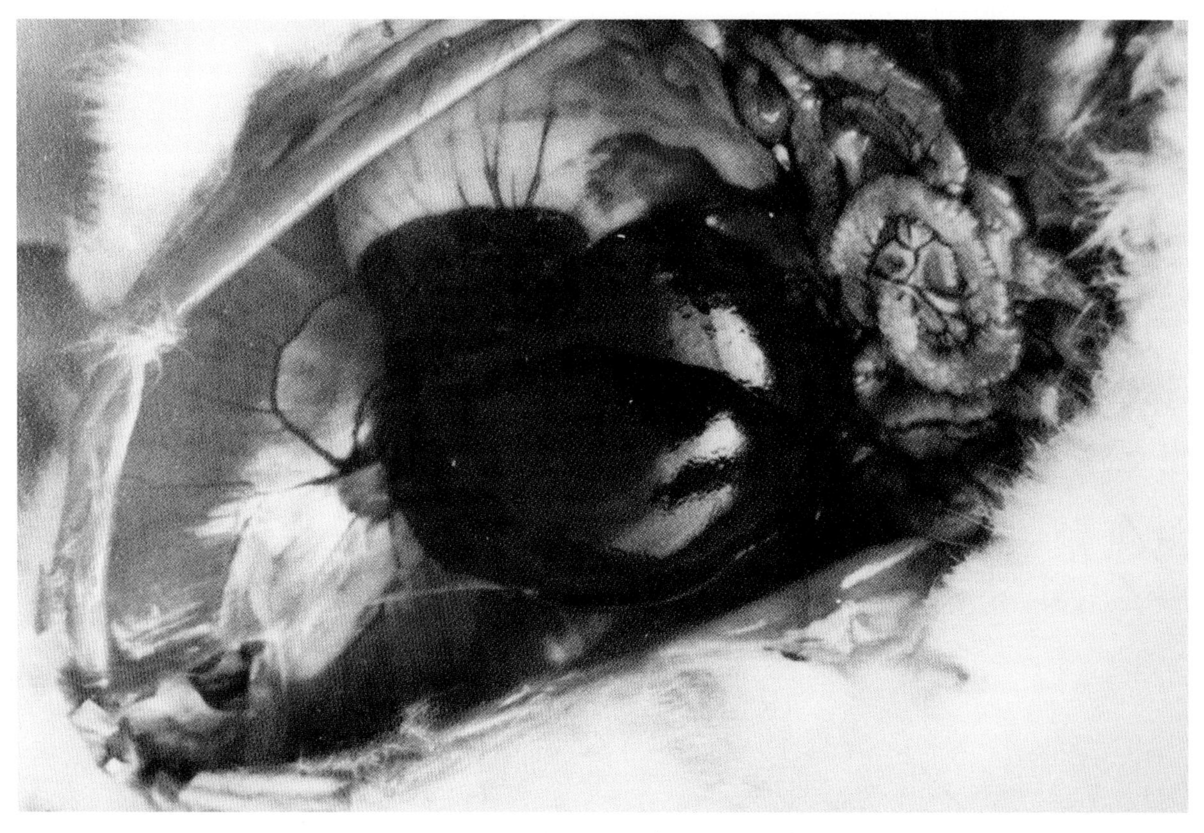

图 9-2-3　肝肿大、淤血（陈怀涛 供图）

有亚硝酸盐存在。

2. 血液高铁血红蛋白的检验

取病兔血液 5mL 置一小瓶（或试管）中，在空气中振荡 15min，正常的血液由于血红蛋白与空气中的氧结合而呈现猩红色，而高铁血红蛋白血液则保持酱油色不变，表示有亚硝酸盐存在。

3. 联苯胺冰醋酸反应

取 0.1g 联苯胺溶于 10mL 冰醋酸中，加水稀释至 100mL，过滤，即成试剂。然后去检液 1 滴，置白瓷板上，加 1 滴联苯胺 - 冰醋酸试剂，如有亚硝酸盐存在，出现棕红色。

4. 安替比林反应

取 5g 安替比林溶于 100mL1 摩尔硫酸中，即成试剂。然后取检液 1 滴，置白瓷板上，加 1 滴安替比林试剂，如有亚硝酸盐存在，出现绿色。

五、预防

不喂堆放过久发黄、发霉的青草和烂白菜、白萝卜叶、玉米幼苗等含硝酸盐较多的饲草；青绿和菜类饲料应鲜喂，暂时喂不完的要在阴凉处松散摊放，切忌堆积发热。

六、治疗

用 1% 美蓝溶液（美蓝 1g 溶于 10mL 酒精中加生理盐水 90mL）按 0.1 ~ 0.2mL/kg·bw 静脉注射或用 5% 甲苯胺蓝溶液 0.5mL/kg·bw 静脉注射，同时用 5% 葡萄糖 10 ~ 20mL、维生素 C_1 1 ~ 2mL 静脉注射，效果更好。

肌内注射维生素 C 100mg 和维生素 B_6 以及采取强心、补液措施效果更好。

第三节　兔敌鼠钠盐中毒

兔敌鼠钠盐中毒是由于误食灭鼠药而引起的中毒病，敌鼠钠盐属于缓效类的灭鼠药。敌鼠钠是目前普遍使用的一种新型抗凝血杀鼠剂。敌鼠钠盐进入体内后，影响肝脏对维生素 K 的利用，抑制凝血酶原及其凝血因子的合成，导致出血不止，而且作用于毛细血管壁，使血管通透性增高，脆性增加，易出血。

一、病因

主要是由于灭鼠药管理不严引起。有些兔舍，特别是饲料间鼠害十分严重，经常放置灭鼠药毒饵。如果饲料中不慎混入灭鼠药，家兔即可发生中毒。

二、临床症状

主要表现精神不振，不食，全身性阵发性抽搐（图 9-3-1），流涎、腹痛、腹泻，结膜发绀，口色偏暗，食欲废绝，排粪减少甚至停止，麻痹、昏迷死亡（图 9-3-2）。

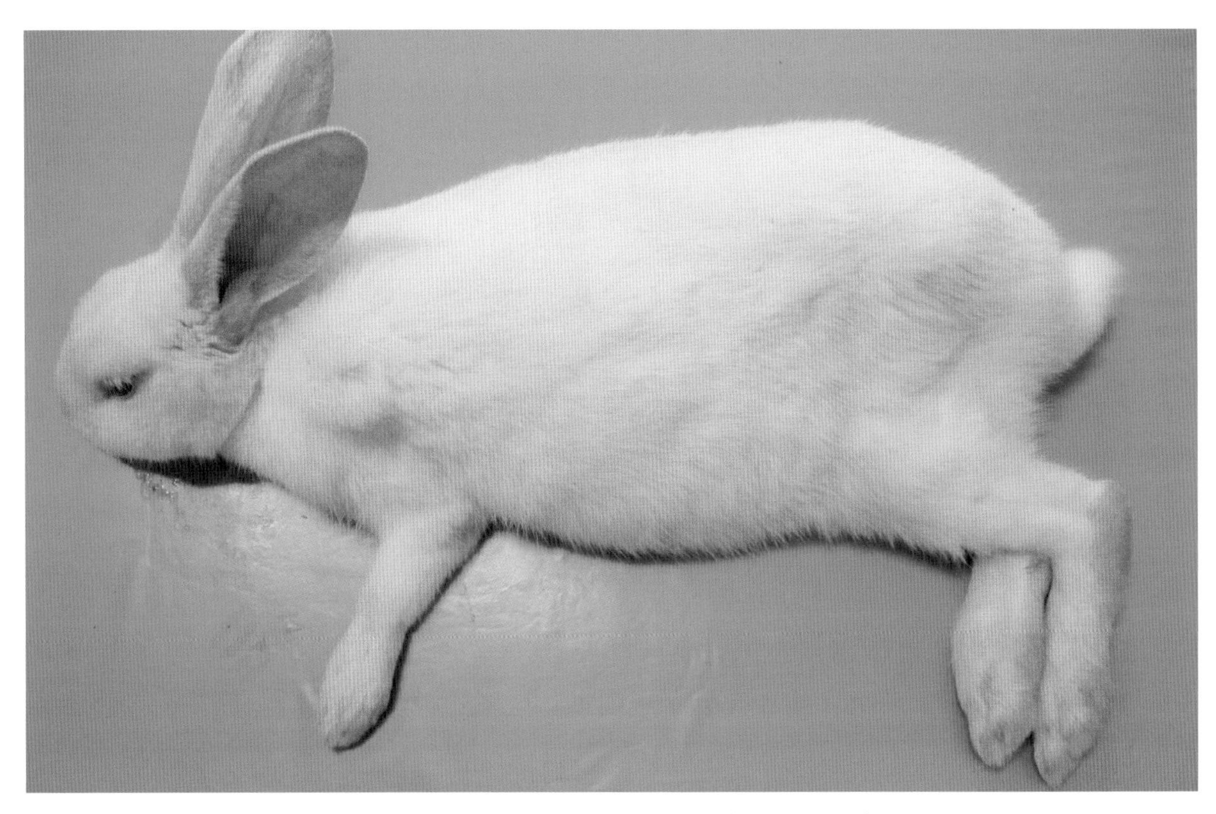

图 9-3-1　流涎麻痹、昏迷、四肢瘫软（薛帮群 供图）

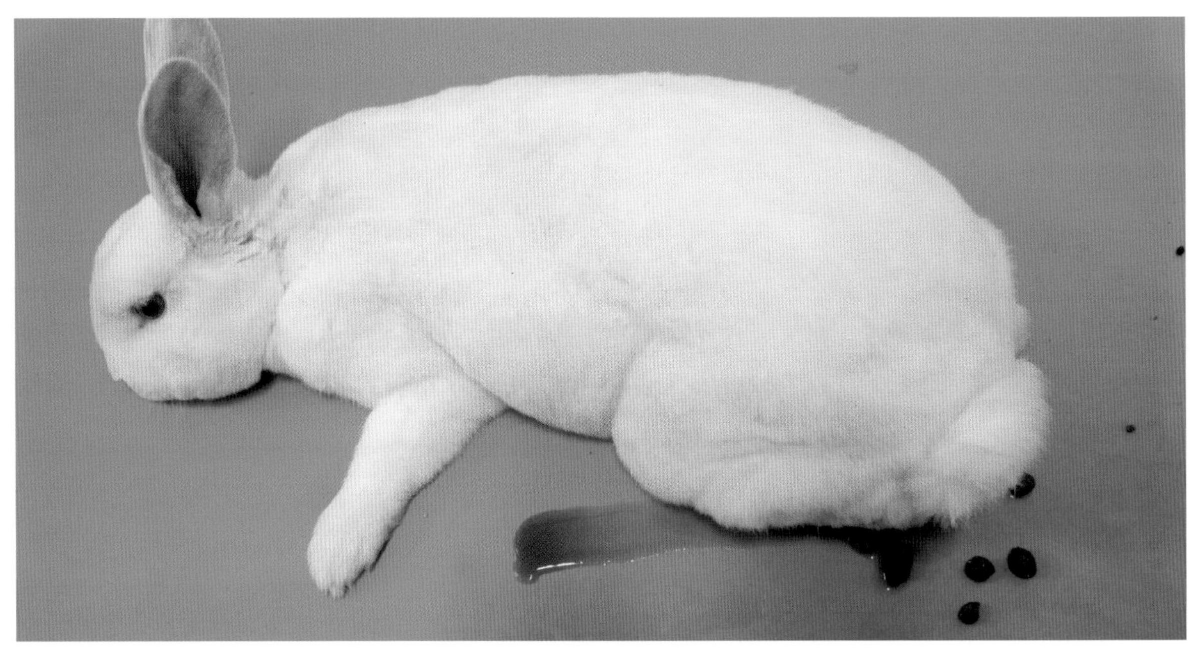

图 9-3-2　麻痹、昏迷、大小便失禁（薛帮群 供图）

三、病理变化

全身组织器官明显充血，出血。胃浆膜血管明显，大片出血（图 9-3-3），小肠黏膜不同程度的充血、出血，小肠与直肠浆膜出血（图 9-3-4），大肠浆膜淤血，暗红色，有血和纤维素渗出（图 9-3-5），肝充血、淤血，肾严重出血，暗红色，其他器官颜色也变暗（图 9-3-6），心肌淤血，心包腔积液，血凝不良（图 9-3-7），肺水肿、充血。

四、诊断

取内容物，加无水酒精 100mL，水浴 15min 后过滤，将滤液水浴蒸干，残渣为黄色或淡黄色。取 9g 三氯化铁，先加少量使其溶解后再加水，成为 9% 溶液，然后取上述残渣 50mg，加入 1.5mL 无水酒精中，再加入三氯化铁溶液 1 滴，如为敌鼠盐，则有红色悬浮物形成。

五、预防

买进灭鼠药时，必须充分了解该药的性能，并有专人保管，已禁止使用的药物不得购入。放置灭鼠药毒饵时，应远离兔活动区域和草料贮藏处。兔舍中使用灭鼠毒饵时应十分小心，谨防毒饵混入饲料、饲草、垫料和饮水中，防止兔误食中毒。

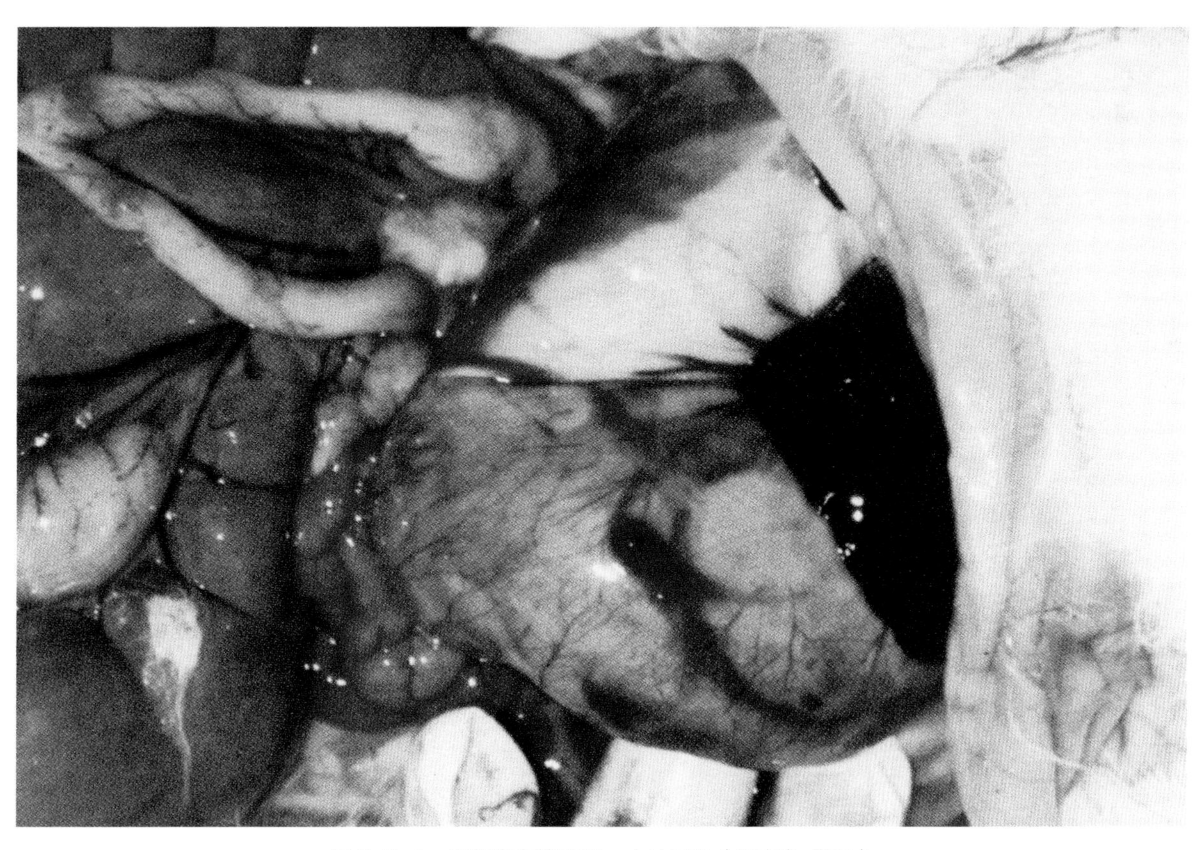

图 9-3-3　胃浆膜血管明显，大片出血（任克良 供图）

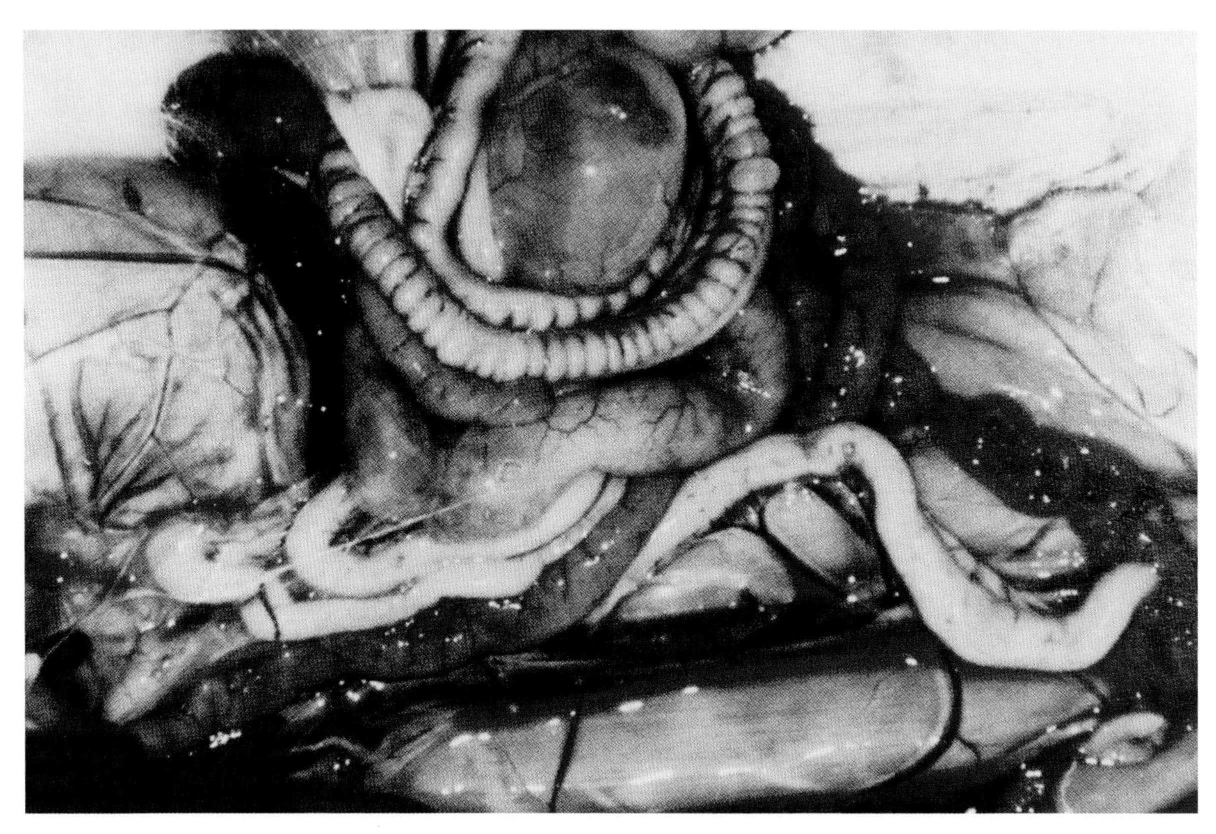

图 9-3-4　小肠与直肠浆膜出血（任克良 供图）

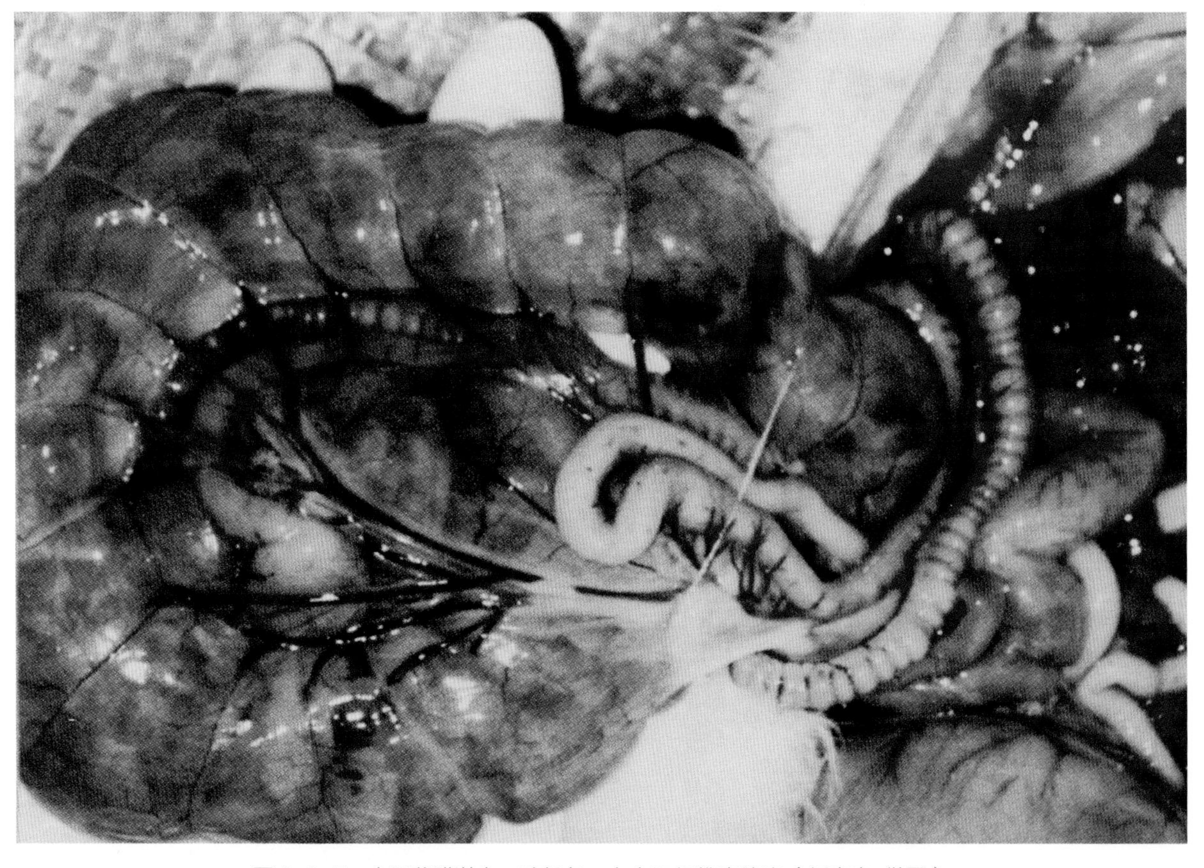

图 9-3-5　大肠浆膜淤血，暗红色，有血和纤维素渗出（任克良 供图）

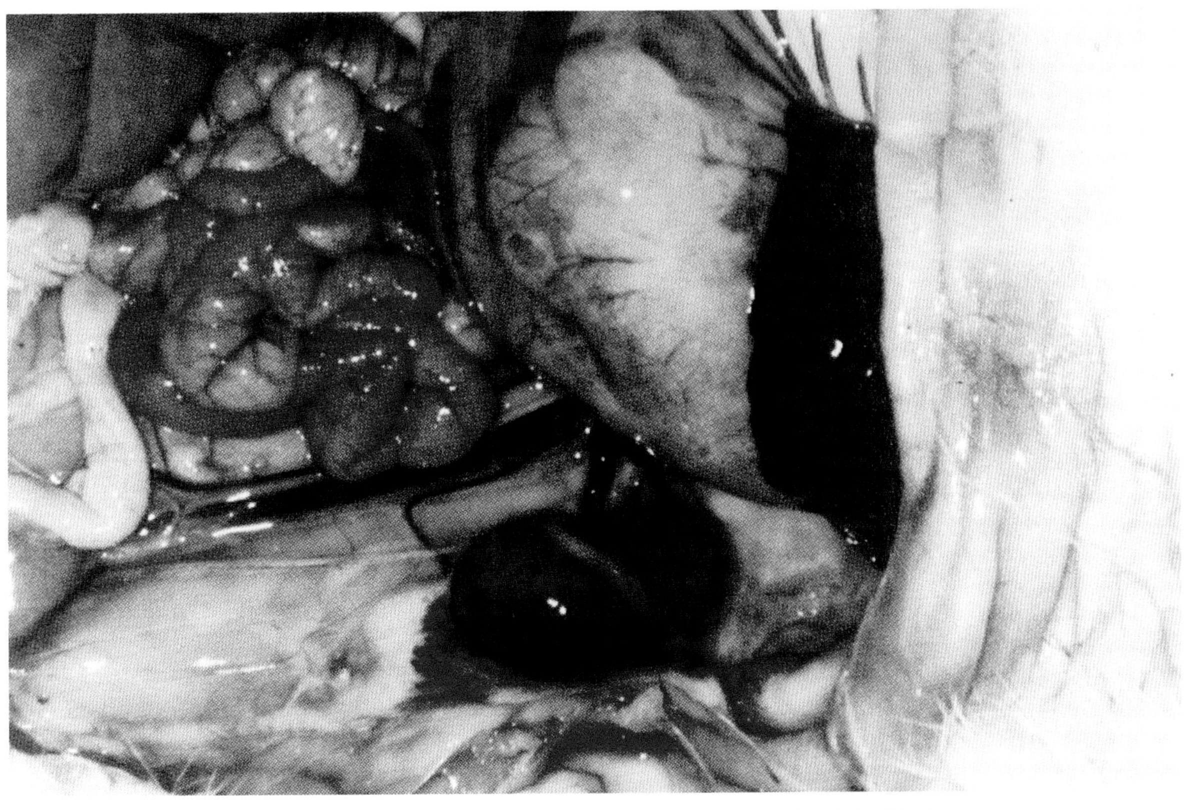

图 9-3-6　肾严重出血，暗红色，其他器官颜色也变暗（任克良 供图）

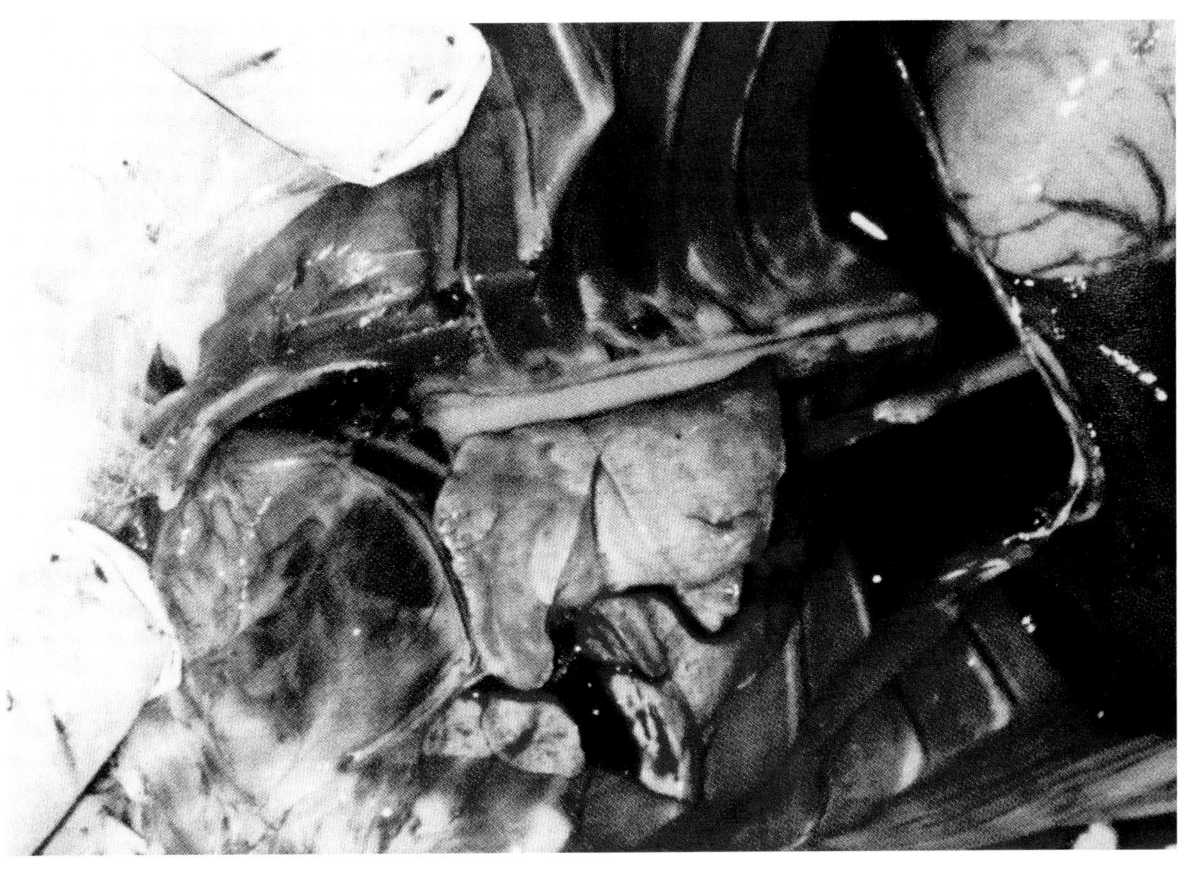

图 9-3-7　心肌淤血，心包腔积液，血凝不良（任克良 供图）

六、治疗

用0.1%高锰酸钾液、1%食醋液、清水等反复洗胃；或用盐类泻剂泻下；敌鼠钠盐中毒，选用维生素K解毒，0.1～0.5mg/（kg·bw），2～3次/d，连用5～7d。对症治疗，如强心、补液、镇痉、补充维生素等疗法。

第四节　有机磷中毒

有机磷农药是我国目前应用最广泛的一类农药，其毒性强且短暂，对防治农作物病虫害起了很大的作用，但由于其毒性强，使用不当往往引起人和动物的中毒。

有机磷农药种类较多，主要包括硫磷、内吸磷、甲基对硫磷、敌敌畏、乐果、甲基内吸磷、杀螟松、敌百虫和马拉硫磷等。有机磷中毒是兔接触、吸入或采食污染的饲草、饲料或驱虫用药不当等引起的中毒。

有机磷农药经呼吸道、皮肤和消化道进入兔体内后，迅速与胆碱酯酶结合，生成磷酰化胆碱酯酶，使胆碱酯酶丧失了水解乙酰胆碱的功能，导致胆碱能神经递质大量积聚，作用于胆碱受体，引起严重的神经功能紊乱。中毒后常呈急性经过，临床上主要表现为运动失调，大量流涎，肌肉震颤，腹泻，瞳孔明显缩小，呼吸困难，黏膜发绀，最后抽搐、昏迷而死亡。

一、病因

当有机磷农药经呼吸道、消化道或皮肤等途径进入兔体而被吸收后，引起兔中毒。常见的病因有以下几种。

1. 误食

常见的有机磷农药主要有硫磷、内吸磷、甲基对硫磷、敌敌畏、乐果、甲基内吸磷、杀螟松、敌百虫和马拉硫磷等，兔群采食或误食被喷洒过有机磷农药的饲料、饲草而引起的中毒。

2. 空气传播

在兔舍附近喷洒有机磷农药或在畜舍内喷洒进行驱虫灭蚊等，通过空气传播引起兔群中毒。

3. 水源污染

水源被有机磷农药污染。如在饮水处配制农药，或洗涤装过剧毒有机磷农药的器具等不慎污染了水源，引起兔群中毒。

4. 用药不当

应用有机磷制剂治疗兔体外寄生虫时，用药不当或用药过量同样会导致兔中毒。

二、临床症状

兔在有机磷中毒时，会出现以下症状：

1. 毒蕈碱样症状

有机磷农药进入机体并导致乙酰胆碱蓄积达到中毒程度时，主要表现为口流涎沫、渴欲增加、流泪、腹泻；有时伴有下痢，粪便带有血液或白色泡沫样黏液（图 9-4-1）；呼吸困难，张口呼吸，呼吸道分泌物增多，严重时发生肺水肿；瞳孔缩小、黏膜发绀，体温下降，由于心血管运动中枢受到抑制，而使心跳迟缓。

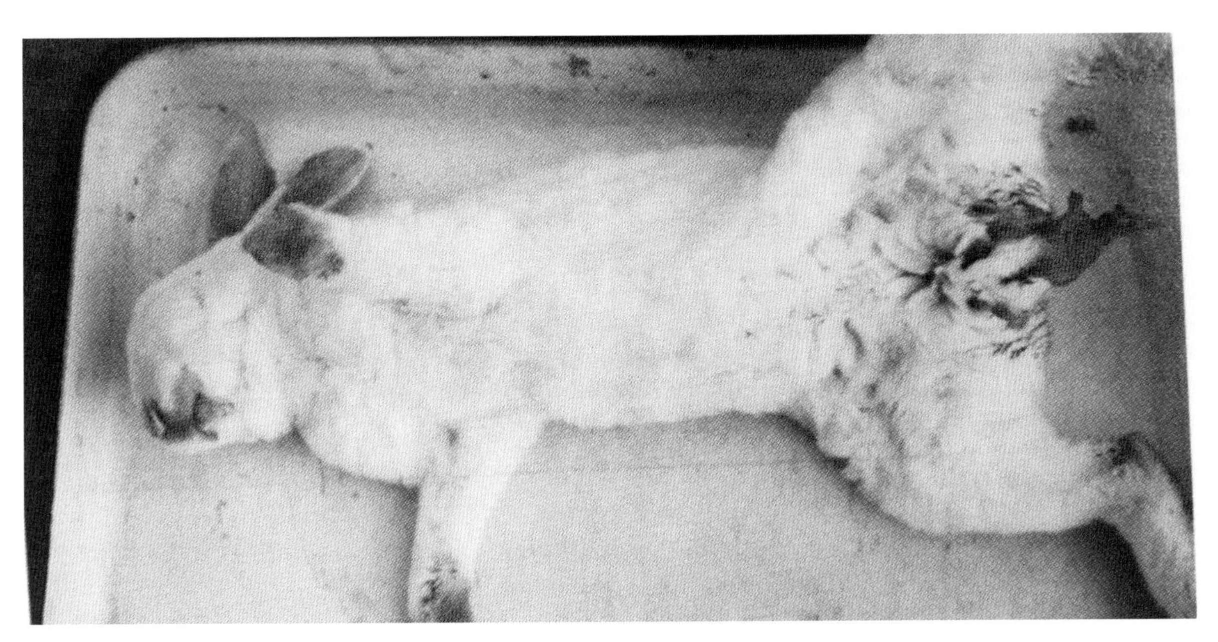

图 9-4-1　水样腹泻（任克良 供图）

2. 烟碱样症状

当机体受烟碱作用时，可引起支配横纹肌的运动神经末梢和交感神经节前纤维等胆碱能神经发生兴奋；但乙酰胆碱积聚过多时，则将转为麻痹，表现为运动失调、肌肉震颤、抽搐、痉挛，常在几分钟内倒地死亡。

3. 中枢神经系统症状

有机磷农药通过血脑屏障后，抑制脑内胆碱酯酶，致使脑内乙酰胆碱含量增高。表现为兴奋不安或精神沉郁，体温升高，腿软无力，站立不稳、嗜睡甚至昏迷，窒息而死。

三、病理变化

口腔积有黏液，气管内附有少量泡沫状黏液；肺心叶、膈叶的下部充血性水肿（图 9-4-2）；右心房、心室及右心耳显蓝紫色，呈静脉性充血；肝脏均有不同程度肿大，胆囊内胆汁滞留；胃内容物充满，有特殊气味，胃黏膜易分离或脱落后附于食糜上，胃大弯与幽门部弥漫性出血或散在性点状出血（图 9-4-3）；小肠黏膜脱落，黏膜下有小点状出血；肾脏肿胀，包膜下多数有出血点，

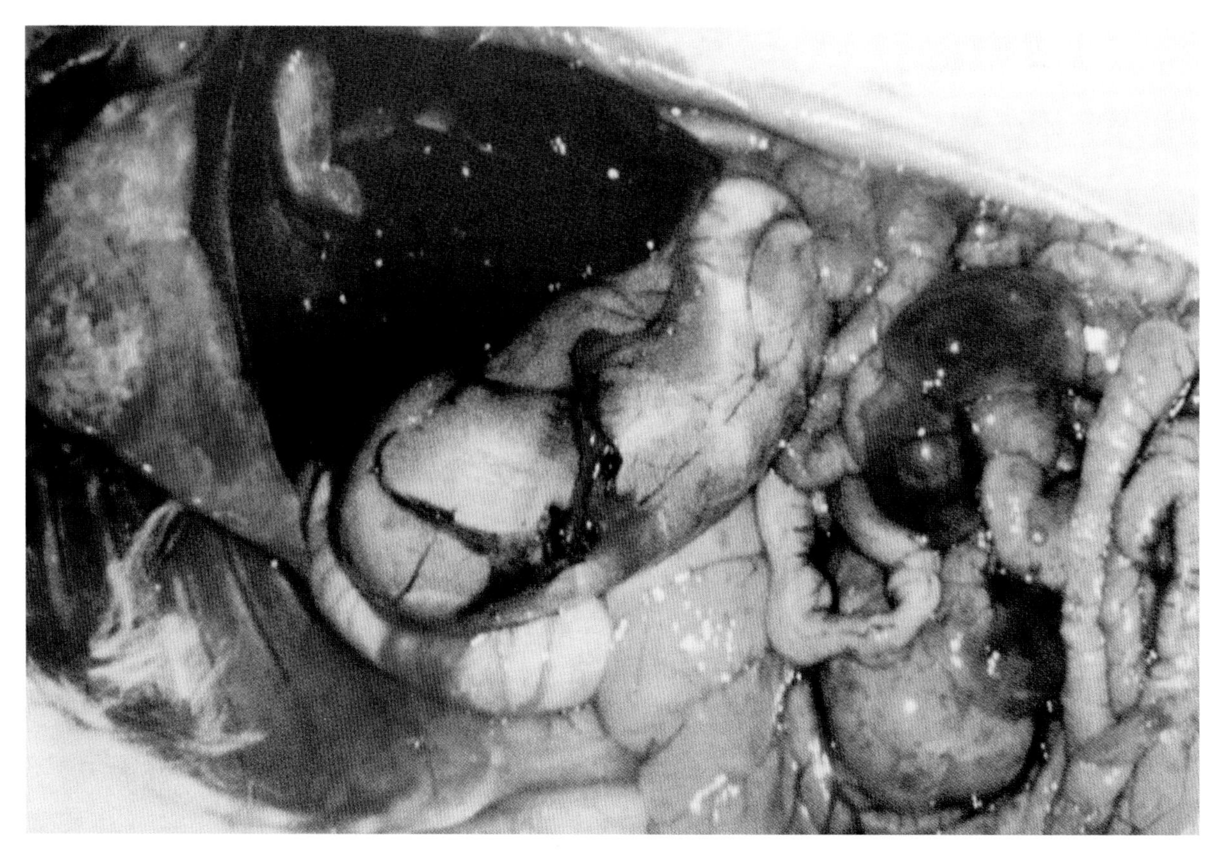

图 9-4-2　肺脏充血，出血，水肿，肝变性肿大，肠腔内含有气泡（任克良 供图）

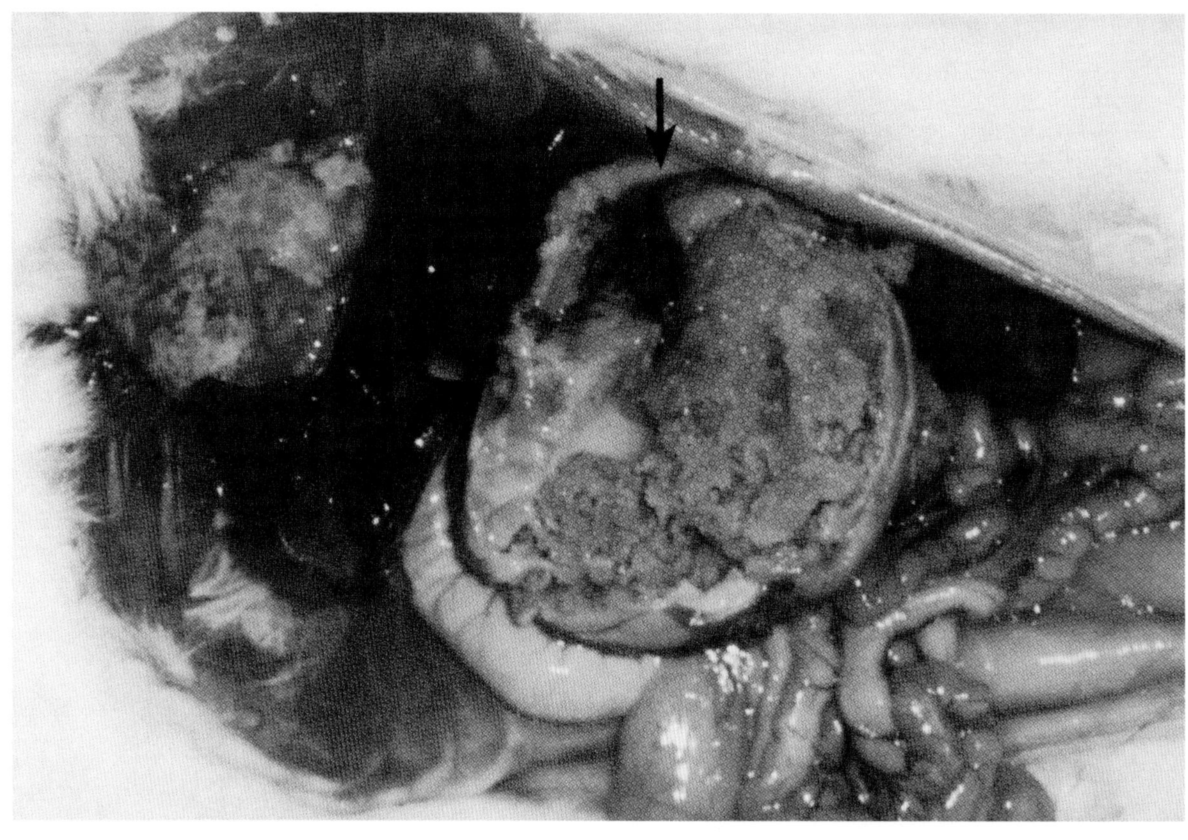

图 9-4-3　胃黏膜脱落，出血，皮下水肿（任克良 供图）

髓质郁血呈暗褐色。

四、诊断

根据患病兔有接触或吸入有机磷农药，或食入含有机磷农药饲料或饮水的病史，表现出毒蕈碱样症状（流涎、流泪、下痢、呼吸困难、瞳孔缩小）、烟碱样症状（抽搐、痉挛、共济失调）、中枢神经系统症状（沉郁、无力、嗜睡、昏迷），与剖检时胃内有特殊味道，可做出初步诊断。

通过其病史、临床特征与病理变化只能做初步的诊断，确诊还需实验室诊断。血液中胆碱酯酶活性降低，可作为确诊依据。常用诊断方法有以下几种：

1. 血液胆碱酯酶活性测定

称取溴麝香草酚蓝 0.14g、氯乙酰胆碱 0.185g、将二者溶于 20mL 无水乙醇中，用 0.4mol/L 氢氧化钠调试 pH 值，由橘红色至黄绿色，再用白色的定性滤纸浸入上述溶液，完全浸湿后，取出滤纸，室温下晾干，将其剪成长方形块，贮于棕色瓶中备用。测定时，将胆碱酯酶试纸于载玻片上，取病兔血液 1 滴，加在试纸中央，然后将其夹在两玻片之间，在 37℃保温作用 20min 后，在明亮处观察血滴中心部颜色，对照标准色图判断胆碱酯酶活性率，进而确定中毒程度。红色（未中毒）紫红色（轻度中毒）深紫色（中度中毒）蓝色（严重中毒）。

2. 饲料、饮水及病兔胃内容物有机磷的定性检验

取饲料或胃内容物 20g 研碎，加 95% 乙醇 20mL，在 50℃水浴上加热 1h，过滤。滤液在 80℃以下水浴上蒸发至干。残渣用苯溶解后过滤，滤液在 50℃水浴上蒸干，残渣溶于乙醇中供检验用。饮水可直接加苯萃取，萃取液在水浴上加热蒸干，残渣溶于乙醇中供检验用。检验时，取上述检测样液 2mL，置于小试管中，加入 4% 硫酸 0.2mL、10% 过氯酸 2 滴，在酒精灯上徐徐加热到溶液呈无色时为止。液体冷却后，加入 2.5% 钼酸铵 0.25mL，加水至 5mL，加 0.4% 氯化亚锡 3 滴，1min 内观察颜色变化。如检测样品中含有有机磷农药，则试液呈蓝色。

3. 治疗试验

用治疗量的阿托品或解磷定给病兔皮下注射，注射后病情有好转的，可证明是有机磷中毒。

五、预防

对于有机磷农药的使用要严格控制，防止饲料、饮水、器具被有机磷农药污染。不能在兔舍旁喷洒有机磷农药。在畜舍内使用有机磷进行驱虫时，要严格控制使用量。

六、治疗

家兔有机磷农药中毒后必须迅速抢救，应尽快查明原因，解除毒源。并采取下列有效措施：

皮下注射 0.1% 硫酸阿托品注射液 1mL，同时，皮下注射解磷定 40mg/（kg·bw）病情严重者，2h 后重复 1 次，连续 2 ~ 3d。

肌内注射 0.1g 双解磷粉针和注射用生理盐水配制成的 5% 溶液 1mL/kg 体重病情严重者，2h 后重复 1 次，连续 2 ~ 3d。

静脉注射氯磷定注射液 20mg/kg，同时，辅以静脉注射 20% 葡萄糖 20 ~ 50mL 加维生素 C 100mg，有增强体质，促进毒物排出和增强疗效的作用。

第五节　兔棉籽饼中毒

家兔大量采食含有棉酚的棉籽饼引起中毒。棉籽饼中含一定量的有毒物质游离棉酚。棉籽毒在体内排泄缓慢，有蓄积作用。

一、病因

棉籽饼是良好的精料之一，常作兔日粮中蛋白质辅助饲料。但棉籽饼中含有毒物质——棉酚及其衍生物，若长期过量饲喂，即可引起中毒。

二、临床症状

精神沉郁，站立不安，脉搏疾速，呼吸促迫，消化紊乱，食欲减退，先便秘后拉稀，可视黏膜发黄，以致失明，尿频，有时排尿带痛，尿液呈红色，重病兔呻吟，磨牙，抽搐，最后心力衰竭而亡。孕兔流产，流产的胎儿有出血、水肿等病变；产出的仔兔有的出现颤抖，酷似脑炎，多数死亡。有的瞎眼、一肢发育不全或歪嘴、斜眼等畸形。部分经产母兔屡配不孕；种公兔的精子活力减弱，睾丸间质增宽，对母兔的繁殖有明显的影响。

三、病理变化

胃肠道有出血性炎症。肝脏充血、肿大、发黄、变硬；心脏容积变大，心内、外膜有出血点；肺脏充血、水肿；肾脏肿大，被膜下有出血点，膀胱有出血性炎症。尿沉渣中可见肾上皮细胞及各种管型。

四、诊断

根据有长期单纯饲喂棉叶或棉籽饼史以及特征性症状、病变等可作出初步诊断，确诊须测定棉籽饼、血液和血清中游离棉酚的含量。

五、预防

1. 加热减毒处理

将棉籽饼加热蒸煮 1h 以上，最好同时加些牛奶或豆浆等含蛋白质较高的物质。

2. 加铁去毒

铁可与棉籽饼中的有毒物质——游离棉酚结合成不易吸收的复合物。可用 0.1% ~ 0.2% 硫酸亚铁溶液浸泡棉籽饼，也可直接在棉籽饼中加入 0.04% ~ 0.05% 硫酸亚铁（按棉籽饼计），但必须充分混合接触。

3. 限制饲喂

应控制在 5% 左右，即使经过脱毒处理，也应控制在 10% 以下，并且喂半个月停半个月，因不能彻底解毒，长时间大剂量饲喂，仍可引起蓄积中毒。

4. 增加饲料中蛋白质、矿物质、维生素含量

其他蛋白质含量越高，中毒率越低。

5. 补青绿饲料

多喂一些青绿饲料。

六、治疗

发现中毒应立即停喂棉籽饼。急性者内服盐类泻剂。根据病情进行对症处置，如补液、强心以维护全身功能。用导泻药硫酸钠（芒硝）2 ~ 6g 冲水灌服，把胃肠内的毒物迅速排出体外；也可用藕粉或淀粉糊灌服，以保护胃肠黏膜；严重者可灌服鞣酸蛋白 0.3 ~ 0.5g，5% 葡萄糖溶液 20mL、0.9% 氯化钠溶液 10mL、安钠咖 0.2g 和维生素 C 5mL，混合后 1 次静脉注射；即将失明病兔可肌内注射维生素 A10 万 IU 和维生素 D 20 万 IU，2 次 /d，隔日注射。用中草药茵陈 30g、茯苓 16g、泽泻 15g、当归 10g、白芍 10g、甘草 10g，水煎后分 2 次灌服。

第六节　兔菜籽饼中毒

兔菜籽饼中毒是家兔长期或大量摄入油菜籽榨油后的副产品，由于含有硫葡萄糖苷的分解产物，引起肺脏、肝脏、肾脏及甲状腺等器官损伤，临床上以急性胃肠炎、肺气肿、肺水肿和肾炎为特征的中毒病。

一、病因

菜籽饼是油菜籽榨油后剩余的副产品，富含营养蛋白。菜籽饼中含有芥子苷、芥子酸等成分。

芥子苷在芥子酶的作用下，水解成一些毒性很强的物质，这些物质对胃肠黏膜有较强的刺激和损害作用，若长期饲喂不经去毒处理的菜籽饼，即可引起中毒。

二、临床症状

多在食后 20 ~ 24h 发病，其中，体弱者多先发，且较严重。精神萎顿，不食，流涎，腹痛，腹泻，排带少许血液的稀粪。体温升高达 40 ~ 41℃，可视黏膜苍白，轻度黄染，心率加快，呼吸增速。尿频，血尿，排尿时表现痛感，肾区疼痛，弓背。后肢不能站立而呈犬坐姿势。严重者出现神经症状，终因心力衰竭而死亡。怀孕母兔流产或产死胎。

三、病理变化

剖检可见，可视黏膜苍白、黄染。胃肠黏膜水肿、充血、出血，呈卡他性、出血性胃肠炎。肝脏淤血、肿大、坏死，色黄质脆，无光泽，切面结构模糊、湿润。肾脏肿大，呈暗红色，切面实质出血、皮质增宽和肾盂内积有血液。脾脏轻度淤血。心脏松软，心腔内积有凝固血液。肺脏淤血、水肿。尿沉渣中有大量蛋白管型和红细胞管型。

四、诊断

根据采食菜籽饼史和临诊症状及病变可做出初步诊断，确诊须检测菜籽饼异硫氰酸丙烯酯含量或做动物试验。

五、预防

用菜籽饼作饲料，用量应不超过日粮的 5%，且应脱毒处理。其办法：少量饲喂时，可将粉碎的菜籽饼用热水浸泡 12 h，将浸泡水倒掉，再加水煮沸 1h，边煮边搅，使毒气蒸发后方可喂兔。用量大时，可采用发酵中和法脱毒，将菜籽饼发酵后，加纯碱以中和有毒成分，方可作为兔饲料，大规模养兔一定要用脱毒的菜籽饼，这样才比较安全。

六、治疗

发现中毒后，立即停喂菜籽饼，用高锰酸钾溶液洗胃或内服。10% 葡萄糖溶液 50 ~ 100mL、10% 安钠咖 2mL、维生素 C 500mg，静脉注射，1 次 /d。也可肌内注射尼克刹米 0.3 ~ 0.5mg。严重腹泻者要注意保护胃肠黏膜。

第七节 兔喹乙醇中毒

喹乙醇中毒主要原因是使用不当，添加过量、饲料混合不匀或使用时间过长，引起蓄积中毒。

喹乙醇又名喹酰胺醇、快育灵、培育诺、羟乙癸氧等。喹乙醇的安全值小，因错误使用致使畜禽中毒时有发生，报道中毒的畜禽有鸡、鸭、鹌鹑、鸽、猪、兔、仔鹿等。据研究报道，喹乙醇毒性作用的靶器官主要是肾上腺。中毒畜禽因肾上腺受损，皮质激素（醛固酮类）分泌紊乱，体内电解质代谢障碍，从而导致组织器官的出血、变性、坏死。

一、病因

中毒多发生于下列情况：在计算用药量时，将按饲料重量使用的药量误认为按体重量的用量；添加喹乙醇后拌和不匀；重复添加；误把喹乙醇当作土霉素、强力霉素等用量较大的药物大量使用；长期连续使用；喹乙醇的原料邻硝基苯胺，在生产过程中未全部纯化。

二、临床症状

兔精神沉郁，食欲减退或食欲废绝，嘴着地，被毛松乱，缩头蹲伏，不愿走动，起来时站立不稳，有的从嘴角流出黏性涎液。粪便开始拉稀，成咖啡色；后期呈褐色酱样或深黑色粪便。最后出现呼吸困难，瘫痪、痉挛挣扎死亡。有的出现角弓反张等神经症状。

三、病理变化

口腔内有黏液，腹腔积有淡黄色液体，有的有纤维素性渗出物。胃空虚，积有多量液体；胆囊充盈，胆汁浓稠；胃黏膜出血、脱落，偶有溃疡；肠道弥漫性出血，尤以十二指肠明显，常有明显的条状出血肿胀区；淋巴结肿大、出血；肝肿大，发黄，质脆易碎；脾、肾肿大，质脆易碎，偶见出血点；肺淤血、水肿，切面外翻；心肌松弛、心包积液，心外膜、心冠脂肪有点状出血；脑膜有点状出血，脑部血管充血。

四、诊断

主要根据过量采食喹乙醇的病史以及排黑色稀粪、瘫痪、昏迷等临床表现。确诊依据于动物饲喂试验和饲料中喹乙醇含量测定。

五、预防

目前，国家已经明文规定禁止喹乙醇在食品动物中使用。

六、治疗

目前，喹乙醇中毒尚无特效药物和方法治疗，除立即停止使用外，一般采用对症治疗，大量供水并补充葡萄糖、维生素、碳酸氢钠等保护肝脏和促进肾脏排泄，增强机体抵抗力，促进喹乙醇的代谢和排出体外而解毒。

立即停用混药饲料，清除料槽中残余饲料；该病无特效药物治疗，饲料中添加 0.5g/kg 多种维生素，饮水中交替加入 5% 葡萄糖、0.1% 维生素 C，0.15% 碳酸氢钠，病重兔肌内注射维生素 C、维生素 B_1 混合液 0.3mL/ 只，2 次 /d，有一定的效果。

第八节　兔食盐中毒

食盐的成分是氯化钠，是动物机体保持正常生理活动必须的营养物质，是家兔日粮中必须的营养成分。食盐主要用于补充钠，以维持兔体内的酸碱平衡和肌肉的正常活动，以促进机体营养的消化和代谢，这对调节体内渗透压平衡、维持神经系统正常功能都有十分重要的作用。缺乏食盐则会引起食欲减退，疲乏无力，影响发育，增重缓慢，甚至出现低渗性脱水等问题；若摄入食盐过多，则会引起大量氯化钠进入血液，导致组织细胞脱水，血钾增高，红细胞运输氧的能力下降，造成组织缺氧。同时，细胞通透性增强，细胞内的酶和钾离子大量进入细胞外液。由于细胞内渗透压增高，酶活性降低，造成整个机体代谢紊乱。尤其是钠离子过高，可增强神经肌肉的兴奋性，引起神经症状，出现共济失调、肌肉痉挛等症状，高血钾可使心脏在舒张期跳动而死亡。

兔食盐中毒是由于食入食盐搭配过多的饲料，加之饮水不足而引起的中毒症，其主要以神经系统和消化系统紊乱为主要临诊特征。

一、病因

饲料搭配不当，饲料中食盐含量通常不高于 0.5%，当饲料中食盐含量超过 5% 就会引起中毒，重则引起兔的死亡。

饲喂含盐量较高的鱼粉、酱渣、腌制食品、卤汁等会造成兔群的食盐中毒。

当饲料中缺乏维生素 E、含硫氨基酸、钙和镁时，可以促进该病的发生。

饲料质量正常，但饮水质量较差，含有较高的盐分（往往与地区有关，有的地区水中含盐量较高），饮水不足则会加重食盐中毒。

环境温度较高，机体水分大量丧失，可降低机体对食盐的耐受量。

疾病因素。饲养管理不当，养殖环境恶劣等会导致兔群的抗病能力下降，生理机能失调，导致摄入的营养物质不能正常在体内吸收和利用，有毒物质在胃肠道内大量的蓄积，从而引发食盐中毒。

二、临床症状

初期食欲减退，贪饮，结膜潮红，流涎、腹泻、粪便中混有血液。随后兴奋不安，头部震颤，肌肉痉挛，步态蹒跚（图 9-8-1）。严重者呈癫痫样痉挛，角弓反张，头歪向一侧，后肢不完全麻痹或完全麻痹，呼吸困难，有时还会出现失明或耳聋，最后卧地不起（图 9-8-2），死亡。体温一般正常。

图 9-8-1　病兔不安，站立不稳，结膜充血，潮红（任克良 供图）

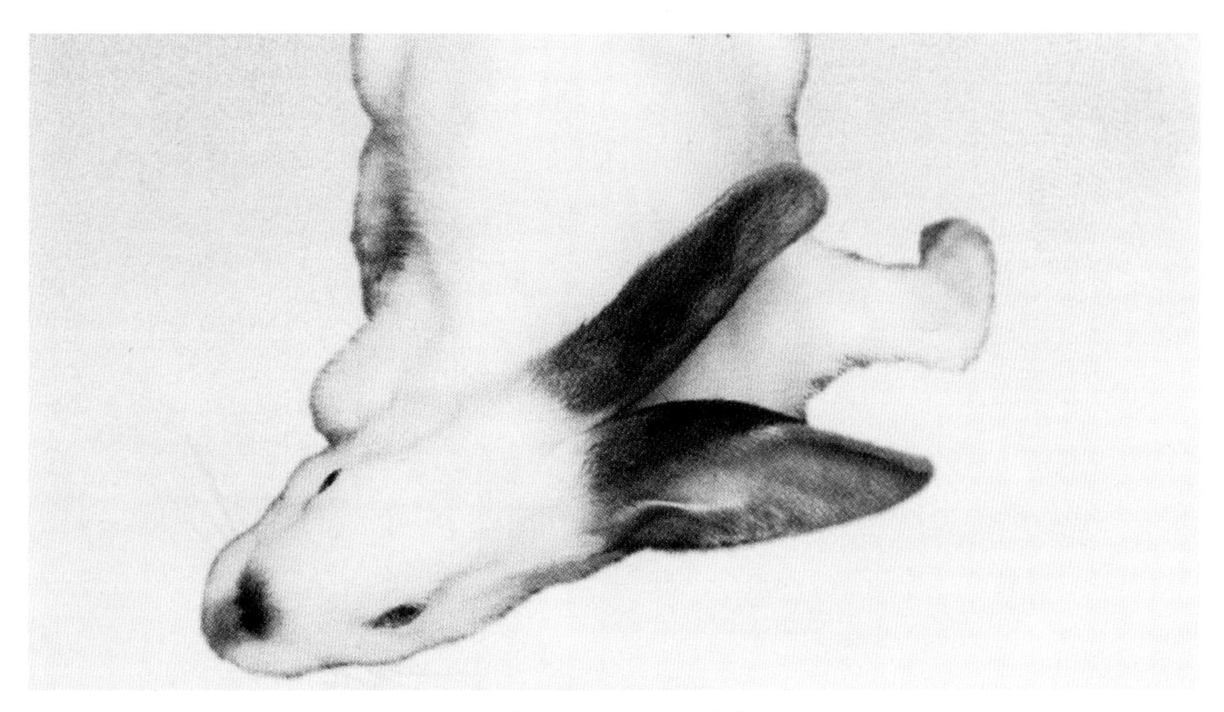

图 9-8-2　病兔有神经症状，卧地不起（任克良 供图）

三、病理变化

胃、肠黏膜充血、出血，胃黏膜脱落。肺水肿，充血，出血。胸腺有出血点，脑膜充血、出血和水肿等病变（图 9-8-3 至图 9-8-6）。

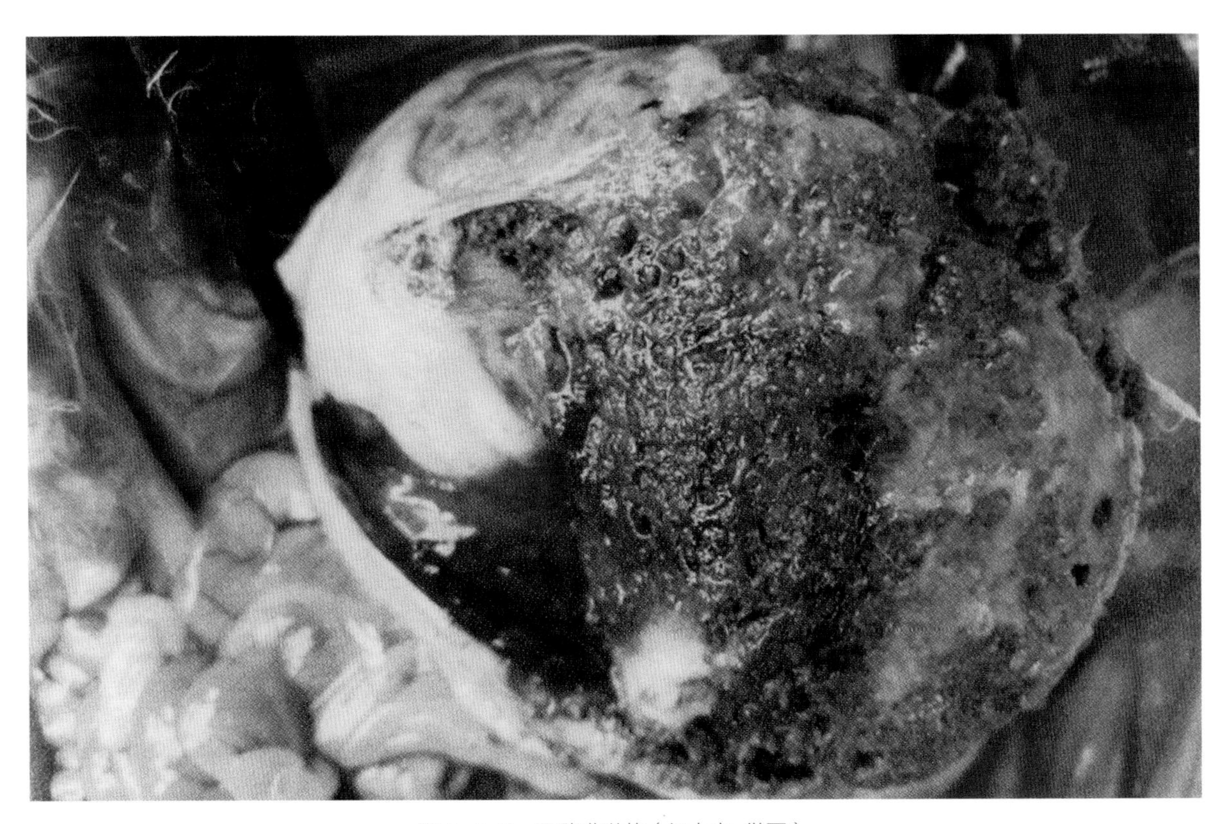

图 9-8-3 胃黏膜脱落（任克良 供图）

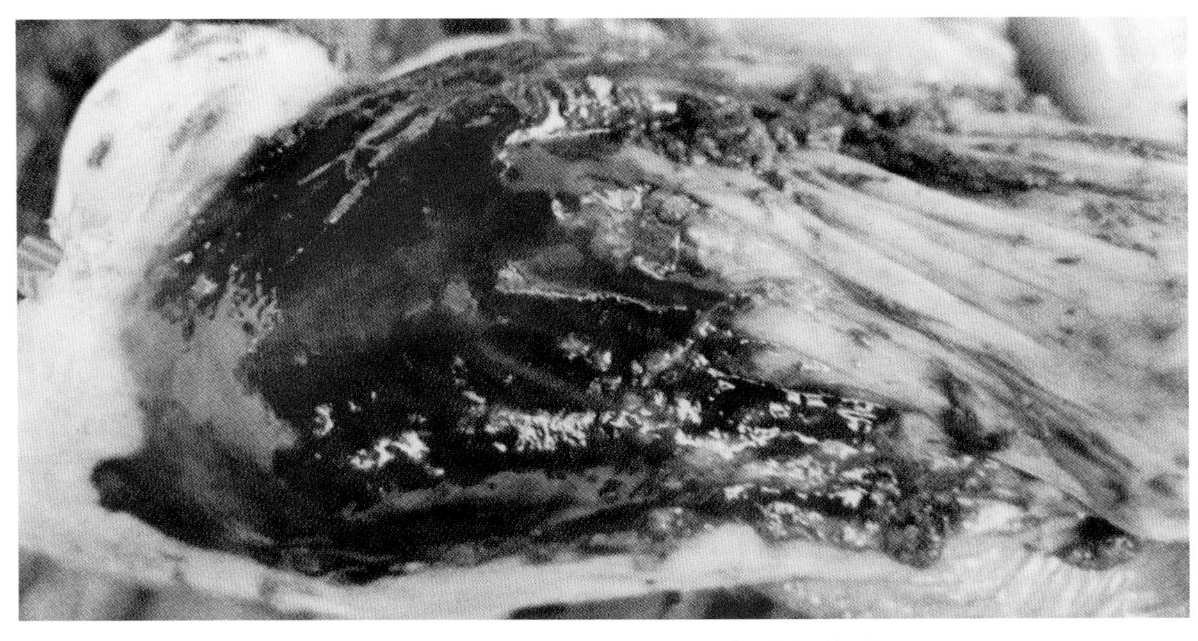

图 9-8-4 胃黏膜充血、出血、并有糜烂（任克良 供图）

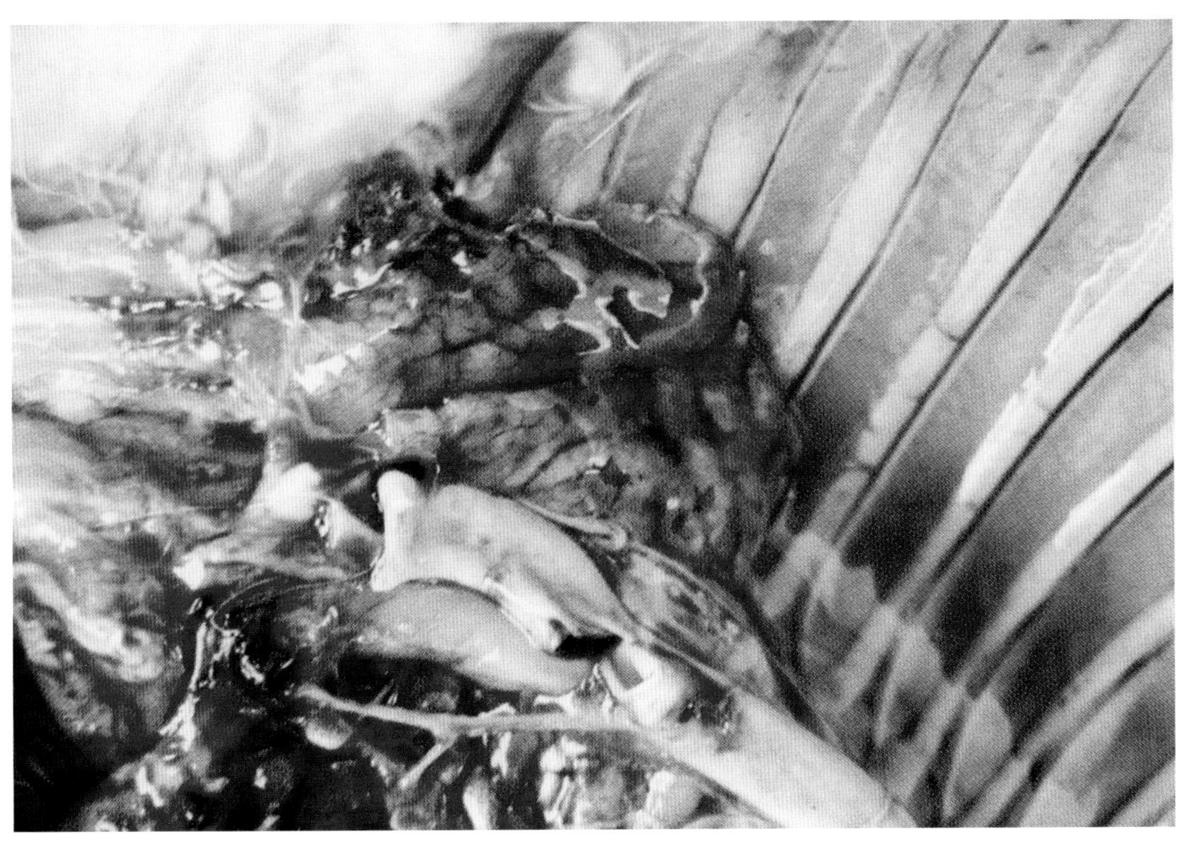

图 9-8-5　胸腺有出血点（任克良 供图）

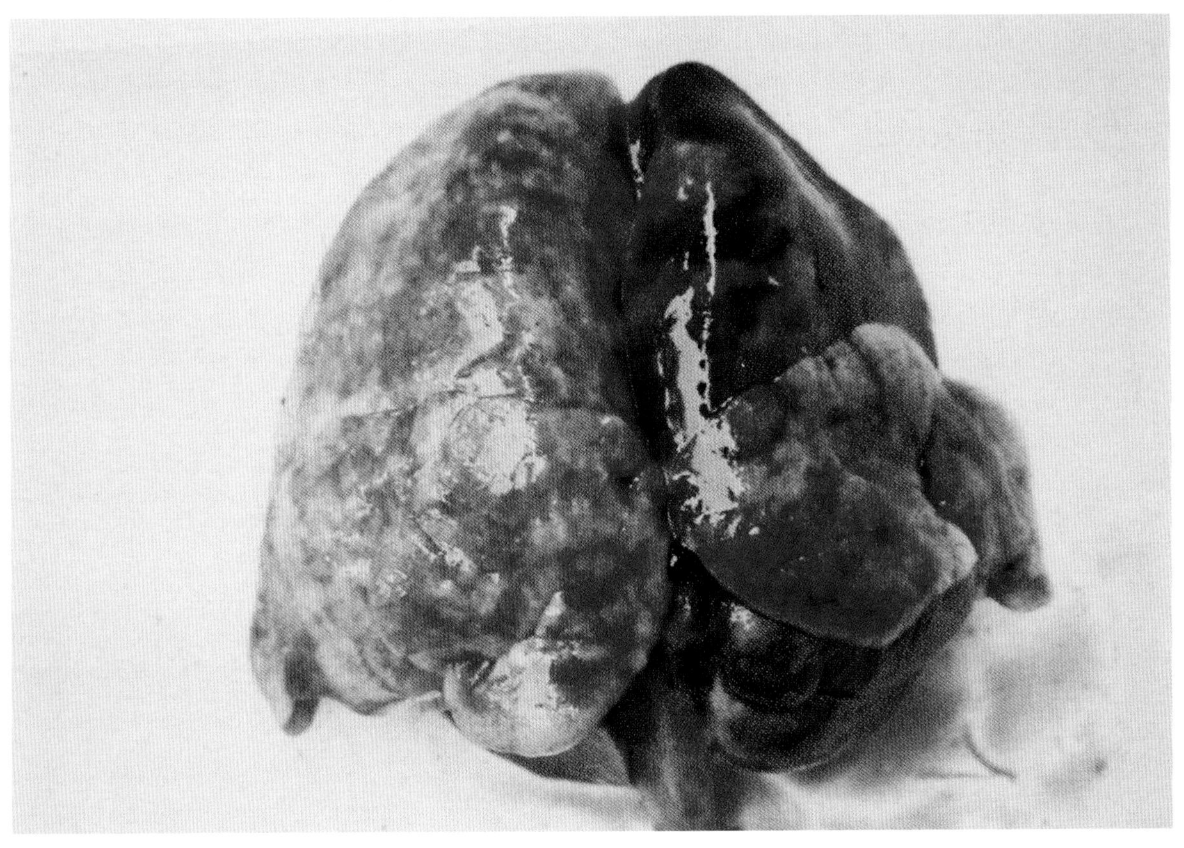

图 9-8-6　肺充血、出血、水肿（任克良 供图）

四、诊断

食盐中毒可根据病史和临床症状进行诊断，也可进行毒物检验，检测胃内容物的氯化钠含量。

1. 初步诊断

根据病史判断兔是否存在误食大量食盐或者含盐量高食物，比如临诊过程中应该详细询问病史，并且调查清楚饲料、饲喂、采食情况，重点调查给予兔饲喂的饲料有没有含盐量高。通过饲料配方的组成及养殖过程中是否存在过量饲喂食盐或限制饮水的行为，并结合病死兔群症状和剖检变化做出初步诊断。

2. 实验室检测

取胃内容物 25g，放于一烧杯中，加入蒸馏水 200mL 放置 4 ~ 5h，期间震荡；再加入蒸馏水 250mL 混合均匀后，过滤；取 25mL 滤液，加入 0.1% 刚果红溶液 5 滴，再用硝酸银溶液滴定，出现沉淀后继续滴至液体呈轻微透明为止。记录硝酸银溶液的用量，即可计算出食盐含量。

五、预防

饲料中添加食盐量要控制在 0.5% 之内，拌料应均匀。平时应保证饮水充足供应。

六、治疗

一旦发现中毒，应立即停喂原有的饲料和饮水，改喂新鲜的糖水或淡水，无盐、易消化的饲料，直至康复。

对于中毒较轻的病例，要供给充足的新鲜饮水，饮水中可加 3% 葡萄糖，一般会逐渐恢复。严重中毒的病例要控制饮水量，采用间断给水，如果一次大量饮水，反而使症状加剧，诱发脑水肿，加快死亡。

促进食盐的排泄，多饮水，内服泻药。同时，皮下或肌内注射溴化钾，同时静脉注射 10% 葡萄糖注射液。

第九节　兔黄曲霉毒素中毒

兔黄曲霉毒素中毒是指家兔采食了污染黄曲霉毒素饲料如糠麸、豆饼、玉米等而引起的以全身出血、消化功能紊乱、腹腔积液、神经症状等为临诊特征的中毒性疾病。黄曲霉毒素中毒影响家兔生长，降低家兔免疫力，影响兔肉品质，并可导致部分家兔死亡，给养兔业带来重大的经济损失。

一、病因

黄曲霉毒素是一类结构相似的化合物的混合物，分别命名为黄曲霉毒素 B_1、黄曲霉毒素 B_2、黄曲霉毒素 G_1 和黄曲霉毒素 G_2，其中最重要和毒性最大的是黄曲霉毒素 B_1。黄曲霉毒素是一种强致癌物质，属于肝脏毒，在各种霉菌毒素中最稳定、毒性最强。黄曲霉毒素主要由曲霉菌产生，曲霉菌常寄生于牧草、干草、青贮饲料、玉米、大麦、小麦、稻米、棉籽和豆类制品或其他饼粕中。在饲料保存不当的情况下，如出现受潮或淋雨，饲料中便会产生大量的曲霉菌而引发饲料霉变，这些曲霉菌会产生大量的黄曲霉毒素，一旦给家兔食用，则很容易引发中毒。黄曲霉毒素经胃肠吸收后主要分布于家兔肝脏，影响 DNA、RNA 的合成与降解、蛋白质、脂肪的分解与代谢、线粒体代谢及溶酶体结构与功能。此外黄曲霉毒素还具有致癌、致畸、致突变作用。

二、流行病学

该病常呈急性发作，其中母兔比公兔易感，尤以幼龄兔和老龄体弱兔发病死亡率高。该病一年四季均可发生，但在多雨季节，温度和湿度都比较合适霉菌繁殖，更容易发生。

三、临床症状

患病兔食欲减退，流涎，精神萎靡，对周围无反应（图 9-9-1）。全身衰弱无力，喜卧（图 9-9-2）。呼吸急迫，心跳加快。先便秘，后拉稀，粪便带血液或黏液。尿黄浑浊、浓稠（图 9-9-3），后期眼结膜黄染（图 9-9-4），皮肤有紫红色斑点或斑块，痉挛，角弓反张，后肢瘫痪，全身麻痹而死亡（图 9-9-5）。妊娠母兔发生流产，不孕，公兔不配种。体温不高，有时稍下降，脱水，嗜睡，贫血，最后因消瘦衰竭而死。

四、病理变化

急性病死兔皮下可看到大量细密的出血点，主要集中于四肢内侧皮肤，胸腔和腹腔内有大量黄色积液，并导致胸膜被黄染。

1. 肝、胆

病兔肝脏体积变化不明显，颜色变化较为明显，呈淡黄色或棕黄色。肝脏触摸较硬，并可看到有大小不一的颗粒状病灶（图 9-9-6、图 9-9-7），将其切开，有的呈现黄色干硬状，也有的呈灰白色。胆囊有明显扩张，严重者如鸽蛋大小，胆囊壁变硬变厚，胆汁黏稠。

2. 肾脏

呈现淡黄色，剖开后可观察到肾脏皮质与髓质之间边界模糊，有细小出血点，肾盂呈深黄色，也有部分兔的肾脏内有较为黏稠的黄色淤滞物。

3. 膀胱

积尿明显，尿液颜色较深，膀胱壁增厚，并有散在出血小点（图 9-9-8）。

图 9-9-1　精神不振，对周围没有反应（薛家宾 供图）

图 9-9-2　患兔衰弱无力（薛家宾 供图）

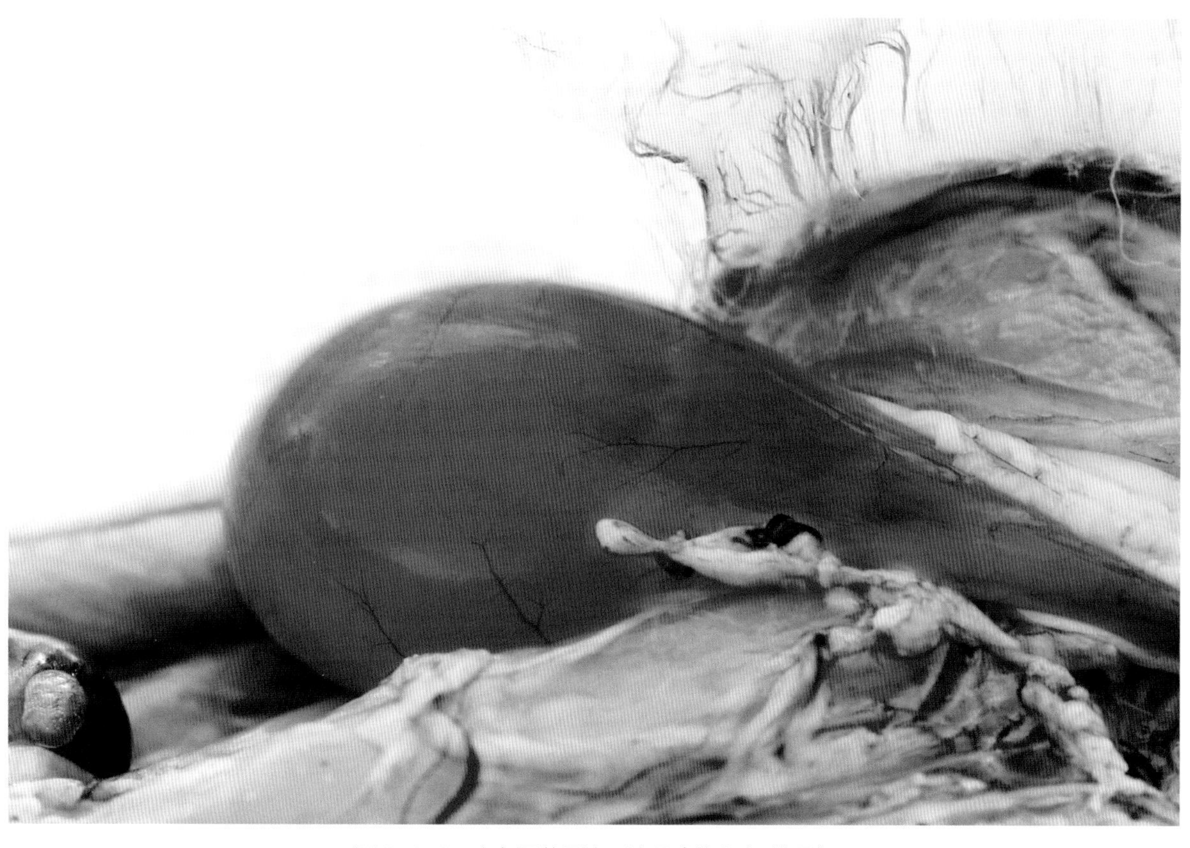

图 9-9-3　患兔尿黄浑浊、浓稠（薛家宾 供图）

图 9-9-4　患兔眼结膜黄染（薛家宾 供图）

图 9-9-5　死亡兔痉挛，角弓反张，后肢瘫痪，全身麻痹（薛家宾 供图）

图 9-9-6　患病兔肝有针尖大小的灰色结节病灶（薛家宾 供图）

图 9-9-7　肝硬化（薛家宾 供图）

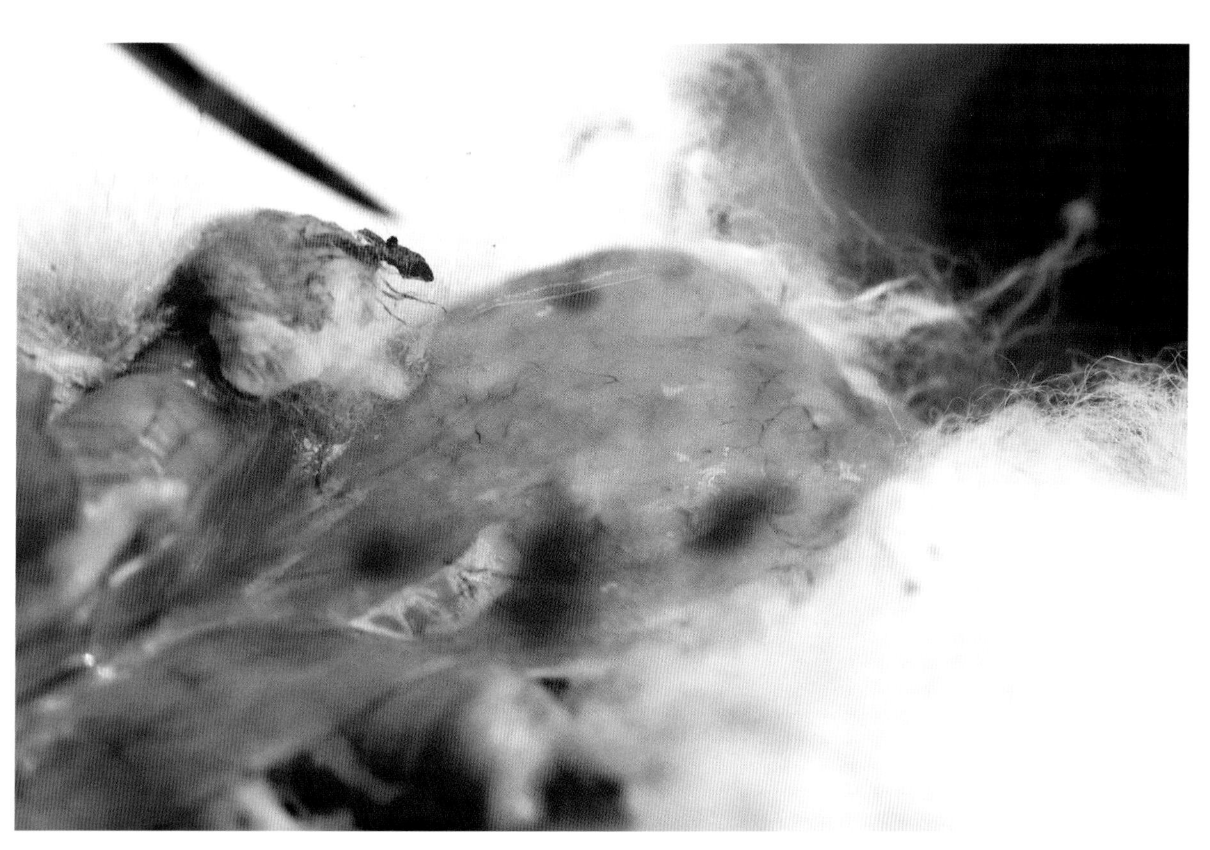

图 9-9-8　患兔膀胱黏膜有充血与出血（薛家宾 供图）

4. 胃、肠

胃浆膜毛细血管扩张充血、出血，黏膜肿胀、充血、出血以及浅层糜烂和深层溃疡。肠腔内容物黏稠、色黄，并混有气泡，黏膜肿胀、脱落和出血。腹水增多，带有黄色透明的胶胨样，肠系膜淋巴结肿大（图 9-9-9）。

5. 脑部

脑膜轻度水肿、充血，脑实质血管扩张充血。

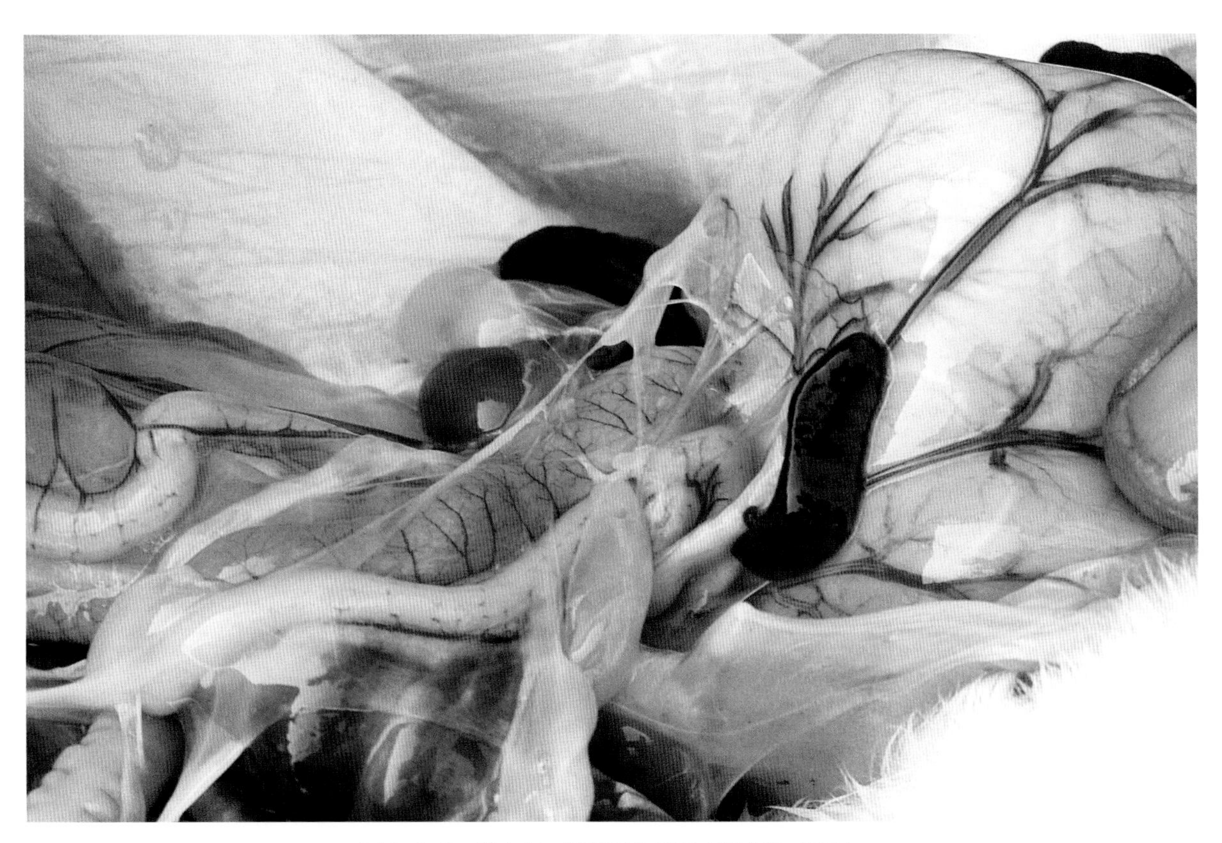

图 9-9-9　腹水多、纤维蛋白析出（薛家宾 供图）

五、诊断

在同一兔舍，喂饲相同的饲料，出现兔群中相继减食，且经采食后剩下的饲料日渐增多，病兔表现不活泼、喜睡等症状，可疑为饲料中毒。如有死兔在剖检时见其肝脏有上述黄曲霉毒素中毒的病变，则可初步诊断为黄曲霉毒素中毒病。如再将所喂饲料进行霉菌分离与毒素分析，并用污染的饲料喂饲健康家兔，均获得阳性结果，即可确诊。

六、类症鉴别

1. 兔有机磷中毒

相似处：患病兔均表现食欲减退，流涎，腹泻，呼吸急促，神经症状等临床症状。

不同处：有机磷中毒患病兔神经症状比较明显，如瞳孔缩小，肌肉震颤，流涎，呕吐等；表现有呼吸道症状，如呼吸急迫，黏膜发绀。剖检可见胃、肠黏膜充血、出血，黏膜易脱落，内容物有大蒜味。气管、支气管有黏液。

2. 兔棉籽饼中毒

相似处：患病兔均表现精神沉郁，呼吸急促，神经症状，孕兔流产等临床症状。剖检可见肝脏、肺脏病变。

不同处：棉籽饼中毒患病兔主要表现消化道症状，消化紊乱，食欲减退，先便秘后拉稀，可视黏膜发黄，以致失明，尿频，有时排尿带痛，尿液呈红色，重型病兔呻吟，磨牙，抽搐，最后心力衰竭而亡。孕兔流产，流产的胎儿有出血、水肿等病变；产出的仔兔有的出现颤抖，多数死亡。有的瞎眼、四肢发育不全或歪嘴、斜眼等畸形。饲喂棉籽饼的历史对疾病诊断很关键，没有明显的季节性。

3. 兔氰化物中毒

相似处：二者患病兔均表现为精神不振，食欲减退，流涎，呼吸急促，不喜站立等临床症状。

不同处：氰化物中毒患兔多在采食高粱、玉米幼苗或再生苗后发病。病兔表现为厌食，流涎，站立不稳，可视黏膜鲜红，呼吸困难。根据采食饲料原因不难确诊。

七、防治

1. 预防

平时应加强饲料保管，防止霉变。严禁用霉变饲料喂兔。应经常检查饲料是否发生霉变，特别是高湿的季节，或在阴雨时收获的谷物，长时间堆放的饲料，或因受水灾浸湿的饲料，如发现有霉菌生长，应停止作为兔饲料，改喂未发霉新配的饲料，并喂适量的青绿饲料。如发现兔群中已有轻度中毒症状的病兔，可用适量盐类轻泻剂以清除留存于肠道内的毒素。

2. 治疗

目前对病尚无特效疗法，一般仍以对症治疗为主。立即停喂霉变饲料，改喂富含碳水化合物的青绿饲料和高蛋白饲料，减少或不喂脂肪过多饲料。轻型病例不用治疗可逐渐自行恢复。对症治疗，如静脉注射 25% 葡萄糖溶液 5mL，维生素 C 注射液 2mL，也可用 40% 蔗糖 6~12mL 内服或灌肠。在全群兔饮水中加 5% 葡萄糖、2 倍量电解多维，连续饮用 7~10d。用正常的饲料逐渐增加喂料量。

第十节　兔氰化物中毒

临床上发生氢氰酸中毒主要是因为家兔采食了富含氰甙的植物饲料。此类饲料进入机体消化道后，在酶的水解和胃液内盐酸的作用下，产生游离性氢氰酸，导致家兔发生中毒。以兔表现精神兴奋、黏膜充血、呼吸加快，继而反应迟钝、共济失调、呼吸中枢麻痹而导致死亡为特征。

一、病因

氰化物中的氰化钠、氰化钾、氰化钙等属于剧毒。氢氰酸是一种熏蒸杀虫剂。氢氰酸的有机衍生物也有毒，以氰苷的形式存在于许多植物中，家兔采食或误食富含氰苷的草料也会中毒。富含氰苷的饲料主要包括木薯、高粱及玉米的新鲜幼苗、亚麻籽、亚麻籽饼和蔷薇科植物的叶和种子等。

二、临床症状

肉兔采食高粱幼苗约 0.5h 即出现异常症状，开始表现为精神兴奋不安，呼吸频率变快，可视黏膜充血，呈鲜红色，靠近家兔能闻到带有苦杏仁气味的异味，兔逐渐精神沉郁，抑制，呼吸变慢，趴卧笼中不愿走动（图 9-10-1）。严重的可视黏膜发绀，站立不稳，卧笼不起，后肢麻痹，失去知觉，眼球突出，瞳孔散大，头颈后仰，角弓反张，偶尔发出尖叫声，最后因呼吸中枢麻痹而死亡。

三、病理变化

剖检可见胃、肠道黏膜和浆膜有充血、出血（图 9-10-2 至图 9-10-4），肝淤血、质脆，胆囊肿大

图 9-10-1　流涎、腹痛、呼吸困难，四肢瘫软（薛帮群 供图）

（图 9-10-5）；肺充血水肿，气管和支气管内有大量泡沫状、不易凝固的红色液体，心肌淤血（图 9-10-6）。静脉血液呈鲜红色，凝固不良，这是氢氰酸中毒与亚硝酸盐中毒鉴别的主要标志。

图 9-10-2　小肠充血、出血（薛帮群 供图）

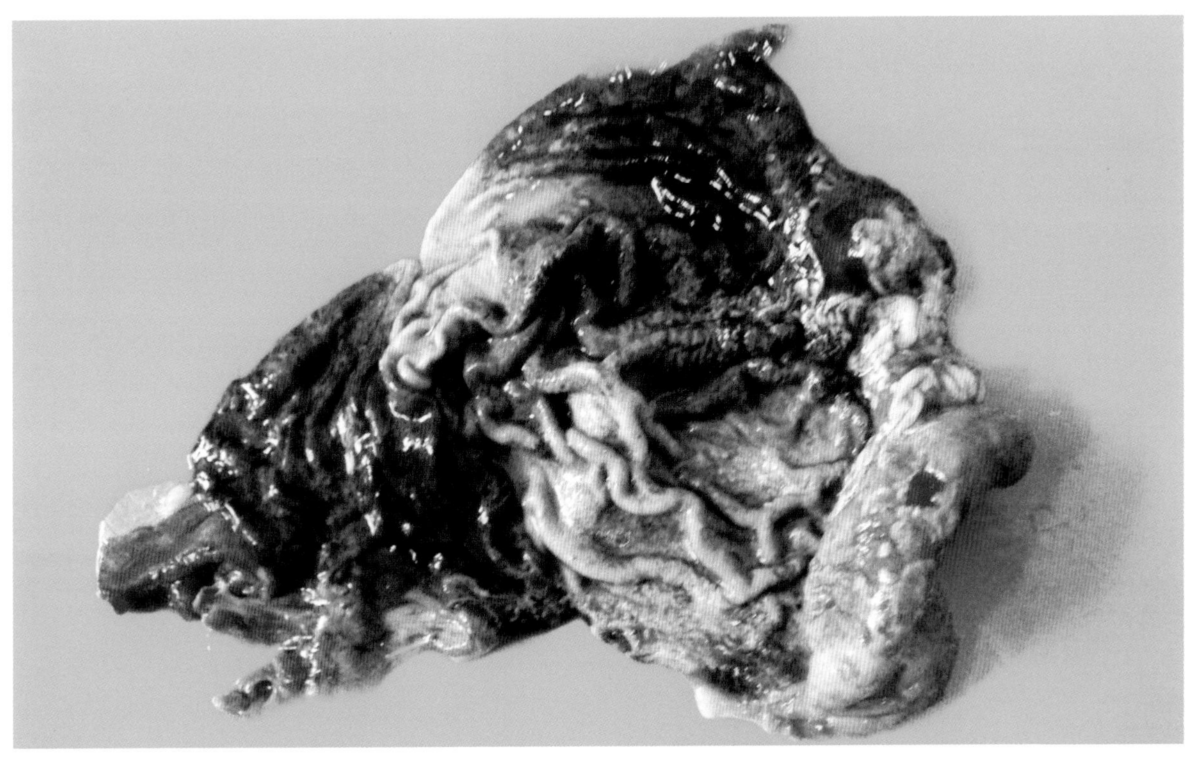

图 9-10-3　胃黏膜充血、淤血，脱落（薛帮群 供图）

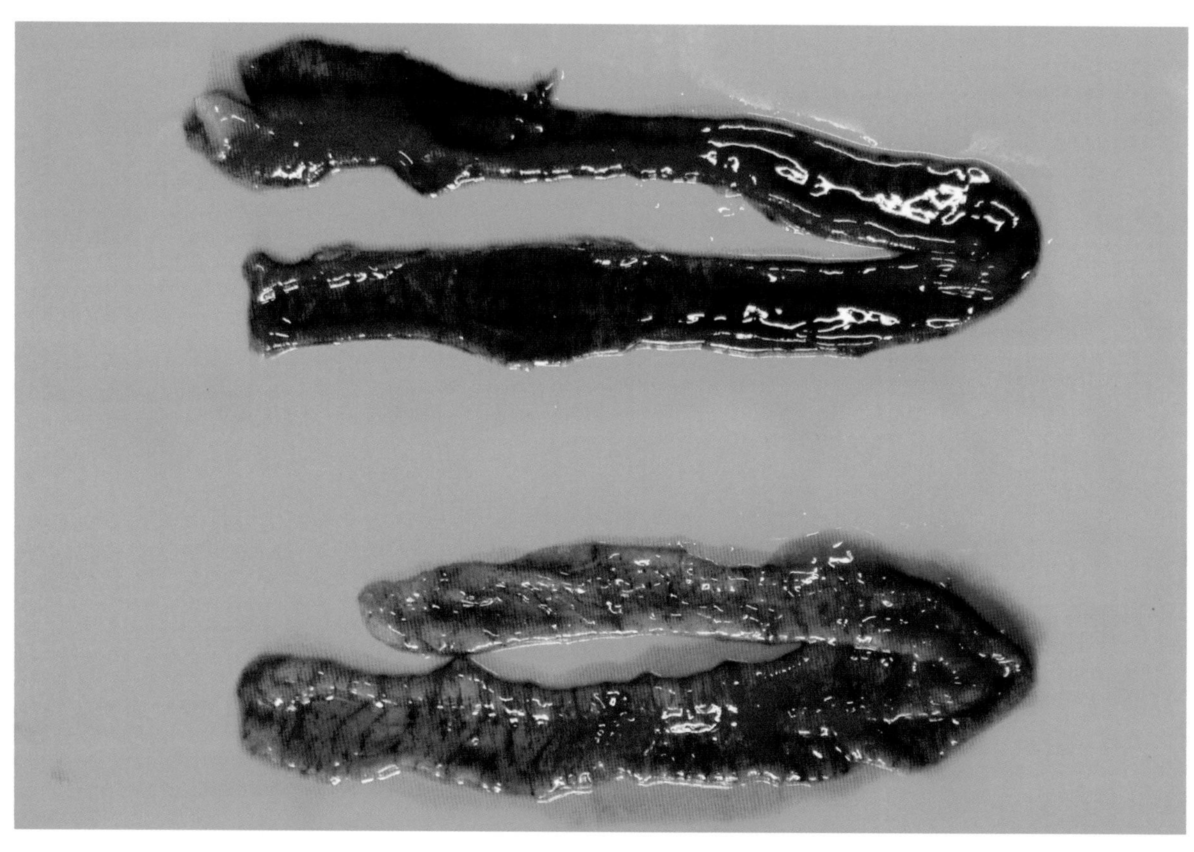

图 9-10-4　肠黏膜出血、淤血，肿胀（薛帮群 供图）

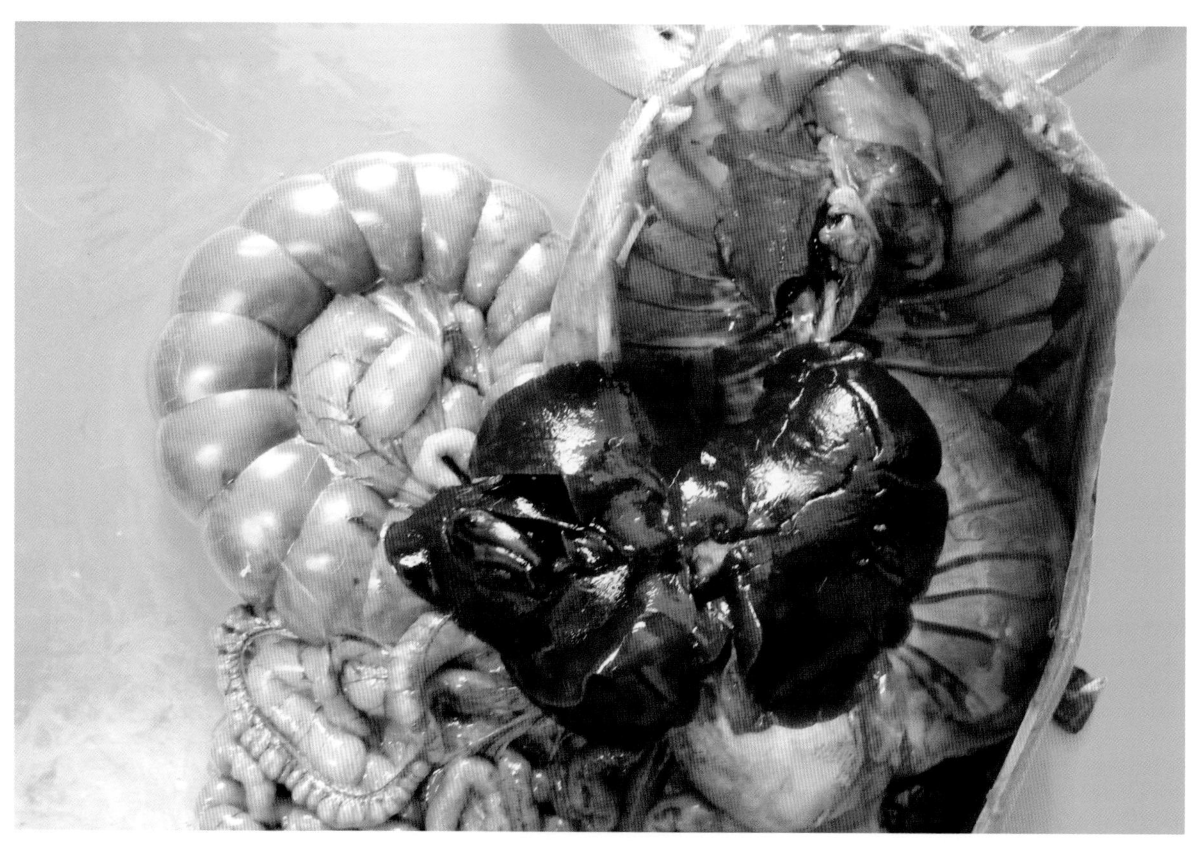

图 9-10-5　肝肿大、质脆（薛帮群 供图）

图 9-10-6　心肌淤血，肺充血（薛帮群 供图）

四、诊断

取病死兔的肝脏研碎后，放入已准备好的锥形瓶中加蒸馏水调制成粥状，加入 10% 的酒石酸，充分摇匀后，瓶口盖上硫酸亚铁－氢氧化钠试纸，用小火加热直至煮沸。取下试纸，在试纸上滴加适量的稀盐酸，如试纸出现了蓝斑，久不褪色，则可证明氢氰酸存在。

根据家兔饲料的饲喂情况、发病的特点、临床症状、病死兔的剖检变化和实验室检验，可确诊兔氢氰酸中毒。

五、类症鉴别

兔黄曲霉毒素中毒。

类似处：患兔均表现为精神不振，食欲减退，流涎，呼吸急促，不喜站立等临床症状。

不同处：兔霉菌毒素中毒病因是误食霉菌毒素而发病。患病兔食欲减退，流涎，精神萎靡，对周围无反应。全身衰弱无力，喜卧。呼吸急迫，心跳加快。先便秘，后拉稀，粪便带血液或黏液。尿黄浑浊、浓稠，后期眼结膜黄染，皮肤有紫红色斑点或斑块，痉挛，角弓反张，后肢瘫痪，全身麻痹而死亡。妊娠母兔发生流产，不孕，公兔不配种。体温不高，有时稍下降，脱水，嗜睡，咬毛，贫血，最后因消瘦衰竭而死。

六、防治

1. 预防

不让兔子采食含有氰化物的饲料，尤其高粱、玉米的幼苗，以及收割后的再生苗及木薯等。

2. 治疗

立即清除兔笼内剩余的高粱苗等。对有中毒症状的患兔先用 0.1% 的高锰酸钾溶液或生理盐水 20~30mL 洗胃，再灌服人工盐或大黄等缓泻药，以尽快排除胃肠道内的有毒物质。患病家兔同时静脉注射 1% 的亚硝酸钠溶液或 1% 的美蓝溶液 1~2mL。对于病情较重者，再静脉注射 10%~25% 的葡萄糖、10% 的安钠加和 10% 的维生素 C 注射液，从而达到解毒、强心的目的。

第十一节　兔氟苯尼考中毒

兔氟苯尼考中毒是家兔长时间或过大剂量摄入添加氟苯尼考的饲料或注射氟苯尼考针剂而出现的中毒性疾病。

一、病因

氟苯尼考为人工合成的甲砜霉素单氟衍生物，是动物专用广谱抗菌药，对阴性菌、阳性菌、支原体、钩端螺旋体等都有一定的杀灭作用，特别是治疗由于细菌性引起的畜禽呼吸道疾病效果显著，然而使用不当如使用时间过长或剂量过大会引起中毒。

二、临床症状

病兔精神萎顿，拒食，身躯麻痹，站不起来，体温下降，后期吐白沫，死亡。

三、病理变化

心包积液，肺脏水肿、出血，有的气管内大量泡沫，肝脏肿大、出血或硬化，脾脏坏死、出血，肾脏肿大、出血，膀胱浆膜出血。

四、诊断

通过对发病前用药情况的了解和临床症状及病理变化的观察可作出初步诊断。

五、防治

1. 预防

避免长时间或过大剂量使用氟苯尼考。

2. 治疗

立即停用添加氟苯尼考的饲料，改用新鲜无药饲料。供给 10% 葡萄糖和 1% 维生素 C 饮水，对不能饮水的患兔灌服 50~80mL/d，连续 3d。

第十二节　兔阿莫西林中毒

兔阿莫西林中毒是家兔大量摄入阿莫西林而发生的中毒性疾病。

一、病因

在饲料、饮水中过量添加阿莫西林。

二、临床症状

患兔病初出现拒食、精神不振、长卧笼底板、站立不起等症状。此后部分兔出现腹泻，粪便为黑褐色，最后部分兔出现死亡。

三、诊断

通过临床症状及用药调查可以做出诊断

四、防治

避免在家兔饲料、饮水中大量添加阿莫西林。发现家兔阿莫西林中毒时立即停止饲喂含有阿莫西林的饲料或饮水，改用新鲜饲料或饮水。

第十章

兔混合感染疾病

第一节 兔波氏杆菌和巴氏杆菌混合感染

该病是由波氏杆菌和巴氏杆菌混合感染引起的，以呼吸道症状为主的家兔混合感染的传染病。该病一年四季都有发生，而气温变化较大的春秋两季多发，不同年龄、品种、性别的兔都可以发生，由于混合感染，所以发病率比单一病原感染时的发病率和死亡率要高，发病率可达到 30% ~ 40%，甚至更高，死亡率可达 10% ~ 30%，尤其是卫生条件差的兔舍，发病率更高。

一、病原体

该病为波氏杆菌和巴氏杆菌混合感染。

波氏杆菌为革兰氏阴性，大小（0.2 ~ 0.3）μm×（0.5 ~ 1.0）μm。在血平板 37℃培养 48h 可长出直径为 0.5 ~ 1mm，光滑、圆形、边缘整齐的烟灰色菌落。在血平皿中某些菌株能见到 β 溶血环，培养时可同时出现大小不等的溶血菌落及不溶血的变异菌落。严格需氧，呼吸型代谢，生化试验中，对糖类不发酵，对碳水化合物不分解，尿酶、触酶和氧化酶均为阳性，吲哚、MR 和 V-P 试验呈阴性。

巴氏杆菌营养要求较高，在普通培养基上生长不良，在马丁血琼脂、加犊牛血清的马丁肉汤中、TSA 平皿上生长良好，在麦康凯琼脂上不生长。血琼脂平板上菌落形态为半透明、圆形、光滑、湿润、呈露珠样的小菌落、不溶血。该菌革兰氏染色阴性，呈两极浓染、卵圆形的球杆菌。菌体为（0.5 ~ 0.6）μm×（1 ~ 1.5）μm。生化特性：发酵葡萄糖，甘露醇、蔗糖、甘露糖、乳糖、麦芽糖产酸产气；不发酵山梨醇、阿拉伯糖、鼠李糖；不利用枸橼酸盐；硫化氢、氧化酶，接触酶及尿素酶试验均阴性；不还原硝酸盐；产生靛基质，M.R 试验、V-P 试验均阴性，无运动性，不液化明胶。

二、临床症状

该病分为急性型和慢性型。

急性型多数表现出血性败血症状，表现为突然死亡，以青壮年兔为主，也有成年兔，有的伴有神经症状，狂躁不安，头部一侧着地，很快死亡，有的鼻腔内流出血液。

慢性型多数为成年兔。发病初期，食欲减退，精神不振，打喷嚏，鼻孔、口角流出大量清亮黏液；逐渐转为呼吸困难，病兔逐渐消瘦，病兔从鼻腔中流出浆液性分泌物逐渐转为黏液性分泌物，

甚至脓性分泌物，眼角周围湿润。随着病情的发展转变成支气管肺炎型，打喷嚏、咳嗽，呼吸困难加重，鼻腔中流出黏液脓性分泌物越来越严重，污染鼻腔周围被毛，鼻腔周围形成结痂。随着病程的延长，食欲严重不振，越来越消瘦，呼吸衰竭而死亡。

三、病理变化

病死兔消瘦，鼻周围毛被分泌物污染，鼻腔黏膜充血，鼻甲软骨充血或有出血点，内有多量黏性或脓性分泌物，有的一侧，有的两侧都有，直至眶下窦。肝肿大，并有针尖状坏死灶；肺尖叶紫红色肝变，肺有大小不等的脓疱，外包一层结缔组织，内含乳白色脓汁，黏稠如奶油。有的病例肺小部分均有病变，失去呼吸功能。有的病例在肋膜上也有同样的脓疱；其中最大特征是在胸腔，急性死亡的主要为肺充血、出血肿大，并有炎性渗出物；严重的呈现全肺严重出血。慢性的主要表现为严重的化脓性肺炎为主，肺与胸壁粘连，整个胸腔积脓，呈液体状或呈脓疱状（图 10-1-1）。

肝表面也可见到黄豆至蚕豆大甚至更大的脓疱；有的病例在肾脏、睾丸、心脏亦能形成脓疱。脾脏、淋巴结肿大、出血；心肌肥大，心内外膜有出血斑点。

图 10-1-1　整个胸腔内被脓液充盈（韦强　供图）

四、诊断

由于巴氏杆菌和波氏杆菌病的临床症状及病理变化都有些相似，因此单独感染或混合感染很难区分，必须通过实验室的分离鉴定才能区别。采用建立的兔巴氏杆菌和波氏杆菌二重 PCR 检测方法，能有效鉴别诊断二种病的单独或混合感染。

选择巴氏杆菌16SrRNA及波氏杆菌fim2保守基因序列为靶基因设计的2对特异性引物分别为：

P1：5’GAGTCTAGAGTACTTTAGGGA3’；P2：5’ACTTTCTGAGATTCGCTC3’；

P3：5’TGAACAATGGCGTGAAAG3’；P4：5’TCGATAGTAGGACGGGAGG3’。

引物P1、P2预测扩增片段大小为644bp，P3、P4预测扩增片段大小为425bp。采用50μL反应体系，其中10×Ex Taq Buffer5μL，dNTPs4μL，P1、P2、P3、P4各0.5uL，rTaq 0.5μL，模板1μL，补加ddH_2O至50μL。PCR扩增程序：95℃ 5min；94℃ 30s，60℃ 30s，72℃ 30s，30cycles；72℃ 10min。PCR产物在1%琼脂糖凝胶中电泳，凝胶成像仪扫描成像，判断结果。

建立的双重PCR诊断方法快速、敏感、特异，巴氏杆菌最小检出量6×10 cfu，波氏杆菌的最小检出量为4×10^2 cfu；对波氏杆菌和巴氏杆菌均为一个条带，其大小分别为：425bp和644bp；而兔巴氏杆菌和波氏杆菌的混合感染则能扩增出两条清晰的目的条带。

五、类症鉴别

1. 与巴氏杆菌病和波氏杆菌病单独感染的鉴别诊断

波氏杆菌和巴氏杆菌都能引起鼻炎和肺炎等呼吸道症状，要诊断出单独感染还是混合感染，只能依赖实验室才能作出相应的区别诊断。

2. 与绿脓杆菌病鉴别诊断

绿脓杆菌病与支气管波氏败血杆菌病均呈败血症，肺和其他一些器官均可形成脓疱，但脓疱的脓汁颜色不同，绿脓杆菌病脓汁的颜色呈淡绿色或褐色，而支气管波氏败血杆菌病脓汁的颜色为乳白色，这是鉴别诊断之一。鉴别诊断之二是在普通培养基上绿脓杆菌呈兰绿色并有芳香味；而波氏杆菌则无现象（表）。

表　临床症状与病理变化特征类别诊断表

病名	主要症状及病理变化特征	受害动物
波氏杆菌病	病程长，久治不愈。剖解以气管黏膜充出血、肺脏和胸肋膜脓疱为特征，胃及肝表面有灰白色假膜。	主要为兔、猪、实验动物、豚鼠及小白鼠。
巴氏杆菌病	肺脏淤血、充血、水肿，胸膜粘连及胸膜炎和胸腔积脓，肝脏有灰白色坏死灶为特征。	鸡、鸭、猪、牛、羊、兔等多种动物均易发病。

六、预防

加强饲养管理，阴暗、潮湿、空气污秽是诱发该病发生及传播的重要因素，因此，应保持兔舍的清洁卫生，空气流通良好、新鲜，这是减少该病发生的重要措施。

兔舍定期消毒，常用的消毒药物是苛性钠、来苏尔、过氧乙酸等，对发生疾病的兔舍及兔笼火焰消毒，效果更好，在空栏的情况下，可用福尔马林薰蒸。

预防注射菌苗，根据兔场的发病情况，条件许可的情况下，采用分离病原菌，研制相应的灭活二联疫苗，皮下注射1～2mL，断奶后首免，再在首免1个月后二免，免疫期为4～6个月。

七、治疗

用卡那霉素肌内注射，2 次 /d，10mg/（kg·bw），连用 3d。

红霉素肌内注射，6 ~ 8mg/（kg·bw），2 次 /d；口服，10mg/（kg·bw），3 次 /d，连用 3 ~ 5d。同时，静脉注射葡萄糖 20 ~ 40mL。

磺胺甲氧嘧啶（SDM）内服，首次剂量为 0.1g/kg·bw，维持剂量为 0.07g，1 次 /d，连用 3 ~ 5d。

对症状较严重的病兔进行淘汰。

第二节　兔多杀性巴氏杆菌和病毒性出血症混合感染

兔病毒性出血症俗称“兔瘟”，或称兔出血症，是由兔病毒性出血症病毒引起兔的一种急性、高度接触性、烈性传染病。兔多杀性巴氏杆菌病又称兔出血性败血症，是由多杀性巴氏杆菌引起的一种急性传染病，传播速度快，急性发病时症状不明显，多呈散发。兔病毒性出血症与兔多杀性巴氏杆菌病混合感染时，常常会误诊，给兔场造成严重的经济损失。

一、病原体

RHDV 属杯状病毒科（Calieiviride），只感染兔，而对鼠、犬、猫、小猪等小哺乳动物以及其他啮齿动物没有感染力。

兔多杀性巴氏杆菌为革兰阴性、两端钝圆、细小、卵圆形的短杆菌，该菌对多种动物均可感染。

二、临床症状

发病初期，患兔死前不表现任何症状，只是在笼内不安，有时出现惊叫，随后倒地、抽搐死亡。随即出现病兔精神沉郁、停食、饮水增加、体温升高。死前精神亢奋，在笼内乱啃、乱咬、乱撞。两前肢伸向左右两侧呈匍匐状趴在笼内，两后腿极力支起，全身抖动，然后倒地四肢不断作游泳状划动，最后头向后仰，腿向后挺，呈角弓反张状，抽搐，偶有尖叫，口、嘴流出血样泡沫分泌物而死亡。

三、病理变化

病兔死后呈角弓反张姿势，外观营养良好，眼结膜充血，齿龈出血，鼻、嘴端发绀，鼻液增多并含有血。全身多处淋巴节肿大、出血；肝变性肿大，质脆，呈淡黄色或土黄色，表面有灰白色坏死灶，切面多呈槟榔样花纹，有的肝淤血呈紫红色。脾质脆、呈蓝紫色、肿大、高度充血。肾脏淤血、肿大，皮质有出血点；胃外观灰白不均，幽门部胃壁水肿，胃肠黏膜有点状及弥漫性出血，部分黏膜脱落。胸腔内有少量黄色积液；鼻腔、喉头、气管和支气管黏膜弥漫性出血，气管、支气管内充满大量泡沫状血色液体。肺脏出血，切面有大量泡沫状暗红色血液；脑膜充血、出血。

四、诊断

1. 病料的细菌学检验

（1）病料涂片镜检。无菌采取病死兔肝脏、脾脏、肺脏及气管内黏液等触片，甲醇固定，革兰氏及瑞氏染色镜检。革兰染色结果为两极着染、两端钝圆的革兰氏阴性近椭圆型小杆菌；瑞氏染色结果为两极着色明显的近椭圆形短小杆菌，两极之间两侧连线明显。

（2）细菌分离培养。取病死兔肝脏、脾脏组织分别接种于山羊血琼脂平板、麦康凯琼脂培养基及普通肉汤，37℃培养 24h；24h 后在血琼脂平板上可见平坦、细小、湿润、圆形、半透明露珠状菌落，菌落周围不溶血；在麦康凯琼脂上不生长；在普通肉汤中呈均匀混浊，先混浊后沉淀，振荡时沉淀物呈辫状浮起。山羊血琼脂平板，培养 24 ~ 48h，观察菌落颜色及特征。

2. 人 O 型红细胞凝集和抑制试验

取适量病死兔的肝脏、脾脏研磨制备成 10% 悬液，以 4 000r/min 离心 30min，取上清液进行人 O 型红细胞凝集试验（HA）和红细胞凝集抑制试验（HI）。病死兔肝脏、脾脏悬液上清能够凝集人 O 型红细胞，生理盐水对照未出现凝集现象。病料悬液上清与兔出血症病毒阳性血清混合作用后，再加人 O 型红细胞，红细胞不凝集，说明病料中含有兔出血症病毒。

3. 动物试验

（1）细菌的致病性试验。用上述分离培养物，挑取形态、特征一致的优势菌落进行分离、纯化，同时将纯化后的细菌接种于改良马丁肉汤，37℃培养 24h；用培养物腹腔注射 6 只 35 日龄的小鼠，每只 0.2mL；同时设 6 只小白鼠为对照，每只注射 0.2mL 生理盐水。连续观察，记录小鼠的发病情况。给小鼠腹腔注射 5h 后，小鼠开始表现精神沉郁，采食减少甚至不食，饮水减少，反应迟钝，呼吸急促；注射后 20h 出现死亡，注射后 45h 试验用 6 只小白鼠全部死亡，对照组的没发现异常现象。剖检试验小鼠，见肝脏、肺脏有点状或块状出血，气管明显出血，涂片镜检结果与细菌学检验的结果一致。说明该分离株为致病性菌株。

（2）兔回归试验。取适量病死兔肝脏、脾脏，置于无菌玻璃研磨器中，一边研磨，一边按 20%（W/V）比例加入灭菌生理盐水制成 20% 悬液，冻融后按每毫升加青霉素、链霉素各 1 000IU，37℃温育 1h；3 000r/min 离心 20min，取上清液进行非免疫兔的回归试验。将 10 只 3 月龄非免疫试验兔分成 2 组，试验组 5 只，对照组 5 只，对试验组兔颈部皮下注射上述病料混悬液，0.5mL/kg，对照组兔注射等量灭菌生理盐水。攻毒后每隔 6h 测量体温，观察和记录其发病情况。试验组兔接种后 26 ~ 43h 死亡，攻毒后体温升高（可达 40.3 ~ 41.6℃），并出现废食、挣扎、尖叫、撞笼等现象。采集死亡兔肝脏、脾脏研磨制备成病料悬液进行人 O 型红细胞凝集试验，结果阳性。对照组兔连续饲养观察 5d，无任何发病现象。

五、防治

1. 隔离消毒

将病兔舍相邻的两幢兔舍用百毒杀 1 ∶ 1 200 稀释进行兔体表喷雾消毒，用 1 ∶ 400 倍稀释进行兔舍及用具消毒，1 次 /d，连用 7d。病死兔一律深埋。

2. 药物治疗

对病兔用恩诺沙星注射液按体重 0.1mL/kg 进行肌内注射，1 次 /d，连用 2 ~ 5d；同时全群用恩诺沙星等拌料或饮水；用兔病毒性出血症灭活疫苗 4 头份进行紧急免疫注射。

3. 加强饲养管理

病兔舍及相邻的兔舍单独安排饲养管理人员，并不得进入其他兔舍及生产区。动员全场人员紧急进行消毒处理。车辆等用过氧乙酸消毒。污水用漂白粉消毒。通过采取上述防治措施，7d 后病情可控制。

第三节　兔大肠杆菌与球虫混合感染

家兔大肠杆菌与球虫混合感染，是由大肠杆菌及球虫混合感染引起的肠道传染病，生产中常见，发病率和死亡率极高，以腹泻为其特征。

该病一年四季都可以发生，常与饲养条件和气候等环境的变化有关，特别是温暖潮湿的梅雨季节多发；以 1 ~ 3 月龄兔多发，其他日龄兔也有发生。二者病原到底是谁先入主，目前暂时无法考证，但相互间的影响是肯定的，而且是肯定比单独感染时严重，且死亡率更高。因此，特别提醒养殖者或者是兽医工作者，在对腹泻病的流行病学调查和疾病诊断时，二者都要顾及，以免影响治疗效果。

一、病原体

1. 大肠杆菌

大肠杆菌为革兰氏阴性，无芽孢，一般具有鞭毛。大肠杆菌在水中能生存数周及数月之久，在 0℃粪便中能存活 1 年。用一般消毒药品都能很快杀死该菌。

大肠杆菌于麦康凯营养琼脂长出红色菌落；在普通平皿中菌落形态特征为：边缘整齐、表面光滑湿润、圆形，烟灰色菌落。菌体形态：镜检可见中等大小、两端钝圆、散在或成对存在的革兰氏阴性短杆菌（表）。

2. 球虫

兔球虫属于艾美耳科、耳关耳属等多种球虫，国内已报道有 16 种之多。寄生于肠管上皮细胞引起肠型球虫病；或寄生于肝脏胆管上皮细胞引起肝型球虫病。未孢子化的卵囊外形呈卵圆形或椭圆形、梨形，多数长 10~30 μm，最长的可达 90 μm。卵囊有 2 层壁，外层为保护性膜，内层为类

表　大肠杆菌的生化特征

生化反应	结果	生化反应	结果
D- 葡萄糖	⊕	MR	+
D- 麦芽糖	⊕	V-P	-
乳糖	⊕	靛基质	+
蔗糖	+	硝酸盐还原	+
D- 甘露醇	⊕	枸橼酸盐	-
D- 山梨醇	+	尿素酶	-
侧金盏花醇	-	氧化酶	-
吲哚	+	硫化氢	-

注："+"表示生化试验结果阳性，"⊕"表示生化试验结果阳性，又产气，"-"表示生化试验结果阴性

脂质，在卵囊的顶端常有个微孔，微孔上有极冒，卵囊中含有一圆形的原生质团，即合子。

二、临床症状

病兔发病初期精神不振，食欲减退，腹部臌大，粪便开始变形，变成细小，或不规则形状；随后出现腹泻，变成糊状，呈黄色至棕色，血便或黏液便，或有剧烈水泻（图 10-3-1）。轻轻拍打腹部有臌音，当将兔体提起摇动时可听到壶水音。此时可见有病兔四肢发冷、磨牙，绝食，精神极差，常常呆卧在兔笼一角。病兔体温一般正常，或低于正常。迅速消瘦，体重减轻。急性型病程很短，1 ~ 2d 死亡，有的狂躁为安，很快就死亡，病程长者 7 ~ 8d 死亡。

图 10-3-1　肛周粘粪（韦强 供图）

三、病理变化

肛周粪便黏附，消瘦，被毛无光泽；腹部膨大。胃内常常有食糜，有的呈半液体半气体，死亡略久一点的病死兔可见胃壁已破溃；主要病理变化是肠道炎症：小肠呈卡他性炎症，或出血性炎症，肠壁变薄，肠管内充满着褐色的，或暗红色的胶胨样液体。十二指肠、空肠、回肠基本相似，内常充满气体和染有胆汁的黏液样液体，有的肠管内臌气，甚至肠管变粗（图 10-3-2）；结肠、盲肠浆膜和粘膜充血或有出血点，有点呈气液混合状，有的整段肠管臌气（图 10-3-3）。有些病例肝脏、心脏有小坏死点。有些病例，盲肠内容物呈水样并有大量气体，直肠也常充满胶胨样黏液。淋巴结肿大，甚至出血。有的腹腔积液。因腹胀引起腹压增高压迫胸腔，常常导致心脏扩张。

四、诊断

1. 球虫病的诊断

取小肠及盲肠的内容物直接涂片，并加少许蒸馏水稀释，低倍显微镜下暗视野检查，小肠内容物在每视野中可见到数个卵囊（图 10-3-4），而在盲肠内容物中则可见多量的卵囊，一般情况下，就此可以做出球虫病存在的明确的诊断。在检查粪便卵囊时，也可用饱和盐水漂浮法，以检查粪便中的卵囊数量。病死兔检查可用刮取黏膜或肝脏病变部位压片或胆汁涂片，在显微镜下检查卵囊和裂殖子。但在小肠中见到卵囊则具有特征性的诊断意义，因为正常情况下该部位不应该有卵囊存在。当然，最好结合发病情况来作出综合判断。

2. 大肠杆菌病的诊断

参见大肠杆菌病部分。

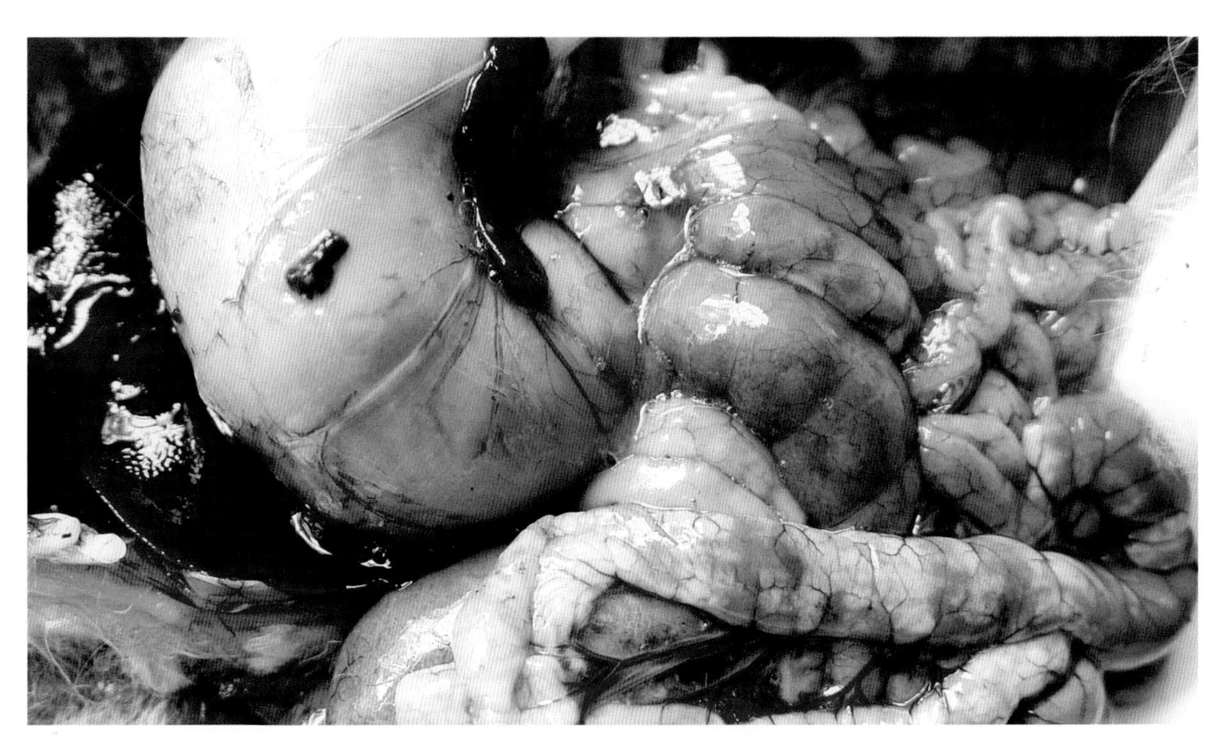

图 10-3-2　回肠扩张，肠壁水肿，肠内壁呈干酪样坏死（韦强 供图）

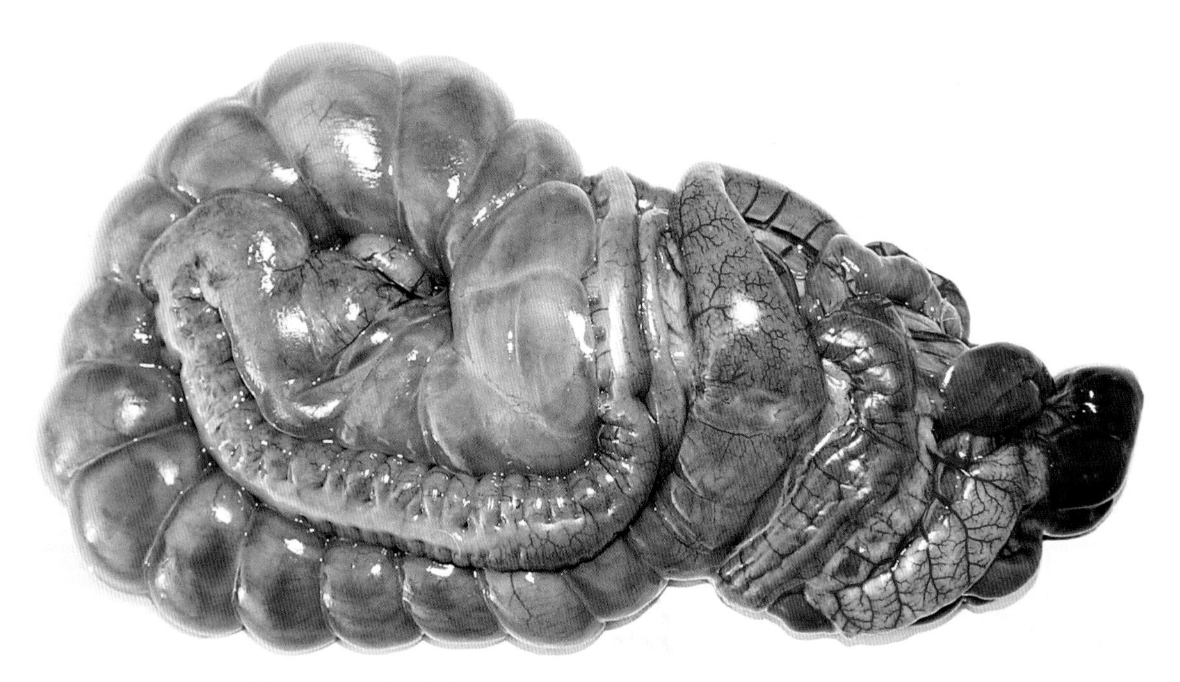

图 10-3-3　小肠变薄，内容物呈褐色；盲肠壁水肿（韦强　供图）

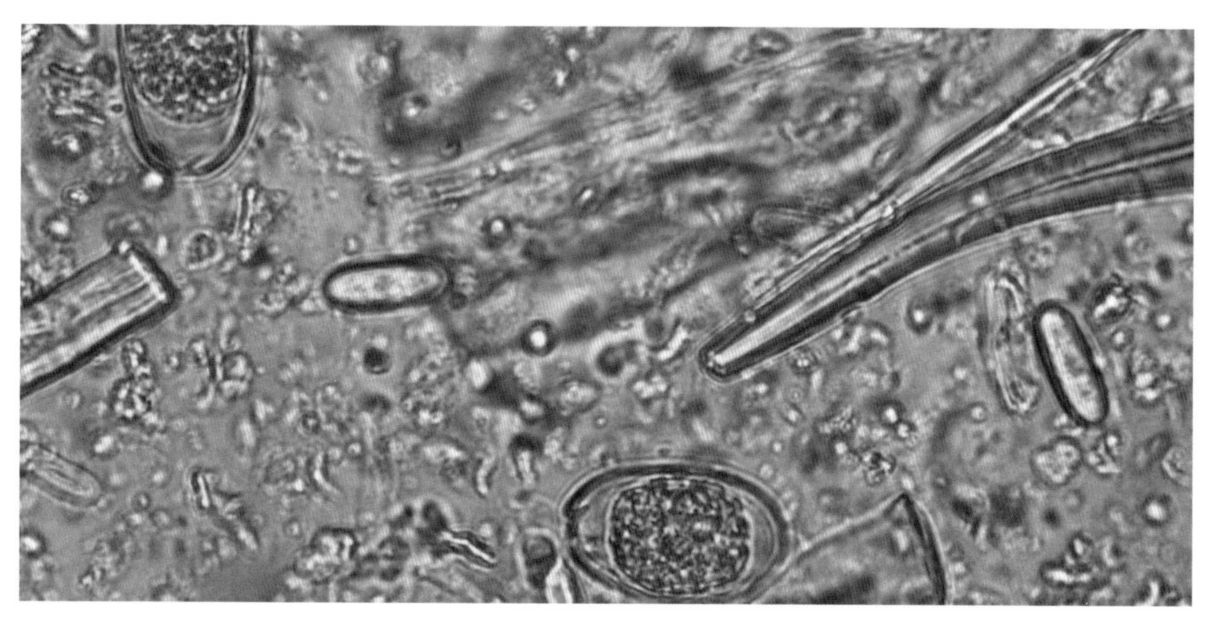

图 10-3-4　小肠内容物的球虫卵囊（韦强　供图）

五、类症鉴别

1. 与球虫病的鉴别诊断

取小肠内容物直接涂片，并加少许蒸馏水稀释，低倍显微镜下暗视野检查，小肠内容物在每视野中可见到数个卵囊，一般情况下就此可以作出球虫病存在的明确的诊断。但单独的球虫感染主不可能进一步分离鉴定出大肠杆菌。

2. 与大肠杆菌病的鉴别诊断

大肠杆菌病主要表现为糊状拉稀，有时也成串珠样较细的粪便，表面常常带有黏液，病兔渐渐消瘦，甚至严重脱水，食欲减退，精神不振，并有发病死亡。肠道病变与球虫病有些相似，小肠出血严重，各个肠段可见炎症、臌气，常能在空肠中、肝脏、心血、肠系膜淋巴结等脏器中分离到纯净的大肠杆菌。单独的大肠杆菌病不易在小肠中直接观察到球虫卵囊。

3. 与兔毒性出血症（RHD）的鉴别诊断

3 月龄左右的兔子，由于免疫不当 RHD 也常易发生，其症状非常相似。RHD 的发病一般都有一个渐进性的过程，发病初期病死兔较少，然后逐渐增多，并出现明显的发病死亡高峰，个别死亡兔鼻子、口腔有出血，死前尖叫挣扎，而且死亡比较突然，有的兔边吃草，突然蹦跳几下就死亡，一般病程较短。病死兔的病理变化有特征性：剖检见肺有尖锐的点状、块状出血，整个肺肿大；肝肿大明显、出血、质脆；脾脏淤血、肿大明显，呈紫黑色；肠道病变不太明显。病死兔的血液及肝脏病料的匀浆悬液能快速凝集人 O 型红细胞为其特征。用抗菌素治疗无效。而球虫病与大肠杆菌病混合感染不具备这些特征。

诊断参见下表。

表　球虫病与大肠杆菌病鉴别诊断

病名	球虫病	大肠杆菌病
病原	球虫	大肠杆菌
发病日龄	主要为 1~3 月龄兔	各种日龄
病性	急性或慢性无死亡高峰病程长	急性、慢性都有病程长
特征性症状	腹泻，一般程度较轻；消瘦；腹部膨隆	腹泻，大便变细呈串珠样，常带有胶胨样黏液
特征性病变	小肠炎症明显，充血、出血，臌气；肝型或混合型的肝脏表面可见结节	肠道炎症明显，各肠段臌气
实验室诊断	从肠内容物中可检出球虫卵囊	从内脏器官中可以分离出致病性大肠杆菌
药物治疗	抗球虫药物药治疗效果明显	抗生素治疗有效

六、预防

肠道疾病很多是应激性原因引起的，因此平时应减少应激刺激，特别是对刚断奶的幼兔的饲料不能突然改变；尽量做到冬暖夏凉的兔舍环境。大肠杆菌属于条件性致病菌，当饲料突变、气候改变等应激后，肠道内正常菌群的平衡失调，大肠杆菌会大量繁殖导致疾病的发生。

球虫病的预防显得尤为重要，潮湿温暖的环境最适宜于球虫卵囊的孵化，温度在 20 ~ 30℃时最适宜，特别是梅雨季节更应重视。从断奶至 2.5 月龄的兔子最易感，这一年龄段都应添加预防性球虫药，地克珠利、克球粉、氯苯胍等进行交替使用预防。具体详见球虫病章节。

七、治疗

由于是二种病混合感染，最好选用对二种病均有效的药物，但这有一定的难度。对球虫病，一般用磺胺类药治疗效果较好，用磺胺喹嗯啉加增效磺胺，或用复方新诺明等磺胺类药，按每 50 千克饲料拌 50g 药，连用 5d，一般一个疗程即可得到控制，严重的可停药间隔 2 ~ 3d 后再增加一个疗程；针对大肠杆菌病，选用广谱的喹诺酮类药比较好，如环丙沙星等，按饲料 300 ~ 400g/t 拌料，连用 3 ~ 5d；再者发病期间少喂精料，适当增加青绿饲料的量，减少肠胃负担，提高肠道的生态机能，也有利于该病的康复。

此外，也可用以下几种药物：

庆大霉素肌内注射，每千克体重 5 ~ 7mL，2 次 /d，连用 2 ~ 3d。

卡那霉素肌内注射，每千克体重 10 ~ 20mg，2 次 /d，连用 2 ~ 3d。

有严重脱水和体弱的病兔，静脉注射 10% 葡萄糖盐水 20 ~ 40mL，同时灌服黄连素、维生素 C、维生素 B_1 各 1 片，矽炭银 2g，每天 2 次。

第四节　兔皮肤真菌病和螨病混合感染

家兔皮肤真菌病，又称兔体表霉菌病或脱毛癣；兔螨病又称兔疥癣病，俗称“生癞”。发生皮肤真菌病的家兔常会感染螨病。两种疾病混合感染后，对家兔的影响更严重。

一、病原体

家兔皮肤真菌病的病原菌主要是絮状表皮癣菌、石膏样小孢子菌、须癣毛癣菌及黄癣菌等。

兔螨病的病原体主要是兔疥螨和兔痒螨。

二、临床症状

患兔体况瘦弱，被毛粗乱，局部脱毛，皮肤粗糙呈糠麸样，精神不安，时常扒挠嘴、眼、耳部和胸腹壁。脚爪皮肤发炎、充血、肿胀增厚，灰白色痂皮，呈石灰样。耳内皮肤有渗出物结痂。

三、诊断

现场根据患兔脚爪、耳内有炎症以及局部皮肤脱毛，可以做出初步诊断。

四、防治

1. 预防措施

分别按皮肤真菌病、螨病的要求进行预防。

2. 治疗措施

分别按皮肤真菌病、螨病的要求进行治疗。

参考文献

鲍国连 . 2005. 兔病鉴别诊断与防治 [M]. 北京：金盾出版社 .

北京农业大学 . 1981. 家畜寄生虫学 [M]. 北京：农业出版社，

陈怀涛 . 2008. 兽医病理学原色图谱 [M]. 北京：中国农业出版社 .

程相朝，薛帮群 . 2009. 兔病类症鉴别诊断彩色图谱 [M]. 北京：中国农业出版社

董永军，魏刚才 .2015. 兔场卫生、消毒和防疫手册 [M]. 北京：化学工业出版社 .

谷子林，秦应和，任克良 . 2013. 中国养兔学 [M]. 北京：中国农业出版社 .

顾小龙，刘红彬 . 2013. 兔病诊断与防治技术--本通 [M]. 北京：化学工业出版社 .

姜金庆，魏刚才 .2013. 规模化兔场兽医手册 [M]. 北京：化学工业出版社 .

林矫矫 . 2015. 家畜血吸虫病 [M]. 北京：中国农业出版社 .

农业部血吸虫病防治办公室 .1998. 动物血吸虫病防治手册（第二版）[M]. 北京：中国农业科技出版社 .

任克良，陈怀涛 . 2014. 兔病诊疗原色图谱（第二版）[M]. 北京：中国农业出版社 .

苏建青 . 2012. 兔病误诊误治与纠误 [M]. 北京：化学工业出版社 .

唐崇惕，唐仲璋 . 2015. 中国吸虫学（第二版）[M]. 北京：科学出版社 .

王彩先，张玉换 . 2012. 图说兔病防治新技术 [M]. 北京：中国农业科技出版社 .

王芳，薛家宾，李明勇，范志宇 .2015. 肉兔场消毒与疫苗使用技术 [M]. 北京：中国农业出版社版 .

王芳，薛家宾 . 2008. 兔病防治路路通 [M]. 南京：江苏科学技术出版社 .

王永坤，朱国强，田慧芳 . 2002. 兔病诊断与防治手册 [M]. 上海：上海科学技术出版社 .

谢三星 . 2009. 兽医全攻略 – 兔病 [M]. 北京：中国农业出版社 .

薛帮群，李健，闫文朝 . 2012. 兔病诊治原色图谱 [M]. 郑州：河南科学技术出版社 .

薛帮群，魏战勇 . 2010. 兔场多发疾病防控手册 [M]. 郑州：河南科学技术出版社 .

杨光友 . 2017. 兽医寄生虫病学 [M]. 北京：中国农业出版社 .

周述龙，林建银，蒋明森 . 2001. 血吸虫学（第二版）[M]. 北京：科学出版社 .

Taylor MA，Coop RL，Wall RL.2016. Veterinary Parasitology，4th edition. Westsussex，WILEY Blackwell.